普通高等教育土建学科专业“十二五”规划教材
高校工程管理专业规划教材

施工项目管理

杨晓林　李忠富　主编

中国建筑工业出版社

图书在版编目（CIP）数据

施工项目管理/杨晓林，李忠富主编. —北京：中国建筑工业出版社，2015.9

普通高等教育土建学科专业“十二五”规划教材

高校工程管理专业规划教材

ISBN 978-7-112-18387-6

Ⅰ.①施… Ⅱ.①杨…②李… Ⅲ.①建筑工程-工程施工-项目管理-高等学校-教材 Ⅳ.①TU71

中国版本图书馆CIP数据核字（2015）第200255号

本书以施工项目为对象，系统地介绍施工项目管理全过程的理论知识和实务。本书共分为11章：第1章 施工项目管理概论，第2章 施工项目部署与准备，第3章 施工项目进度管理，第4章 施工项目质量管理，第5章 施工项目成本管理，第6章 施工项目资源管理，第7章 施工项目安全与环境管理，第8章 施工项目信息管理，第9章 施工项目风险管理，第10章 施工项目合同与索赔管理，第11章 施工项目管理规划。

本书作为工程管理专业的专业课教材，可以作为高等学校工程造价、土木工程等专业的教材，也可作为施工单位、建设单位等从事建筑管理工作的有关人员的参考书。

* * *

责任编辑：牛 松 张国友

责任设计：李志立

责任校对：姜小莲 党 蕾

普通高等教育土建学科专业“十二五”规划教材

高校工程管理专业规划教材

施工项目管理

杨晓林 李忠富 主编

*

中国建筑工业出版社出版、发行（北京西郊百万庄）

各地新华书店、建筑书店经销

北京红光制版公司制版

北京建筑工业印刷厂印刷

*

开本：787×1092毫米 1/16 印张：22 字数：551千字

2015年9月第一版 2015年9月第一次印刷

定价：**42.00**元

ISBN 978-7-112-18387-6

（27630）

前　言

在国民经济与城镇建设发展中，建筑业发挥着举足轻重的作用。工程管理及相关人才的需求不论从数量上还是质量上都有了更高的要求。为了适应时代要求，培养高素质、复合型、精通专业的人才，借被立项为普通高等教育土建学科专业“十二五”规划教材的机会，结合我们多年从事教学和实践研究的经验，特编写此部教材。

《施工项目管理》课程是面向工程管理专业、工程造价专业、土木工程专业学生开设的主干课程之一。本书的编写思想是：吸收和借鉴国内外高等院校同类课程及相关体系的设置与教学方法，结合我国施工项目管理实践，按照教育部学科设置要求，注重理论与方法的应用分析，以及理论与实际相联系，使其具有实用性和可读性。本书以施工项目为对象，在内容上以系统工程的观点，全面阐述施工项目管理全过程的原理与方法，并注意案例教学的运用以及本课程与相关课程的联系。

作为教材，本书在编写过程中，力求突出以下三个特点：一是全面反映施工项目管理最新的理论与实践；二是在课程体系设置上，注意施工项目管理各环节涉及的各部分内容的理论和方法的完整性，同时注意与相关课程的关系，做到重点突出、体系完整；三是在内容设置上，充分结合我国施工项目管理的实践。

本书可以作为高等学校工程管理专业、土木工程专业、工程造价专业的本科教材，也可作为施工单位、建设单位等从事建筑管理工作的有关人员的参考书。

全书共分为 11 章，其中第 1 章、第 3 章和第 9 章由杨晓林（哈尔滨工业大学）编写，第 2 章和第 5 章由张红（哈尔滨工业大学）编写，第 4 章和第 10 章由冉立平（哈尔滨工业大学）编写，第 6 章和第 11 章由李忠富（大连理工大学）编写，第 7 章由满庆鹏（哈尔滨工业大学）编写，第 8 章由李良宝（哈尔滨工业大学）编写。本书由杨晓林和李忠富统稿。

本教材参考了大量国内外专家学者的著作、论文，在此谨向这些专家学者表达我们深深的敬意和衷心的感谢！我们在本教材的写作过程中难免有不足之处，恳请各位读者和同行批评指正，我们将不胜感激。

目　录

第1章　施工项目管理概论

1.1　项目的概念与特征

1.1.1　项目的定义

“项目”一词已越来越广泛地被人们应用于社会经济和文化生活的各个方面。人们经常用“项目”来表示一类事物。简单来说，如果将人类活动依据重复性和一次性进行分类的话，一次性的人类活动就被称为项目，而重复性的人类活动被称为运作。对“项目”的定义其实很多，许多管理专家和标准化组织都企图用简单通俗的语言对项目进行抽象性概括和描述。同时，不同机构、不同专业从自己的认识出发，所下的定义也不尽相同。

联合国工业发展组织《工业项目发展手册》中对项目的定义是：“一个项目是对一项投资的一个提案，用来创建、扩建或发展某些工厂企业，以便在一定周期时间内增加货物的生产或服务”。

国际标准《质量管理——项目管理质量指南（ISO 10006）》对项目的定义是：“由一组有起止时间的、相互协调的受控活动所组成的特定过程，该过程要达到符合规定要求的目标，包括时间、成本和资源的约束条件”。

美国项目管理学会在其编写的《项目管理知识体系 PMBOK》中，对项目的定义是：项目是在一定的时间、资源、环境等约束条件下，为了达到特定的目标所做的一次性任务。

综上所述，项目是在特定的环境和约束条件（如限定资源、限定时间、限定质量）下，为实现一个特定目标而进行的一次性的任务。

1.1.2　项目的基本特征

项目的种类非常多，但不论是哪一类项目，都应当具备以下基本特征：

（1）一次性

一次性是区别项目与运作的根本标志。项目的一次性也使项目总是有一个明确的起点和终点，任务完成后，项目即结束，没有重复，这就要求项目一次成功。项目过程的一次性给项目带来较大的风险性和管理的特殊性。

一次性也成为项目管理区别于企业管理最显著的标志之一，它对项目的组织和组织行为的影响尤为显著。通常的企业管理工作，特别是企业职能管理工作，虽然有阶段性，但却是循环的、无终了的，具有继承性。而项目是一次性的，那么项目管理也就是一次性的管理活动，即对任何项目都有一个独立的管理过程，它的计划、控制、组织都是一次性的。

（2）独特性

也称为唯一性。也就是说，没有一个一模一样的项目，只可能有类似项目。即使一些项目所提供的产品或服务是类似的，但它的地点、时间、环境、社会条件等可能有所差异。可以说项目是一种实现创新的任务。

任何一个项目之所以能够成为项目，是由于它有区别于其他任务的特殊要求。这个任务通常是完成一项可交付的成果，这个可交付的成果是项目的对象。而项目的对象决定了项目的最基本特性，是项目分类的依据，同时它又确定了项目的工作范围、规模及界限。

在“项目”一词前常常有一个限定词，人们用这些词对具体的项目进行专门的定义。例如，“哈大铁路建设项目”、“远大绿洲工程承包项目”、“钢渣混凝土产品开发项目”、“2008年北京奥运会项目”、“青藏铁路项目”等。它通常描述的是项目对象的名称、特性、范围。整个项目的实施和管理都是围绕着这个对象进行的。然而，项目的对象与项目本身并不是一回事。项目的对象是一项可交付的成果，它既可以是实体的，也可以是抽象的，有一定的范围，可以用功能、范围、技术指标等描述；而项目是指完成这个对象的任务和工作的总和，是行为系统。

(3) 目的性与约束性

项目是为了实现一个特定的目的才进行的任务，而且这个任务是要在一定的约束性条件下来实现的。因此，目的性与约束性也可以说成是目标的明确性。项目预定目标的实现意味着项目的终结。项目的目标一般由成果性目标和约束性目标组成。其中，成果性目标是由项目的根本目的，即目的性所决定的，是项目的最终目标。拿一个教学楼建设项目为例，通常在项目的实施过程中，成果性目标被分解为项目的功能性要求，是项目全过程的主导性目标。具体来说，它的成果性目标是满足教学需求的各项功能要求指标，通常由设计中的功能质量来体现。约束性目标是指由项目特定的环境和约束条件所转化来的目标，它是实现成果性目标的客观条件和人为约束，是项目实施过程中必须遵循的条件。还拿这个教学楼建设项目为例，它的约束性目标是这个项目的工期、实体质量、投资、安全等。

(4) 系统性

一个项目系统是由人、技术、资源、时间、空间和信息等多种要素组合到一起，为实现一个特定系统目标而形成的一个有机整体。同时，项目系统是一个复杂而特殊的开放系统。这个系统往往受到自然环境、社会环境、技术环境、经济环境、政治环境等外部环境的影响，因此，这个系统要求把系统内部的混乱控制到最低程度，并能随着外部信息的反馈进行自我控制。并且，项目是一个多目标、多组织参与的系统，为了实现项目的根本目的，必须协调好这些目标和各组织的活动。

(5) 组织的临时性与开放性

项目是要人来完成的，而为了实现项目的目的，它不是由一个人完成的，而是由许多人共同合作来完成的，而人的合作体就是组织。因此说，项目是通过一定形式的组织来实现的。在项目的开始时要组建项目管理班子，项目执行过程中项目管理班子的人数、成员和职能等会根据需要来调整，当项目结束时项目管理班子即解散，因此，项目的这种组织是临时性的。项目组织又是开放性的，也就是说，根据需要，为完成项目的任务，可以通过合同、协议等方式向外部组织开放，使这些组织也成为整个项目组织的一部分，大家来共同合作完成项目。大的项目，参与项目的社会经济组织往往有几十个甚至几百、几千个，项目结束，这种结合即结束。可以说，项目组织是没有严格边界的，或者说边界是弹性的、模糊的和开放的。

（6）阶段性

项目在开始到结束这个一次性过程中，发展是分阶段的。不同的阶段项目管理的任务不同。或者说，项目的整个生命周期是分为若干个阶段的，因此，为了实现项目的目标，就要根据项目阶段性特征实施管理。

1.1.3　项目的来源

项目来源于各种需求和要解决的问题。为了改善城市环境，就需要实施许多项目；如要有效地处理城市垃圾，就需要有焚烧、填埋或者发电、发热项目；要解决城市交通和运输的问题，就要建设城市道路、地铁、立交桥等项目；为了解决城镇人口的居住问题，就要有新建住宅小区和进行旧城区改造项目；为了满足观光旅游需求，就要建设宾馆、商场、公园、游乐设施、博物馆、饭店等项目。

往往一个项目的成立，触发许多项目。如某地区发现了一个大油田，为了开发油田，就带来油田建设项目。这就会为油田建设设计院带来一系列的油田建设规划等设计项目。这些项目就要委托施工单位进行施工建设，这样施工单位就有了施工项目，同时建设单位为了进行工程管理，就需要委托监理，就给监理单位带来了监理项目。因此说，社会经济各部门现在和将来的发展都需要大量各种各样的项目，项目产生于社会生产、分配、消费和流通的不断循环之中。只要社会要发展，项目就源源不断。

由此，可以将项目按层次分为三类。第一层次的项目，可称为元项目，它是由对项目的最终需求所决定的一类项目，如前文提到的解决居住问题。第二层次的项目，可称为投资和管理类项目，是关于第一层次项目怎样实现的问题和由谁实现所决定的项目，如住宅小区房地产开发项目。第三层次的项目，可称为工作和任务类项目，它是由具体实现需求所进行的工作任务所决定的项目，如设计住宅小区的设计项目，施工住宅小区的施工项目。

1.1.4　项目的利益相关者和项目的当事人

（1）项目的利益相关者

项目的利益相关者是指参加或可能影响项目工作的所有个人或组织。它既包括所有的项目参与方也包括那些能够影响到项目进行或利益受该项目影响的个人和组织。如作为项目产品接受者的顾客、项目所在社区的公众、政府的相关部门、市场中的竞争对手、项目的投资方、项目的施工方等。

项目的不同利益相关者有着不同的利益诉求，甚至利益可能会有冲突。对于项目管理来说，搞清楚哪些是项目的利益相关者，他们各自的需求和期望是什么，是非常重要的。只有充分了解了这些信息，才能有的放矢地对项目相关者的需求和期望进行管理并施加影响，化解不利影响，利用有利影响，以确保项目成功。

（2）项目的当事人

项目的当事人也就是项目的参与各方，是重要的项目利益相关者。项目的当事人往往是通过签订合同而参与到项目中来，成为相应的合同当事人。一般来说，项目的当事人将自己参与到项目中所承担的任务视作自己的一个项目。在自己的这个项目中，把自己摆在一个居于主导的地位，以此来处理与项目其他当事人之间的各种关系。如参与一个房地产开发项目的施工总承包单位，对这个施工总承包单位来说，项目就是它与房地产开发企业所签订的施工总承包合同中所界定的任务范围，在这个项目中，施工总承包单位将自己置于一个主导的地位来进行项目管理活动。

1.2 施工项目与施工项目管理的概念与特征

1.2.1 施工项目的概念与特征

工程施工项目（简称施工项目）是指工程建设活动中，施工企业自施工承包投标开始到保修期满为止的全过程中完成的项目。或者说，由工程建设领域中施工企业按照施工合同界定的范围所完成的工程任务就是施工项目。

施工项目具有下述特征：

（1）施工项目是建设项目或其中的单项工程或单位工程中的施工任务。

（2）施工项目是以建筑业企业为管理主体的。

（3）施工项目的范围是由工程施工合同界定的。

（4）施工项目受自然、社会、经济、政治环境影响大。

1.2.2 施工项目管理的概念与特征

施工项目管理是指施工企业为了完成施工合同所约定的项目目标，将知识、技能、工具和技术应用于施工项目各项活动中，以实现计划的质量、工期、成本和安全目标。

施工项目管理有以下特征：

（1）施工项目的管理主体是工程施工企业

施工企业作为建设项目的一方当事人，将自己所需完成的工作任务，也就是施工合同中所约定的工程任务，作为一个项目，这个项目就是施工项目。由施工企业作为主导者来从事的管理活动，才能称为施工项目管理。这里一定要分清楚，施工项目管理和施工阶段管理两个概念。虽然由建设单位或监理单位进行的工程项目管理中也会涉及施工阶段的管理，但仍属建设项目管理，不能算作工程施工项目管理。

（2）施工项目管理的对象是工程施工项目

施工项目管理的对象是施工项目，也就是施工合同中所约定的工程任务。施工项目管理的周期也就是施工项目的生命周期，包括工程投标、签订工程项目施工合同、施工准备、施工、交工验收及保修服务。其项目的目标由施工合同中所约定的工期、质量、安全等要求，以及成本控制要求所决定。施工企业就要通过管理活动，来实现项目管理的这些目标。

（3）施工项目管理需要强化组织协调

施工项目中的施工任务往往是由施工总包单位、若干专业分包单位和劳务分包单位来共同协作完成的，而且一个工程建设项目，需要大量的材料和设备，施工中需要这些材料与设备供应商的密切配合。因此，施工生产活动中需要大量的组织协调工作，才能保证工程的顺利进行。

另外，施工活动是在政府相关职能部门（如质量监督机构）和建设单位委托的施工监理单位的监督之下来进行的。因此，施工项目管理过程中，施工企业的项目管理人员的工作要与施工监理人员和政府相关职能部门人员的工作相协调。除此之外，施工活动往往还要涉及供水、供电以及交通、环保等问题，这又需要与这些相关部门协调。总之，施工项目管理不仅要进行目标控制，还必须强化组织协调工作。

1.3 施工项目的产品及其生产特点

施工项目的主体是工程建设产品。工程建设产品是指工程建设企业通过施工活动生产出来的最终产品。例如，各类房屋、桥梁、公路、机场、蓄水池等，都属于工程建设产品。工程建设产品与其他工业（制造业）产品相比较，其产品和生产都具有一系列明显不同的特点。

1.3.1 产品的特点

（1）空间上的固定性

不论是房屋，还是公路、铁路，只要是工程建设产品都是在选定的地点上建造和使用。一般情况下，它与选定地点的土地不可分割，从建造开始直至拆除均不能移动。所以，工程建设产品的建造和使用地点是统一的，且在空间上是固定的。

（2）产品的多样性

通常，工程建设产品尤其是建筑产品不仅要满足复杂的使用功能的要求，而且往往还要求其具有艺术价值，体现地方或民族风格等，同时，反映设计者的水平和技巧以及建设者的欣赏水平和爱好等，还因受到地点的自然条件诸因素的影响，而使其产品在规模、形式、构造、结构和装饰等方面具有千变万化的差异。

（3）产品的体积庞大性

无论是建筑物，还是一个水库、一条公路，均是为构成人们生活和生产的活动空间或满足某种使用功能而建造的。一个工程建设产品的建设需要大量的材料、制品、构件和配件。因此，一般的工程建设产品都要占用大片的土地或高耸的空间，与其他工业产品相比，其体形格外庞大。

1.3.2 工程建设产品生产的特点

由于工程建设产品本身的特点，决定了其生产过程具有以下特点：

（1）生产的流动性

工程建设产品地点的固定性决定了产品生产的流动性。在生产中，工人及其使用的机具和材料等不仅要随着产品建造地点的不同而流动，而且还要在产品的不同部位而流动生产。施工企业要在不同地区进行机构迁移或流动施工。因此，在施工中要划分施工段，使流动生产的工人及其使用的机具和材料相互协调配合，使生产活动连续均衡地进行。

（2）生产的单件性

产品地点的固定性和类型的多样性决定了产品生产的单件性。每个工程建设产品都是根据其使用功能，在选定的地点上单独设计和单独施工。即使是选用标准设计、通用构件或配件，由于产品所在地区的自然、技术、经济条件的不同，也会使施工组织和施工方法因地制宜。总之，每一个工程建设产品的生产都是单独组织进行的，即生产具有单件性。

（3）生产的地区性

由于工程建设产品的固定性决定了同一使用功能的工程建设产品因其建造地点不同，也会受到建设地区的自然、技术、经济和社会条件的约束，从而使其形式、结构、装饰、材料和施工组织等具有明显的地区性特征。

（4）生产的周期长，占用流动资金大

由于工程建设产品的体形庞大，使得最终产品的建成必然耗费大量的人力、物力和财力。同时，其生产全过程还要受到工艺流程和生产程序的制约，使各专业、工种间必须按照合理的施工顺序进行配合和衔接。又由于工程建设产品地点的固定性，使施工活动的空间具有局限性。这两者均导致工程建设产品生产具有生产周期长、占用流动资金大的特点。

（5）生产的露天作业多

工程建设产品地点的固定性和体形庞大的特点，使工程建设产品不可能在工厂里直接进行施工，即使生产达到了高度的工业化水平的时候，仍然需要在施工现场内进行大量的装配活动，才能形成最终的工程建设产品。因此，大量的生产活动是在露天进行，这就使其施工活动受自然环境条件的影响巨大。

（6）生产的安全隐患多

由于工程建设产品具有体形庞大和地点固定等特点，也使得工程建设中安全问题尤其突出。例如，随着城市现代化的进展，高层建筑物的施工任务日益增多，生产高空作业越来越多，高空作业所带来的安全隐患也越来越严重。再比如，现在各城市地铁建设如火如荼，地下施工中的安全隐患问题也随之增多。

（7）生产的协作单位多

工程建设产品生产涉及面广，在施工企业内部，要在不同时期和不同产品上组织多专业、多工种的综合作业。在施工企业的外部，需要不同种类的专业施工企业以及城市规划、土地征用、勘察设计、公安消防、公用事业、环境保护、质量监督、科研试验、交通运输、银行财务、物资供应等单位以及建设单位、监理单位、政府相关部门等的协作配合。

1.4 工程施工程序

工程施工程序是指施工项目在其生命周期各阶段活动中所必须遵循的顺序，它是经多年施工实践而发现的客观规律。一般是指从接受施工任务直到交工验收所包括的主要阶段的先后次序。施工程序通常可分为五个阶段：确定施工任务阶段、施工规划阶段、施工准备阶段、组织施工阶段和竣工验收阶段。其先后顺序和内容如下：

（1）落实施工任务，签订施工合同

工程施工企业通常通过参与工程投标来承接施工任务。只有施工单位中标，并与建设单位签订了施工合同，才算落实了的施工任务。签订合同的施工项目，必须是经建设单位主管部门正式批准的，有计划任务书、初步设计和总概算，已列入年度基本建设计划，落实了投资的。否则，不应当签订施工合同。

（2）正式成立项目部，明确目标责任

施工企业与建设单位签订施工合同后，就要正式任命项目经理，成立项目经理部。同时，依据施工合同、企业的管理制度、项目管理规划大纲以及企业的经营方针和目标等，企业与项目经理协调后下达施工项目管理目标责任书。

通常施工项目管理目标责任书中应明确项目管理目标；企业与项目经理部之间的责任、权限和利益分配；项目管理的内容和要求；项目所用资源的提供方式和核算办法；项目经理部应承担的风险；项目管理目标的评价原则、内容和方法；对项目经理部奖励的依据、标准和办法；项目经理解职和项目经理部解体的条件和办法等。

(3) 统筹安排，做好施工计划和各项准备工作

在正式施工之前，施工总承包单位在调查分析资料的基础上，对施工活动进行统筹安排。首先就要在项目经理的主持下，组织编制施工项目管理规划（或施工组织设计），对施工方案、施工进度、质量、安全、成本、环境管理以及资源供应计划等进行合理规划。经报公司和监理单位审查批准后，便组织施工先遣人员进入现场，与建设单位密切配合，做好施工计划中确定的各项全局性施工准备工作，为建设项目全面正式开工创造条件。同时，向监理单位提交开工报告。

(4) 组织全面施工，进行过程控制

组织拟建工程的全面施工是建筑施工全过程中最重要的阶段。它必须在开工报告批准后，才能开始。它是把设计者的意图，建设单位的期望变成确实的工程建设产品的生产过程。必须严格按照设计图纸的要求，采用施工方案中规定的方法和措施，完成全部的分部分项工程施工任务。这个过程决定了施工工期、产品的质量、成本以及施工企业的经济效益。因此，在施工中要跟踪检查，进行进度、质量、成本、职业健康与安全、环境管理等目标控制工作，以保证达到施工项目管理的目标。

施工过程中，往往有多单位、多专业进行共同协作，这就要求施工企业加强现场指挥、调度，进行多方面的平衡和协调工作。在有限的场地上投入大量的材料、构配件、机具和工人，应进行全面统筹安排，组织均衡连续的施工。同时，施工阶段的施工活动是在工程监理单位的监督下进行的，因此，全面施工阶段施工企业各项施工管理活动还要与监理单位的监理工作相协调。

(5) 竣工验收，交付使用，开始保修服务

竣工验收是对工程建设项目的全面考核。工程建设项目施工完成了设计文件所规定的内容，就可以组织竣工验收。通常首先由施工单位组织自验，当认为可以达到验收要求时，即向工程监理单位提交工程预验收的要求，由工程监理单位组织预验收。当工程监理单位预验收合格后，再向建设单位正式提交竣工验收的要求，由建设单位组织工程正式竣工验收。竣工验收合格后，尽快办理竣工结算，并组织工程移交。从竣工验收合格之日起，工程进入保修期。在保修期内，施工企业按照规定要履行保修义务。

1.5 施工项目管理的基本原则

根据我国建筑业施工长期积累的经验和工程建设施工的特点，编制施工项目管理规划（或施工组织设计）以及在组织工程施工的过程中，一般应遵循以下几项基本原则：

(1) 认真执行基本建设程序

基本建设的程序主要是项目建议书、可行性研究、设计、建设准备、施工、生产准备和竣工验收与交付等几个阶段。它是由基本建设工作的客观规律所决定的。我国五十多年的基本建设历史表明，凡是遵循上述程序时，基本建设就能顺利进行，当违背这个程序时，不但会造成施工的混乱，影响工程质量，而且还可能造成严重的浪费或工程事故。因此，认真执行基本建设程序，是保证工程建设活动顺利进行的重要条件。

（2）明确项目管理目标，切实做好项目管理规划

施工企业和建设单位的根本目的是尽快地完成拟建工程的建设任务，使其早日投产或交付使用，尽快发挥基本建设投资的效益。这样，就要求施工企业的计划决策人员，依据施工合同和企业需要等，首先明确项目管理目标。然后，对施工项目的所有施工活动进行全面统筹安排，制定切实可行的施工项目管理规划（施工组织设计），优化项目的资源配置，合理组织项目的各项活动，从而获得总体的最佳效果。

（3）遵循建筑施工工艺和技术规律，坚持合理的施工程序和施工顺序

施工工艺及其技术规律，是工程施工固有的客观规律。分部分项工程施工中的任何一道工序也不能任意省略或颠倒。因此在工程施工中必须严格遵循建筑施工工艺及其技术规律。

在工程施工中，一般合理的施工程序和施工顺序表现在以下几方面：

先进行准备工作，后正式施工。准备工作是为后续生产活动正常进行创造必要的条件。准备工作不充分就贸然施工，不仅会引起施工混乱，而且还会造成某些资源浪费，甚至中途停工。

先进行全场性工程，后进行各项工程施工。平整场地、敷设管网、修筑道路和架设电路等全场性工程先进行，为施工中供电、供水和场内运输创造条件，有利于文明施工，节省临时设施费用。

还有先地下后地上，地下工程先深后浅的顺序；对于建筑产品施工，主体结构工程在前，装饰工程在后的顺序；管线工程先场外后场内的顺序；在安排工种顺序时，要考虑空间顺序等。

（4）采用流水施工方法和网络计划技术组织施工

国内外实践经验证明，采用流水施工方法组织施工，不仅能使拟建工程的施工有节奏、均衡和连续地进行，而且还会带来显著的技术经济效益。

网络计划技术是先进的计划管理方法，它具有逻辑严密、层次清晰、关键问题明确、便于计划方案优化、控制和调整等优点。实践证明，施工企业在施工计划管理中，采用网络计划技术，可以更好地抓住主要矛盾，有效地缩短工期和节约成本。

（5）科学地安排冬、雨季施工项目，保证全年生产任务的连续性和均衡性

工程施工活动一般都是露天作业，易受气候影响，严寒和下雨的天气都会影响工程施工活动的正常进行。如不采取适当的技术措施，冬季和雨季就不能连续施工。当然，现代施工技术的发展，采取冬雨季施工措施可以使施工活动在冬季和雨季进行，但往往使施工费用增加。科学地安排冬雨季施工项目，就是要求在安排施工进度计划时，根据施工项目的具体情况，将不会过多增加施工费用的或不受冬雨季影响的施工活动安排在冬雨季进行施工，从而增加了全年施工天数，尽量做到全面均衡、连续地施工。

（6）贯彻工厂预制和现场预制相结合的方针，提高施工工业化程度

建筑业技术进步的重要标志之一是工程建设产品工业化，工程建设产品工业化的前提条件是工程建设产品施工中广泛采用预制装配式构件。扩大预制装配程度是走向工业化的必由之路。

在选择预制构件加工方法时，应根据构件的种类、运输和安装条件以及加工生产的水平等因素，进行技术经济比较，合理地决定工厂预制和现场预制构件的种类，贯彻工厂预

制和现场预制相结合的方针，取得最佳的效果。

（7）充分利用现有机械设备，提高机械化程度

工程建设产品生产需要消耗巨大的体力劳动。在施工过程中，尽量以机械化施工代替手工操作，这是建筑业技术进步的另一重要标志。尤其是大面积的平整场地、大型土石方工程、大批量的装卸和运输、大型钢筋混凝土构件或钢结构构件的制作和安装等繁重施工过程的机械化施工，对于改善劳动条件、减轻劳动强度和提高劳动生产率以及经济效益都很显著。

目前我国施工企业的技术装备程度还很不够，满足不了生产的需要。为此在组织工程项目施工时，要结合当地和工程情况，充分利用现有的机械设备。在选择施工机械过程中，要进行技术经济比较，使大型机械和中、小型机械结合起来，使机械化和半机械化结合起来，尽量扩大机械化施工范围，提高机械化施工程度。同时要充分发挥机械设备的生产率，保持其作业的连续性，提高机械设备的利用率。

（8）尽量采用国内外先进的施工技术和科学管理方法

先进的施工技术与科学的施工管理手段相结合，是改善建筑施工企业和工程项目经理部的生产经营管理素质、提高劳动生产率、保证工程质量、缩短工期、降低工程成本的重要途径。为此在编制施工组织设计时应广泛地采用国内外的先进施工技术和科学的施工管理方法。

（9）尽量减少暂设工程，合理地储备物资，减少物资运输量，科学地布置施工平面图

暂设工程在施工结束之后就要拆除，其投资有效时间是短暂的，因此在组织工程项目施工时，对暂设工程和大型临时设施的用途、数量和建造方式等方面，要进行技术经济分析，在满足施工需要的前提下，使其数量最少和造价最低，或者采用可周转使用的暂设工程和临时设施。这对于降低工程成本和减少施工用地都是十分重要的。

工程建设所需要的建筑材料、构（配）件、制品等种类繁多，数量庞大，各种物资的采购和储存数量、方式都应当合理安排。对物资库存可以采用ABC分类法和经济订购批量法，在保证正常供应的前提下，其储存数量应尽可能地减少。这样不仅可以大量减少仓库、堆场的占地面积，而且可以降低工程成本，提高经济效益。

建筑材料的运输费在工程成本中所占的比重是相当可观的，因此在组织工程项目施工时，应尽量采用当地资源，减少其运输量，同时选择最优的运输方式、工具和路线，使其运输费用最低。

施工平面图应在满足施工需要的前提下，尽可能减少施工用地，合理组织现场，使其便于生产和生活，这有利于降低工程成本。

复习思考题

1. 什么是项目？项目的基本特征有哪些？这些特征在进行项目管理时应当如何考虑？
2. 施工项目的产品及其生产的特点有哪些？这些特点对施工项目管理会带来哪些影响？
3. 简述工程的施工程序。
4. 施工项目管理应当遵循哪些基本原则？

第2章　施工项目部署与准备

2.1　施工项目管理目标和总体部署

2.1.1　施工项目管理目标

1. 施工项目目标管理的概念

目标管理是以被管理活动的目标为中心，把经济活动和管理活动的任务转换为具体的目标加以实施和控制，通过目标的实现，完成经济活动的任务。目标管理的精髓是以目标指导行动。由于目标有未来属性，故目标管理是面向未来的主动管理。

施工项目管理应用目标管理方法，可大致划分为以下几个阶段：

（1）确定施工项目组织内各层次，各部门的任务分工，既对完成施工任务提出要求，又对工作效率提出要求。

（2）把项目组织的任务转换为具体的目标。

（3）落实制订的目标。一是要落实目标的责任主体；二是要落实目标主体的责、权、利；三是要落实对目标责任主体进行检查、监督的上一级责任人及手段；四是要落实目标实现的保证条件。

（4）对目标的执行过程进行调控。即监督目标及执行过程，进行定期检查，发现偏差后，分析产生偏差的原因，及时进行协调和控制。对执行过程中能够完成目标的主体，进行奖励。

（5）对目标完成的结果进行评价。即把目标执行结果与计划目标进行对比，评价目标管理的好坏。

2. 施工项目管理的目标

施工项目有特定的目标，施工项目的总目标是企业目标的一部分，项目任务的完成应满足企业的目标，但对项目组织本身，具体的特定目标如下：

（1）达到预定的工程项目对象系统的要求，包括满足预定的产品特性、使用功能、质量、技术标准等方面的要求。项目的总目标是通过提供符合预定质量和使用功能要求的产品或服务实现的。

（2）时间目标。时间目标有两方面的意义：

1）一个工程项目的持续时间是一定的，即任何工程项目不可能无限期延长。工程项目的时间限制不仅确定了项目的生命期限，而且构成了项目管理的一个重要目标。

2）市场经济条件下工程项目的作用、功能、价值只能在一定的历史阶段中体现出来，这就要求工程项目的实施必须在一定的时间范围内进行。

工程项目的时间限制通常由项目开始时间、持续时间、结束时间等构成。

（3）成本目标。即以尽可能少的费用消耗（投资、成本）完成预定的项目任务，达到预定的功能要求，提高项目的整体经济效益。任何工程项目必然存在着与工程技术系统及其功能、范围和标准相关的投资、费用或成本预算。

3. 施工项目目标分解和责任落实

施工企业总目标制定后，应自上而下的分解与展开，将目标分解到最小的可控制单位或个人，以利于目标的执行、控制与实现并将分解目标落实到责任人。项目管理层的目标实施和经济责任一般有以下几方面：

（1）根据施工合同要求，完成施工任务；在施工过程中按企业的授权范围处理好施工过程中所涉及的各种外部关系。

（2）努力节约各种生产要素，降低工程成本，实现施工的高效、安全、文明。

（3）做好项目核算，做到施工任务、技术能力、进度的优化组合和平衡，最大限度地发挥施工潜力并做好原始记录。

（4）及时向决策层、经营层和企业管理层提供信息和资料。

2.1.2　施工项目部署

施工部署是对整个项目作出的统筹规划和全面安排，其主要解决影响建设项目全局的重大战略问题。施工部署由于项目的性质、规模和客观条件不同，其内容和侧重点会有所不同。一般应包括以下内容：确定工程开展程序，拟定主要工程项目的施工方案，明确施工任务划分与组织安排，编制施工准备工作计划等。

1. 组织安排和任务分工

明确如何建立项目管理机构，即项目经理部的人员设置及分工；建立专业化施工组织和进行工程分包；划分施工阶段，确定分期分批施工、交工的安排及其主攻项目和穿插项目。

2. 主要施工准备工作的规划

主要指全现场的准备，包括场地准备、组织准备、技术准备、物资准备。首先应安排好场内外运输、施工用主干道、水电来源及其引入方案；其次要安排好场地平整方案、全现场性排水、防洪；再次应安排好生产、生活基础。要充分利用本地区、本系统的永久性工程、基地，不足时再扩建。要把现场预制和工厂预制或采购构件的规划做出来。

3. 主要工程施工方案的拟订

对于主要的单项工程或主要的单位工程及特殊的分项工程，应在施工组织总设计中拟订其施工方案，其目的是进行技术和资源的准备工作，也为工程施工的顺序开展和工程现场的合理布置提供依据。因此，应计算其工程量，确定工艺流程，选择大型施工机械和主要施工方法等。

4. 工程开展顺序的确定

工程开展顺序既是施工部署的问题，也是施工方案的问题，应按以下的原则确定：

（1）在满足合同工期要求的前提下，分期分批施工。合同工期是施工的时间目标，不能随意改变。如在编制施工组织总设计时没有签订合同，则应保证总工期控制在定额工期内。在满足目标的前提下，进行合理的分期分批施工并进行合理搭接。例如，施工期长的，技术复杂的、施工困难多的工程，应提前安排施工；急需的和关键的工程应先期施工和交工；应提前施工和交工可供施工使用的永久性工程和公用基础设施工程；按生产工艺要求起主导作用或须先期投入生产的工程应优先安排等。

（2）一般应按先地下、后地上，先深后浅，先干线、后支线的原则进行安排。

(3) 安排施工程序时要注意工程交工的配套，使建成的工程能迅速投入生产或交付使用，尽早发挥该部分的投资效益。这点对于工业建设项目尤其重要。

(4) 在安排施工程序时还应注意使已完工程的生产或使用和在建工程的施工互不妨碍，使生产、施工两方便。

(5) 施工程序应当与各类物资及技术条件供应之间的平衡以及合理利用这些资源相协调，促进均衡施工。

(6) 施工程序必须注意季节的影响，应把不利于某季节施工的工程，提前或推迟施工，但应注意这样安排以后能保证质量、不拖延进度、不延长工期。例如，大规模土方工程和深基础土方施工，一般要避开雨季；寒冷地区的房屋施工尽量在入冬前封闭，使冬季可进行室内作业和设备安装。

2.2 施工项目组织

2.2.1 施工项目组织的概念及内容

1. 施工项目组织的概念

建筑施工项目管理组织是指为实施施工项目管理而建立的组织机构，以及该机构为实现施工项目目标所进行的各项管理活动。

建筑施工项目管理组织作为组织机构，它是根据项目管理目标，通过科学设计而建立的组织实体。该机构是由一定的领导体制、部门设置、层次划分、职责分工、规章制度、信息管理系统等构成的有机整体。一个以合理有效的组织机构为框架的权利系统、责任系统、利益系统、信息系统是实施施工项目管理并实现最终目标的保证。作为组织工作，施工项目管理组织通过所具有的组织力、影响力，在施工项目管理中，合理配置生产要素，协调内外部及人员间关系，发挥各项业务职能的能动作用，确保信息流通，推进施工项目目标的优化实现。施工项目管理组织就是组织结构和组织工作的有机结合。

2. 施工项目组织的工作内容

施工项目管理组织的内容包括组织设计、组织运行、组织调整等 3 个环节。

(1) 组织设计。根据施工项目管理目标及任务，建立合理的项目管理组织机构，包括管理层次的划分、部门的设置，明确各部门、室（组）、岗位人员的职权，建立必要的规章制度和分配制度，建立组织内外的相互联系和信息流通，以及它们之间的协调原则和方法。

(2) 组织运行。根据才职相称的原则，配备具备符合工作要求的管理人员，使他们在各自的岗位上履行职责、行使权力、交流信息，正确开展管理活动。对管理人员进行培训、激励、考核和奖惩，以提高其素质和士气，通过共同努力实现项目管理目标。

(3) 组织调整。根据工作的需要、环境的变化，分析原有项目管理组织的适应性和效率性及缺陷，对原有项目管理组织系统进行调整和重新组合，包括组织形式的变化、人员的变动、规章制度的修订、责任系统和信息系统的调整等。

3. 施工项目组织机构的设置原则

施工项目管理的首要问题是建立一个完善的施工项目管理组织结构。在设置施工项目管理组织结构时，应遵循以下六项原则：

（1）目标性原则。首先要有明确的建筑施工项目管理总目标，然后将其分解为各项分目标、各级子目标，再从这些目标出发，因目标设事，因事设结构、定编制，按编制设岗位、定职责、定人员，以职责授权力、定制度。各部门、层次、岗位的设置，管理信息系统的设计，各项责任制度，规章制度的建立都必须服从于各自相应的目标和总目标。

（2）精干高效原则。建筑施工项目管理组织结构的设置应尽量减少层次、简化结构。各部门、各层次、各岗位的职责分明，分工协作，要避免业务量不足，人浮于事或相互推诿。人员配置上，要坚持通过考核聘任录用的原则，选聘素质高、能力强、称职敬业的人员，力求一专多能，一人多职，做到精干高效。

（3）合理管理层次和管理跨度原则。建筑施工项目的管理层次及管理跨度的设置应按该建筑施工项目规模的大小繁简，及管理者素质能力予以确定，并通过论证，予以完善。

（4）业务系统化管理原则。施工项目管理活动中存在着不同单位工程之间，不同组织、工种、作业之间，不同职能部门、作业班组，以及和外部单位、环境之间的纵横交错、相互衔接、相互制约的业务关系。设计施工项目管理组织结构时，应使管理组织结构的层次、部门划分、岗位设置、职责权限、人员配备、信息沟通等方面与工程项目施工活动，与生产业务、经营管理相匹配，充分体现责、权、利的统一，形成一个上下一致、分工协作的严密完整的组织系统。

（5）弹性和流动性原则。施工项目管理组织结构应能适应施工项目生产活动单件性、阶段性、流动性的特点，具有弹性和流动性。在施工的不同阶段，当生产对象数量、要求、地点等条件发生改变，或资源配置的品种、数量发生变化时，管理组织结构都能及时做出相应调整，如部门设置增减，人员安排合理流动等，以更好地适应工程任务的变化，使施工项目管理组织结构始终保持在精干、高效、合理的水平上。

（6）项目组织与企业组织一体化原则。企业是施工项目的上级领导，企业组织是项目组织的母体。企业在组建项目组织结构，以及调整、解散项目组织时，项目经理由企业任免，人员一般都来自企业内部的职能部门，并根据需要在企业组织与项目组织之间流动；在管理业务上，接受企业有关部门的指导。因此，施工项目组织结构是企业组织的有机组成部分，其组织形式、结构应与企业母体相协调、相适应，体现一体化的原则。

4. 施工项目组织机构的设置程序

根据上述原则，施工项目组织应按图2-1所示的程序进行设置。

2.2.2　施工项目的组织形式

施工项目组织形式也称为组织结构类型，是指在施工项目管理组织中处理管理层次、管理跨度、部门设置和上下级关系的组织方式。其主要管理组织形式有工作队式、部门控制式、矩阵式、事业部式、直线职能式。

1. 工作队式项目组织

工作队式项目组织构成如图2-2所示，虚线内表示项目组织，其人员与原部门脱离。

（1）工作队式项目组织特征

1）按照特定对象原则建立的项目管理组织，由公司各职能部门抽调人员组建，不打乱公司原建制。

2）项目管理组织与施工项目同寿命。项目中标或确定项目承包后，即组建项目管理组织机构；公司任命项目经理；项目经理在公司内部选聘职能人员组成管理机构；竣工交

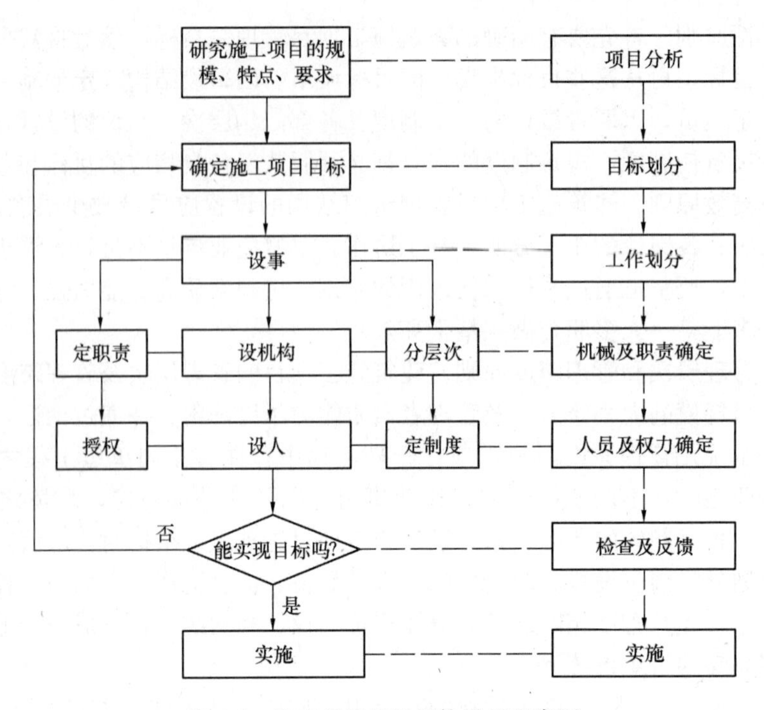

图 2-1　施工项目组织机构设置程序图

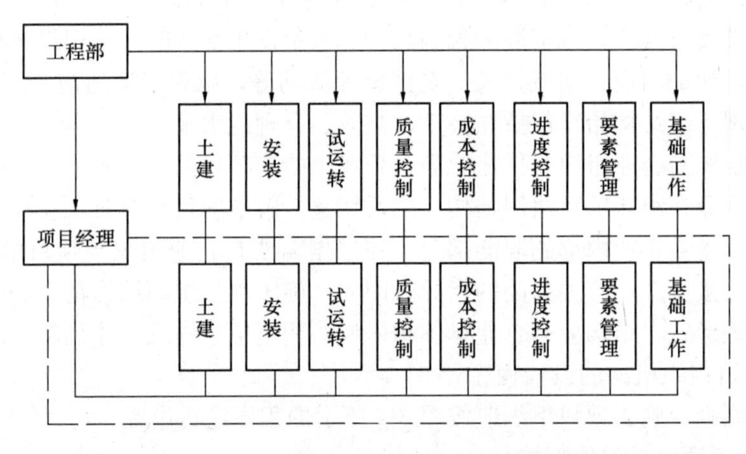

图 2-2　工作队式项目组织形式示意图

付使用后，机构撤销，人员返回原单位。

3）项目管理组织机构由项目经理领导，有较大独立性。在工程施工期间，项目组织成员与原单位中断领导关系，不受其干扰，但公司各职能部门可为之提供业务指导。

（2）工作队式项目组织优点

1）项目组织成员来自公司各职能部门和单位，熟悉业务，各有专长，可互补长短，协同工作，能充分发挥其作用。

2）各专业人员集中现场办公，减少了扯皮和等待时间，工作效率高，解决问题快。

3）项目经理权力集中，行政干预少，决策及时，指挥得力。

4）由于这种组织形式弱化了项目与公司的结合部关系，因而项目经理便于协调并开展工作。

（3）工作队式项目组织缺点

1）组建之初来自不同部门的人员彼此之间不够熟悉，可能配合不力。

2）由于项目施工一次性特点，有些人员可能存在临时观点。

3）当人员配置不当时，专业人员不能在更大范围内调剂余缺，往往造成忙闲不均，人才浪费。

4）对于公司来讲，专业人员分散在不同的项目上，相互交流困难，职能部门的优势难以发挥。

（4）工作队式项目组织适用范围

这种项目组织类型适用于工期要求紧迫的项目，要求多工种多部门密切配合的项目。因此，它要求项目经理素质要高，指挥能力要强，有快速组织队伍及善于指挥来自各方人员的能力。

2. 部门控制式项目组织

部门控制式项目组织构成如图 2-3 所示，虚线内表示项目组织。

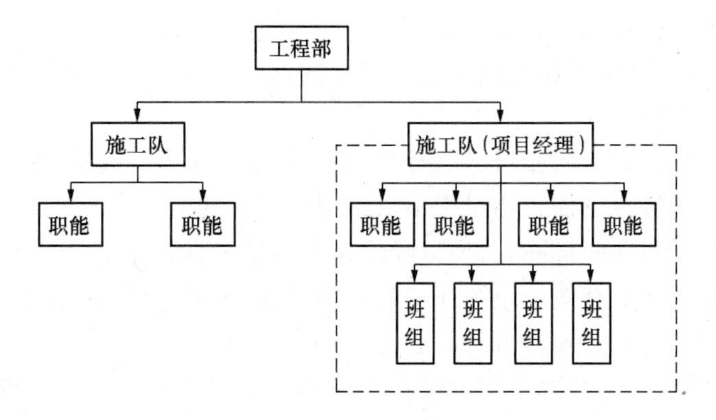

图 2-3　部门控制式项目组织形式示意图

（1）部门控制式项目组织特征

1）按照职能原则建立的项目管理组织，不打乱公司现行建制。

2）项目中标或确定项目承包后，即由公司将项目委托其下属某一专业部门或施工队组建项目管理组织机构，并负责实施项目管理。

3）项目竣工交付使用后，恢复原部门或施工队建制。

（2）部门控制式项目组织优点

1）利用公司下属的原有专业队伍承建项目，可迅速组建施工项目管理组织机构。

2）人员熟悉，职责专一，业务熟练，关系容易协调，工作效率高。

3）职责明确，职能专一，关系简单。

（3）部门控制式项目组织缺点

1）不适应大型项目管理的需要。

2）不利于精简机构。

（4）部门控制式项目组织适用范围

这种形式的项目组织一般适用于小型的、专业性较强、不需涉及众多部门的施工项目。

3. 矩阵制式项目组织

矩阵制式项目组织构成如图 2-4 所示。

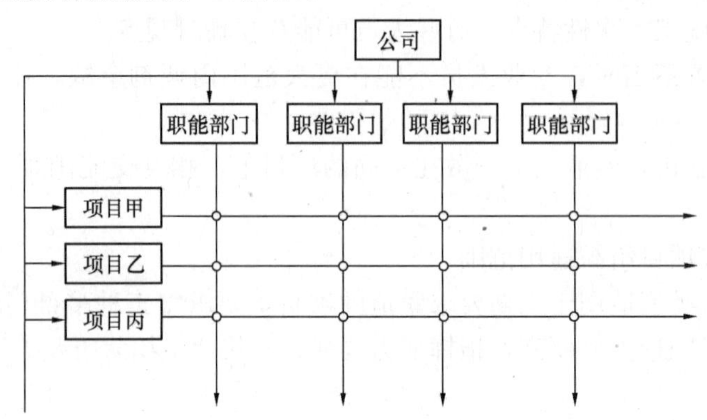

图 2-4 矩阵制式项目组织形式示意图

(1) 矩阵制式项目组织特征

1) 按照职能原则和项目原则结合起来建立的项目管理组织，项目的横向系统与职能的纵向系统形成了矩阵结构。

2) 公司专业职能部门是相对长期稳定的，其负责人对矩阵中本单位人员负有组织调配、业务指导、业绩考察责任，相对于项目组织有较大的控制力。

3) 项目管理组织是临时性的。项目经理在各职能部门的支持下，将“借”到参与本项目组织的人员在横向上有效地组织在一起，为实现项目目标协同工作。同时，项目经理对其有权控制和使用，在必要时可对其进行调换或辞退。

4) 项目组中的成员接受原单位负责人和项目经理的双重领导，可根据需要和可能为一个或多个项目服务，并可在项目之间调配。

(2) 矩阵制式项目组织优点

1) 兼有部门控制式和工作队式两种项目组织形式的优点，将职能原则和项目原则结合融为一体，而实现公司长期例行性管理和项目一次性管理的一致。

2) 能通过对人员的及时调配，以尽可能少的人力实现管理多个项目的高效率。

3) 项目组织具有弹性和应变能力。

(3) 矩阵制式项目组织缺点

1) 矩阵制式项目组织的结合部多，组织内部的人际关系、业务关系等都较复杂，需要依靠有力的组织措施和规章制度规范管理。若项目经理和职能部门负责人双方产生重大分歧难以统一时，还需公司领导出面协调。

2) 项目组织成员接受原单位负责人和项目经理的双重领导，当领导之间发生矛盾，意见不一致时，当事人将无所适从，影响工作。

3) 在双重领导下，若组织成员过于受控于职能部门时，将削弱其在项目上的凝聚力，影响项目组织作用的发挥。

4) 在项目施工高峰期，一些服务于多个项目的人员，可能应接不暇而顾此失彼。

5) 矩阵制式项目组织的结合部多、信息量大、沟通渠道复杂，容易引起信息流不畅或失真。

(4) 矩阵制式项目组织适用范围

1) 大型、复杂的施工项目，需要多部门、多技术、多工种配合施工；在不同施工阶段，对不同人员有不同的数量和搭配要求，宜采用矩阵制式项目组织形式。

2) 公司同时承担多个施工项目时，各项目对专业技术人才和管理人员都有需求。在矩阵制式项目组织形式下，职能部门就可根据需要和可能将有关人员派到一个或多个项目上去工作。

4. 事业部式项目组织

事业部式项目组织构成如图2-5所示。

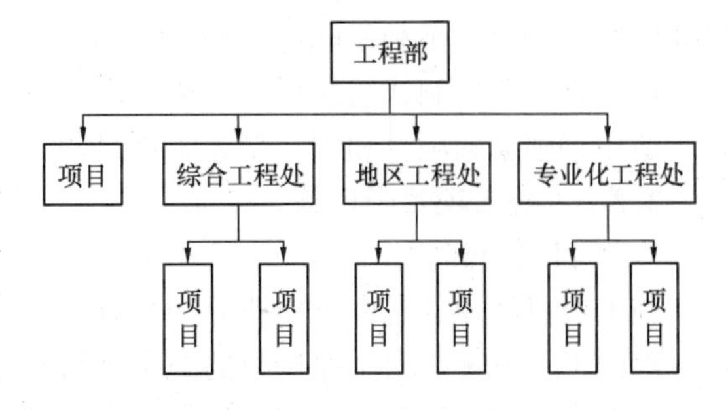

图2-5 事业部式项目组织形式示意图

(1) 事业部式项目组织特征

1) 事业部对企业来说是职能部门，对企业外有相对独立的经营权，可以是一个独立单位。事业部可以按地区设置，也可以按工程类型或经营内容设置。图2-5中工程部下的工程处，也可以按事业部对待。事业部能较迅速适应环境变化，提高企业的应变能力，调动部门积极性。当企业向大型化、智能化发展时，事业部式是一种很受欢迎的选择，既可以加强经营战略管理，又可以加强项目管理。

2) 在事业部下边设置项目经理部。项目经理由事业部选派，一般对事业部负责，有的可以直接对发包人负责，具体可根据其授权程度决定。

(2) 事业部式项目组织的优点

事业部式项目组织有利于延伸企业的经营能力，扩大企业的经营业务，便于开拓企业的业务领域，还有利于迅速适应环境变化以加强项目管理。

(3) 事业部式项目组织的缺点

按事业部式建立项目管理组织，企业对项目经理部的约束力减弱，协调指导的机会减少，故有时会造成企业结构松散，必须加强制度约束，加大企业的综合协调能力。

(4) 事业部式项目组织适用范围

事业部式组织适用于大型经营性企业的工程承包，特别是适用于远离公司本部的工程承包。需要注意的是：一个地区只有一个项目，没有后续工程时，不能设立地区事业部，也即它适宜于在一个地区内有长期市场或一个企业有多种专业化施工力量时采用。在此情况下，事业部与地区市场同寿命，地区没有项目时，该事业部应撤销。

5. 直线职能制组织形式

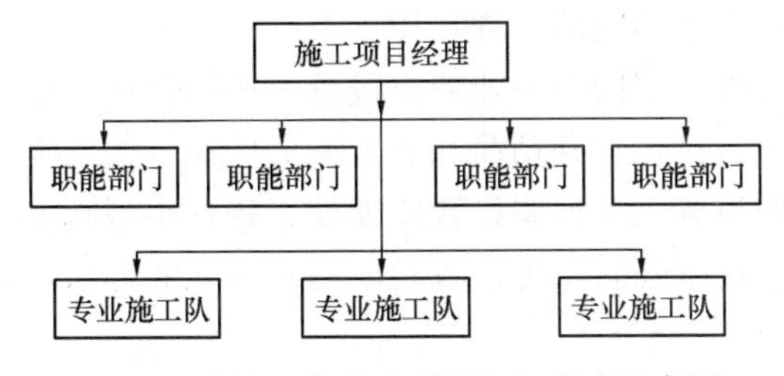

图2-6 直线职能制式项目组织形式示意图

直线职能式项目管理组织是指结构形式呈直线状且设有职能部门或职能人员的组织，每个成员（或部门）只受一位直接领导人指挥。直线职能制式项目组织构成如图2-6所示。

(1) 直线职能制式组织形式的特征

将企业管理机构和人员分为两类，一

类是直线指挥人员，他们拥有对下级指挥和命令的权力并对主管工作负责；另一类是参谋人员和职能机构，他们是直线指挥人员的参谋和助手，无权对下级发布命令进行指挥。

（2）直线职能制式组织形式的优点

保持了直线式权力集中和统一指挥的优点，各级行政领导有了相应的参谋和助手，可以发挥专业管理职能机构和人员的作用。

（3）直线职能制式组织形式的缺点

组织机构过多强调直线集中指挥，而专业职能机构的作用未能充分发挥，各专业职能之间的联系较差，不利于职能机构之间的沟通，不利于协调解决问题。

（4）直线职能制式组织形式适用范围

适用于独立的项目和中小型施工项目。

2.2.3 施工项目经理部

1. 项目经理部的作用

施工项目经理部是由公司或分公司委托授权代表企业履行工程承包合同，进行施工项目管理的工作班子，由企业授权的施工项目经理领导。施工项目经理部对施工项目从开工到竣工的全过程进行管理，在项目管理中起到主体作用。因而设计并组建一个好的施工项目经理部，使之正常有效地运营非常重要。

施工项目经理部的作用有：

（1）为施工项目经理决策提供信息，当好参谋，执行施工项目经理的决策意图，向施工项目经理全面负责。

（2）施工项目经理部对施工项目从开工到竣工的全过程实施管理，对作业层负有管理和服务的双重职能，其工作质量的好坏将对整个施工项目及作业层的工作质量有重大影响。

（3）施工项目经理部是代表企业履行工程承包合同的主体，是对最终建筑产品和建设单位全面负责，全过程负责的管理实体。

（4）施工项目经理部是一个项目团队，应具有团队精神，完成施工项目管理任务和专业管理任务；凝聚管理人员的力量，调动其积极性，促进管理人员的合作；协调部门之间、管理人员之间的关系，发挥每个人的岗位作用，为共同目标进行工作；贯彻组织责任制，搞好管理；及时沟通部门之间，项目经理部与作业层之间、与公司之间、与环境之间的信息。

2. 建立施工项目经理部的原则

（1）根据不同项目组织形式设置项目经理部。项目组织形式与企业对施工项目的管理方式有关，与企业对项目经理部的授权有关。不同的项目组织形式和不同的管理环境，对项目经理部的管理职责有不同要求，同时也提供了不同的管理环境。

（2）根据施工项目规模大小、技术复杂程度的不同和专业特点设置，按综合化、系统化设置部门、岗位成员，反映目标要求，分工协作，达到精简和有效率。例如，大型施工项目的施工项目经理部要设置职能部、处；中型施工项目要设置职能处、科；小型施工项目只要设置职能人员即可。当施工项目的专业性很强时，可设置相应的专业职能部门，如水电处、安装处等。

（3）项目经理部的人员配置上应适应施工现场的需要。施工项目经理部人员配备可考虑设专职或兼职，功能上应满足施工现场的计划与调度、技术与质量、成本与核算、劳务与物资、安全与文明施工的需要。不应设置经营与咨询、研究与发展、政工与人事等与项目施工关系较少的非生产性部门。

(4) 施工项目经理部是一个具有弹性的一次性工程管理组织，一般是在工程项目开工前组建，工程项目竣工交付后解体，不应成为一级固定组织。施工项目经理部不应有固定的管理队伍，而是根据施工需要，人员有进有出，及时优化调整，实行动态管理。

3. 施工项目经理部管理制度

施工项目管理制度是施工项目经理部为实现施工项目管理目标，完成施工任务，对例行性活动应遵循的方法、程序、要求及标准所作的规定，是根据国家和地方法规及上级部门的规定，制定的内部责任制度和规章制度。

(1) 建立施工项目经理部管理制度的原则

1) 制定施工项目管理制度必须贯彻国家法律法规、方针政策、标准规程等，且不得有抵触与矛盾。

2) 制订施工项目管理制度应符合项目施工管理需要，对施工过程中的行为活动应遵循的方法、程序、标准、要求作出明确规定，使各项工作有章可循；有关工程技术、计划、统计、核算、安全等各项制度要健全配套，形成完整体系。

3) 施工项目管理制度要有针对性，任何一项条款必须具体明确，文字简洁、可操作、可检查，管理制度之间不能产生矛盾。

4) 施工项目管理制度的颁布、修改、废除要有严格程序。项目制定的制度，由项目经理签字，报公司备案经公司经理批准后方可生效。

(2) 施工项目经理部管理制度的主要内容

施工项目经理部组建以后，首先进行的组织建设就是建立围绕责任、计划、技术、质量、安全、成本、核算、奖惩等方面的管理制度。其主要管理制度包括以下各项：

1) 施工项目管理人员的岗位责任制度

2) 施工项目技术管理制度

3) 项目质量管理制度

4) 项目安全管理制度

5) 项目计划、统计与进度管理制度

6) 项目成本核算制度

7) 项目材料、机械设备管理制度

8) 项目现场管理制度

9) 项目分配与奖励制度

10) 项目例会、施工日志与档案管理制度

11) 项目分包及劳务管理制度

12) 项目组织协调制度

13) 项目信息管理制度

4. 施工项目经理部的解体

企业工程管理部门是施工项目经理部组建、解体、善后处理工作的主管部门。当施工项目临近结尾时，项目经理部的解体工作即列入议事日程。其主要工作程序及内容包括：

以项目经理为组长成立善后工作小组；在施工项目全部竣工验收合格签字之日起15日内，提交解体申请报告；解聘工作业务人员；预留保修费用；处理剩余物资；处理债权债务；进行经济效益（成本）审计；业绩审计奖惩处理；有关纠纷裁决。

2.2.4 施工项目经理责任制

1. 施工项目经理

(1) 施工项目经理的地位

施工项目经理是指受企业委托和授权，在工程项目施工中担任项目经理职务，直接负责工程项目施工的组织实施者。项目经理是建筑工程施工项目的责任主体，对项目施工全过程全面负责，是企业法人代表在建筑工程项目上的委托代理人。施工项目经理在建筑施工项目管理中具有举足轻重的地位，是建筑施工项目管理成败的关键。

1) 施工项目经理是建筑企业法人代表在施工项目上的委托负责管理和合同履行的授权代理人，是建筑施工项目实施阶段的第一责任人。从施工企业内部看，施工项目经理是施工项目全过程所有工作的总负责人，是施工项目动态管理的体现者，是施工项目生产要素合理投入和优化组合的组织者；从对外方面看，作为施工企业法人代表的企业经理，不直接对每个建设单位负责，而是由施工项目经理在授权范围内对建设单位直接负责。由此可见，施工项目经理是项目目标的全面实现者，既要对建设单位的成果性目标负责，又要对施工企业效益性目标负责。

2) 施工项目经理是协调各方面关系，使之相互紧密协作、配合的桥梁和纽带。他对项目经理目标的实现承担着全部责任，即承担合同责任，履行合同义务，执行合同条款，处理合同纠纷，受法律的约束和保护。

3) 施工项目经理是各种信息的集散中心，自下、自外而来的信息，通过各种渠道汇集到项目经理的手中；项目经理又通过指令、计划和协议等，对上反馈信息，对下、对外发布信息。通过信息的集散达到控制的目的，使项目管理取得成功。

4) 施工项目经理是施工项目责任权利的主体。施工项目经理负责项目总体的组织管理，是项目中人、财、物、技术、信息和管理等所有生产要素的组织管理人。首先施工项目经理是建筑项目实施阶段的责任主体，是实现建筑项目目标的最高责任者，其责任是确定施工项目经理权力和利益的依据，其次，施工项目经理必须是施工项目的权利主体，权力是确保施工项目经理承担起责任的条件与手段，所以权利的范围，必须视施工项目经理责任的要求而定；另外，施工项目经理还必须是施工项目的利益主体，利益是施工项目经理工作的动力，是施工项目经理所负责任应得的报酬，其利益的形式和利益的多少应视施工项目经理的责任而定。

(2) 施工项目经理的职责、权限和利益

1) 施工项目经理的职责。签订和组织履行《施工项目管理目标责任书》；主持组建项目经理部和制定项目的各项管理制度；组织项目经理部编制施工项目管理实施规划；对进入现场的生产要素进行优化配置和动态管理；在授权范围内沟通与承包企业、协作单位、建设单位和监理工程师的联系，协调处理好各种关系，及时解决项目实施中出现的各种问题；进行授权范围内的利益分配；工程竣工后及时组织验收、结算和总结分析，接受审计；作好项目经理部的解体与善后工作；协助企业有关部门进行项目的检查、鉴定等有关工作。

2）施工项目经理的权限。参与项目招标的投标和合同签订；参与组建项目经理部；主要项目经理部工作；决定授权范围内的项目资金的投入与使用；制定内部计酬办法；参与选择和使用具有相应资质的分包人；参与选择物资供应单位；在授权范围内协调和处理与项目管理有关的内、外部关系；法定代表人授予的其他权力。

3）施工项目经理的利益。获得工资和奖励；项目完成后，按照项目管理目标责任书的规定，经审计后给予奖励或处罚；获得评优表彰、记功等奖励或行政处罚。

2. 施工项目经理责任制

（1）项目经理责任制的含义

施工项目经理责任制是施工企业制定的，以施工项目经理为责任主体，确保施工项目管理目标实现的责任制度。施工项目经理既是管理系统的中心，又是履行合同的主体。施工项目经理从施工项目开始到竣工验收交付使用，进行全过程管理，并在项目经理负责的前提下与企业签订项目管理目标责任书，实行成本核算，对质量、工期、成本、安全、文明等各项目标负责。

（2）施工项目经理责任制的作用

施工项目经理责任制的作用主要包括：建立和完善以施工项目管理为基点的适应市场经济的责任管理机制；明确项目经理与企业、职工三者之间的责、权、利、效关系；利用经济手段、法制手段对项目进行规范化、科学化管理；强化项目经理人的责任与风险意识，对工程质量、工期、成本、安全、文明施工等方面全面负责，全过程负责，促使施工项目高速、优质、低耗地全面完成。

（3）施工项目经理责任制应贯彻的原则

1）实事求是的原则。“项目管理目标责任书”制定形式和指标确定是责任制的重要内容，企业应力求从施工项目管理的实际出发，不搞“保险承包”，在指标的确定上应以先进水平为标准；不搞“一刀切”，不同的工程类型和施工条件，采取不同的经济技术指标，不同的职能人员实行不同的岗位责任制，力争做到平等竞争；不追求形式，对因不可抗力而导致施工项目管理目标责任难以实现的应及时调整，使每一位责任人都感到有风险压力，又能充满信心。

2）兼顾企业、建筑施工项目经理和职工三者利益的原则。在建筑施工项目经理责任制中，企业、项目经理和职工三者的根本利益是一致的。一方面施工项目责任制应把保证施工企业利益放在首位，另一方面，也应维护施工项目经理和职工的正当利益，特别是在确定个人收入基数时，切实贯彻按劳分配、多劳多得的原则。

3）责、权、利、效统一的原则。责、权、利、效的统一是施工项目经理责任制的一项基本原则。需要注意的是，必须把效益（即企业的经济效益和社会效益）放在重要地位。因为尽到了责任，获得了相应的权力和利益，不一定就必然会产生好的效益。责、权、利的结合最终应围绕企业的整体效益进行。

2.3 施工项目团队管理

2.3.1 项目团队的特征

项目团队是指为实现项目的目标由共同合作的若干成员组成的组织。项目团队具有以下特征：

（1）项目团队具有一定的目的性

项目团队的任务是完成项目的任务，实现项目的目标。项目团队在组建时，就被赋予了明确的目标，正是这一共同的目标，将所有成员凝聚在一起，形成了一个团队。

（2）项目团队是临时组织

项目团队是基于完成项目任务和项目目标而组建的，一旦项目任务完成，团队的使命也将告终，项目团队即可解散。

（3）项目团队强调合作精神

项目团队是一个整体，它按照团队作业的模式来实施项目，这就要求成员具有高度的合作精神，相互信任、相互协调。缺少团队精神会导致工作效率的低下，因此团队合作精神是项目成功的有力保障。

（4）项目团队成员的增减具有灵活性

项目团队在组建的初期，其成员可能较少，随着项目进展的需要，项目团队会逐渐扩大，而且团队成员的人选也会随着项目的发展而进行相应的调整。

（5）项目团队建设是项目成功的组织保障

项目团队建设包括对项目团队成员进行技能培训、人员的绩效考核以及人员激励等，这些是项目成功的可靠保证。

2.3.2 施工项目团队建设

施工项目团队建设应满足以下条件：

（1）为树立施工项目团队意识，建立施工团队时应做到：围绕项目目标形成和谐一致、高效运行的项目团队。建立协同工作的管理机构和工作模式。建立畅通的信息沟通渠道和各方面共享的信息工作平台，保证信息准确、及时和有效地传递。

（2）项目团队应有明确的目标、合理的运行程序和完善的工作制度。

（3）项目经理应对项目团队建设负责，培育团队精神，定期评估团队运作绩效，有效发挥和调动各成员的工作积极性和责任感。

（4）项目经理应通过表彰奖励、学习交流等多种方式和谐团队气氛，统一团队思想，营造集体观念，处理管理冲突，提高项目运作效率。

（5）项目团队建设应注重管理绩效，有效发挥个体成员的积极性，并充分利用成员集体的协作成果。

2.3.3 影响项目团队绩效的因素

项目团队绩效是指项目团队的工作效率以及取得的成果，它是决定项目成败的一个至关重要的因素。影响项目团队绩效的因素有很多，一般包括以下几个方面：

1. 团队精神

在开展项目时，项目团队是作为一个整体来进行工作的，因此，团队精神与项目团队的绩效是紧密联系在一起的，缺少团队精神会导致团队绩效下降。团队精神主要表现在：团队成员之间要相互信任、相互依赖、互助合作，全体成员具有统一的、共同的目标，团队成员具有平等的关系，要积极参与团队的各项工作，并且要进行自我激励和自我约束。

2. 项目经理

项目经理是项目团队中的最高领导，他应该正确地运用自己的权力和影响力，带领和指挥整个团队去实现项目目标。项目经理的经验、素质、能力、性格等都会对团队绩效产生一定的影响。

3. 团队目标的明确性

项目团队的目标就是实现项目的目标，团队成员应该了解项目的目标、项目的工作范围、成本预算、进度计划和质量标准等相关信息，才能对项目有大致的把握，明确自己的任务。项目成员如果不能对团队目标达成统一的认识，就会影响团队的绩效。

4. 信息沟通

信息沟通也会影响项目团队的绩效，团队成员通过畅通的渠道交流信息，可以减少不必要的误解，就某些问题达成共识，减少冲突，从而提高团队的工作绩效。如果在工作中团队成员之间缺乏沟通，或项目团队与外部信息交流不足，就会使团队绩效低下，这样就会影响整个团队的绩效。

5. 激励机制

建立激励机制有利于提高项目团队成员的工作积极性和工作热情，使他们全力投入工作，从而提高整个项目团队的工作效率。如果激励措施的力度不够，很可能会使团队成员出现消极的工作态度，工作效率低下，这样就会影响整个团队的绩效。

6. 团队的规章制度

项目团队的规章制度可以规范整个团队及其成员的工作和行为，为团队的高效运行提供制度保障。而一个无章可循的团队，其绩效通常也是十分低下的。

7. 团队成员职责明确性

团队成员必须明确各自的职责和工作，才能使团队绩效得到提高，如果团队的职责不清或团队在管理上存在着职责重复的问题，就会导致某些工作的延误，造成整个团队绩效下降。

8. 约束机制

约束机制可以针对团队成员的一些不良或错误行为形成制约，有利于项目团队绩效的提高。团队成员有时可能会有一些不利于团队发展的行为，如果得不到有效的制约，将会影响项目团队绩效的提高。

2.4　施工项目组织协调与沟通

2.4.1　施工项目组织协调

1. 组织协调的概念

由于施工项目生产活动的独特性，对产生的问题往往难以补救或虽可补救但后果严重，由于参与施工活动的人员往往是流动的，需要采取特殊的流水方式，组织工作量很大；由于施工在露天进行，工期又相对较长，需要的资源多，还由于施工活动涉及经济关系、技术关系、法律关系、行政关系和人际关系等，故工程承包项目管理中组织协调工作量更为艰难、复杂、多变，必须经过强化组织协调的办法才能保证施工顺利进行。

组织协调就是指以一定的组织形式、手段和方法，对项目中产生的关系不畅进行疏通，对产生的干扰和障碍予以排除的活动。

组织协调分为内部关系的协调、近外层关系的协调和远外层关系的协调，其目的是排除障碍，解决矛盾，保证项目目标的顺利实现。

2. 组织协调的内容

组织协调的内容应根据施工项目运行的不同阶段中出现的主要矛盾作动态调整。其基本内容包括以下几方面：

（1）人际关系协调，包括施工项目组织内部的人际关系，施工项目组织与关联单位的人际的协调。协调对象是相关工作结合部中人与人之间在管理工作中的联系和矛盾。

施工项目组织内部人际关系指项目经理部各成员之间、项目经理部成员与班组之间、班组相互之间的人员工作关系的总称。

施工项目组织与关联单位的人际关系是指项目组织成员与企业管理层管理人员和职能部门成员、近外层关系单位工作人员、远外层关系单位工作人员之间的工作关系的总称。

（2）组织关系的协调，是对施工项目组织内部各部门之间工作关系的协调，包括各部门之间的合理分工和有效协作。合理的分工能保证任务之间的平衡匹配，有效协作可以避免相互之间利益分割，同时又提高了工作效率。

（3）供求关系的协调，包括协调企业物资供应部门与施工项目经理部及生产要素供需单位之间的关系，是保证项目实施过程中所发生的人力、材料、机械设备、技术、资金、信息等生产要素供应的优质、优价和适时、适量，避免相互之间的矛盾，保证项目目标实现的重要条件。

（4）协作配合关系的协调，指与近外层关系的协作配合，内部各部门、各层次之间的协作关系的协调。

（5）约束关系的协调，包括法律、法规的约束关系的协调和合同约束关系的协调。

3. 施工项目内部关系的组织协调

（1）内部人际关系协调，施工项目内部人际关系的协调主要靠执行制度，做好思想工作，加强教育培训，提高人员素质，充分调动每个人的积极性等来实现。

（2）内部组织关系协调，施工项目中的组织形成了系统，系统内部各组成部分构成一定的分工协作和信息沟通关系。组织关系协调主要从以下几方面进行：

1）设置组织机构要以职能划分为基础，并要明确每个机构的职责。

2）要通过制度明确各机构在工作中的相互关系。

3）建立信息沟通制度，制定工作流程图。

4）根据矛盾冲突的具体情况及时灵活地加以解决，不使矛盾冲突扩大化。

（3）内部供求关系协调，施工中对人员、材料、机械设备、动力等需求是施工项目的资源保证。供求关系协调要做好以下工作：

1）做好供需计划的编制，计划的编制过程，就是生产要求与供应之间的平衡过程，用计划规定供应中的时间、规格、数量和质量。执行计划的过程，就是按计划供应的过程。

2）充分发挥调度系统和调度人员的作用，加强调度工作，排除障碍。

4. 施工项目近外层关系的组织协调

施工项目近外层关系都是合同涉及的关系或服务关系，应在平等的基础上进行协调。

（1）施工项目经理部与发包人关系的协调。两者之间的关系贯穿于施工项目管理的全过程。处理两者之间的关系主要是洽谈、签订和履行合同，协调的方法就是执行合同，有了纠纷，也以合同为解决依据。

（2）施工项目经理部与监理单位关系的协调

（3）施工项目经理部与设计人关系的协调

（4）施工项目经理部与供应人关系的协调

（5）施工项目组织与公用部门关系的协调

（6）施工项目组织与分包单位关系的协调

5. 施工项目组织与远外层关系的组织协调

远外层与项目组织不存在合同关系，关系的处理主要以法律、法规和社会公德为准绳，相互支持、密切配合、共同服务于项目目标。在处理关系和解决矛盾过程中，应充分发挥中介组织和社会管理机构的作用。

2.4.2　施工项目沟通管理

1. 施工项目沟通管理概述

（1）沟通管理含义

沟通就是信息的交流。项目沟通管理就是确保通过正式的结构和步骤，及时、适当地对项目信息进行收集、分发、储存和处理，并对非正式的沟通网络进行必要的控制，以利于项目目标的实现。项目沟通与协调的对象应是项目所涉及的内部和外部有关组织及个人，包括建设单位和勘察设计、施工、监理、咨询服务等单位以及其他相关组织。

项目利益相关者之间良好有效的沟通是组织效率的切实保证，而管理者与被管理者之间的有效沟通是任何管理艺术的精髓。

（2）项目管理沟通的方式

项目管理中的沟通方式可以从许多角度进行分类，主要有：

1）按信息流向不同可分为：双向沟通和单向沟通。双向沟通指信息发送者和接受者之间的位置不断交换，如交谈、谈判。其优点是沟通信息准确性较高，信息接受者有反馈信息的机会，但沟通速度较慢。单向沟通指一方只发送信息，另一方只接受信息，不需要信息反馈。

2）按组织层次分为：垂直沟通，即按照组织层次上下之间沟通，包括下级向上级反映意见，或上级向下级发布命令或指示，这种方式有利于项目经理掌握情况，也有利于集中领导；横向沟通，即同层次的组织单元之间的沟通。

3）正式沟通和非正式沟通。正式沟通是制度规定的沟通方法，正式沟通的结果常常具有法律效力，它不仅包括沟通的文件，而且包括沟通的过程，如命令、指示、文件、正式会议、法令、手册、简报、通知、公告等，以及上下级之间、同事之间的正式接触。其优点是沟通效果好，有约束力，易于保密；缺点是沟通速度慢。

非正式沟通是在正式沟通之外进行的信息传递与交流，如员工之间的私下交谈、小道消息等。它以社会关系为基础，超越了单位、部门及层次。其优点是沟通方便、速度快，可提供一些正式沟通难以提供的信息。其缺点是容易产生失真的信息，且产生与组织愿望违背的效果。

4）语言沟通和非语言沟通，语言沟通，即通过口头面对面沟通，如交谈、会谈、报告或演讲。面对面的语言沟通是最客观的，也是最有效的沟通。因为它可以进行即时讨论、澄清问题，理解和反馈信息。人们可以更准确、便捷地获取信息，特别是软信息。非语言沟通，即书面沟通，包括项目手册、建议、报告、计划、政策、信件、备忘录以及其他表达形式。

5）网络沟通，网络沟通可大大降低沟通成本，使沟通主体直观化，极大地缩小了信息存储空间，工作便利，安全性好，跨平台，容易集成。网络沟通的方式包括电话、电子邮件、网络会议及其他电子工具。

（3）沟通在工程项目管理中的作用

项目经理最重要的工作之一就是沟通。沟通在工程项目管理中的作用如下：

1）激励，良好的组织沟通，可以起到振奋员工士气，提高工作效率的作用。

2）创新，在有效的沟通中，沟通者互相讨论，启发共同思考、探索，往往能迸发创新的火花。

3）交流，沟通的一个重要职能就是交流信息，例如，在一个具体的建筑项目中，业主、设计方、施工方、监理方要通过定期的例会，以便各部门达成共识，更好地推进项目的进展。

4）联系，项目主管可通过信息沟通了解业主的需要，设备方的供应能力及其他外部环境信息。

5）信息分发，在信息社会中，获得信息的能力和对信息占有的数量及质量对于规避风险，管好项目是不可替代的。有不少项目缺乏效率甚至失败，就是因没有很好地管理项目的信息资源。所谓信息分发，就是把有效信息及时准确地分发给项目的利益相关者。

2. 工程项目沟通管理过程

在一个比较完整的沟通管理体系中，应该包含以下几个过程：沟通计划编制，信息分发，绩效报告，管理收尾。

（1）沟通计划编制

工程项目沟通计划是工程项目整体计划中的一部分，它决定项目利益相关者的信息沟通需求：谁需要什么信息，什么时候需要，怎样获得。

沟通计划的内容主要包括：

1）详细说明不同类别信息的生成、收集和归档方式，以及对先前发布材料的更新的纠正程序。

2）详细说明信息（状态报告、数据、进度计划、技术文档等）流程及其相应的发布方式。

3）信息描述，如格式、内容、详细程度以及应采取的准则。

4）沟通类型表。

5）各种沟通类型之间的信息获取方式。

6）随着项目的进展，更新和细化沟通管理计划的程序。

工程项目沟通计划编制的依据包括沟通要求、沟通技术、制约因素和假设。

1）沟通要求，是项目参加者的信息要求总和。项目沟通要求的信息一般包括：项目组织和各利益相关者之间的关系；该项目涉及的技术知识；项目本身的特点决定的信息特点；与项目组织外部的联系等。

2）沟通技术，即传递信息所使用的技术和方法。技术和方法很多，如何选择才能有效地、快捷地传递信息，取决于对信息要求的紧迫程度、技术的取得性和预期的项目环境等。

3）制约因素和假设，制约因素和假设是限制项目管理班子选择计划方案的因素，具有预测性，因此带有主观性，并使计划具有一定的不可预见因素。

4）沟通计划编制的结果包括：项目利益相关者分析结果，沟通计划文件。

（2）工程项目沟通管理要素

沟通过程就是发送者将信息通过选定的渠道传递给接收者的过程，沟通过程主要由以下六个要素构成：发送者；通道；接收者；信息反馈；障碍源；背景。

（3）沟通的技术方法

沟通的技术方法很多，主要包括：会议与个别交流，指示与汇报，书面与口头，内部刊物与宣传广告，意见箱与投诉站，技术方法等。其中技术方法包括：谈判，现代信息技术工具，执行情况报告及审查，偏差分析和趋势预测，语言。

（4）工程项目信息分发

信息分发就是把收集到的信息及时地传递到信息需求者手中。信息分发以项目计划的工作结果、沟通管理计划及项目计划为依据。

2.5　施 工 准 备 工 作

2.5.1　施工准备工作概述

为了保证工程项目顺利地施工，必须做好施工准备工作。施工准备工作是生产经营管理的重要组成部分，是对拟建工程目标、资源供应和施工方案的选择、空间布置和时间安排等诸方面进行施工决策的依据。

1. 施工准备工作的任务

基本建设工程项目的总程序是按照计划、设计和施工等几个阶段进行。施工阶段又分为施工准备、土建施工、设备安装和交工验收阶段。施工准备是基本建设施工的重要阶段之一。

施工准备工作的基本任务是为拟建工程的施工建立必要的技术和物资条件，统筹安排施工力量和施工现场。施工准备工作也是施工企业搞好目标管理，推行技术经济承包的重要依据。同时施工准备工作还是土建施工和设备安装顺利进行的根本保证。因此认真地做好施工准备工作，对于发挥企业优势、合理供应资源、加快施工速度、提高工程质量、降低工程成本、增加企业经济效益、赢得企业社会信誉、实现企业管理现代化等具有重要的意义。

2. 工程项目施工准备工作的分类

（1）按工程项目施工准备工作的范围不同分类

按工程项目施工准备工作的范围不同，一般可分为全场性施工准备、单位工程施工条件准备和分部（项）工程作业条件准备等三种。

全场性施工准备：它是以一个建筑工地为对象而进行的各项施工准备。其特点是它的施工准备工作的目的、内容都是为全场性施工服务的。它不仅要为全场性的施工活动创造有利条件，而且要兼顾单位工程施工条件的准备。

单位工程施工条件准备：它是以一个建筑物或构筑物为对象而进行的施工条件准备工

作。其特点是它的准备工作的目的、内容都是为单位工程施工服务的。它不仅为该单位工程在开工前做好一切准备，而且要为分部（项）工程做好施工准备工作。

分部（项）工程作业条件的准备：它是以一个分部（项）工程或冬雨季施工为对象而进行的作业条件准备。

（2）按拟建工程所处的施工阶段的不同分类

按拟建工程所处的施工阶段不同，一般可分为开工前的施工准备和各施工阶段前的施工准备等两种。

开工前的施工准备：它是在拟建工程正式开工之前所进行的一切施工准备工作。其目的是为拟建工程正式开工创造必要的施工条件。它既可能是全场性的施工准备，又可能是单位工程施工条件的准备。

各施工阶段前的施工准备：它是在拟建工程开工之后，每个施工阶段正式开工之前所进行的一切施工准备工作。其目的是为施工阶段正式开工创造必要的施工条件。如混合结构的民用住宅的施工，一般可分为地下工程、主体工程、装饰工程和屋面工程等施工阶段，每个施工阶段的施工内容不同，所需要的技术条件、物质条件、组织要求和现场布置等方面也不同，因此在每个施工阶段开工之前，都必须做好相应的施工准备工作。

综上所述，不仅在拟建工程开工之前要做好施工准备工作，而且随着工程施工的进展，在各施工阶段开工之前也要做好施工准备工作。施工准备工作既要有阶段性，又要有连续性。因此，施工准备工作必须有计划、有步骤、分期和分阶段地进行，要贯穿拟建工程整个建造过程。

2.5.2 施工准备工作的内容

施工准备工作的内容通常包括：技术准备、物资准备、劳动组织准备、施工现场准备和施工场外准备工作。

1. 技术准备

技术准备是施工准备工作的核心。由于任何技术的差错或隐患都可能引起人身安全和质量事故，造成生命、财产和经济的巨大损失，因此必须认真地做好技术准备工作。其内容主要有：熟悉与审查施工图纸、原始资料调查分析、编制施工图预算和施工预算、编制施工组织设计。

（1）熟悉与审查施工图纸

1）审查拟建工程的地点、建筑总平面图同国家、城市或地区规划是否一致，以及建筑物或构筑物的设计功能和使用要求是否符合卫生、防火及美化城市方面的要求；

2）审查设计图纸是否完整、齐全，以及设计图纸和资料是否符合国家有关基本建设的设计、施工方面的方针和政策；

3）审查设计图纸与说明书在内容上是否一致，以及设计图纸与其各组成部分之间有无矛盾和错误；

4）审查建筑图与其结构图在几何尺寸、坐标、标高、说明等方面是否一致，技术要求是否正确；

5）审查工业项目的生产工艺流程和技术要求，掌握配套投产的先后次序和相互关系，以及设备安装图纸与其相配合的土建施工图纸在坐标、标高上是否一致，掌握土建施工质量是否满足设备安装的要求；

6）审查地基处理与基础设计同拟建工程地点的工程地质、水文地质等条件是否一致，以及建筑物与地下构筑物、管线之间的关系；

7）明确拟建工程的结构形式和特点；复核主要承重结构的强度、刚度和稳定性是否满足要求；审查设计图纸中的工程复杂、施工难度大和技术要求高的分部（项）工程或新结构、新材料、新工艺，明确现有施工技术水平和管理水平能否满足工期和质量要求，拟采取可行的技术措施加以保证；

8）明确建设期限，分期分批投产或交付使用的顺序和时间；明确工程所用的主要材料、设备的数量、规格、来源和供货日期；

9）明确建设、设计和施工单位之间的协作、配合关系；明确建设单位可以提供的施工条件。

熟悉与审查设计图纸的程序通常分为自审阶段、会审阶段和现场签证三个阶段。

设计图纸的自审阶段。施工企业收到拟建工程的设计图纸和有关设计资料后，应尽快地组织有关工程技术人员熟悉和自审图纸，写出自审图纸的记录。自审图纸的记录应包括对设计图纸的疑问和对设计图纸的有关建议。

设计图纸的会审阶段。一般由建设单位主持，由设计单位和施工单位参加，三方进行设计图纸的会审。图纸会审时，首先由设计单位的工程主设计人向与会者说明拟建工程的设计依据、意图和功能要求，并对特殊结构、新材料、新工艺和新技术说明设计要求。然后施工单位根据自审记录以及对设计意图的了解，提出对设计图纸的疑问和建议。最后在统一认识的基础上，对所研讨的问题逐一地做好记录，形成“图纸会审纪要”，由建设单位正式行文，参加单位共同会签、盖章，作为与设计文件同时使用的技术文件和指导施工的依据，同时也是建设单位与施工单位进行工程结算的依据。

设计图纸的现场签证阶段。在拟建工程施工的过程中，如果发现施工的条件与设计图纸的条件不符，或者发现图纸中仍然有错误，或者因为材料的规格、质量不能满足设计要求，或者因为施工单位提出了合理化建议，需要对设计图纸进行及时修改时，应遵循技术核定和设计变更的签证制度，进行图纸的施工现场签证。如果设计变更的内容对拟建工程的规模、投资影响较大时，要报请项目的原批准单位批准。施工现场的图纸修改、技术核定和设计变更资料，都要有正式的文字记录，归入拟建工程施工档案，作为指导施工、竣工验收和工程结算的依据。

（2）原始资料调查分析

为了做好施工准备工作，除了要掌握有关拟建工程方面的资料外，还应该进行拟建工程的实地勘测和调查，获得有关数据的第一手资料，这对于拟定一个先进合理、切合实际的施工组织设计是非常必要的，因此应该做好以下几个方面的调查分析：

1）自然条件调查分析

建设地区自然条件的调查分析主要内容有：地区水准点和绝对标高等情况；地质构造、土的性质和类别、地基土的承载力、地震级别和烈度等情况；河流流量和水质，最高洪水和枯水期的水位等情况；地下水位的高低变化情况，含水层的厚度、流向、流量和水质等情况；气温、雨、雪、风和雷电等情况；土的冻结深度和冬雨季的期限等情况。

2）技术经济条件调查分析

建设地区技术经济条件调查分析的主要内容有：地方建筑施工企业的状况；水、电、气供应情况；施工现场的动迁状况；当地可利用的地方材料状况；国拨材料供应状况；地方能源和交通运输状况；地方劳动力和技术水平状况；当地生活供应、教育和医疗卫生状况，当地消防、治安状况和参加施工单位的力量状况等。

（3）编制施工图预算和施工预算

1）编制施工图预算

施工图预算是技术准备工作的主要组成部分之一，它是按照施工图确定的工程量，施工组织设计所拟定的施工方法，建筑工程预算定额及其取费标准，由施工单位主持编制的确定建筑安装工程造价的经济文件。它是施工企业签订工程承包合同、工程结算、建设银行拨付工程价款、进行成本核算、加强经营管理等方面工作的重要依据。

2）编制施工预算

施工预算是根据施工图预算、施工图纸、施工组织设计或施工方案、施工定额等文件进行编制的。它直接受施工图预算的控制。它是施工企业内部控制各项成本支出、考核用工、“两算”对比、签发施工任务单、限额领料、基层进行经济核算的依据。

（4）编制施工组织设计

编制施工组织设计是施工准备工作的重要组成部分。施工组织设计是指导施工现场全部生产活动的技术经济文件。建筑施工生产活动的全过程是非常复杂的物质财富再创造过程。为了正确处理人与物、主体与辅助、工艺与设备、专业与协作、供应与消耗、生产与储存、使用与维修以及它们在空间布置、时间排列之间的关系，必须根据拟建工程的规模、结构特点和建设单位的要求，在原始资料调查分析的基础上，编制出一份能切实指导该工程全部施工活动的施工组织设计。

2. 物资准备

材料、构（配）件、制品、机具和设备是保证施工顺利进行的物资基础，这些物资的准备工作必须在工程开工之前进行。根据各种物资的需要量计划，分别落实货源，组织运输和安排储备，使其保证连续施工的需要。

物资准备工作主要包括建筑材料的准备、构（配）件和制品的加工准备、机具的准备和生产工艺设备的准备。

（1）建筑材料的准备

建筑材料的准备主要是根据施工预算的工料分析，按照施工进度计划的使用要求、材料储备定额和消耗定额，分别按材料名称、规格、使用时间进行汇总，编制出材料需要量计划。为组织备料，确定仓库、堆放场地所需的面积和组织运输等提供依据。

（2）构（配）件、制品的加工准备

根据施工预算提供的构（配）件、制品的名称、规格、质量和消耗量，确定加工方案和供应渠道以及进场后的储存地点和方式。编制出其需要量计划，为组织运输、确定堆场面积等提供依据。

（3）建筑安装机具的准备

根据采用的施工方案和安排的施工进度，确定施工机械的类型、数量和进场时间，确定施工机具的供应办法和进场后的存放地点和方式。编制建筑安装机具的需要量计划，为组织运输、确定存放场地面积等提供依据。

（4）生产工艺设备的准备

按照拟建工程生产工艺流程及工艺设备的布置图，提出工艺设备的名称、型号、生产能力和需要量；按照设备安装计划确定分期分批进场时间和保管方式。编制工艺设备需要量计划，为组织运输、确定存放和组装场地面积提供依据。

3. 劳动组织准备

劳动组织准备的范围，既有整个建筑施工企业的劳动组织准备，也有大型综合建设项目的工区级劳动组织准备，还有单位工程的工地级劳动组织准备。这里仅以一个单位工程为例，说明其劳动组织准备工作的内容。

（1）建立工地级劳动组织的领导机构

施工组织机构的建立应遵循以下的原则：根据工程的规模、结构特点和复杂程度，确定劳动组织的领导机构名额和人选，坚持合理分工与密切协作相结合的原则，把有施工经验、有创新精神、工作效率高的人选入领导机构；认真执行因事设职、因职选人的原则。

（2）建立精干的施工队组

施工队组的建立，要认真考虑专业工种的合理配合，技工和普工的比例要满足合理的劳动组织要求。按组织施工方式的要求，确定建立混合施工队组或是专业施工队组及其数量。组建施工队组要坚持合理、精干的原则，同时制定出该工程的劳动力需要量计划。

（3）集结施工力量和组织劳动力进场

工地的领导机构确定之后，按照开工日期和劳动力需要量计划，组织劳动力进场。同时要进行安全、防火和文明施工等方面的教育，并安排好职工的生活。

（4）向施工队组、工人进行施工组织设计和技术交底

进行施工组织设计和技术交底的目的是把拟建工程的设计内容、施工计划和施工技术要求等，详尽地向施工队组和工人讲解说明。这是落实计划和技术责任制的必要措施。

施工组织设计和技术交底的时间在单位工程或分部（项）工程开工前及时进行，以保证工程严格地按照设计图纸、施工组织设计、安全操作规程和施工验收规范等要求进行施工。

施工组织设计和技术交底的内容有：工程的施工进度计划、月（旬）作业计划；施工组织设计，尤其是施工工艺、质量标准、安全技术措施，降低成本措施和施工验收规范的要求；新结构、新材料、新技术和新工艺的实施方案和保证措施；图纸会审中所确定的有关部位的设计变更和技术核定等事项。交底工作应该按照管理系统逐级进行，由上而下直到工人队组。交底的方式有书面形式、口头形式和现场示范形式等。

在施工组织设计和技术交底后，队组工人要认真进行分析研究，弄清工程关键部位、操作要领、质量标准和安全措施，必要时应该根据示范交底，进行练习，并明确任务，做好分工协作安排，同时建立健全岗位责任制和保证措施。

（5）建立健全各项管理制度

工地的各项管理制度是否建立、健全，直接影响着各项施工活动的顺利进行。无章可循是危险的，有章不循其后果也是不会好的。为此必须建立、健全工地的各项管理制度。通常包括：施工图纸学习与会审制度、技术责任制度、技术交底制度、工程技术档案管理制度、材料构配件和制品检查验收制度、材料出入库制度、机具使用保养制度、职工考勤和考核制度、安全操作制度、工程质量检查与验收制度、工地及班组经济核算制度等。

4. 施工现场准备

施工现场是施工的全体参加者为夺取优质、高速、低消耗的目标，而有节奏、均衡连续地进行施工的活动空间。施工现场的准备工作，主要是为工程的施工创造有利的施工条件和物资保证。其具体内容如下：

（1）做好施工场地的控制网测量

按照设计单位提供的建筑总平面图及给定的永久性经纬坐标控制网和水准控制基桩，进行场区施工测量，设置场区的永久性经纬坐标、水准基点和建立场区工程测量控制网。

（2）搞好“三通一平”

“三通一平”是指路通、水通、电通和平整场地。

路通：施工现场的道路是组织物资运输的动脉。工程开工前，必须按照施工总平面图的要求，修好施工现场的永久性道路（包括场区铁路、场区公路）以及必要的临时性道路，形成完整畅通的运输道路网，为物资运进场地和堆放创造有利条件。

水通：水通是施工现场的生产和生活不可缺少的条件。工程开工之前，必须按照施工总平面图的要求，接通施工用水和生活用水的管线，使其尽可能与永久性的给水系统结合起来。做好地面排水系统，为施工创造良好的环境。

电通：电是施工现场的主要动力来源。工程开工前，要按照施工组织设计的要求，接通电力和电讯设施，并做好蒸汽、压缩空气等其他能源的供应，确保施工现场动力设备和通信设备的正常运行。

平整场地：按照建筑施工总平面图的要求，首先拆除地上妨碍施工的建筑物或构筑物，然后根据建筑总平面图规定的标高和土方竖向设计图纸，计算土方工程量，确定平整场地的施工方案，进行平整场地的工作。

（3）做好施工现场的补充勘探

对施工现场做补充勘探是为了进一步寻找枯井、防空洞、古墓、地下管道、暗沟和枯树根等，以便及时拟订处理方案，并实施。保证基础工程施工的顺利进行和消除隐患。

（4）搭设临时设施

按照施工总平面图的布置，建造临时设施，为正式开工准备生产、办公、生活和仓库等临时用房，以及设置消防保安设施。

（5）组织施工机具进场、组装和保养

按照施工机具需要量计划，组织施工机具进场。根据施工总平面图，将施工机具安置在规定的地点或仓库。对于固定的机具要进行就位、搭棚、组装接电源、保养和调试等工作。对所有施工机具都必须在开工之前进行检查和试运转。

（6）做好建筑材料、构（配）件和制品储存堆放

按照建筑材料、构（配）件和制品的需要量计划组织进场，根据施工总平面图规定的地点和方式进行储存和堆放。

（7）提供建筑材料的试验申请计划

按照建筑材料的需要量计划，及时提出建筑材料的试验申请计划。如钢材的机械性能和化学成分试验；混凝土或砂浆的配合比和强度试验等。

（8）做好新技术项目的试制和试验

对施工中新技术项目，按照有关规定和资料，认真进行试制和试验，为正式施工积累经验和培训人才。

（9）做好冬雨季施工准备

按照施工组织设计的要求，落实冬雨季施工的临时设施和技术措施。

5. 施工场外准备

施工准备除了施工现场内部的准备工作外，还有施工现场外的准备工作。其具体内容如下：

（1）材料设备的加工和订货

建筑材料、构（配）件和建筑制品大部分都必须外购，尤其工艺设备需要全部外购。这样，准备工作中必须与有关加工厂、生产单位、供销部门签订供货合同，保证及时供应。这对于施工单位的正常生产是非常重要的。此外，还应做好施工机具的采购和租赁工作，与有关单位或部门签订供销合同或租赁合同，也是必须做的准备工作。

（2）做好分包工作

由于施工单位本身的力量和施工经验所限，有些专业工程的施工，如大型土石方工程、结构安装工程以及特殊构筑物工程的施工，必需实行分包，或分包给有关单位施工，效益更佳。这就必须在施工准备工作中，按原始资料调查中了解的有关情况，选定理想的协作单位。根据欲分包工程的工程量、完成日期、工程质量要求和工程造价等内容，与其签订分包合同，保证按时完成。

（3）向主管部门提交开工申请报告

在进行材料、构（配）件及设备的加工订货和进行分包工作、签订分包合同等施工场外准备工作的同时，应该及时地填写开工申请报告，并上报主管部门，等待批准。

2.5.3　施工平面图设计

施工平面图设计是施工项目管理规划及施工组织设计中的一项重要设计内容，是施工项目管理的一项特殊内容，它与施工方案、施工进度及资源计划等相互影响，是施工项目现场管理、实现文明施工的依据。施工平面图设计是对施工项目进行的空间规划。科学合理的施工平面图设计使施工现场秩序井然，从而保证工程施工顺利进行，提高施工生产效率，降低施工成本，同时对工程质量和施工安全等方面的管理起着十分关键的作用。

根据施工项目范围的大小，施工平面图设计可分为施工总平面图设计和单位工程施工平面图设计。施工总平面图是工程项目施工场地总平面布置图，是施工部署在施工现场空间上的反映。它按照施工方案和施工进度要求，对施工现场的道路交通、材料仓库、附属企业、临时房屋、临时水电管线等作出合理的规划布置，从而正确处理全工地施工期间所需各项临时设施和永久建筑、拟建工程之间的空间关系。单位工程施工平面图是对一个建筑物或构筑物的施工现场的平面规划和空间布置图。它是根据工程规模与特点、施工现场的条件以及施工方法与施工机械选择的结果，按照一定设计原则，正确地解决施工期间所需各种临时设施与现场永久性建筑、拟建工程之间的位置关系。

1. 施工总平面图设计的内容

施工总平面图的设计主要是配合施工项目管理规划大纲或施工组织总设计进行的，其内容应反映整个建设项目施工的主要配套设施，是对全工地的总体规划，着重考虑为各个单项（位）工程施工服务。许多规模较大的建设项目，施工工期很长，随着工程的进展，施工现场的面貌将不断改变，这种情况下，应按不同阶段分别绘制施工总平面图，或根据实际变化情况对其进行调整和修改，以适应不同阶段的需要。施工总平面图设计的主要内容包括：

（1）建设项目总平面图上的一切地上、地下已有的和拟建的建筑物、构筑物以及其他设施的平面位置与尺寸，永久性、半永久性测量放线标桩（水准点、坐标点、高程点、沉降观测点）位置。

（2）为全工地施工服务的临时设施的布置，包括：

1）施工用地范围和各种施工道路；

2）加工厂、制备站及机械化装置的位置；

3）各种建筑材料、半成品、构件的仓库和生产工艺设备的主要堆场、取土弃土位置；

4）行政管理用房、宿舍、文化生活福利设施等临时建筑物；

5）水源、电源、临时给排水管线和供电线路及动力设施；

6）机械站、车库位置；

7）一切安全及防火设施。

2. 施工总平面图设计的原则

（1）在保证顺利施工的前提下，布置紧凑合理，尽量减少施工用地面积；

（2）合理组织运输，尽量降低运输费用，保证运输方便通畅，减少二次搬运，合理布置仓库、附属企业和运输道路，并使其尽量靠近需用中心；

（3）施工区域的划分和场地的确定应符合施工流程要求，尽量减少专业工种和各单项工程之间的干扰；

（4）充分利用各种永久性建筑物、构筑物、管线、道路，利用暂缓拆除的原有设施为施工服务，减少临时设施的费用支出，从而降低施工成本；

（5）各种生产生活设施应便于工人的生产生活；

（6）满足安全、防火、劳动保护、环境保护等方面的要求；

（7）尽量减少对社会、企业等周围环境的影响。

3. 单位工程施工平面图设计的内容

单位工程施工平面图是针对单位工程进行设计的。如果该单位工程是建设项目中的一个组成部分，那么单位工程施工平面图是施工总平面图在该单位工程的深化，也应受到施工总平面图的约束和限制。如果工程项目只有一个建筑物（或构筑物）及少数附属工程，在这种情况下，单位工程施工平面图的设计一般独立进行。单位工程施工平面设计的主要内容包括：

（1）拟建工程及其周围的永久性建筑物（构筑物）、其他设施的平面位置和尺寸；

（2）测量放线标桩位置、地形等高线和土方取弃场地；

（3）垂直运输设备：自行式起重机的开行路线、固定式垂直运输设备的位置及回转半径；

（4）各种生产临时设施，包括加工厂，搅拌站，材料、加工半成品、构件、机具的仓库或堆场，钢筋加工棚、木工房等；

（5）办公、生活福利设施的布置；

（6）临时道路，可利用的永久性或原有道路，及其与场外交通的连接；

（7）临时给排水管线、供电线路、蒸汽及压缩空气管道等布置；

（8）一切安全及防火设施的位置。

其中（4）、（5）两项中的一些内容，如果已在施工总平面中设计，则单位工程施工平面图中就不予考虑。单位工程施工平面图应根据施工各个阶段的特点以及工地条件的变化，及时进行调整和修正，以便满足不同施工阶段的需要。

4. 单位工程施工平面图设计的原则

单位工程施工平面图设计的基本出发点是满足施工要求，保证安全施工，同时尽可能降低施工成本，提高经济效益。单位工程施工平面图的设计原则与施工总平面图的设计原则基本一致，可归纳为以下四个方面：

（1）根据施工现场条件，结合施工方案和施工进度的要求，合理布置施工平面，要求占地省，方便施工，有利于现场管理；

（2）尽量利用现场已有或拟建的房屋和各种管线，使临时工程量最小；

（3）最大限度缩短场地内部运输距离，尽可能避免两次搬运；

（4）符合安全、劳动保护、消防、环保、卫生、市容等国家及地方法规的有关要求。

复习思考题

1. 施工项目管理目标是什么？
2. 施工项目部署的内容包括什么？
3. 简述施工项目组织机构设置的原则和程序。
4. 施工项目组织的形式有哪几种？特点是什么？
5. 项目经理部的作用有哪些？
6. 施工项目经理的责任有哪些？
7. 组织协调的内容有哪些？
8. 简述沟通管理的过程。
9. 施工准备工作的内容包括哪些？
10. 施工平面图设计的原则是什么？
11. 简述单位工程施工平面图设计的内容和步骤。
12. 简述施工总平面图设计的内容和步骤。

第3章　施工项目进度管理

3.1　流 水 施 工 原 理

3.1.1　流水施工概述

1. 流水施工的概念与特点

施工组织方式通常有依次施工、平行施工和流水施工三种。实践证明，流水施工是最有效的科学组织方法。

流水施工是指施工时，将施工任务分解为若干个施工过程，将拟建工程划分为若干个施工段，组织若干个专业工作队（班组），按照一定的施工顺序和时间间隔先后在工作性质相同的施工区域中依次连续地施工作业的一种施工组织方式。

流水施工的特点：

（1）科学利用工作面，争取时间，合理压缩工期；

（2）工作队实现专业化施工，有利于工作质量和工作效率的提高；

（3）工作队和机械设备连续作业，同时使相邻工作队的开工时间实现最大限度的搭接，从而减少窝工和其他支出，降低建造成本；

（4）单位时间内资源投入量较均衡，有利于资源的组织与供应。

2. 流水施工的表达方式

流水施工的表达方法，一般有横道图和网络图两种，其中横道图具有绘图简单，形象直观，使用方便的特点，因此被广泛用于表达流水施工进度计划。

横道图中的横向表示时间进度，纵向表示施工过程或专业施工队，带有编号的圆圈表示施工项目或施工段的编号。表中的横道线条的长度表示计划中的各项工作（施工过程、工序或分部工程、工程项目等）的作业持续时间，表中的横道线条所处的位置则表示各项工作的作业开始和结束时刻。如图3-1是用横道图表示的某分项工程的施工进度计划。

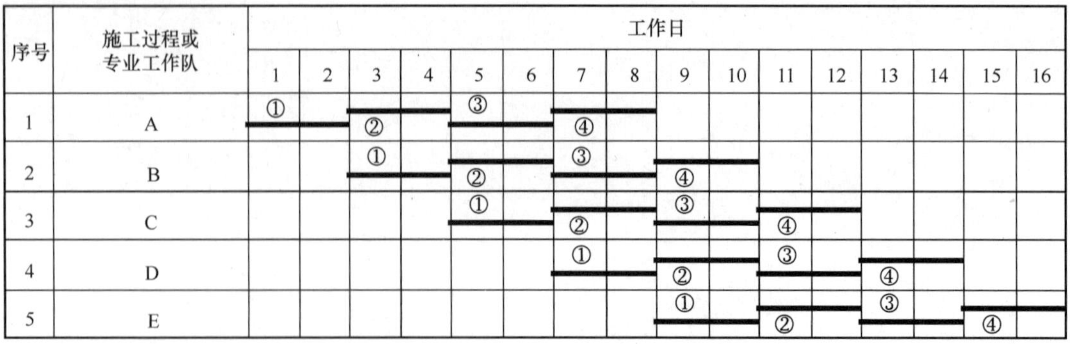

序号	施工过程或专业工作队	工作日															
		1	2	3	4	5	6	7	8	9	10	11	12	13	14	15	16
1	A	①		②		③		④									
2	B			①		②		③		④							
3	C					①		②		③		④					
4	D							①		②		③		④			
5	E									①		②		③		④	

图3-1　某分项工程的横道图

3.1.2 流水施工参数

流水施工参数是影响流水施工组织的节奏和效果的重要因素，是用以表达流水施工在工艺流程、时间安排及空间布局方面开展状态的参数。在施工组织设计中，一般把流水施工参数分为三类，即工艺参数、空间参数和时间参数。

1. 工艺参数

工艺参数是用以表达流水施工在施工工艺方面的进展状态的参数，包括施工过程数和流水强度。

（1）施工过程数 n

一个施工项目的施工任务可以划分为若干个施工过程来进行。施工过程所包含的施工内容，既可以是分部工程也可以是分项工程，或者是单项工程或单位工程。施工过程数用 n 来表示，施工过程的多少与施工进度计划的作用、工程复杂程度和施工工艺等因素有关。

根据工艺性质不同，施工过程可以分为制备类、运输类和砌筑安装类三类施工过程。其中，制备类施工过程是指为制造建筑制品或为提高建筑制品的加工能力而形成的施工过程。如钢筋的成型、构配件的预制以及砂浆和混凝土的制备过程；运输类施工过程是指把建筑材料、制品和设备等运到工地仓库或施工操作地点而形成的施工过程；砌筑安装类施工过程。它是指在施工对象的空间上，进行工程建设产品最终加工形成的施工过程。例如房屋建筑施工中的砌筑工程、浇筑混凝土工程、安装工程和装饰工程等施工过程；再如公路工程的路基工程、路面工程等。

在三类施工过程中，砌筑安装类施工过程占有主导地位，直接影响工期的长短，必须列入施工进度计划表。而制备类施工过程和运输类施工过程一般不占有施工对象的工作面，不影响工期，一般不列入流水施工进度计划表；只有当它们与砌筑安装类施工过程之间发生直接联系，占有工作面，对工期造成影响时，才列入流水施工进度计划表。例如单层装配式钢筋混凝土结构的工业厂房施工中的大型构件的现场预制施工过程，以及边运输边吊装的构件运输施工过程。

根据作用不同，施工过程可以分为主导施工过程和穿插施工过程。其中主导施工过程直接影响工期，一般安排连续施工。如墙体砌筑。穿插施工过程是伴随主导施工过程而进行的施工过程，如窗过梁安装。

施工过程数 n 是流水施工的主要参数之一，对于一个单位工程，n 并不一定等于计划中包括的所有施工工程数。因为并不是所有的施工过程都能够按照流水方式组织施工，可能只有其中的某些阶段可以组织流水施工。所以，流水参数中的施工过程数 n 是指参与该阶段流水施工的施工过程的数目，一般是主导施工过程的数目。

（2）流水强度 σ

流水强度是指流水施工的每一施工过程在单位时间内完成工程量的数量，又称为生产能力，用 σ 表示。流水强度主要与选择的施工机械或参与作业的人数有关，可以分为两种情况来计算。

1）机械作业施工过程的流水强度

$$\sigma = \sum_{i=1}^{\lambda} R_i S_i \tag{3-1}$$

式中 R——某种主导施工机械的台数；

S——该种主导施工机械的产量定额；

λ——该施工过程所用主导施工机械的类型数。

2）人工作业施工过程的流水强度

$$\sigma = RS \tag{3-2}$$

式中 R——参加作业的人数；

S——人工产量定额。

流水强度关系到专业工作队的组织。因此，只有合理确定流水强度，才能有效地组织流水施工。

2. 空间参数

空间参数是指在组织流水施工时，用以表达流水施工在空间上开展状态的参数，主要包括：工作面、施工段和施工层。

（1）工作面

工作面是指安排专业工人进行操作或者布置机械设备进行施工所需的活动空间。工作面根据专业工种的计划产量定额和安全施工技术规程等来进行确定。工作面反映的是工人操作、机械运转在空间上布置的具体要求。通常关注最小工作面的数值。因为，小于该数值时工作就无法正常进行。因此，最小工作面所对应安排的施工人数和机械数的台数就是专业工作队和施工机械数量的上限值。建筑工程项目中主要专业工种的工作面常用参考数据如表 3-1 所示。

主要工种工作面参考数据表 **表 3-1**

工 作 项 目	每个技工的工作面		说 明
砖 基 础	7.6	m/人	以 1½砖计 2 砖乘以 0.8 3 砖乘以 0.5
砌 砖 墙	8.5	m/人	以 1½砖计 2 砖乘以 0.71 3 砖乘以 0.57
毛石墙基	3	m/人	以 60cm 计
毛 石 墙	3.3	m/人	以 40cm 计
混凝土柱、墙基础	8	m^3/人	机拌、机捣
混凝土设备基础	7	m^3/人	机拌、机捣
现浇钢筋混凝土柱	2.5	m^3/人	机拌、机捣
现浇钢筋混凝土梁	3.20	m^3/人	机拌、机捣
现浇钢筋混凝土墙	5	m^3/人	机拌、机捣
现浇钢筋混凝土楼板	5.3	m^3/人	机拌、机捣
预制钢筋混凝土柱	3.6	m^3/人	机拌、机捣
预制钢筋混凝土梁	3.6	m^3/人	机拌、机捣
预制钢筋混凝土屋架	2.7	m^3/人	机拌、机捣
预制钢筋混凝土平板、空心板	1.91	m^3/人	机拌、机捣

续表

工 作 项 目	每个技工的工作面		说 明
预制钢筋混凝土大型屋面板	2.62	m^3/人	机拌、机捣
混凝土地坪及面层	40	m^2/人	机拌、机捣
外墙抹灰	16	m^2/人	
内墙抹灰	18.5	m^2/人	
卷材屋面	18.5	m^2/人	
防水水泥砂浆屋面	16	m^2/人	
门窗安装	11	m^2/人	

(2) 施工段 m

施工段是指将施工对象在平面上划分为若干个劳动量大致相等的施工区段。通常用 m 来表示施工段的数目。

在同一时间内，一个施工段只容纳一个专业工作队施工，不同的专业工作队在不同的施工段上可以平行进行施工作业。通常考虑遵循如下原则划分施工段。

1) 为了保证流水施工的连续、均衡，划分的各个施工段上，同一专业工作队的劳动量应大致相等，相差幅度不宜超过 10%～15%。

2) 为了充分发挥机械设备和专业工人的生产效率，应考虑施工段机械台班、劳动力的容量大小，满足专业工种对工作面的空间要求，尽量做到劳动资源的优化组合。

3) 为了保证结构的整体性，建筑物和构筑物的施工段的界限应尽可能与结构界限相吻合，或设在对结构整体性影响较小的部位。例如温度缝、沉降缝、单元分界或门窗洞口处。

4) 为了便于组织流水施工，施工段数目的多少应与主要施工过程相协调，施工段划分过多，会增加施工持续时间，延长工期；施工段划分过少，不利于充分利用工作面。

(3) 施工层 r

对于多层的建筑物或构筑物，应既划分施工段，又划分施工层。

施工层是指为组织建筑物的竖向流水施工，将建筑物划分为在垂直方向上的若干区段。施工层的数目用 r 来表示。通常以建筑的结构层作为施工层，有时为方便施工，也可以按一定高度划分一个施工层。例如单层工业厂房砌筑工程一般按 1.2～1.4m（即一步脚手架的高度）划分为一个施工层。

在多层建筑分层流水施工中，总的施工段数等于 $m \times r$。为了保证专业工作队不但能够在本层的各个施工段上连续作业，而且在转入下一个施工层的施工段时，也能够连续作业，划分的施工段数目 m 必须大于或等于施工过程数 n，即：

$$m \geqslant n \tag{3-3}$$

式中 m——分层流水施工时的施工段数目；

n——流水施工的施工过程数或专业工作队数。

3. 时间参数

时间参数是指在组织流水施工时，用以表达流水施工在时间上开展状态的参数。主要包括：流水节拍、流水步距、间歇时间和搭接时间。

(1) 流水节拍

流水节拍是指某一专业工作队，完成一个施工段的施工过程上的施工任务所必需的作业持续时间。一般用 t_j^i 来表示某专业工作队在施工段 i 上完成施工过程 j 的流水节拍。流水节拍表明流水施工的速度和节奏。流水节拍小，施工流水速度快、施工节奏快，而单位时间内的资源供应量大。

影响流水节拍的主要因素包括：工程量的大小、所采用的施工方法，投入的劳动力、材料、机械以及工作班次的多少。流水节拍的计算可按式（3-4）进行：

$$t_j^i = \frac{Q_j^i}{S_j^i R_j^i N_j^i} = \frac{Q_j^i H_j^i}{R_j^i N_j^i} = \frac{P_j^i}{R_j^i N_j^i} \tag{3-4}$$

式中 t_j^i——某专业工作队在施工段 i 上完成施工过程 j 的流水节拍；

Q_j^i——施工过程 j 在施工段 i 上的工程量；

R_j^i——施工过程 j 的专业工作队人数或机械台数；

N_j^i——施工过程 j 的专业工作队每天工作班次；

S_j^i——施工过程 j 人工或机械的产量定额；

H_j^i——施工过程 j 人工或机械的时间定额；

P_j^i——施工过程 j 在施工段 i 上的劳动量（工日或台班）。

在特定施工段上工程量不变的情况下，流水节拍越小，所需的专业工作队的工人或机械就越多。除了用公式计算，确定流水节拍还应该考虑下列要求：

1）专业工作队人数要符合施工过程对劳动组合的最少人数要求和工作面对人数的限制条件。

2）要考虑各种机械台班的工作效率或机械台班的产量大小。

3）要考虑各种建筑材料、构件制品的供应能力、现场堆放能力等相关限制因素。

4）要满足施工技术的具体要求。

5）数值宜为整数，一般为半个工作班次的整数倍。

(2) 流水步距

流水步距是指先后进行施工作业的两个相邻的专业工作队相继开始投入施工的时间间隔。一般用 $K_{j,j+1}$ 来表示第 j 个专业工作队和相邻第 $j+1$ 个专业工作队先后开始施工的流水步距。确定流水步距时，一般要满足以下基本要求：

1）满足相邻两个专业工作队在施工顺序上的制约关系。

2）保证相邻两个专业工作队在各施工段上能够连续作业。

3）保证相邻两个专业工作队在开工时间上实现最大限度和最合理的搭接。

(3) 间歇时间

间歇时间是指在组织流水施工时，由于施工过程之间工艺上或组织上的需要，相邻两个施工过程在时间上不能衔接施工而必须留出的时间间隔。根据原因的不同，分为技术间歇时间和组织间歇时间。

技术间歇时间是指流水施工中，某些施工过程完成后要有合理的工艺间隔时间，一般用 t_g 表示。技术间歇时间与材料的性质和施工方法有关。

组织间歇时间是指流水施工中，某些施工过程完成后要有必要的检查验收时间或为下一个施工过程做准备的时间，一般用 t_z 表示。例如房屋建筑施工项目中，基础工程完成后，在回填土前必须留出进行检查验收及做好隐蔽工程记录所需的时间。

（4）搭接时间

组织流水施工时，在某些情况下，如果工作面允许，为了缩短工期，前一个专业工作队在完成部分作业后，空出一定的工作面，使得后一个专业工作队能够提前进入这一施工段，在空出的工作面上进行作业，形成两个专业工作队在同一个施工段的不同空间上同时搭接施工。后一个专业工作队提前进入前一个施工段的时间间隔即为搭接时间，一般用 t_d 表示。

3.1.3 流水施工的组织形式

流水施工的节奏是由流水节拍决定的，流水节拍的规律不同，流水施工的流水步距、施工工期的计算方法也有所不同，各个施工工程对应的需成立的专业工作队数目也可能受到影响，从而形成不同节奏特征的流水施工组织方式。按照流水节拍和流水步距，流水施工的组织形式分类如图 3-2 所示。

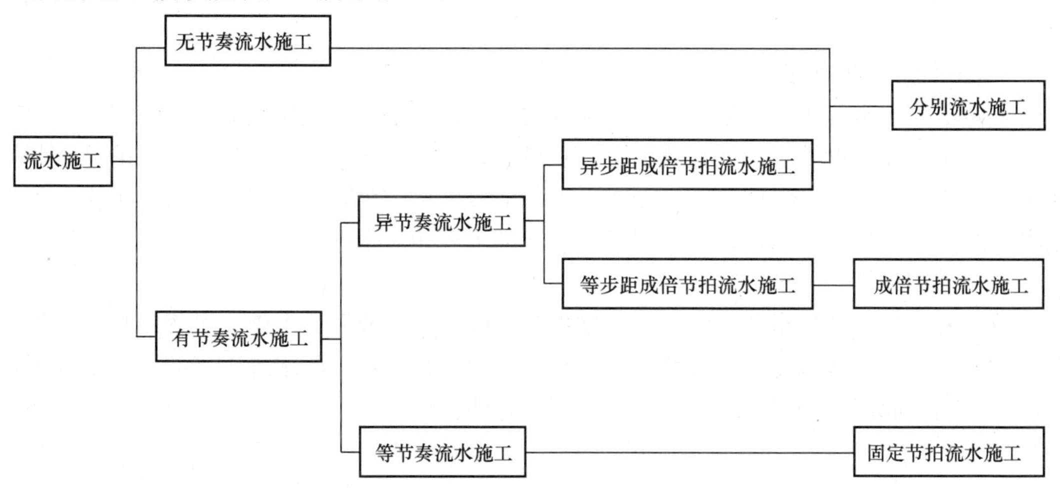

图 3-2　流水施工的组织形式分类

流水施工分为无节奏流水施工和有节奏流水施工两大类。其中，无节奏流水施工是指在组织流水施工时，全部或部分施工过程在各个施工段上的流水节拍各不相等。有节奏流水施工是指在组织流水施工时，每一项施工过程在各个施工段上的流水节拍都各自相等，又可分为等节奏流水施工和异节奏流水施工。

等节奏流水施工是指有节奏流水施工中，各施工过程之间的流水节拍都各自相等，也称为固定节拍流水施工或全等节拍流水施工。

异节奏流水施工是指有节奏流水施工中，各施工过程的流水节拍各自相等而不同施工过程之间的流水节拍不尽相等。通常存在两种组织方式，即异步距成倍节拍流水施工和等步距成倍节拍流水施工。等步距成倍节拍流水施工是按各施工过程流水节拍之间的比例关系，成立相应数量的专业工作队，进行流水施工，也称为成倍节拍流水施工。当异节奏流水施工，各施工过程的流水步距不尽相同时，其组织方式属于分别流水施工组织的范畴，与无节奏流水施工相同。

综上所述，流水施工的组织方式又可归纳为：固定节拍流水施工、成倍节拍流水施工和分别流水施工三种基本形式。

1. 固定节拍流水施工

固定节拍流水施工是指各个施工过程在各个施工段上的流水节拍彼此相等的流水施工组织方式。这种组织方式一般是在划分施工工程时，将劳动量较小的施工过程进行合并，使各施工过程的劳动量相差不大，然后确定主要施工过程专业工作队的人数，并计算流水节拍；再根据流水节拍，确定其他施工过程专业工作队的人数，同时考虑施工段的工作面和合理劳动组合，适当地进行调整。

（1）组织特点

1）各个施工过程在各个施工段上的流水节拍彼此相等，即 $t_j^i = t$（t 为常数）；

2）各施工过程之间的流水步距彼此相等，且等于流水节拍，即 $Kj, j+1 = K = t$；

3）每个施工过程在每个施工段上均由一个专业工作队独立完成作业，即专业工作队数目 n' 等于施工过程数 n；

4）专业工作队能够连续作业，没有闲置的施工段，使得流水施工在时间和空间上都连续。

5）各个施工过程的施工速度相等，均等于 $m \times t$。

固定节拍流水施工，一般只适用于施工对象结构简单，工程规模较小，施工过程数不多的房屋工程或线型工程，如道路工程、管道工程等。由于固定节拍流水施工的流水节拍和流水步距是定值，局限性较大，而实际工程多数施工较为复杂，因而在实际工程中采用这种组织方式的并不多见，通常只用于一个分部工程的流水施工中。

（2）工期计算

流水施工的工期是指从第一个施工过程开始施工，到最后一个施工过程结束施工的全部持续时间。对于所有施工过程都采取流水施工的工程项目，流水施工工期即为工程项目的施工工期。固定节拍流水施工的工期计算分为两种情况：

$$T = (m + n - 1) \times t + \sum t_g + \sum t_z - \sum t_d \tag{3-5}$$

式中 T——流水施工工期；

t——流水节拍；

m——施工段数目；对于建筑物、构筑物施工时，既分段又分层时，m 为各层施工段数乘以施工层数。

n——施工过程数目；

$\sum t_g$——由于技术间歇时间使总工期延长的总时间；

$\sum t_z$——由于组织间歇时间使总工期延长的总时间；

$\sum t_d$——由于搭接时间使总工期缩短的总时间。

例 3-1 某分部工程由Ⅰ、Ⅱ、Ⅲ、Ⅳ四个施工过程组成，划分为 4 个施工段，流水节拍均为 3 天，施工过程Ⅱ、Ⅲ有技术间歇时间 2 天，施工过程Ⅲ、Ⅳ之间相互搭接 1 天，试确定流水步距，计算工期，并绘制流水施工进度计划表。

解：

因流水节拍均等，属于固定节拍流水施工。

（1）确定流水步距

$$K = t = 3\text{ 天}$$

（2）计算工期

$$\sum t_g = 2, \sum t_d = 1$$

由公式（3-5）：

$$T = (m + n - 1) \times t + \sum t_g + \sum t_z - \sum t_d = (4 + 4 - 1) \times 3 + 2 - 1 = 22 \text{天}$$

（3）绘制流水施工进度计划表，如图 3-3

施工过程	施工进度（天）																					
	1	2	3	4	5	6	7	8	9	10	11	12	13	14	15	16	17	18	19	20	21	22
Ⅰ		①			②			③			④											
Ⅱ					①			②			③			④								
Ⅲ							t_g			①			②			③			④			
Ⅳ											t_d	①			②			③			④	

图 3-3　流水施工进度计划表

2. 成倍节拍流水施工

在组织流水施工时，通常在同一施工段的固定工作面上，由于不同的施工过程，其施工性质、复杂程度各不相同，从而使得其流水节拍很难完全相等，不能形成固定节拍流水施工。但是，如果施工段划分得恰当，可以使同一施工过程在各个施工段上的流水节拍均等。这种各施工过程的流水节拍均等而不同施工过程之间的流水节拍不尽相等的流水施工组织方式属于异节奏流水施工。

在异节奏流水施工中，当同一施工过程在各个施工段上的流水节拍彼此相等，在同一施工段的不同施工过程上流水节拍不全相等时，每个施工过程均按其节拍的倍数关系成立相应数目的专业工作队，组织这些专业工作队进行流水施工的方式，即为成倍节拍流水施工。

（1）组织特点

1）同一施工过程在各个施工段上的流水节拍彼此相等，即 $t_j^i = t_j$，不同施工过程在同一施工段上的流水节拍之间存在一个最大公约数，各流水节拍等于该最大公约数的不同整数倍，即 k ＝最大公约数｛t_1，t_2，……t_n｝；

2）各专业工作队之间的流水步距彼此相等，且等于流水节拍的最大公约数 k；

3）专业工作队总数目 n' 大于施工过程数 n；

4）专业工作队能够连续作业，没有闲置的施工段，使得流水施工在时间和空间上都连续。

成倍节拍流水施工适用于一般房屋建筑施工，也适用于线型工程（如道路、管道等）的施工。

（2）专业工作队数目确定

成倍节拍流水施工的每个施工过程由不等的几个专业工作队共同完成施工，每个施工过程成立专业工作队数目可由下式确定：

$$b_j = \frac{t_j}{k} \tag{3-6}$$

式中　t_j——施工过程 j 的流水节拍；

b_j——施工过程 j 的专业工作队数目；

k——各专业工作队之间的流水步距，k=最大公约数 $\{t_1, t_2, \cdots\cdots t_n\}$；

专业工作队总数目 n' 大于施工过程数 n：

$$n' = \sum_{j=1}^{n} b_j > n \tag{3-7}$$

（3）工期计算

成倍节拍流水施工工期可按公式（3-8）计算：

$$T = (m + n' - 1) \times k + \Sigma t_g + \Sigma t_z - \Sigma t_d \tag{3-8}$$

式中　T——流水施工工期；

m——施工段数目；对于建筑物、构筑物施工时，既分段又分层时，m 为各层施工段数乘以施工层数。

n'——专业工作队总数；

k——相邻专业工作队之间的流水步距；

Σt_g——由于技术间歇使总工期延长的总时间；

Σt_z——由于组织间歇使总工期延长的总时间；

Σt_d——由于搭接时间使总工期缩短的总时间。

例 3-2　某分部工程由Ⅰ、Ⅱ、Ⅲ三个施工过程组成，划分为 6 个施工段，三个施工过程在每个施工段上的流水节拍各自相等，分别为 3 天、2 天和 1 天，试安排流水施工，并绘制流水施工进度计划表。

解：

根据工程特点，按成倍节拍流水施工方式组织流水施工。

（1）确定流水步距

k=最大公约数 $\{3, 2, 1\}$ =1 天

（2）计算专业工作队数目

$b_{\text{I}} = 3/1 = 3$ 个

$b_{\text{II}} = 2/1 = 2$ 个

$b_{\text{III}} = 1/1 = 1$ 个

计算专业工作队总数目 n'

$$n' = \sum_{j=1}^{3} b_j = 3 + 2 + 1 = 6 \text{ 个}$$

（3）计算工期

$$T = (m + n' - 1) \times k = (6 + 6 - 1) \times 1 = 11 \text{ 天}$$

（4）绘制流水施工进度计划表，如图 3-4

3. 分别流水施工

分别流水施工是指无节奏流水施工或异节奏异步距流水施工的组织方式，它是实际工程中最常见，应用最普遍的一种流水施工组织方式。

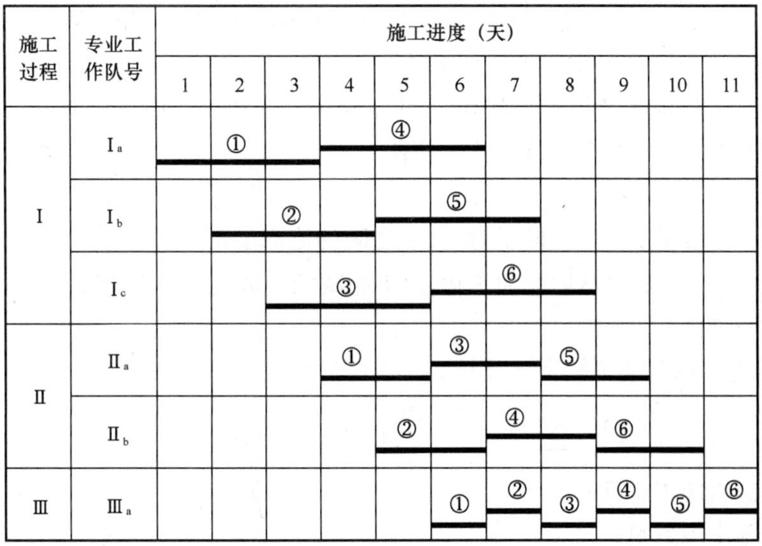

施工过程	专业工作队号	施工进度（天）										
		1	2	3	4	5	6	7	8	9	10	11
Ⅰ	$Ⅰ_a$		①			④						
	$Ⅰ_b$			②			⑤					
	$Ⅰ_c$				③			⑥				
Ⅱ	$Ⅱ_a$				①		③		⑤			
	$Ⅱ_b$					②		④		⑥		
Ⅲ	$Ⅲ_a$						①	②	③	④	⑤	⑥

图3-4　成倍节拍流水施工进度计划表

组织分别流水施工时，先将拟建工程分解为若干个施工过程，每个施工过程成立一个专业工作队，然后按划分施工段的原则，在工作面上划分出若干施工段，用一般流水施工的方法组织流水施工。

（1）组织特点

1）各个施工过程在各个施工段上的流水节拍彼此不等，亦无特定规律。

2）所有施工过程之间的流水步距彼此不等，流水步距与流水节拍的大小及相邻施工过程的相应施工段节拍差有关；

3）每个施工过程在每个施工段上均由一个专业工作队独立完成作业，即专业工作队数目 n' 等于施工过程数 n；

4）专业工作队能够连续作业，施工段可能有闲置；

5）各个施工过程的施工速度不一定相等，亦无特定规律。

（2）流水步距的计算

分别流水施工中，流水步距的大小是没有规律的，彼此不等。流水步距的计算方法有很多，主要有图上分析法、分析计算法和潘特考夫斯基法，其中潘特考夫斯基法比较简捷实用。

潘特考夫斯基法又称为“累加数列错位相减取最大差法”，简称“最大差”法。它是由潘特考夫斯基首先提出来的。其计算方法如下：

1）计算各施工过程在各个施工段上流水节拍的累加数列

$$a_{j,i}=\sum_{i=1}^{m}t_j^i \qquad (1\leqslant j\leqslant n,1\leqslant\leqslant m) \tag{3-9}$$

式中　$a_{j,i}$——第 j 个施工过程的累加数列第 i 项的值。当 $j=1$，2，……n 时，分别取 $i=1$，2，……m，即可得施工过程 j 的累加数列；

2）求相邻两个累加数列的错位相减差数列

$$\Delta a_{j,j+1}^i=a_{j,i}-a_{j+1,i-1} \qquad (1\leqslant j\leqslant n-1,1\leqslant\leqslant m) \tag{3-10}$$

式中　$\Delta a_{j,j+1}^{i}$——流水节拍累加数列 j 和 $j+1$ 相减的差数列的第 i 项值；

$a_{j,i}$——流水节拍累加数列 j 的第 i 项值；

$a_{j+1,i-1}$——流水节拍累加数列 $j+1$ 的第 $i-1$ 项值，当 $i=1$ 时，$a_{j+1,0}=0$；

3）确定相邻两个专业工作队的流水步距

$$K_{j,j+1}=\max\Delta a_{j,j+1}^{i}\quad(1\leqslant j\leqslant n-1,1\leqslant\leqslant m)\tag{3-11}$$

式中　$K_{j,j+1}$——相邻专业工作队 j 和 $j+1$ 之间的流水步距；

$\Delta a_{j,j+1}^{i}$——流水节拍累加数列 j 和 $j+1$ 相减的差数列的第 i 项值。

（3）计算工期

分别流水施工的工期可按下式计算：

$$T=\sum_{j=1}^{n-1}K_{j,j+1}+\sum_{i=1}^{m}t_{n}^{i}+\Sigma t_{\mathrm{g}}+\Sigma t_{\mathrm{z}}-\Sigma t_{\mathrm{d}}\tag{3-12}$$

式中　T——流水施工工期；

m——施工段数目；

n——施工过程数目；

$K_{j,j+1}$——相邻专业工作队 j 和 $j+1$ 之间的流水步距；

Σt_{n}^{i}——最后一个施工过程在各个施工段上的流水节拍之和；

Σt_{g}——由于技术间歇时间使总工期延长的时间；

Σt_{z}——由于组织间歇时间使总工期延长的时间；

Σt_{d}——由于搭接时间使总工期缩短的时间。

例 3-3　某工程包括Ⅰ、Ⅱ、Ⅲ、Ⅳ、Ⅴ五个施工过程，划分为四个施工段组织流水施工，分别由五个专业工作队负责施工，每个施工过程在各个施工段上的工程量、定额与专业工作队人数见表 3-2 所示。按规定，施工过程Ⅱ完成后，至少要养护 2 天才能进行下一个过程施工，施工过程Ⅳ完成后，其相应施工段要留 1 天的时间做准备工作。为了早日完工，允许施工过程Ⅰ、Ⅱ之间搭接施工 1 天。试编制流水施工组织方案，并绘制流水施工进度计划表。

某工程有关资料表　　**表 3-2**

施工过程	劳动定额	各施工段的工程量					工作队人数
		单位	第一段	第二段	第三段	第四段	
Ⅰ	$8m^2$/工日	m^2	238	160	164	315	10
Ⅱ	$1.5m^3$/工日	m^3	23	68	118	66	15
Ⅲ	0.4t/工日	t	6.5	3.3	9.5	16.1	8
Ⅳ	$1.3m^3$/工日	m^3	51	27	40	38	10
Ⅴ	$5m^3$/工日	m^3	148	203	97	53	10

解：

（1）计算每个施工过程在各施工段上的流水节拍

$$t_{\mathrm{I}}^{1}=\frac{Q_{j}^{i}}{S_{j}^{i}R_{j}^{i}N_{j}^{i}}=238/(8\times10\times1)=3$$

$$t_{\text{I}}^{2} = \frac{Q_j^i}{S_j^i R_j^i N_j^i} = 160/(8 \times 10 \times 1) = 2$$

$$t_{\text{I}}^{3} = \frac{Q_j^i}{S_j^i R_j^i N_j^i} = 164/(8 \times 10 \times 1) = 2$$

$$t_{\text{I}}^{4} = \frac{Q_j^i}{S_j^i R_j^i N_j^i} = 315/(8 \times 10 \times 1) = 4$$

同理可求出所有的流水节拍，见表 3-3。

流水节拍汇总　　表 3-3

流水节拍（天）/ 施工段 / 施工过程	①	②	③	④
Ⅰ	3	2	2	4
Ⅱ	1	3	5	3
Ⅲ	2	1	3	5
Ⅳ	4	2	3	3
Ⅴ	3	4	2	1

由此可知应组织分别流水施工。

（2）用潘特考夫斯基法求相邻施工过程的流水步距

每个施工过程的流水节拍累加数列如下：

$a_{\text{I},i}$：3，　5，　7，　11

$a_{\text{II},i}$：1，　4，　9，　12

$a_{\text{III},i}$：2，　3，　6，　11

$a_{\text{IV},i}$：4，　6，　9，　12

$a_{\text{V},i}$：3，　7，　9，　10

两个相邻累加数列的差数列如下：

Ⅰ与Ⅱ：　3，5，7，11

—）　1，4，9，12

$\Delta a_{\text{I},\text{II}}^{i}$：　3，4，3，2，−12

Ⅱ与Ⅲ：　1，4，9，12

—）　2，3，6，11

$\Delta a_{\text{II},\text{III}}^{i}$：　1，2，6，6，−11

Ⅲ与Ⅳ：　2，3，6，11

—）　4，6，9，12

$\Delta a_{\text{III},\text{IV}}^{i}$：　2，−1，0，2，−12

$$
\begin{array}{lrrrrr}
\text{Ⅳ与Ⅴ：} & 4, & 6, & 9, & 12 & \\
\quad -) & & 3, & 7, & 9, & 10 \\
\hline
\Delta a^{i}_{\text{Ⅳ},\text{Ⅴ}}\text{：} & 4, & 3, & 2, & 3, & -10
\end{array}
$$

确定流水步距如下：

$$K_{\text{Ⅰ},\text{Ⅱ}} = \max\{3, 4, 3, 2, -10\} = 4\text{天}$$

$$K_{\text{Ⅱ},\text{Ⅲ}} = \max\{1, 2, 6, 6, -11\} = 6\text{天}$$

$$K_{\text{Ⅲ},\text{Ⅳ}} = \max\{2, -1, 0, 2, -12\} = 2\text{天}$$

$$K_{\text{Ⅳ},\text{Ⅴ}} = \max\{4, 3, 2, 3, -10\} = 4\text{天}$$

（3）计算工期

$$
\begin{aligned}
T &= \sum_{j=1}^{n-1} K_{j,j+1} + \sum_{i=1}^{m} t_{n}^{i} + \Sigma t_{g} + \Sigma t_{z} - \Sigma t_{d} \\
&= (4+6+2+4)+(3+4+2+1)+2+1-1 \\
&= 28\text{天}
\end{aligned}
$$

（4）绘制流水施工进度计划表，如图 3-5

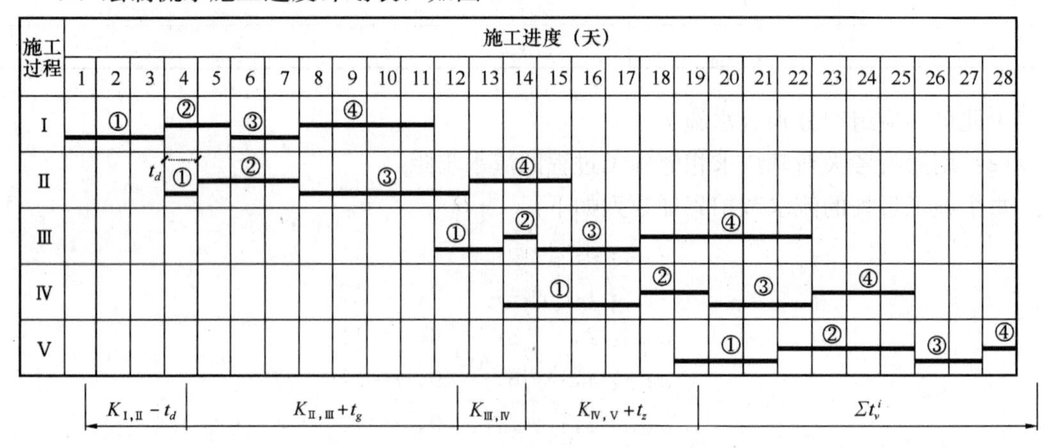

图 3-5　流水施工进度计划表

3.2　网络计划技术基础

3.2.1　概述

网络计划技术是 50 年代后期发展起来的一种科学的计划管理方法。

1. 基本原理

网络图是表达工作之间相互联系、相互制约的逻辑关系的图解模型，由箭线和节点组成。常见的网络图分为单代号网络图和双代号网络图两种。在网络图上加注工作的时间参数而编成的进度计划，称为网络计划。用网络计划对任务的工作进度进行安排和控制，以保证实现预定目标的科学的计划管理技术，即称为网络计划技术。

2. 网络计划技术的优缺点

与传统的横道图计划管理方法比较，网络计划技术具有如下特点：

（1）从工程整体出发，统筹安排，明确表示工程中各个工作间的先后顺序和相互制约。相互依赖关系。

（2）通过网络时间参数计算，找出关键工作和关键线路，显示各工作的机动时间，从而使管理人员心中有数，抓住主要矛盾，确保控制计划总工期和合理安排人力、物力和资源，从而降低成本，缩短工期。

（3）通过优化，可在若干可行方案中找出最优方案。

（4）网络计划执行过程中，由于可通过时间参数计算预先知道各工作提前或推迟完成对整个计划的影响程度，管理人员可以采取技术组织措施对计划进行有效控制和监督，从而加强施工管理工作。

（5）可以利用电子计算机进行时间参数计算和优化、调整。

但是，网络计划也存在一些缺点：如果不利用计算机进行计划的时间参数计算、优化和调整，则实际计算量大，调整复杂。

3. 网络计划的分类

按照不同的分类原则，可以将网络计划分成不同的类别。

（1）按性质分类

1）肯定型网络计划：这是指工作、工作与工作之间的逻辑关系以及工作持续时间都肯定的网络计划。在这种网络计划中，各项工作的持续时间都是确定的单一的数值，整个网络计划有确定的计划总工期。

2）非肯定型网络计划：工作、工作与工作之间的逻辑关系和工作持续时间三者中一项或多项不肯定的网络计划。在这种网络计划中，各项工作的持续时间只能按概率方法确定出三个值，整个网络计划无确定计划总工期。计划评审技术和图示评审技术就属于非肯定型网络计划。

（2）按表示方法分类

1）单代号网络计划：以单代号表示法绘制的网络计划。网络图中，每个节点表示一项工作，箭杆仅用来表示各项工作间相互制约、相互依赖关系，如图示评审技术和决策网络计划等就是采用的单代号网络计划。

2）双代号网络计划：双代号网络计划是以双代号表示法绘制的网络计划。网络图中，箭杆用来表示工作。目前，施工企业多采用这种网络计划。

（3）按目标分类

1）单目标网络计划：只有一个终点节点的网络计划，即网络图只具有一个最终目标。如一个建筑物的施工进度计划只具有一个工期目标的网络计划。

2）多目标网络计划：终点节点不止一个的网络计划。此种网络计划具有若干个独立的最终目标。

（4）按有无时间坐标分类

1）时标网络计划：以时间坐标为尺度绘制的网络计划。网络图中，每项工作箭杆的水平投影长度，与其持续时间成正比。如编制资源优化的网络计划即为时标网络计划。

2）非时标网络计划：不按时间坐标绘制的网络计划。网络图中，工作箭杆长度与持续时间无关，可按需要绘制。通常绘制的网络计划都是非时标网络计划。

（5）按层次分类

1）总网络计划：以整个计划任务为对象编制的网络计划，如群体网络计划或单项工程网络计划。

2）局部网络计划：以计划任务的某一部分为对象编制的网络计划，如分部工程网络图。

（6）按工作衔接特点分类

1）普通网络计划：工作间关系均按首尾衔接关系绘制的网络计划，如单代号、双代号和概率网络计划。

2）搭接网络计划：按照各种规定的搭接时距绘制的网络计划，网络图中既能反映各种搭接关系，又能反映相互衔接关系。

3.2.2 双代号网络图的绘制

1. 双代号网络图的组成

双代号网络图主要由工作、事件和线路三个要素组成。

（1）工作

工作（也可称为工序或活动）是指计划任务按需要粗细程度划分而成的一个消耗时间也消耗资源的子项目或子任务。它表示的范围可大可小，主要根据工程性质、规模大小和客观需要来确定。一般来说，建筑安装工程施工进度计划的控制性计划，工作可分解到分部工程，而实施性计划分解到分项工程。

工作根据其完成过程中需要消耗时间和资源的程度不同可分为三种类型：

1）需要消耗时间和资源的工作。如砌筑安装、运输类、制备类施工过程。

2）需要消耗时间但不消耗资源的工作。如混凝土的养护。

3）既不消耗资源又不消耗时间的工作。

前两种工作称为“实工作”，也可简称“工作”。而第三种是用来表达相邻前后工作之间逻辑关系而虚设的工作，故此称为“虚工作”。其表示方法如图 3-6 所示。

图 3-6 工作的表示方法

（a）实工作；（b）虚工作

工作由两个标有编号的圆圈和箭杆表达，箭尾表示工作开始，箭头表示工作结束。在非时标网络计划中，箭杆长度按美观和需要而定，其方向尽可能由左向右画出。在时标网络计划中，箭杆长度的水平投影长度应与工作持续时间成正比例画出。

按照网络图中工作之间的相互关系可将工作分为以下几种类型：

1）紧前工作：紧排在本工作之前的工作。

2）紧后工作：紧排在本工作之后的工作。

3）平行工作：可与本工作同时进行的工作。

4）起始工作：没有紧前工作的工作。

5）结束工作：没有紧后工作的工作。

6）先行工作：自起始工作开始至本工作之前的所有工作。

7）后续工作：本工作之后至结束工作结束为止的所有工作。

（2）事件

事件是指双代号网络图中工作开始或完成的时间点。在双代号网络图中，事件就是节点，即网络图中箭线两端标有编号的封闭图形，它表示前面若干项工作的结束，也表示后面若干项工作的开始。

对于任何一项工作而言，箭尾事件称为开始事件，标志着一项或多项工作开始的事件，箭头事件称为完成事件，标志着一项或多项工作完成的事件；对于一个完整的网络计划，标志着网络计划开始的事件，称为起点事件（节点），它是起始工作的开始事件，是网络图的第一个节点。标志网络计划结束的事件，称为终点事件（节点），它是结束工作的完成事件，是网络图的最后一个节点。其余的事件均称为中间事件。如图 3-7 所示。

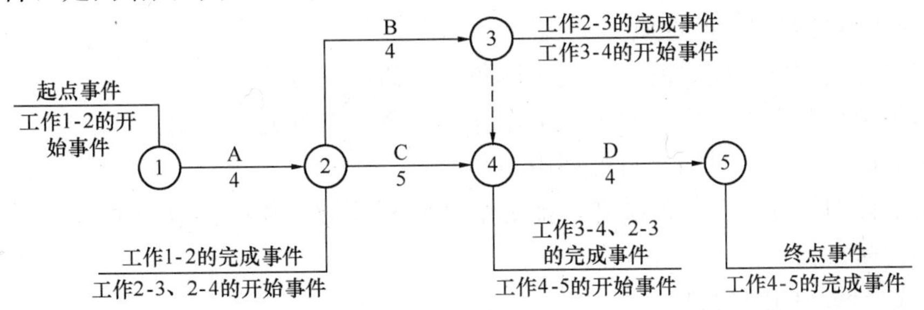

图 3-7　事件关系示意图

事件表示的是工作开始或完成的时刻，既不消耗时间也不消耗资源，仅标志其紧前工作的结束或限制其结束，也标志着其紧后工作的开始或限制其开始。

在双代号网络图中，为了检查和识别各项工作，计算各项时间参数，以及利用计算机，必须对每个事件进行编号，从而利用工作箭杆两端事件的编号来代表一项工作。

事件编号的方法，按照编号方向可分为沿水平方向编号和沿垂直方向编号两种，按编号是否连续，分为连续编号和间断编号两种，如图 3-8 所示。

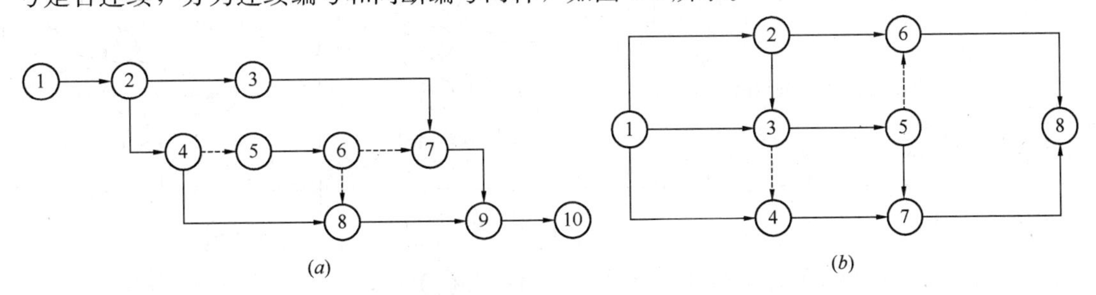

图 3-8　事件编号方法示意图

（*a*）水平编号（间断编号）；（*b*）垂直编号（连续编号）

（3）线路

网络图中从起点节点开始，沿箭线方向连续通过一系列箭线与节点，最后到达终点节点所经过的通路，称为线路。完成某条线路的全部工作所必需的总持续时间，称为线路时间，它代表该线路的计划工期，其计算可按公式（3-13）。

$$T_s = \sum D_{i-j} \tag{3-13}$$

式中　T_s——第 s 条线路的线路时间；

D_{i-j}——第 s 条线路上某项工作 $i-j$ 的持续时间。

根据时间的不同，可将线路分为关键线路和非关键线路两种，线路时间最长的线路称为关键线路，其余线路称为非关键线路。

关键线路具有如下的性质：

1）关键线路的线路时间，代表整个网络计划的总工期。

2）关键线路上的工作，称为关键工作，均无时间储备。

3）在同一网络计划中，关键线路至少有一条。

4）当计划管理人员采取技术组织措施，缩短某些关键工作持续时间，有可能将关键线路转化为非关键线路。

非关键线路具有如下的性质：

1）非关键线路的线路时间，仅代表该条线路的计划工期。

2）非关键线路上的工作，除关键工作外，其余均为非关键工作。

3）非关键工作均有时间储备可利用。

4）由于计划管理人员工作疏忽，拖延了某些非关键工作的持续时间，非关键线路可能转化为关键线路。

2. 双代号网络图的绘制

（1）绘图基本规则

1）必须正确表达工作的逻辑关系，既简易又便于阅读和技术处理。逻辑关系表示方法如表 3-4 所示。

工作间逻辑关系表示方法 **表 3-4**

序号	工作之间的逻辑关系	双代号表示方法	单代号表示方法
1	A、B 两项工作，依次施工	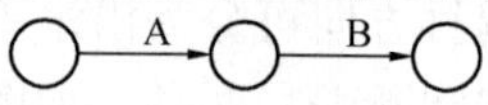	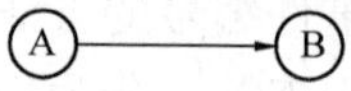
2	A、B、C 三项工作，同时开始工作	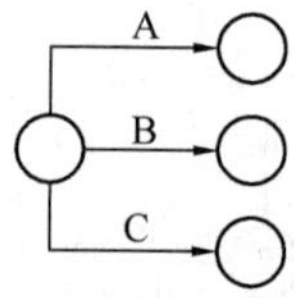	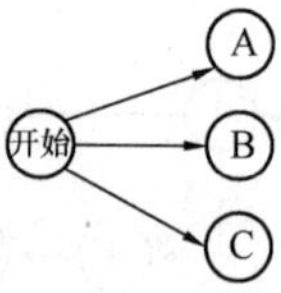
3	A、B、C 三项工作，同时结束工作	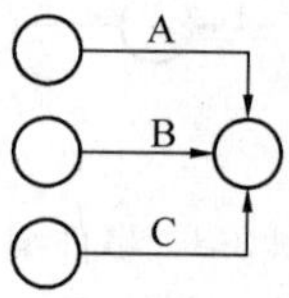	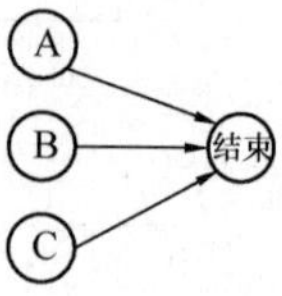
4	A、B、C 三项工作，A 完成后，B、C 才能开始	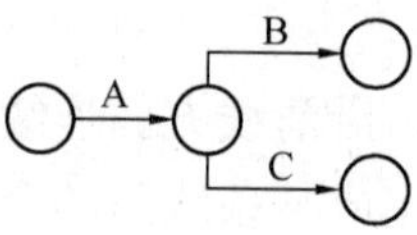	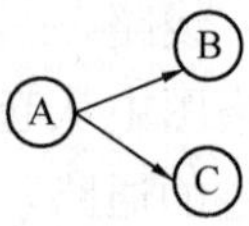
5	A、B、C 三项工作，C 只能在 A、B 完成后才能开始	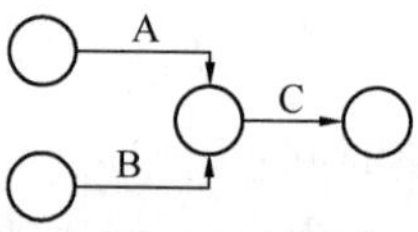	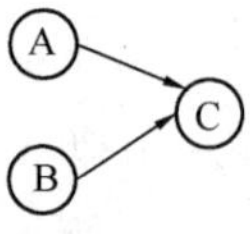

续表

序号	工作之间的逻辑关系	双代号表示方法	单代号表示方法
6	A、B、C、D 四项工作，A 完成后，C 才能开始，A、B 完成后，D 才能开始		
7	A、B、C、D 四项工作，只有 A、B 完成后，C、D 才能开始工作		
8	A、B、C、D、E 五项工作，A、B 完成后，C 才能开始，B、D 完成后，E 才能开始		
9	A、B、C、D、E 五项工作，A、B、C 完成后，D 才能开始工作，B、C 完成后，E 才能开始工作		
10	A、B 两项工作，分成三个施工段，进行平行搭接流水施工		

2）网络图必须具有能够表明基本信息的明确标识，数字或字母均可。如图 3-9 所示。

3）工作或事件的字母代号或数字编号，在同一项任务的网络图中，不允许重复使用，或者说，网络图中不允许出现编号相同的不同工作。如图 3-10 所示。

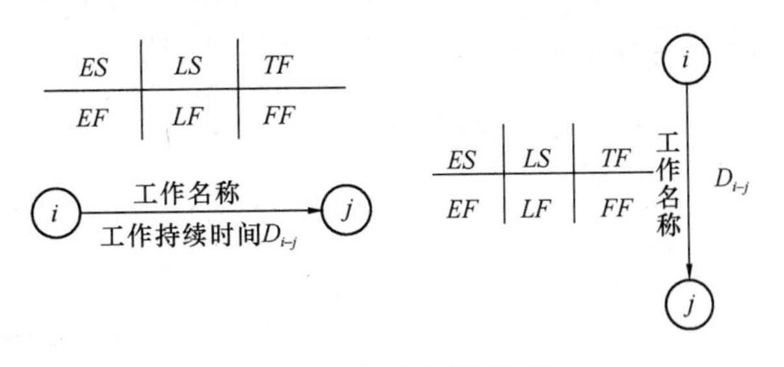

图 3-9　双代号网络图标识

4）在同一网络图中，只允许有一个起点节点和一个终点节点，不允许出现没有紧前

图 3-10　重复编号示意图

（a）错误；（b）正确

工作的“尾部事件”或没有紧后工作的“尽头事件”，如图 3-11 所示。因此，除起点节点和终点节点外，其他所有节点，都要根据逻辑关系，前后用箭线或虚箭线连接起来。

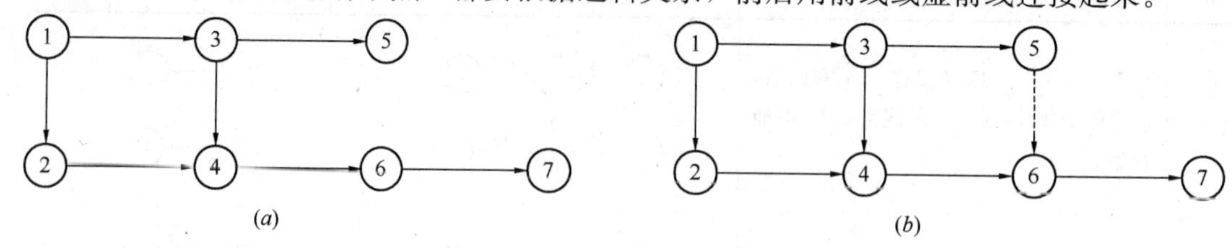

图 3-11　终点节点示意图

(a) 错误；(b) 正确

5）在肯定型网络计划的网络图中，不允许出现封闭循环回路。所谓封闭循环回路是指从一个事件出发沿着某一条线路移动，又回到原出发事件，即在网络图中出现了闭合的循环路线。如图 3-12 所示。

6）网络图的主方向是从起点节点到终点节点的方向，在绘制网络图时应优先选择由左至右的水平走向。因此，工作箭线方向必须优先选择与主方向相应的走向，或选择与主方向垂直的走向。如图 3-13 所示。

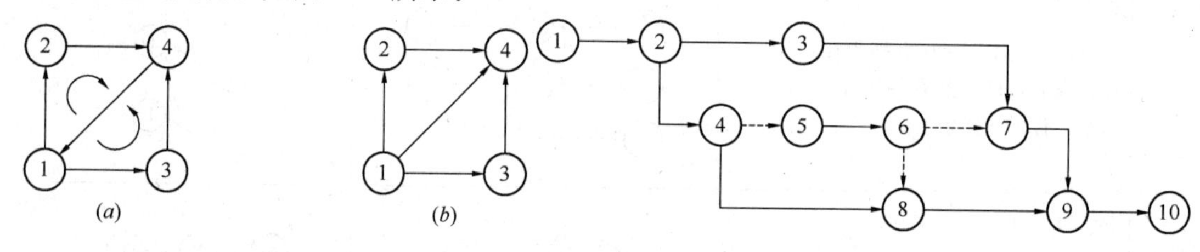

图 3-12　循环回路示意图

(a) 错误；(b) 正确

图 3-13　工作箭线画法示意图

7）代表工作的箭线，其首尾必须都有事件，即网络图中不允许出现没有开始事件的工作或没有完成事件的工作。如图 3-14 所示。

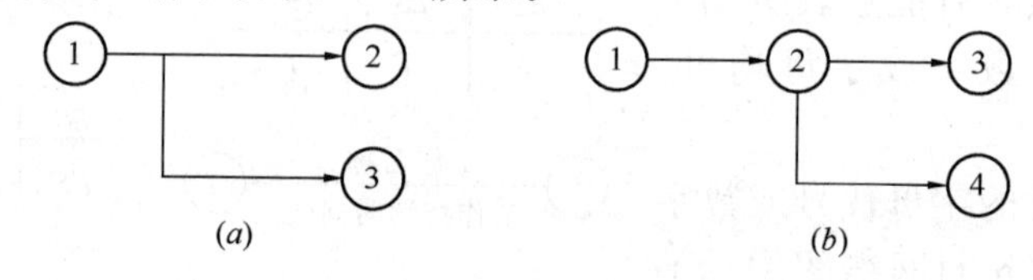

图 3-14　无开始事件示意图

(a) 错误；(b) 正确

8）绘制网络图时，应尽量避免箭线的交叉。当箭线的交叉不可避免时，通常选用“过桥”画法或“指向”画法。如图 3-15 所示。

9）网络图应力求减去不必要的虚工作，如图 3-16 所示。

（2）网络图的绘制步骤

1）按选定的网络图类型和已确定的排列方式，决定网络图的合理布局。

2）从起始工作开始，自左至右依次绘制，只有当先行工作全部绘制完成后，才能绘制本工作，直到结束工作全部绘制完为止。

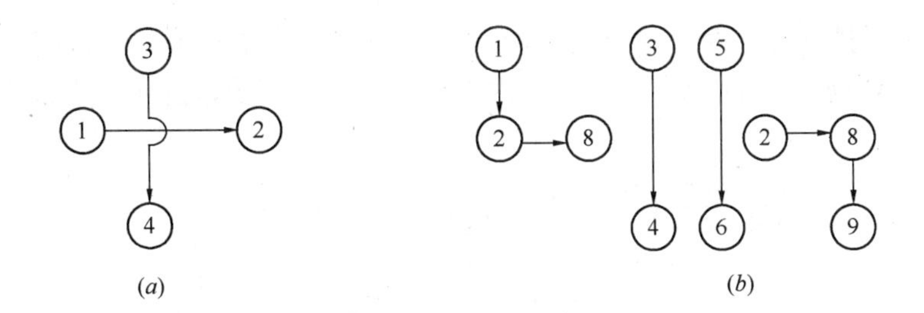

图 3-15　箭线交叉画法

（a）过桥画法；（b）指向画法

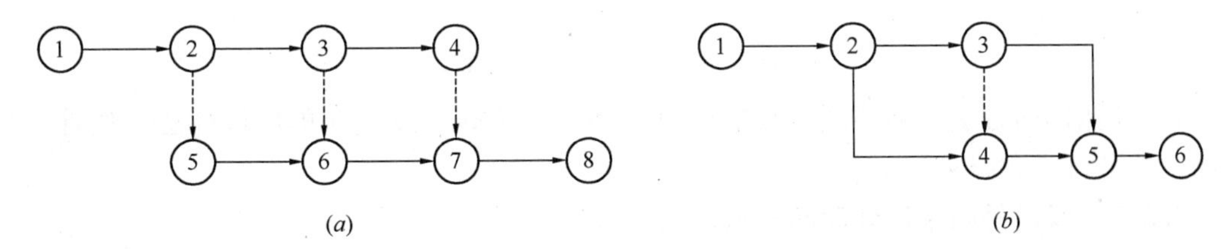

图 3-16　虚工作示意图

（a）有多余虚工作；（b）无多余虚工作

3）检查工作和逻辑关系有无错漏并进行修正。

4）按网络图绘图规则的要求完善网络图。

5）按网络图的编号要求将节点编号。

（3）施工进度网络计划的排列方法

施工进度网络计划常采用下列几种排列方法。

1）按工种排列法。它是将同一工种和各项工作排列在同一水平方向上的方法。如图 3-17 所示。此时网络计划突出表示工种的连续作业。

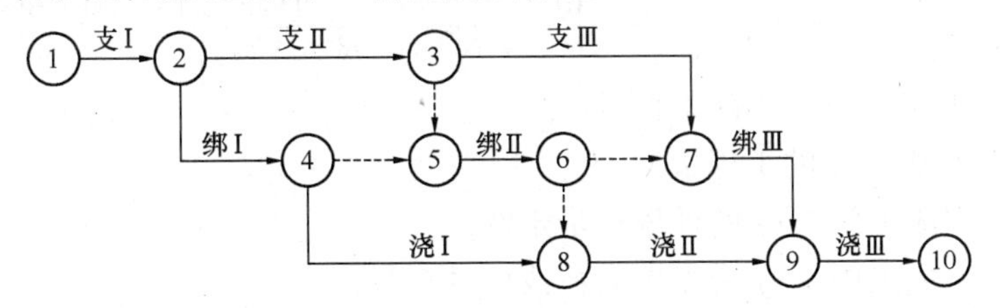

图 3-17　按工种排列法示意图

2）按施工段排列法。它是将同一施工段的各项工作排列在同一水平方向上的方法。如图 3-18 所示。此时网络计划突出表示工作面的连续作业。

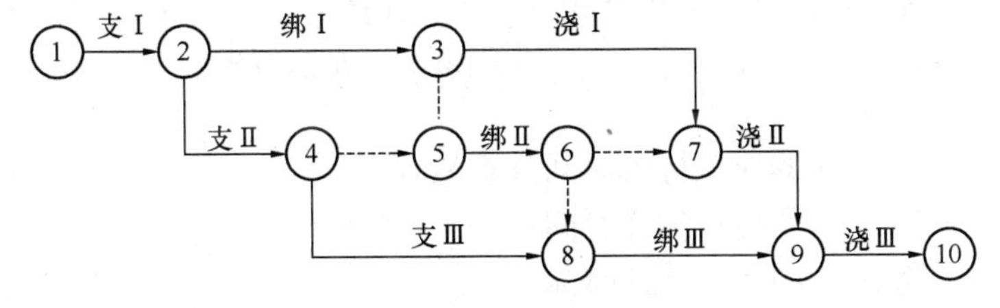

图 3-18　按施工段排列

3）按施工层排列法。对于建筑物或构筑物既分段又分层施工中，将同一施工层的各项工作排列在同一水平方向上的方法。如内装修工程按楼层流水施工自上而下进行，可如图 3-19 所示。

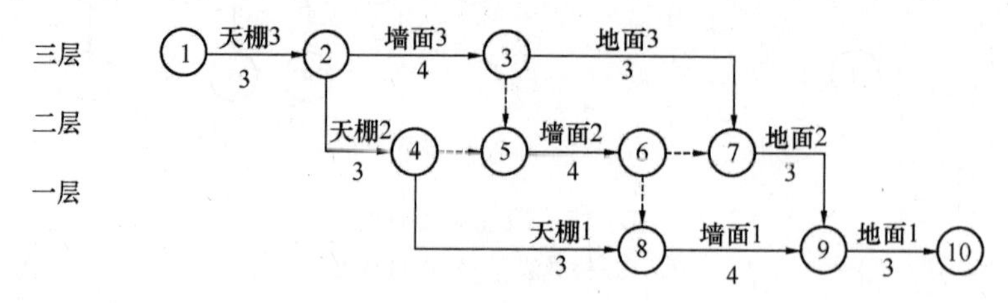

图 3-19　按施工层排列法示意图

4）其他排列方法。网络图的其他排列方法有：按施工或专业单位排列法、按栋号排列法、按分部工程排列法等。

3.2.3　双代号网络计划时间参数计算

时间参数计算的内容主要包括：工作持续时间；事件最早时间和最迟时间；工作最早开始时间和最早完成时间、最迟开始时间和最迟完成时间；工作的总时差、自由时差、相关时差和独立时差。

时间参数计算的方法有很多种，常见的有分析计算法和图算法两种。

3.2.3.1　分析计算法

分析计算法是根据各项时间参数计算公式，列式计算时间参数的方法。

（1）工作持续时间的计算

在肯定型网络计划中，工作的持续时间是采用单时计算法计算的，可按公式（3-14）计算：

$$D_{i-j}=\frac{Q_{i-j}}{S_{i-j}\cdot R_{i-j}\cdot N_{i-j}}=\frac{P_{i-j}}{R_{i-j}\cdot N_{i-j}} \tag{3-14}$$

式中　D_{i-j}——工作 $i-j$ 的持续时间；

Q_{i-j}——工作 $i-j$ 的工程量；

S_{i-j}——完成工作 $i-j$ 的计划产量定额；

R_{i-j}——完成工作 $i-j$ 所需工人数或机械台数；

N_{i-j}——完成工作 $i-j$ 的工作班次；

P_{i-j}——工作 $i-j$ 的劳动量或机械台班数量。

在非肯定型网络计划中，由于工作的持续时间受很多变动因素影响，无法确定出肯定数值，因此只能凭计划管理人员的经验和推测，估计出三种时间，据以得出期望持续时间计算值，即按三时估计法计算，可按公式（3-15）计算：

$$D^{e}_{i-j}=\frac{a_{i-j}+4m_{i-j}+b_{i-j}}{6} \tag{3-15}$$

式中　D^{e}_{i-j}——工作 $i-j$ 的期望持续时间计算值；

a_{i-j}——工作 $i-j$ 的最短估计时间；

b_{i-j}——工作 $i-j$ 的最长估计时间；

m_{i-j}——工作 $i-j$ 的最可能估计时间。

由于网络计划中持续时间确定方法的不同，双代号网络计划就被分成了两种类型。采用单时估计法时属于关键线路法（CPM），采用三时估计法时则属于计划评审技术（PERT）。

（2）节点时间参数的计算

节点时间参数包括节点最早时间 ET 和节点最迟时间 LT。

节点最早时间是指以该节点为开始节点的所有工作的最早可能开始时刻。

由于起点节点代表整个网络计划的开始，为计算简便，可令 $ET_1=0$，实际应用时，可将其换算为日历时间。其他节点的最早时间可用式（3-16）计算。

$$ET_j = \max\{ET_i + D_{i-j}\} \qquad (i < j) \tag{3-16}$$

式中 ET_j——工作 $i-j$ 的完成节点 j 的最早时间；

ET_i——工作 $i-j$ 的开始节点 i 的最早时间；

D_{i-j}——工作 $i-j$ 的持续时间。

综上所述，节点最早时间应从起点事件开始计算，令 $ET_1=0$，然后按节点编号递增的顺序进行，直到终点节点为止。

节点最迟时间是指以该节点为完成节点的所有工作最迟必须结束的时刻。若迟于这个时刻，紧后工作就要推迟开始，整个网络计划的工期就要延迟。

由于终点节点代表整个网络计划的结束，因此要保证计划总工期，终点节点的最迟时间应等于此工期。若总工期有规定，可令终点节点的最迟时间 LT_n 等于规定总工期 T，即 $LT_n=T$；若总工期无规定，则可令终点节点的最迟时间 LT_n 等于按终点节点最早时间计算出的计划总工期，即 $LT_n=ET_n$。而其他节点的最迟时间可用式（3-17）计算。

$$LT_i = \min\{LT_j - D_{i-j}\} \tag{3-17}$$

式中 LT_i——工作 $i-j$ 开始节点 i 的最迟时间；

LT_j——工作 $i-j$ 完成节点 j 的最迟时间；

D_{i-j}——工作 $i-j$ 的持续时间。

综上所述，节点最迟时间的计算是从终点节点开始，首先确定 LT_n，然后按照节点编号递减的顺序进行，直到起点节点为止。

（3）工作时间参数的计算

工作时间参数包括工作最早开始时间 ES 和最早完成时间 EF、工作最迟开始时间 LS 和最迟完成时间 LF。

对于任何工作 $i-j$ 来说，其各项时间参数计算，均受到该工作开始事件的最早时间 ET_i、工作完成事件的最迟时间 LT_j 和工作持续时间 D_{i-j} 的控制。

由于工作最早开始时间 ES_{i-j} 和最早完成时间 EF_{i-j} 反映工作 $i-j$ 与前面工作的时间关系，受开始事件 i 的最早时间限制，因此，ES_{i-j} 和 EF_{i-j} 的计算应以开始事件的时间参数为基础；工作的最迟开始时间 LS_{i-j} 和最迟完成时间 LF_{i-j} 反映 $i-j$ 工作与其后面工作的时间关系，受完成事件 j 的最迟时间的限制。因此 LS_{i-j} 和 LF_{i-j} 的计算应以完成事件的时间参数为基础。其计算公式如（3-18）、（3-19）：

$$\left.\begin{aligned} ES_{i-j} &= ET_i \\ EF_{i-j} &= ES_{i-j} + D_{i-j} \end{aligned}\right\} \tag{3-18}$$

$$\left.\begin{aligned} LF_{i-j} &= LT_j \\ LS_{i-j} &= LF_{i-j} - D_{i-j} \end{aligned}\right\} \tag{3-19}$$

工作时间参数的计算也可以不先计算节点时间的基础上来进行计算，首先令起始工作的最早开始时间为0，然后，按照工作的先后顺序按工作开始节点编号递增的顺序依次计算工作的最早开始时间，按照工作的先后顺序按工作完成节点编号递减的顺序依次计算工作的最迟完成时间。如果工作 $i-j$ 的紧前工作为工作 $h-i$，紧后工作为工作 $j-k$，此时，计算公式如公式（3-20）、(3-21)：

$$\left.\begin{aligned} ES_{i-j} &= \max(EF_{h-i}) \\ EF_{i-j} &= ES_{i-j} + D_{i-j} \end{aligned}\right\} \tag{3-20}$$

$$\left.\begin{aligned} LF_{i-j} &= \min(LS_{j-k}) \\ LS_{i-j} &= LF_{i-j} - D_{i-j} \end{aligned}\right\} \tag{3-21}$$

（4）工作时差的确定

时差反映工作在一定条件下的机动时间范围。通常分为总时差、自由时差、相关时差和独立时差。

工作的总时差是指在不影响工期和有关时限的前提下，一项工作可以利用的机动时间。即在保证本工作以最迟完成时间完工的前提下，允许该工作推迟其最早开始时间或延长其持续时间的幅度。$i-j$ 工作的总时差可按公式（3-22）计算：

$$TF_{i-j} = LT_j - ET_i - D_{i-j} = LF_{i-j} - EF_{i-j} = LS_{i-j} - ES_{i-j} \tag{3-22}$$

由上式看出，对于任何一项工作 $i-j$，可以利用的最大时间范围为 $LT_j - ET_i$，其总时差可能有三种情况：

1）$LT_j - ET_i > D_{i-j}$，即 $TF_{i-j} > 0$，说明该项工作存在机动时间，为非关键工作。

2）$LT_j - ET_i = D_{i-j}$，即 $TF_{i-j} = 0$，说明该项工作不存在机动时间，为关键工作。

3）$LT_j - ET_i < D_{i-j}$，即 $TF_{i-j} < 0$，说明该项工作有负时差，计划工期长于规定工期，应采取技术组织措施予以缩短，确保计划总工期。

工作的自由时差是指在不影响其紧后工作最早开始和有关时限的前提下，一项工作可以利用的机动时间。即在不影响紧后工作按最早开始时间开工的前提下，允许该工作推迟其最早开始时间或延长其持续时间的幅度。工作 $i-j$ 的自由时差 FF_{i-j} 可按公式（3-23）计算：

$$FF_{i-j} = ET_j - ET_i - D_{i-j} = ET_j - EF_{i-j} = \max(ES_{j-k}) - EF_{i-j} \tag{3-23}$$

由上式看出，对于任何一项工作 $i-j$，可以自由利用的最大时间范围为 $ET_j - ET_i$，其自由时差可能出现下面三种情况：

1）$ET_j - ET_i > D_{i-j}$，即 $FF_{i-j} > 0$，说明工作有自由利用的机动时间。

2）$ET_j - ET_i = D_{i-j}$，即 $FF_{i-j} = 0$，说明工作无自由利用的机动时间。

3）$ET_j - ET_i = D_{i-j}$，即 $FF_{i-j} < 0$，说明计划工期长于规定工期，应采取措施予以缩短，以保证计划总工期。

工作的相关时差是指可以与紧后工作共同利用的机动时间。即在工作总时差中，除自由时差外，剩余的那部分时差。工作 $i-j$ 的相关时差 IF_{i-j} 可按公式（3-24）计算：

$$IF_{i-j} = TF_{i-j} - FF_{i-j} = LT_j - ET_j \tag{3-24}$$

工作的独立时差是指为本工作所独有而其前后工作不可能利用的时差。即在不影响紧后工作按照最早开始时间开工的前提下，允许该工作推迟其最迟开始时间或延长其持续时间的幅度。其可按公式（3-25）计算：

$$DF_{i-j} = ET_j - LT_i - D_{i-j}$$
$$= FF_{i-j} - IF_{h-j}$$
$$(h < i) \tag{3-25}$$

式中 DF_{i-j}——工作 $i-j$ 的独立时差；

IF_{h-j}——紧前工作 $h-i$ 的相关时差；

对于任何一项工作 $i-j$，它可以独立使用的最大时间范围为 ET_j-LT_i，其独立时差可能有以下三种情况：

1）$ET_j-LT_i>D_{i-j}$，即 $DF_{i-j}>0$，说明工作有独立使用的机动时间；

2）$ET_j-LT_i=D_{i-j}$，即 $DF_{i-j}=0$，说明工作无独立使用的机动时间；

3）$ET_j-LT_i<D_{i-j}$，即 $DF_{i-j}<0$，此时取 $DF_{i-j}=0$。

综上所述，四种工作时差的形成条件和相互关系如图 3-20 所示。

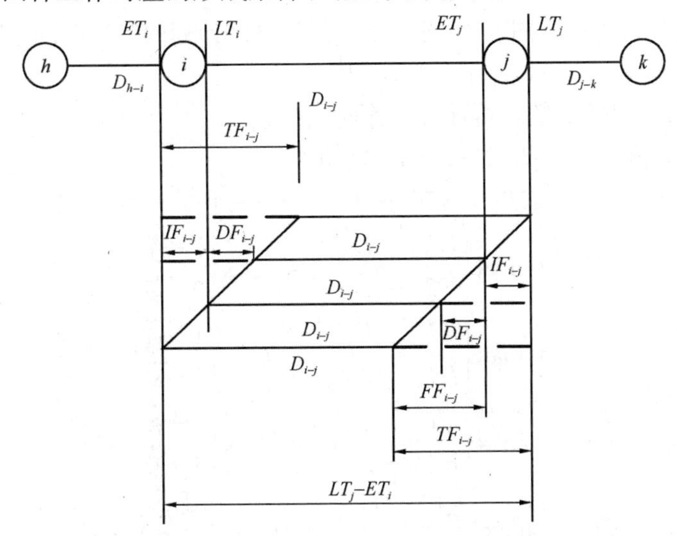

图 3-20 四种时差形成条件和相互关系示意图

1）工作的总时差与自由时差、相关时差和独立时差之间具有如式（3-26）所示的关系。总时差对其紧前工作与紧后工作均有影响。

$$TF_{i-j} = FF_{i-j} + IF_{i-j}$$
$$= IF_{h-i} + DF_{i-j} + IF_{i-j} \tag{3-26}$$

2）一项工作的自由时差只限于本工作利用，不能转移给紧后工作利用，对紧后工作的时差无影响，但对其紧前工作有影响，如动用，将使紧前工作时差减少。

3）一项工作的相关时差对其紧前工作无影响，但对紧后工作的时差有影响，如动用，将使紧后工作的时差减少或消失。它可以转让给紧后工作，变为其自由时差被利用。

4）一项工作的独立时差只能被本工作使用，如动用，对其紧前工作和紧后工作均无影响。

在实际中，一般只计算工作总时差和工作的自由时差。

(5) 关键线路的确定

关键工作和关键线路的确定方法有如下几种：

1) 通过计算所有线路的线路时间 T_s 来确定。线路时间最长的线路即为关键线路，位于其上的工作即为关键工作。

2) 通过计算工作的总时差来确定。若 $TF_{i-j}=0$（$LT_n=ET_n$ 时）或 TF_{i-j}＝规定工期－计划工期（LT_n＝规定工期时），则该项工作 $i-j$ 为关键工作，所组成的线路为关键线路。

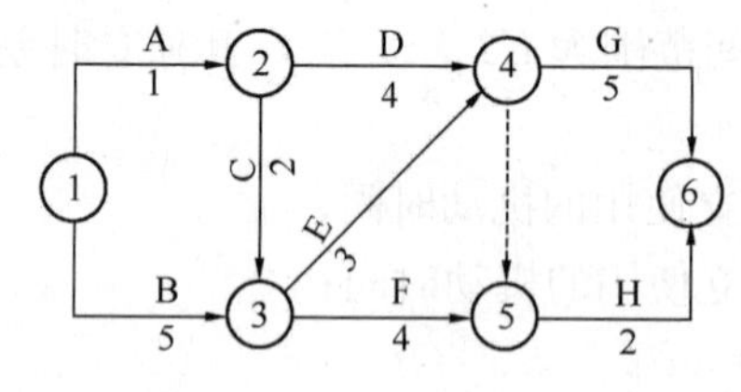

图 3-21 某双代号网络图

3) 通过计算事件时间参数来确定。若工作 $i-j$ 的开始事件时间 $ET_i=LT_i$，完成事件时间 $ET_j=LT_j$，且 $ET_j-LT_i=D_{i-j}$ 时，则该项工作为关键工作，所组成的线路为关键线路。

通常在网络图中用粗实线或双线箭杆将关键线路标出。

例 3-4 试按分析法计算图 3-21 所示某双代号网络计划的各项时间参数。

解：

(1) 先计算节点时间参数，再计算工作时间参数：

1) 计算 ET_j，令 $ET_1=0$，按式 (3-16) 可得：

$$ET_2=ET_1+D_{1-2}=0+1=1$$

$$ET_3=\max\begin{Bmatrix}ET_2+D_{2-3}\\ET_1+D_{1-3}\end{Bmatrix}=\max\begin{Bmatrix}1+2\\0+5\end{Bmatrix}=5$$

$$ET_4=\max\begin{Bmatrix}ET_2+D_{2-4}\\ET_3+D_{3-4}\end{Bmatrix}=\max\begin{Bmatrix}1+4\\5+3\end{Bmatrix}=8$$

$$ET_5=\max\begin{Bmatrix}ET_3+D_{3-5}\\ET_4+D_{4-5}\end{Bmatrix}=\max\begin{Bmatrix}5+4\\8+0\end{Bmatrix}=9$$

$$ET_6=\max\begin{Bmatrix}ET_4+D_{4-6}\\ET_5+D_{5-6}\end{Bmatrix}=\max\begin{Bmatrix}8+5\\9+2\end{Bmatrix}=13$$

2) 计算 LT_i，令 $LT_6=ET_6=13$，按式 (3-17) 得：

$$LT_5=LT_6-D_{5-6}=13-2=11$$

$$LT_4=\min\begin{Bmatrix}LT_6-D_{4-6}\\LT_5-D_{4-5}\end{Bmatrix}=\min\begin{Bmatrix}13-5\\11-0\end{Bmatrix}=8$$

$$LT_3=\min\begin{Bmatrix}LT_5-D_{3-5}\\LT_4-D_{3-4}\end{Bmatrix}=\min\begin{Bmatrix}11-4\\8-3\end{Bmatrix}=5$$

$$LT_2=\min\begin{Bmatrix}LT_3-D_{2-3}\\LT_4-D_{2-4}\end{Bmatrix}=\min\begin{Bmatrix}5-2\\8-3\end{Bmatrix}=3$$

$$LT_1=\min\begin{Bmatrix}LT_3-D_{1-3}\\LT_2-D_{1-2}\end{Bmatrix}=\min\begin{Bmatrix}5-5\\3-1\end{Bmatrix}=0$$

3) 计算 ES_{i-j}、EF_{i-j}、LS_{i-j} 和 LF_{i-j}，分别按式 (3-18) (3-19) 计算得：

工作 1-2：$ES_{1-2}=ET_1=0$；$EF_{1-2}=ES_{1-2}+D_{1-2}=0+1=1$

$LF_{1-2}=LT_2=3$；$LS_{1-2}=LF_{1-2}-D_{1-2}=3-1=2$

工作 1-3：$ES_{1-3}=ET_1=0$；$EF_{1-3}=ES_{1-3}+D_{1-3}=0+5=5$

$LF_{1-3}=LT_3=5$；$LS_{1-3}=LF_{1-3}-D_{1-3}=5-5=0$

工作 2-3：$ES_{2-3}=ET_2=1$；$EF_{2-3}=ES_{2-3}+D_{2-3}=1+2=3$

$LF_{2-3}=LT_3=5$；$LS_{2-3}=LF_{2-3}-D_{2-3}=5-2=3$

工作 2-4：$ES_{2-4}=ET_2=1$；$EF_{2-4}=ES_{2-4}+D_{2-4}=1+4=5$

$LF_{2-4}=LT_4=8$；$LS_{2-4}=LF_{2-4}-D_{2-4}=8-4=4$

工作 3-4：$ES_{3-4}=ET_3=5$；$EF_{3-4}=ES_{3-4}+D_{3-4}=5+3=8$

$LF_{3-4}=LT_4=8$；$LS_{3-4}=LF_{3-4}-D_{3-4}=8-3=5$

工作 3-5：$ES_{3-5}=ET_3=5$；$EF_{3-5}=ES_{3-5}+D_{3-5}=5+4=9$

$LF_{3-5}=LT_5=11$；$LS_{3-5}=LF_{3-5}-D_{3-5}=11-4=7$

工作 4-6：$ES_{4-6}=ET_4=8$；$EF_{4-6}=ES_{4-6}+D_{4-6}=8+5=13$

$LF_{4-6}=LT_6=13$；$LS_{4-6}=LF_{4-6}-D_{4-6}=13-5=8$

工作 5-6：$ES_{5-6}=ET_5=9$；$EF_{5-6}=ES_{5-6}+D_{5-6}=9+2=11$

$LF_{5-6}=LT_6=13$；$LS_{5-6}=LF_{5-6}-D_{5-6}=13-2=11$

4）计算 TF_{i-j}、FF_{i-j}：

工作 1-2：$TF_{1-2}=LS_{1-2}-ES_{1-2}=2-0=2$；$FF_{1-2}=ET_2-EF_{1-2}=1-1=0$

工作 1-3：$TF_{1-3}=LS_{1-3}-ES_{1-3}=0-0=0$；$FF_{1-3}=ET_3-EF_{1-3}=5-5=0$

工作 2-3：$TF_{2-3}=LS_{2-3}-ES_{2-3}=3-1=2$；$FF_{2-3}=ET_3-EF_{2-3}=5-3=2$

工作 2-4：$TF_{2-4}=LS_{2-4}-ES_{2-4}=4-1=3$；$FF_{2-4}=ET_4-EF_{2-4}=8-5=3$

工作 3-4：$TF_{3-4}=LS_{3-4}-ES_{3-4}=5-5=0$；$FF_{3-4}=ET_4-EF_{3-4}=8-8=0$

工作 3-5：$TF_{3-5}=LS_{3-5}-ES_{3-5}=7-5=2$；$FF_{3-5}=ET_5-EF_{3-5}=9-9=0$

工作 4-6：$TF_{4-6}=LS_{4-6}-ES_{4-6}=8-8=0$；$FF_{4-6}=ET_6-EF_{4-6}=13-13=0$

工作 5-6：$TF_{5-6}=LS_{5-6}-ES_{5-6}=11-9=2$；$FF_{5-6}=ET_6-EF_{5-6}=13-11=2$

（2）直接计算工作时间参数：

1）计算 ES_{i-j}、EF_{i-j}，按式（3-20）计算得：

工作 1-2 ：令 $ES_{1-2}=0$ ，$EF_{1-2}=ES_{1-2}+D_{1-2}=0+1=1$

工作 1-3：令 $ES_{1-3}=0$；$EF_{1-3}=ES_{1-3}+D_{1-3}=0+5=5$

工作 2-3：$ES_{2-3}=EF_{1-2}=1$ ；$EF_{2-3}=ES_{2-3}+D_{2-3}=1+2=3$

工作 2-4：$ES_{2-4}=EF_{1-2}=1$ ；$EF_{2-4}=ES_{2-4}+D_{2-4}=1+4=5$

工作 3-4：$ES_{3-4}=\max\begin{pmatrix}EF_{1-2}\\EF_{2-3}\end{pmatrix}=\max\begin{pmatrix}5\\3\end{pmatrix}=5$ ；$EF_{3-4}=ES_{3-4}+D_{3-4}=5+3=8$

工作 3-5：$ES_{3-5}=\max\begin{pmatrix}EF_{1-2}\\EF_{2-3}\end{pmatrix}=\max\begin{pmatrix}5\\3\end{pmatrix}=5$ ；$EF_{3-5}=ES_{3-5}+D_{3-5}=5+4=9$

工作 4-6：$ES_{4-6}=\max\begin{pmatrix}EF_{2-4}\\EF_{3-4}\end{pmatrix}=\max\begin{pmatrix}5\\8\end{pmatrix}=8$ ；$EF_{4-6}=ES_{4-6}+D_{4-6}=8+5=13$

工作 5-6：$ES_{5-6}=\max\begin{pmatrix}EF_{2-4}\\EF_{3-4}\\EF_{3-5}\end{pmatrix}=\max\begin{pmatrix}5\\9\\8\end{pmatrix}=9$ ；$EF_{5-6}=ES_{5-6}+D_{5-6}=9+2=11$

2）计算 LS_{i-j}、LF_{i-j}，按式（3-21）计算得：

令 $LF_{5-6}=T=13$；$LS_{5-6}=LF_{5-6}-D_{5-6}=13-2=11$

令 $LF_{4-6}=T=13$；$LS_{4-6}=LF_{4-6}-D_{4-6}=13-5=8$

$LF_{3-5}=LS_{5-6}=11$；$LS_{3-5}=LF_{3-5}-D_{3-5}=11-4=7$

$LF_{3-4}=\min\begin{bmatrix}LS_{4-6}\\LS_{5-6}\end{bmatrix}=\min\begin{pmatrix}8\\11\end{pmatrix}=8$；$LS_{3-4}=LF_{3-4}-D_{3-4}=8-3=5$

$LF_{2-4}=\min\begin{bmatrix}LS_{4-6}\\LS_{5-6}\end{bmatrix}=\min\begin{pmatrix}8\\11\end{pmatrix}=8$；$LS_{2-4}=LF_{2-4}-D_{2-4}=8-4=4$

$LF_{2-3}=\min\begin{bmatrix}LS_{3-4}\\LS_{3-5}\end{bmatrix}=\min\begin{pmatrix}5\\7\end{pmatrix}=5$；$LS_{2-3}=LF_{2-3}-D_{2-3}=5-2=3$

$LF_{1-3}=\min\begin{bmatrix}LS_{3-4}\\LS_{3-5}\end{bmatrix}=\min\begin{pmatrix}5\\7\end{pmatrix}=5$；$LS_{1-3}=LF_{1-3}-D_{1-3}=5-5=0$

$LF_{1-2}=\min\begin{bmatrix}LS_{2-3}\\LS_{2-4}\end{bmatrix}=\min\begin{pmatrix}3\\4\end{pmatrix}=3$；$LS_{1-2}=LF_{1-2}-D_{1-2}=3-2=1$

3）计算 TF_{i-j}、FF_{i-j}，按式（3-22）、（3-23）计算得：

工作 1-2：$TF_{1-2}=LS_{1-2}-ES_{1-2}=2-0=2$；$FF_{1-2}=\min\begin{bmatrix}ES_{2-3}\\ES_{2-4}\end{bmatrix}-EF_{1-2}$
$=\min\begin{pmatrix}1\\1\end{pmatrix}-1=0$

工作 1-3：$TF_{1-3}=LS_{1-3}-ES_{1-3}=0-0=0$；$FF_{1-3}=\min\begin{bmatrix}ES_{3-4}\\ES_{3-5}\end{bmatrix}-EF_{1-3}$
$=\min\begin{pmatrix}5\\5\end{pmatrix}-5=0$

工作 2-3：$TF_{2-3}=LS_{2-3}-ES_{2-3}=3-1=2$；$FF_{2-3}=\min\begin{bmatrix}ES_{3-4}\\ES_{3-5}\end{bmatrix}-EF_{2-3}$
$=\min\begin{pmatrix}5\\5\end{pmatrix}-3=2$

工作 2-4：$TF_{2-4}=LS_{2-4}-ES_{2-4}=4-1=3$；$FF_{2-4}=\min\begin{bmatrix}ES_{4-6}\\ES_{5-6}\end{bmatrix}-EF_{2-4}$
$=\min\begin{pmatrix}8\\9\end{pmatrix}-5=3$

工作 3-4：$TF_{3-4}=LS_{3-4}-ES_{3-4}=5-5=0$；$FF_{3-4}=\min\begin{bmatrix}ES_{4-6}\\ES_{5-6}\end{bmatrix}-EF_{3-4}$
$=\min\begin{pmatrix}8\\9\end{pmatrix}-8=0$

工作 3-5：$TF_{3-5}=LS_{3-5}-ES_{3-5}=7-5=2$；$FF_{3-5}=ES_{5-6}-EF_{3-5}=9-9=0$

工作 4-6：$TF_{4-6}=LS_{4-6}-ES_{4-6}=8-8=0$；$FF_{4-6}=T-EF_{4-6}=13-13=0$

工作 5-6：$TF_{5-6}=LS_{5-6}-ES_{5-6}=11-9=2$；$FF_{5-6}=T-EF_{5-6}=13-11=2$

（3）判断关键工作和关键线路。根据 $TF_{i-j}=0$ 得，工作 1-3、工作 3-4、工作 4-6 为关键工作，所组成的线路①→③→④→⑥为关键线路。

（4）确定计划总工期 $T=ET_n=LT_n=13$。

3.2.3.2　图算法

图算法是按照各项时间参数计算公式的程序，直接在网络图上计算时间参数的方法。由于计算过程在图上直接进行，不需列计算式，既快又不易出差错，计算结果直接标在网络图上，便于检查和修改，是一种比较常用的计算方法。

1. 各种时间参数在图上的表示方法

事件时间参数通常标注在事件的上方或下方，其标注方法如图 3-15 所示。工作时间参数通常标注在工作箭杆的上方或左侧，如图 3-22 所示。

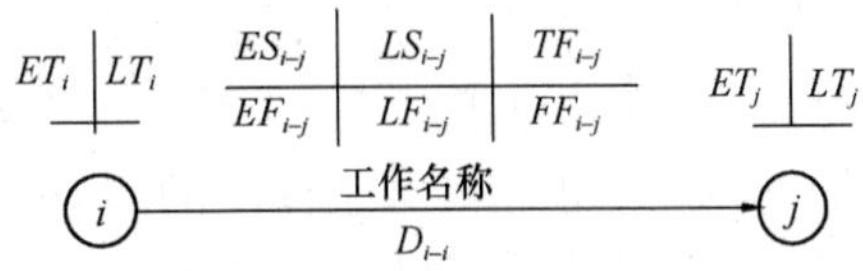

ET_i | LT_i　　ES_{i-j} | LS_{i-j} | TF_{i-j} / EF_{i-j} | LF_{i-j} | FF_{i-j}　　ET_j | LT_j

ⓘ ——工作名称 / D_{i-j}——→ ⓙ

图 3-22　时间参数标注方法

2. 计算方法

图算法的计算方法与顺序同分析计算法相同，计算时随时将计算结果填入图中相应位置。

例 3-5　试按图算法计算图 3-23 所示双代号网络计划的各项时间参数。

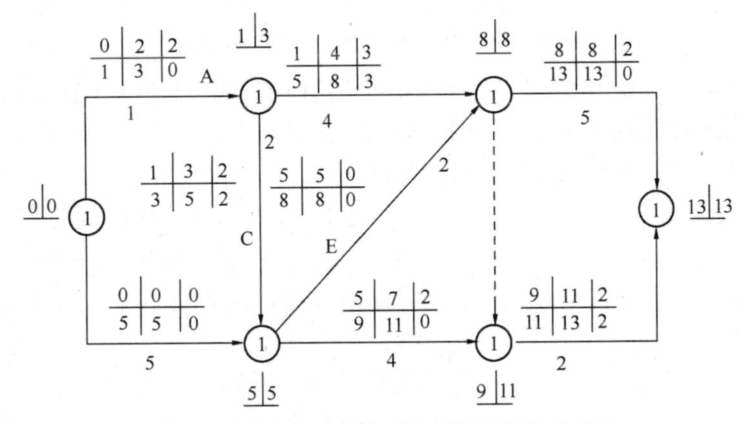

图 3-23　某网络图图算法计算时间参数示意图

解：

（1）画出各项时间参数计算图例，并标注在网络图上。

（2）计算事件时间参数

①事件最早时间 ET。假定 $ET_1=0$，利用公式（3-16），按事件编号递增顺序，从前向后计算，并随时将计算结果标注在图例中标 ET 的相应位置。

②事件最迟时间 LT。假定 $LT_6=ET_6=13$，利用公式（3-17），按事件编号递减顺序，由后向前进行，并随时将结果标注在图例中 LT 所示位置。

③工作时间参数。工作时间参数可根据事件时间参数，分别用公式（3-18）、（3-19）或（3-20）、（3-21），以及（3-22）、（3-23）计算出来，并分别随时标在图例中所示各个位置。

（3）判断关键工作和关键线路，用粗实线标在图上。

（4）确定计划总工期，标在图上。

上述计算结果如图 3-23 所示。

3.3 单代号网络计划

3.3.1 单代号网络图的绘制

3.3.1.1 单代号网络图的组成

单代号网络图又称工作节点网络图，是网络计划的另一种表示方法，具有绘图简便、逻辑关系明确、易于修改等优点。由工作和线路两个基本要素组成。

工作用节点来表示，通常画成一个大圆圈或方框形式，其内标注工作编号、名称和持续时间等内容，如图 3-24 所示。工作之间的关系用实箭杆表示，它既不消耗时间，也不消耗资源，只表示各项工作间的网络逻辑关系。相对于箭尾和箭头来说。箭尾节点称为紧前工作，箭头节点称为紧后工作。

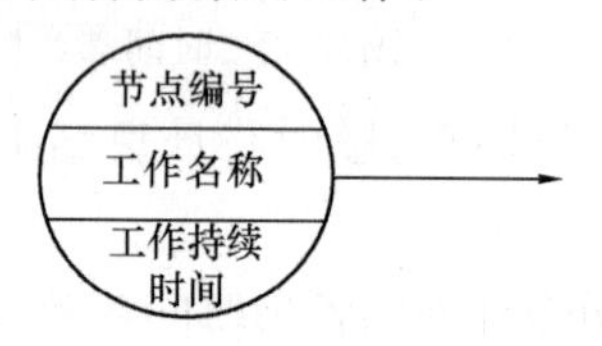

节点编号	工作名称	工作持续时间
ES	EF	TF
LS	LF	FF

图 3-24 单代号网络图表示方法示意图

由网络图的起点节点出发，顺着箭杆方向到达终点，中间经由一系列节点和箭杆所组成的通道，称为线路。同双代号网络图一样，线路也分为关键线路和非关键线路，其性质和线路时间的计算方法均与双代号网络图相同。

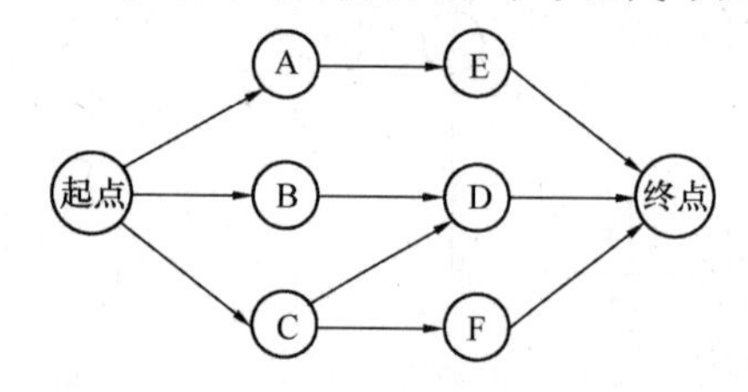

图 3-25 单代号网络图示意图

3.3.1.2 单代号网络图的绘制

由于单代号网络图和双代号网络图所表达的计划内容是一致的，两者的区别仅在于绘图的符号不同。因此，在双代号网络图中所说明的绘图规则，对单代号网络图原则上都适用。所不同的是，单代号网络图中有多项开始和多项结束工作时，应在网络图的两端分别设置一项虚工作，作为网络图的起点节点和终点节点，如图 3-25 所示，其他再无任何虚工作。

3.3.2 单代号网络计划的时间参数计算

因为单代号的节点代表工作，所以它的时间参数计算的内容、方法和顺序等与双代号网络图的工作时间参数计算相同。下面首先分析计算法的公式。

单代号网络图工作时间参数关系示意如图 3-26 所示。

单代号网络图时间参数计算公式如下：

$$\left.\begin{aligned} ES_j &= \max[ES_i + D_i] = \max[EF_i] \\ EF_j &= ES_j + D_j \qquad (i < j) \end{aligned}\right\} \quad (3\text{-}27)$$

$$\left.\begin{aligned} LF_i &= \min[LS_j] \quad (i < j) \\ LS_i &= LF_i - D_i \end{aligned}\right\} \quad (3\text{-}28)$$

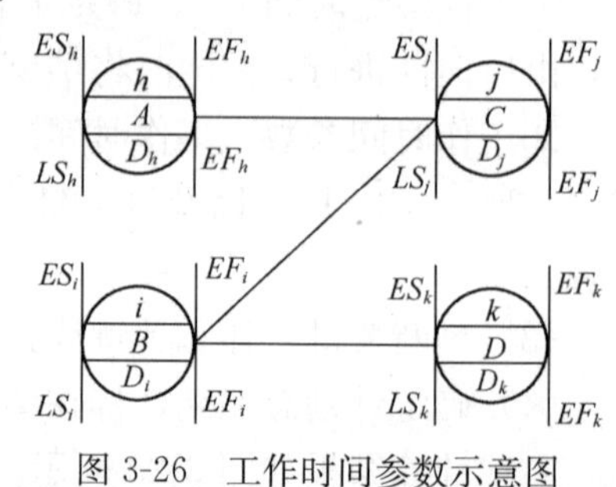

图 3-26 工作时间参数示意图

$$\left.\begin{aligned}TF_i &= LS_i - ES_i = LF_i - EF_i \\ FF_i &= \min[ES_j] - EF_i \quad (i<j)\end{aligned}\right\} \tag{3-29}$$

$$\left.\begin{aligned}IF_i &= TF_i - FF_i = LF_i - \min[ES_j] \\ DF_i &= FF_i - \max[IF_h] \quad (h<i<j)\end{aligned}\right\} \tag{3-30}$$

上述公式中，各种符号的意义和计算规则与双代号网络计划完全相同。

下面介绍单代号网络计划时间参数计算的图算法。单代号网络计划时间参数在网络图上的表示方法一般如图 3-27 所示。

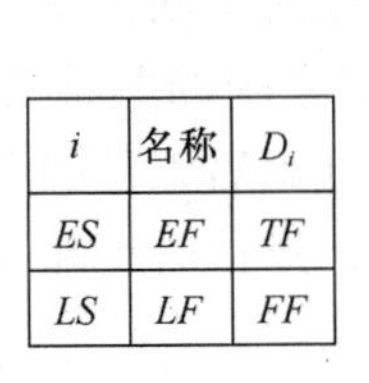

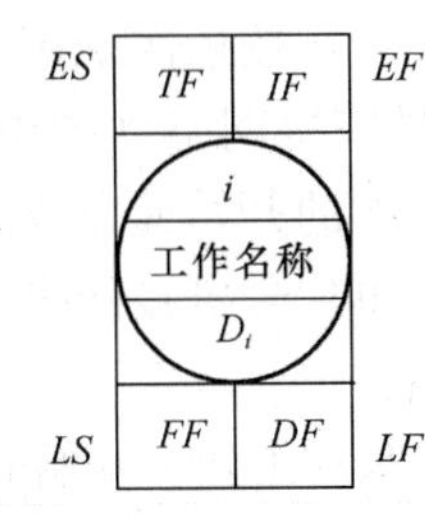

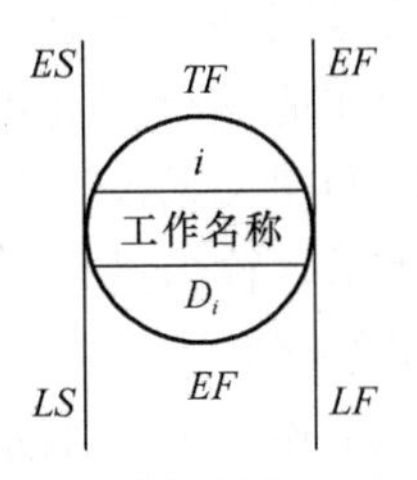

图 3-27 时间参数的图上表示方法

例 3-6 某工程由支模板、绑钢筋、浇混凝土三个分项工程组成，各分为三个施工段施工，各个分项工程每个施工段的持续时间分别为 3 天、3 天、2 天，试绘制单代号网络图并按图算法计算各时间参数。

解：

首先绘出单代号网络图，然后按下列步骤进行时间参数计算，如图 3-28。

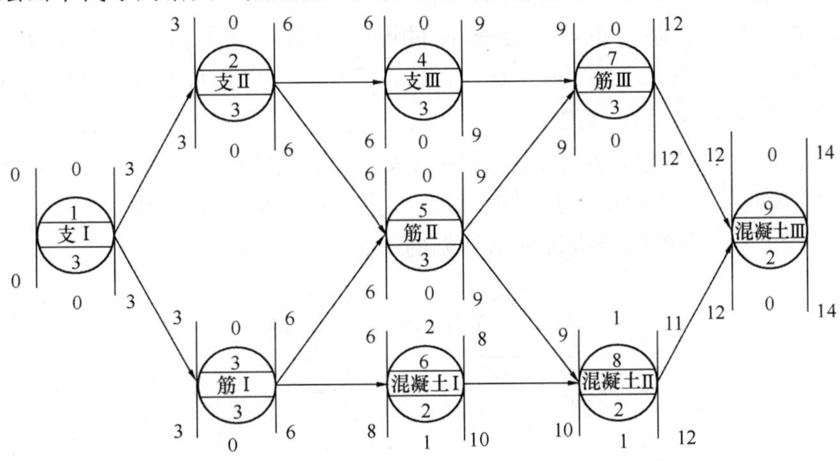

图 3-28 单代号网络图时间参数计算

(1) 计算 ES_i 和 EF_i。由起点节点开始，首先假定整个网络计划的开始时间为 0，$ES_1=0$，然后从左至右按节点编号递增的顺序计算，直到终点节点止，并随时将计算结果填入相应栏。

(2) 计算 LF_i 和 LS_i。由终点节点开始，假定终点节点的最迟完成时间 $LF_9=EF_9=14$，从右到左按工作编号递减的顺序逐个计算，直到起点节点止，并随时将计算结果填入相应栏。

(3) 计算 TF_i 和 FF_i。由起点节点开始，逐个工作计算，并随时将计算结果填入相应栏。

（4）判断关键工作和关键线路。根据 $TF_i=0$，进行判断，以粗箭线标出关键线路。

（5）确定计划总工期。计划总工期为 14 天，如图 3-28 所示。

3.4 单代号搭接网络计划

3.4.1 单代号搭接网络计划的组成与绘制

普通的单代号网络计划中，各项工作按依次顺序进行，任何一项工作都必须在其紧前工作全部完成后才能进行。而单代号搭接网络计划中，工作之间的关系要复杂得多，此时，工作的搭接顺序关系是用前项工作的开始或完成时间与其紧后工作的开始或完成时间之间的间距来表示，称为搭接时距。单代号搭接网络由节点、搭接时距和线路三个组成要素组成。基本的搭接时距可分为四类：

STS_{i-j}——工作 i 开始时间与其紧后工作 j 开始时间的时间间距，即表示任何相邻两项工作 i 和 j，若紧前工作 i 开始一段时间 STS_{i-j} 后，紧后工作 j 才能开始。

STF_{i-j}——工作 i 开始时间与其紧后工作 j 完成时间的时间间距，即表示任何相邻两项工作 i 和 j，若紧前工作 i 开始一段时间 STF_{i-j} 后，紧后工作 j 必须结束。

FTF_{i-j}——工作 i 完成时间与其紧后工作 j 完成时间的时间间距，表示任何相邻两项工作 i 和 j，若紧前工作 i 结束一段时间 FTF_{i-j} 后，紧后工作 j 也必须结束。

FTS_{i-j}——工作 i 完成时间与其紧后工作 j 开始时间的时间间距，表示任何相邻两项工作 i 和 j，若紧前工作 i 结束一段时间 STF_{i-j} 后，紧后工作 j 才能开始。

工作之间的搭接时距，也可能是多种情况的组合，称为混合时距，如 STS_{i-j} 与 FTF_{i-j}，STF_{i-j} 与 FTS_{i-j}，STF_{i-j} 与 STS_{i-j}，FTF_{i-j} 与 FTS_{i-j}，FTS_{i-j} 与 STS_{i-j}，STF_{i-j} 与 FTF_{i-j} 等多种组合形式。

单代号搭接网络计划也是用单代号网络图来表示的进度计划。因此，网络计划的组成与绘制方法与普通单代号网络计划相同。即用节点表示一项工作，用箭线表示工作之间的关系。如图 3-29 为一个单代号搭接网络计划的示意。

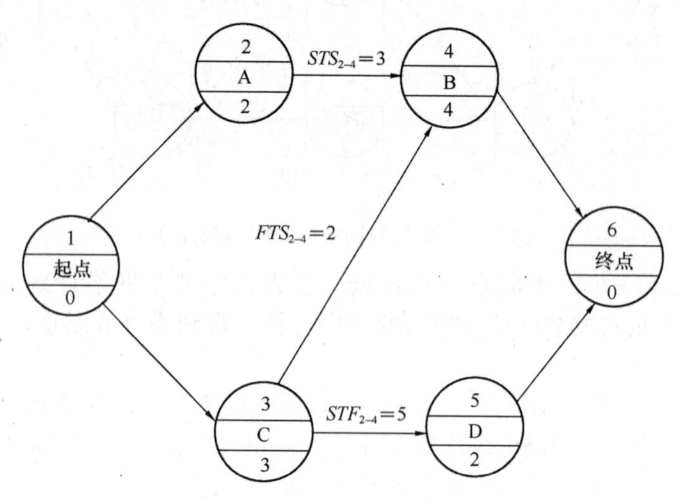

图 3-29　单代号搭接网络计划

3.4.2 单代号搭接网络计划的时间参数计算

3.4.2.1 最早开始时间、最早完成时间、最迟开始时间和最迟完成的计算公式

1. 开始到开始时距情况 STS_{i-j}

$$ES_j = ES_i + STS_{i-j}$$

$$EF_j = ES_j + D_j \qquad (i < j) \tag{3-31}$$

$$LS_i = LS_j - STS_{i-j}$$

$$LF_i = LS_i + D_i \qquad (i < j) \tag{3-32}$$

2. 开始到结束时距情况 STF_{i-j}

$$EF_j = ES_i + STF_{i-j}$$

$$ES_j = EF_j - D_j \qquad (i < j) \tag{3-33}$$

$$LS_i = LF_j - STF_{i-j}$$

$$LF_i = LS_i + D_i \qquad (i < j) \tag{3-34}$$

3. 结束到结束时距情况 FTF_{i-j}

$$EF_j = EF_i + FTF_{i-j}$$

$$ES_j = EF_j - D_j \qquad (i < j) \tag{3-35}$$

$$LF_i = LF_j - FTF_{i-j}$$

$$LS_i = LF_i - D_i \qquad (i < j) \tag{3-36}$$

4. 结束到开始时距情况 FTS_{i-j}

$$ES_j = EF_i + FTS_{i-j}$$

$$EF_j = ES_j + D_j \qquad (i < j) \tag{3-37}$$

$$LF_i = LS_j - FTS_{i-j}$$

$$LS_i = LF_i - D_i \qquad (i < j) \tag{3-38}$$

5. 混合时距情况

(1) 混合时距情况 STS_{i-j} 和 FTF_{i-j}

$$ES_j = \max\begin{cases} ES_i + STS_{i-j} \\ EF_i + FTF_{i-j} - D_j \end{cases}$$

$$EF_j = ES_j + D_j \qquad (i < j) \tag{3-39}$$

$$LF_i = \min\begin{Bmatrix} LS_j - STS_{i-j} + D_i \\ LF_j - FTF_{i-j} \end{Bmatrix}$$

$$LS_i = LF_i - D \qquad (i < j) \tag{3-40}$$

(2) 混合时距情况 STF_{i-j} 和 FTS_{i-j}

$$ES_j = \max\begin{Bmatrix} ES_i + STF_{i-j} - D_j \\ EF_i + FTS_{i-j} \end{Bmatrix}$$

$$EF_j = ES_j + D_j \quad (i < j) \tag{3-41}$$

$$LF_i = \min\begin{cases} LF_j - STF_{i-j} + D_i \\ LS_j - FTS_{i-j} \end{cases}$$

$$LS_i = LF_i - D_i \quad (i < j) \tag{3-42}$$

(3) 混合时距情况 STS_{i-j} 和 STF_{i-j}

$$ES_j = \max\begin{Bmatrix} ES_i + STS_{i-j} \\ ES_i + STF_{i-j} - D_j \end{Bmatrix} \tag{3-43}$$

$$EF_j = ES_j + D_j \quad (i < j)$$

$$LF_i = \min\begin{Bmatrix} LS_j - STS_{i-j} + D_i \\ LF_j - STF_{i-j} + D_i \end{Bmatrix} \tag{3-44}$$

$$LS_i = LF_i - D_i \quad (i < j)$$

（4）混合时距情况 STF_{i-j} 和 FTF_{i-j}

$$ES_j = \max\begin{Bmatrix} ES_i + STF_{i-j} - D_j \\ EF_i + FTF_{i-j} - D_j \end{Bmatrix}$$

$$EF_j = ES_j + D_j \quad (i < j) \tag{3-45}$$

$$LF_i = \min\begin{Bmatrix} LF_j - STF_{i-j} + D_i \\ LF_j - FTF_{i-j} \end{Bmatrix}$$

$$LS_i = LF_i - D_i \quad (i < j) \tag{3-46}$$

（5）混合时距情况 STS_{i-j} 和 FTS_{i-j}

$$ES_j = \max\begin{Bmatrix} ES_i + STS_{i-j} \\ EF_i + FTS_{i-j} \end{Bmatrix}$$

$$EF_j = ES_j + D_j \quad (i < j) \tag{3-47}$$

$$LF_i = \min\begin{Bmatrix} LS_j - STS_{i-j} + D_i \\ LS_j - FTS_{i-j} \end{Bmatrix}$$

$$LS_i = LF_i - D_i \quad (i < j) \tag{3-48}$$

（6）混合时距情况 FTS_{i-j} 和 FTF_{i-j}

$$ES_j = \max\begin{Bmatrix} EF_i + FTS_{i-j} \\ EF_i + FTF_{i-j} - D_j \end{Bmatrix}$$

$$EF_j = ES_j + D_j \quad (i < j) \tag{3-49}$$

$$LF_i = \max\begin{Bmatrix} LS_j - FTS_{i-j} \\ LF_j - FTF_{i-j} \end{Bmatrix}$$

$$LS_i = LF_i - D_i \quad (i < j) \tag{3-50}$$

3.4.2.2 时间参数 ES 计算程序

（1）计算 ES 时，应从起点节点开始，假定 $ES_1=0$ ，根据搭接时距的不同，选用不同公式计算，按照节点编号递增的顺序，直到终点节点为止。

（2）计算时，均应取计算结果的最大值。

（3）当中间各工作的最早开始时间 ES 为负值时，应将该工作与虚拟起点节点用虚箭线。相连，即使该工作的 $ES_i=0$，其 $EF_i=ES_i+D_i$

3.4.2.3 时间参数 LF 计算程序

（1）计算 LF 时，应从终点节点开始，令 $LF_n=EFn$，根据搭接时距的不同，选用不同公式计算，按照节点编号递减的顺序，直到起点节点为止。

（2）计算时，均应取计算结果的最小值。

（3）当中间各工作的最迟完成时间 LF_i 大于工程的总工期时，应将该工作与虚拟终点节点用虚箭线相连，即使该工作的 $LF_i= LF_n$，其 $LS_i=LF_i-D_i= LF_n-D_i$

3.4.2.4 时间间隔 LAG_{i-j} 的计算

1. 时间间隔的概念

在搭接网络计划中，相邻两项工作之间在满足搭接时距限制并保证紧后工作 j 能够按最早开始（或结束）时间开工（或完工）的前提下，允许紧前工作 i 推迟其最早开始（或结束）时间的幅度或在保证相邻两项工作 i 和 j，均能按最早开始或结束时间开工的前提下，允许延长其搭接时距的幅度，称为时间间隔。

2. 时间间隔 LAG_{i-j} 的计算

当相邻工作的搭接时距为 STS_{i-j}

$$LAG_{i-j} = ES_j - ES_i - STS_{i-j} \tag{3-51}$$

当相邻工作的搭接时距为 STF_{i-j}

$$LAG_{i-j} = EF_j - ES_i - STF_{i-j} \tag{3-52}$$

当相邻工作的搭接时距为 FTS_{i-j}

$$LAG_{i-j} = ES_j - EF_i - FTS_{i-j} \tag{3-53}$$

当相邻工作的搭接时距为 FTF_{i-j}

$$LAG_{i-j} = EF_j - EF_i - FTF_{i-j} \tag{3-54}$$

当相邻工作为混合搭接时距时，则分别按各自的搭接时距计算出 LAG_{i-j}，然后取其中的最小值。

$$LAG_{i-j} = \min\begin{Bmatrix} ES_j - ES_i - STS_{i-j} \\ EF_j - ES_i - STF_{i-j} \\ ES_j - EF_i - FTS_{i-j} \\ EF_j - EF_i - FTF_{i-j} \end{Bmatrix} \tag{3-55}$$

3.4.2.5 自由时差 FF_{i-j} 的计算

$$FF_i = \min[LAG_{i-j}] \tag{3-56}$$

3.4.2.6 总时差 TF_{i-j} 的计算

$$TF_i = LS_i - ES_i = LF_i - EF_i \tag{3-57}$$

单代号搭接网络计划时间参数的标注形式如图3-30或图3-31所示。

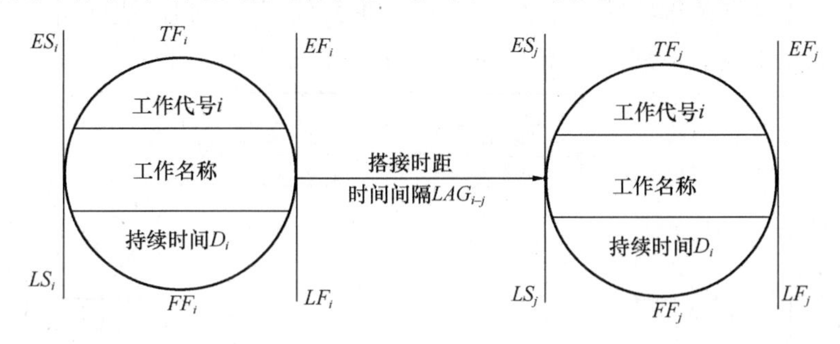

图3-30 单代号搭接网络计划时间参数标注形式一

例3-7 某工程代号搭接网络如图3-32所示，试用图算法计算各时间参数。

解：

(1) 计算 ES_i 和 EF_i。由A节点1开始，首先假定整个网络计划的开始时间为0，

代号 i	工作名称	D_i
ES_i	EF_i	TF_i
LS_i	LF_i	FF_i

搭接时距

时间间隔 LAG_{i-j}

代号 j	工作名称	D_j
ES_j	EF_j	TF_j
LS_j	LF_j	FF_j

图 3-31 单代号搭接网络计划时间参数标注形式二

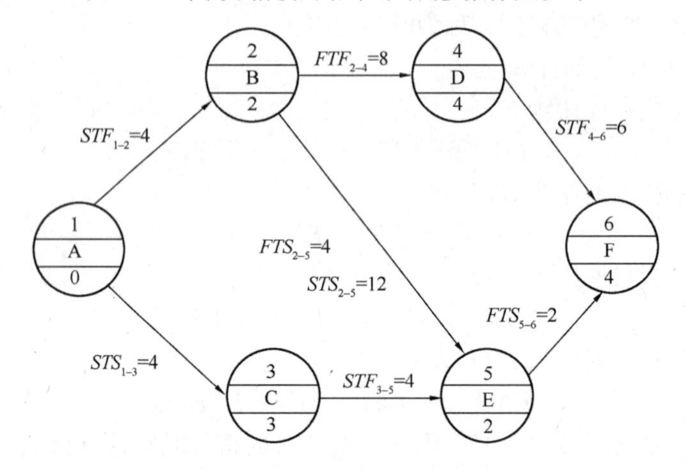

图 3-32 单代号搭接网络计划

$ES_1=0$，然后从左至右按节点编号递增的顺序计算，直到终点节点止，并随时将计算结果填入相应栏。当计算至节点 2 时，计算 $ES_2=-6$，增加一虚拟起点节点 0，将其与虚拟起点节点用箭线相连，重新计算。

（2）计算 LF_i 和 LS_i。由节点 6 开始，假定终点节点的最迟完成时间 $LF_6=EF_6=28$，从右到左按工作编号递减的顺序逐个计算，直到起点节点止，并随时将计算结果填入相应栏。

（3）计算 TF_i 和 FF_i。由起点节点开始，逐个工作计算，并随时将计算结果填入相应栏。

（4）判断关键工作和关键线路。根据 $TF_i=0$，进行判断，以粗箭线标出关键线路。

（5）确定计划总工期。计划总工期为 28 天，如图 3-33 所示。

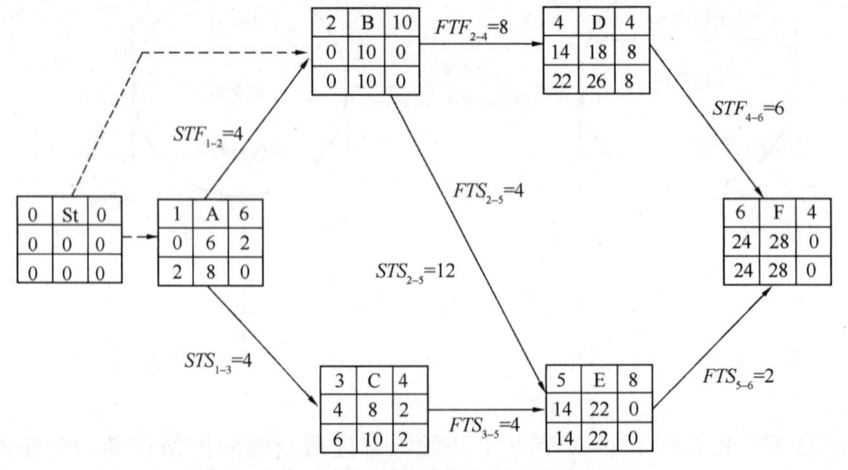

图 3-33 单代号搭接网络计划时间参数计算

3.5　PERT网络计划模型

3.5.1　PERT网络图的组成和绘制

由于一些预见不到的因素影响，或客观条件发生变化，工作之间的逻辑关系和工作的持续时间都可能发生变化。这种关系和工作持续时间不确定的网络计划，称为非肯定型网络计划。它由概率网络计划和随机网络计划两大部分组成，其中概率网络计划的典型代表——计划评审技术（PERT）应用得较多。

计划评审技术与关键线路法的主要差别就在于估计项目的时间。关键线路法一般用于有经验的工程项目，工作时间是肯定的。而计划评审技术一般用于在科研方面和经验不足的工程项目，工作时间是不确定的。

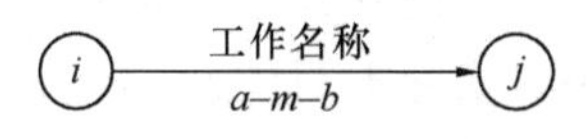

图3-34　PERT网络图的表示形式

PERT网络图在表达方式上多采用双代号网络图。只是其事件与普通双代号网络图的事件意义不尽相同。通常，每一个事件都有一个具体名称，反映计划执行中各个阶段的目标，通常称这些事件为“里程碑”事件，网络图一般是根据这些事件关系绘制出来的。绘图时，事件仍以圆圈或方框形式来表达，其内标注编号、名称或计划阶段性目标，如图3-34所示。事件与事件之间，包括许多具体工作，已经预见到的，尚未预见到的或某项具体的新工作，我们仍然称事件之间的箭线为工作，它表达事件与事件之间的先后顺序和相互关系。因此，PERT网络图的组成同普通双代号网络图一样，由事件、工作和线路组成，其绘图的方法与前几节所述相同。如图3-35即为用PERT网络图表达的网络计划。

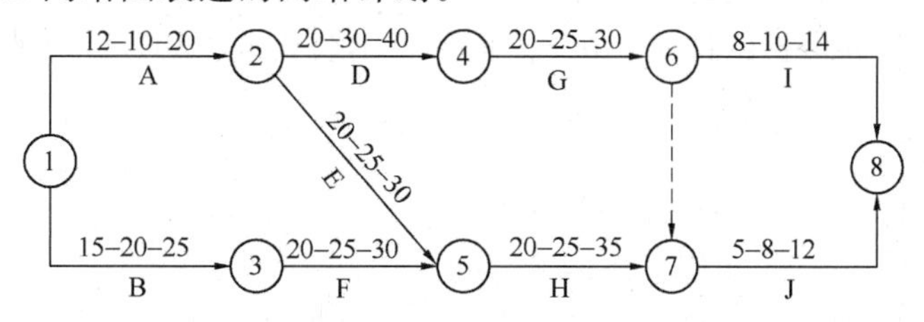

图3-35　PERT网络图

3.5.2　工作预期时间

由于计划评审技术属于非肯定型网络计划，从一个事件的实现到另一个事件的实现，即工作的持续时间无法用一个确切的时间值来表达，因此，它只能根据类似性质的经验，考虑各种情况，进行推断。通常采用三点估计法进行，定出三个不同的工作时间，作为计算的依据。

第一时间是按正常条件估计的完成工作最可能的持续时间，称为最可能估计时间（m）；第二个时间是按最顺利条件估计的完成某项工作所需的持续时间，称为最短估计时间（a）或乐观估计时间；第三个时间是按最不利条件估计的完成某项工作所需的持续时间，称为最长估计时间或悲观估计时间（b）。

由于在确定上述持续时间时是推断值，带有随机性，因此，这三个时间的分布情况属于统计学上的概率分布，用时间做横坐标，事件发生的概率做纵坐标，概率的分布曲线呈

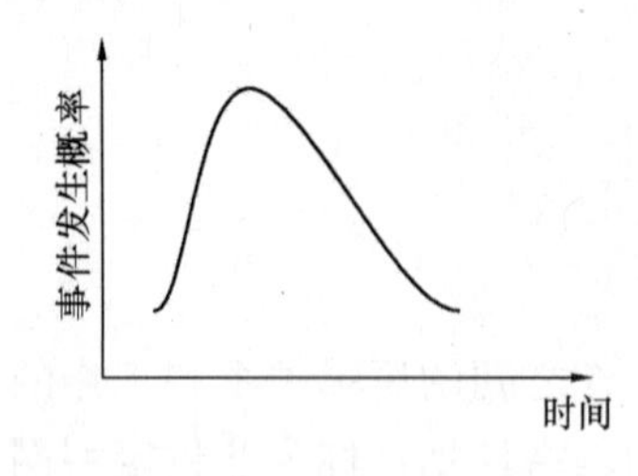

图 3-36　概率分布曲线示意

连续型，如图 3-36 所示。

曲线上任何一点均表示在某一特定时间这一事件发生的概率。若已知概率，同样可在曲线相应的横坐标上找到此概率发生的时间。则事件平均发生概率可按公式（3-58）计算：

$$\overline{P}=\frac{\int_a^b f(t)\mathrm{d}t}{b-a} \tag{3-58}$$

式中　b——最长估计时间；

a——最短估计时间；

$f(t)$——概率分布曲线。

若已知概率分布曲线，则可以确定出工作持续时间的概率期望值。但在计划评审技术中，实际上只估计了三个不同时间，并没有把曲线的图形和曲线的方程式表示出来。但是当这种估计过程进行相当多（大于 30）次时，三种时间的随机分布规律，将呈现 β 分布形式，如图 3-37 所示。

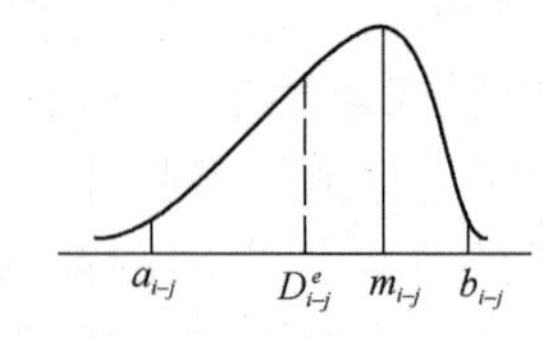

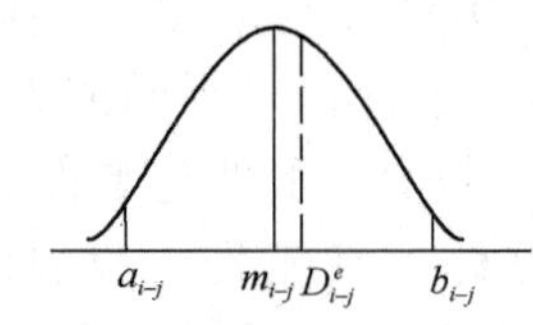

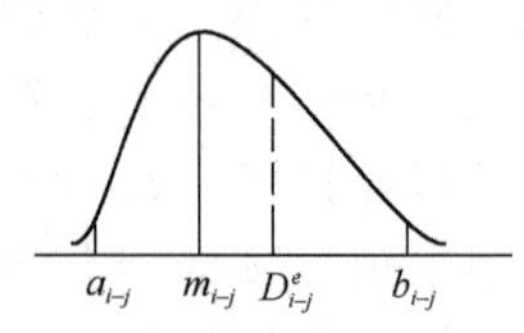

图 3-37　概率分布呈 β 分布形式

按照概率论的中心极限定理，工作 $i-j$ 持续时间的概率期望值 D^e_{i-j} 将位于两个边界值最短估计时间 a_{i-j} 和最长估计时间 b_{i-j} 之间，可由公式（3-59）计算而得。

$$D^e_{i-j}=\frac{1}{6}(a_{i-j}+4m_{i-j}+b_{i-j}) \tag{3-59}$$

式中　m_{i-j}——工作 $i-j$ 的最可能估计时间；

D^e_{i-j}——工作 $i-j$ 的期望工作持续时间。

期望工作持续时间的分布状态，可分为以下三种类型，如图 3-37 所示。

（1）当 $D^e_{i-j}<m_{i-j}$ 时，D^e_{i-j} 受最短估计时间的影响较大，整个时间分布呈左倾斜型。

（2）当 $D^e_{i-j}=m_{i-j}$ 时，D^e_{i-j} 受最可能估计时间的影响较大，整个时间分布呈左右对称型。

（3）当 $D^e_{i-j}>m_{i-j}$ 时，D^e_{i-j} 受最长估计时间的影响较大，整个时间分布呈右倾斜型。

这三种时间概率分布曲线，均为 β 分布曲线。

从上述分析可知，工作的三个估计时间直接影响期望工作持续时间的数值，因此三个估计时间是否可靠，直接关系到期望工作持续时间的正确性。一般在估计工作时间时，有经验的、确切了解的工作，估计的三种时间应变化较小；无经验的、不确定的工作，则估计的三个时间相差较大。换言之，期望工作持续时间受到估计偏差的影响，估计偏差越大，持续时间的分布越离散，肯定性越小，越不可靠，反之，估计偏差越小，持续时间的分布越集中，肯定性越大，越可靠。如图 3-38 所示。

期望工作持续时间受三种估计时间的影响程度，可用方差或标准偏差来评定。它是在一群数据中，先求这一群数据的平均值，然后求各个数据同平均值偏差的平方和的平均值。方差是衡量估计偏差的特征值，方差越大，期望持续时间的离散程度越大。

因为计划评审法只估计三个时间数据，因此方差的计算可以简化，用公式（3-60）计算：

$$\sigma_{i-j}^2=\left(\frac{b_{i-j}-a_{i-j}}{6}\right)^2 \qquad (3\text{-}60)$$

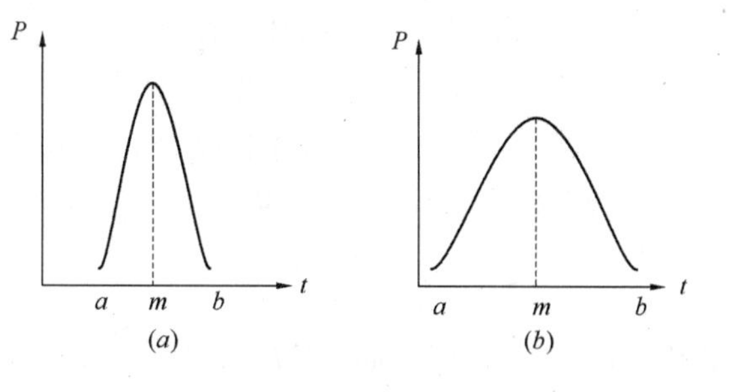

图 3-38 期望工作持续时间与方差的关系

（a）方差 σ^2 小；（b）方差 σ^2 大

期望工作持续时间的离散程度也可以采用它们的标准差来测度。标准差为方差的平方根，可按公式（3-61）计算。

$$\sigma_{i-j}=\frac{1}{6}(b_{i-j}-a_{i-j}) \qquad (3\text{-}61)$$

由上式可以看出，a_{i-j}与b_{i-j}相差越大，D_{i-j}^e越不可靠，如果a_{i-j}与b_{i-j}相差越小则偏差越小，D_{i-j}^e越可靠。

现在来分析期望工作持续时间的实现概率。由图 3-36 看出，β分布曲线与横坐标围成的面积，即为相应三种时间分布的总概率，其数值近似等于 1。对于图 3-37（a）所示情况，由于$D_{i-j}^e<m_{i-j}$，故以m_{i-j}完成工作$i-j$的实现概率大于 0.5；对于图 3-37（b）所示情况，由于$D_{i-j}^e=m_{i-j}$，故以m_{i-j}完成工作$i-j$的实现概率等于 0.5。对于图 3-37（c）所示情况，由于$D_{i-j}^e>m_{i-j}$，故以m_{i-j}完成工作$i-j$的实现概率小于 0.5。当上述三类时间分布状态都以期望持续时间D_{i-j}^e完成工作$i-j$时，其实现概率都等于 0.5，此时D_{i-j}^e的垂线恰好将β分布曲线的面积分为相等的两部分，因此，期望工作持续时间的实现概率均等于 0.5。

3.5.3 线路时间参数

3.5.3.1 线路期望时间

在计划评审技术中，完成某条线路 s 上全部工作所需的总期望持续时间，称为该条线路的线路期望时间 ET_s，即

$$ET_s=\sum_{(i,j)E_s}D_{i-j}^e \qquad (3\text{-}62)$$

衡量ET_s离散程度的指标为线路期望时间的方差σ_s^2，它等于该条线路上全部工作期望持续时间方差的总和，即

$$\sigma_s^2=\sum_{(i,j)E_s}\sigma_{i-j}^2 \qquad (3\text{-}63)$$

线路期望时间的标准差σ_s也就可由公式（3-63）计算，即

$$\sigma_s=\sqrt{\sigma_s^2} \qquad (3\text{-}64)$$

在计划评审技术中，由于每项工作按期望持续时间的实现概率为 0.5，因此，每条线路的线路期望时间的实现概率也必然是 0.5。

3.5.3.2 工期的实现概率

虽然可以使用方差和标准偏差来表示预期时间的可靠性，但并不能由此看出工程能否

如期完成，还需要计算工期的实现概率。当网络图的工作数目充分多时，不管各项工作的分布状态如何，总工期都将呈现正态分布规律。

总工期的实现概率，可先根据公式（3-65）求出指令工期 T_k的正态分布系数 λ_k，再查正态分布标准函数表 3-5，即可得到工期的实现概率 P_k。

$$\lambda_k = \frac{T_k - ET}{\sigma_e} \tag{3-65}$$

式中　ET——期望工期，$ET=ET_n^e$

σ_e——期望工期的标准差，$\sigma_e=\sigma(ET_n)$。

由上式看出，当指令工期小于期望工期时，即 $T_k<ET$，$\lambda_k<0$，此时指令工期的实现概率小于 0.5；当指令工期等于期望工期时，即 $T_k=ET$，$\lambda_k=0$，此时指令工期的实现概率等于 0.5；当指令工期大于期望工期时，即 $T_k>ET$，$\lambda_k>0$，此时指令工期的实现概率大于 0.5。一般来说，当指令工期的实现概率在 0.5 左右时，其计划既具有竞争性，又具有可行性，这个合理范围为：

$$0.345 \leqslant P_k \leqslant 0.656$$

$$-0.40 \leqslant \lambda_k \leqslant +0.40$$

正态分布概率表　　**表 3-5**

λ	0.00	0.01	0.02	0.03	0.04	0.05	0.06	0.07	0.08	0.09
0.0	0.5000	0.5040	0.5080	0.5120	0.5160	0.5199	0.5239	0.5279	0.5319	0.5359
0.1	0.5398	0.5438	0.5478	0.5517	0.5557	0.5596	0.5636	0.5675	0.5714	0.5753
0.2	0.5793	0.5832	0.5871	0.5910	0.5948	0.5987	0.6026	0.6064	0.6103	0.6141
0.3	0.6179	0.6217	0.6255	0.6293	0.6331	0.6368	0.6406	0.6443	0.6480	0.6517
0.4	0.6554	0.6591	0.6628	0.6664	0.6700	0.6736	0.6772	0.6808	0.6844	0.6879
0.5	0.6915	0.6950	0.6985	0.7019	0.7054	0.7088	0.7123	0.7157	0.7190	0.7224
0.6	0.7257	0.7291	0.7324	0.7357	0.7389	0.7422	0.7454	0.7485	0.7517	0.7549
0.7	0.7580	0.7611	0.7642	0.7673	0.7703	0.7734	0.7764	0.7793	0.7823	0.7852
0.8	0.7881	0.7910	0.7939	0.7967	0.7995	0.8023	0.8051	0.8078	0.8106	0.8133
0.9	0.8159	0.8186	0.8186	0.8238	0.8264	0.8289	0.8315	0.8340	0.8365	0.8389
1.0	0.8413	0.8438	0.8461	0.8485	0.8508	0.8531	0.8554	0.8577	0.8599	0.8621
1.1	0.8643	0.8665	0.8686	0.8708	0.8729	0.8749	0.8776	0.8790	0.8810	0.8830
1.2	0.8849	0.8869	0.8888	0.8906	0.8925	0.8943	0.8962	0.8980	0.8997	0.9015
1.3	0.9032	0.9049	0.9066	0.9082	0.9099	0.9115	0.9131	0.9147	0.9162	0.9177
1.4	0.9192	0.9207	0.9222	0.9236	0.9251	0.9265	0.9279	0.9292	0.9306	0.9319
1.5	0.9332	0.9345	0.9357	0.9370	0.9382	0.9394	0.9406	0.9418	0.9429	0.9441
1.6	0.9452	0.9463	0.9474	0.9484	0.9495	0.9505	0.9515	0.9525	0.9535	0.9545
1.7	0.9554	0.9564	0.9573	0.9582	0.9591	0.9599	0.9608	0.9616	0.9625	0.9633
1.8	0.9641	0.9649	0.9656	0.9664	0.9671	0.9678	0.9686	0.9633	0.9699	0.9706
1.9	0.9713	0.9719	0.9726	0.9732	0.9738	0.9744	0.9750	0.9756	0.9761	0.9767
2.0	0.9772	0.9778	0.9783	0.9788	0.9793	0.9798	0.9803	0.9808	0.9812	0.9817

续表

λ	0.00	0.01	0.02	0.03	0.04	0.05	0.06	0.07	0.08	0.09
2.1	0.9821	0.9826	0.9830	0.9834	0.9838	0.9842	0.9846	0.9850	0.9854	0.9857
2.2	0.9861	0.9864	0.9868	0.9871	0.9875	0.9878	0.9881	0.9884	0.9887	0.9890
2.3	0.9893	0.9896	0.9898	0.9901	0.9904	0.9906	0.9909	0.9911	0.9913	0.9916
2.4	0.9918	0.9920	0.9922	0.9925	0.9927	0.9929	0.9931	0.9932	0.9934	0.9936
2.5	0.9938	0.9940	0.9941	0.9943	0.9945	0.9946	0.9948	0.9949	0.9951	0.9952
2.6	0.9955	0.9956	0.9957	0.9959	0.9960	0.9961	0.9962	0.9963	0.9963	0.9964
2.7	0.9965	0.9966	0.9967	0.9968	0.9969	0.9970	0.9971	0.9972	0.9973	0.9974
2.8	0.9974	0.9975	0.9976	0.9977	0.9977	0.9978	0.9979	0.9979	0.9980	0.9981
2.9	0.9981	0.9982	0.9982	0.9983	0.9984	0.9984	0.9985	0.9985	0.9986	0.9986
3.0	0.9987	0.9987	0.9987	0.9988	0.9988	0.9989	0.9989	0.9989	0.9990	0.9990
3.1	0.9990	0.9991	0.9991	0.9991	0.9992	0.9992	0.9992	0.9992	0.9993	0.9993
3.2	0.9993	0.9993	0.9994	0.9994	0.9994	0.9994	0.9994	0.9995	0.9995	0.9995
3.3	0.9995	0.9995	0.9995	0.9996	0.9996	0.9996	0.9996	0.9996	0.9996	0.9997
3.4	0.9997	0.9997	0.9997	0.9997	0.9997	0.9997	0.9997	0.9997	0.9997	0.9998

3.5.3.3 关键线路和次关键线路

在计划评审法中，对每一工作估计了三个时间，并以此为根据计算期望时间，并根据此期望时间，计算出各个时间参数，找出关键线路和期望工期 ET。但是，往往关键线路不只一条，尽管关键线路的线路期望时间相等，且都等于期望工期 ET，但在某规定的指令工期下，由于各关键线路的标准不同，其实现概率也不同。况且，由于预期时间有偏差，因此概率也有偏差。所以关键线路不一定就是完成项目所需的最长时间。有时线路期望时间仅次于期望工期的次关键线路的标准差，远大于关键线路标准差。此时，往往次关键线路使整个计划延期，转化为关键线路。因此，在应用计划评审技术时，必须认真比较关键线路之间、次关键线路与关键线路间的相对关键程度，采取切实可行的技术组织措施，保证计划顺利完成。

衡量线路的相对关键程度，可以用方差、标准差或指令工期的实现概率。一般来说，当 $T_k < ET$ 时，标准差数值相对越大，指令工期的实现概率相对越小，线路关键程度相对越高；标准差数值相对越小，指令工期的实现概率相对越大，其线路关键程度相对越低。当 $T_k > ET$ 时，标准差数值相对越大，指令工期的实现概率相对越大，线路关键程度相对越低；标准差数值相对越小，指令工期的实现概率相对越小，其线路关键程度相对越高。

例 3-8 某工程的网络图如图 3-39 所示，(1) 试计算各线路在指令工期为 32 天的实现概率。(2) 如要求网络计划的实现概率为 95%，则工期应为多少天?

解：

(1) 计算出各项工作的 D^e_{i-j} 和 σ^2_{i-j}，填入图 3-40 中，箭线上方为 σ^2_{i-j}，下方为 D^e_{i-j}。

第 1 条线路：①→②→③→④→⑥：

$$ET_1 = 8 + 8 + 7 + 7 = 30$$

$$\sigma_1^2 = 1.78 + 1.78 + 0.44 + 0.44 = 4.44$$

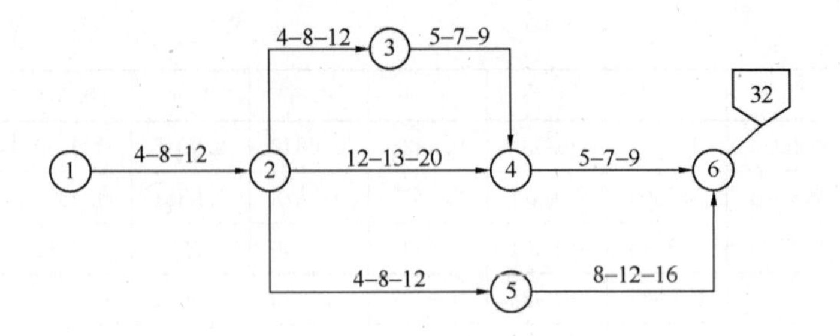

图 3-39　某工程概率网络图

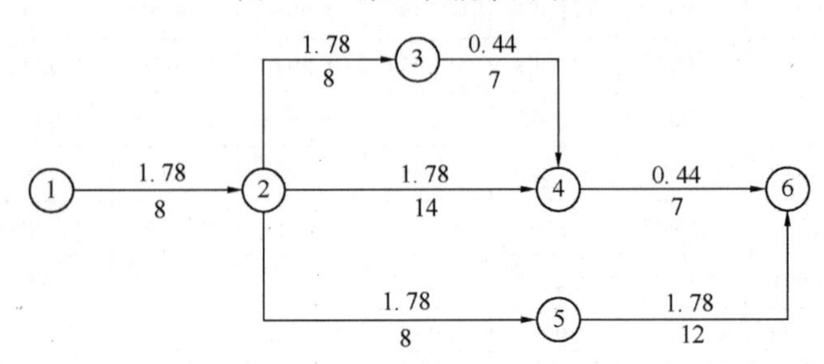

图 3-40　各事件的期望时间和标准差

$$\sigma_1 = \sqrt{\sigma_1^2} = \sqrt{4.44} = 2.11$$

第 2 条线路：①→②→④→⑥：

$$ET_2 = 8 + 14 + 7 = 29,\quad \sigma_2^2 = 1.78 + 1.78 + 0.44 = 4,\quad \sigma_2 = 2$$

第 3 条线路：①→②→⑤→⑥：

$$ET_3 = 8 + 8 + 12 = 28,\quad \sigma_3^2 = 1.78 + 1.78 + 1.78 = 5.34,\quad \sigma_3 = 2.31$$

线路指令工期的实现概率。首先求出其正态分布系数 λ_K，然后由表 3-5 查得相应的实现概率 P_K。本例各线路在指令工期下的实现概率，如表 3-6 所示。

各线路的实现概率　　**表 3-6**

线路编号（S）	线路性质	线路期望时间 ET_S	线路标准差 σ_S	T_K=32 天	
				λ_K	P_K（%）
1	关键线路	30	2.11	0.95	82.89
2	关键线路	29	2	1	84.13
3	非关键线路	28	2.31	1.73	95.82

（2）网络计划实现概率为 95%，则 P_K=95%，查表得 λ_K 为 1.65，则

第 1 条线路期望工期 ET_1=1.65×2.11+30=33.48 天

第 2 条线路期望工期 ET_2=1.65×2+30=33.3 天

网络计划实现概率为 95%时，期望工期为 33.48 天。

3.6　网络计划优化

网络计划的优化是指通过不断改善网络计划的初始方案，在满足既定约束条件下利用最优化原理，按照某一衡量指标（时间、成本、资源等）来寻求满意方案。根据网络计划

优化条件和目标不同，通常有工期优化、资源优化和成本优化。

3.6.1　工期优化

工期优化就是以缩短工期为目标，通过对初始网络计划进行调整，压缩计算工期，使其满足约束条件规定。工期优化一般通过压缩关键工作的持续时间的方法来达到缩短工期的目的。需要注意的是，在压缩关键线路的线路时间时，会使某些时差较小的次关键线路上升为关键线路，这时需同时压缩次关键线路上有关工作的作业时间，才能达到缩短工期的要求。

可按下述步骤进行工期优化：

（1）找出网络计划的关键线路和计算出计算工期。

（2）按要求工期计算应缩短的时间。

（3）选择应优先缩短持续时间的关键工作，应考虑以下因素：

1）缩短持续时间对质量和安全影响不大的工作。

2）备用资源充足。

3）缩短持续时间所需增加的费用最少的工作。

（4）将应优先缩短的关键工作压缩至最短持续时间，并找出关键线路，若被压缩的工作变成了非关键工作，则应将其持续时间延长，使之仍为关键工作。

（5）若计算工期仍超过要求工期，则重复上述步骤，直到满足工期要求或工期已不能再缩短为止。

（6）当所有关键工作的持续时间都已达到最短持续时间而工期仍不能满足要求时，应对计划的技术、组织方案进行调整，或对要求工期重新审定。

例 3-9　已知网络计划如图 3-41 所示，图中箭杆上数据为正常持续时间，括号内为最短持续时间，假定要求工期为 105 天。根据选择应缩短持续时间的关键工作宜考虑的因素，缩短顺序为 B、C、D、E、F、G、A。试对该网络计划进行优化。

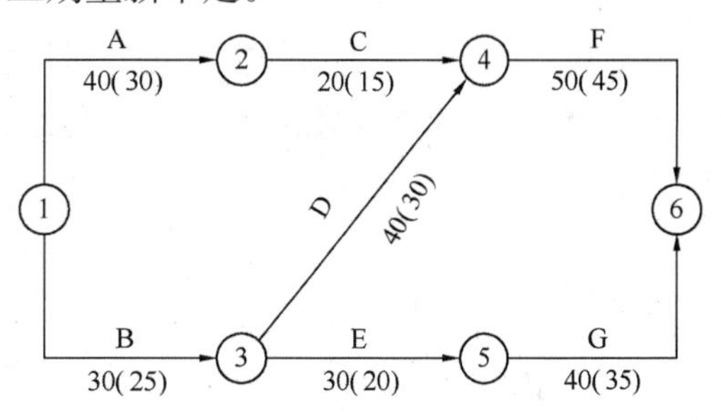

图 3-41　某网络计划图

解：

（1）根据工作正常时间计算各个节点的时间参数，并找出关键工作和关键线路。如图 3-42 所示。

（2）计算缩短工期。计算工期为 120 天，要求工期为 105 天，需缩短工期 15 天。

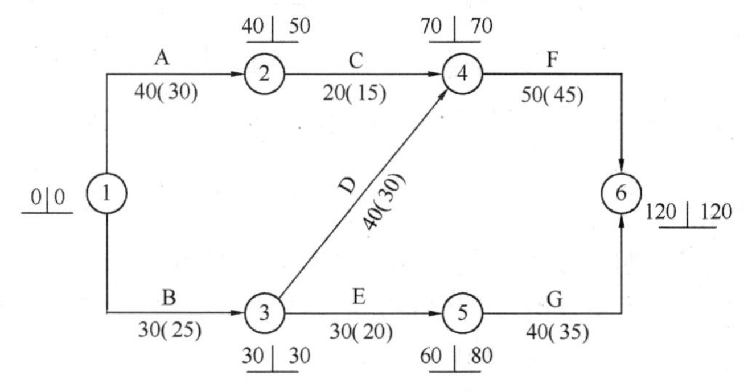

图 3-42　找出关键线路

(3) 根据已知条件，先将B缩短至25天，即得网络计划如图3-43所示。

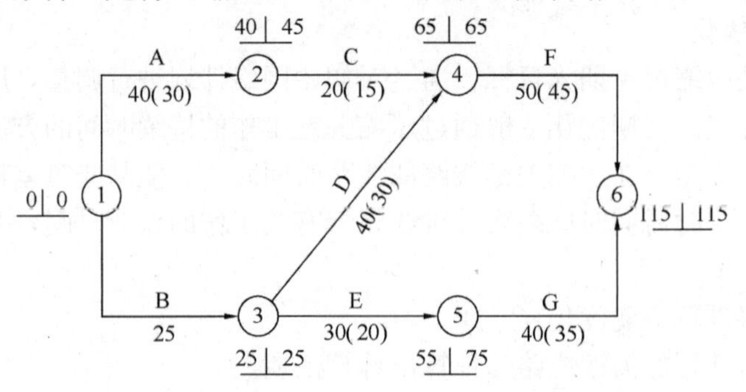

图3-43 压缩B至25天后的网络计划

(4) 根据已知缩短顺序，缩短D至30天，即得网络计划如图3-44所示。

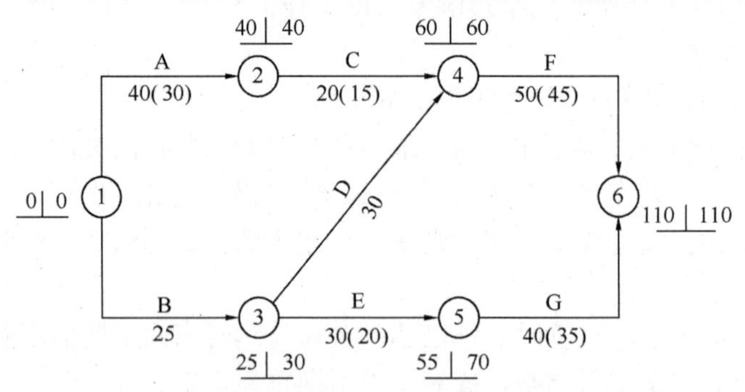

图3-44 压缩D至30天后的网络计划

(5) 增加D的持续时间至35天，使之仍为关键工作，如图3-45所示。

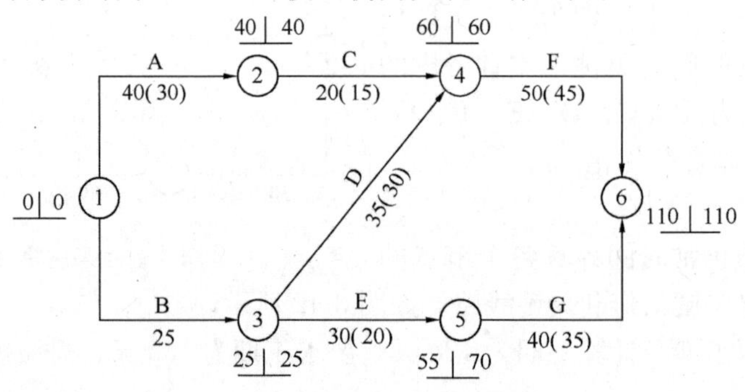

图3-45 压缩D至35天后的网络计划

(6) 根据已知缩短顺序，同时将C、D各压缩5天，使工期达到105天的要求。如图3-46所示。

3.6.2 成本优化

成本优化一般是指工期一成本优化，它是以满足工期要求的施工费用最低为目标的施工计划方案的调整过程。通常在寻求网络计划的最佳工期大于规定的工期，或执行计划时需要加快施工进度，需进行工期-成本优化。

1. 费用与工期的关系

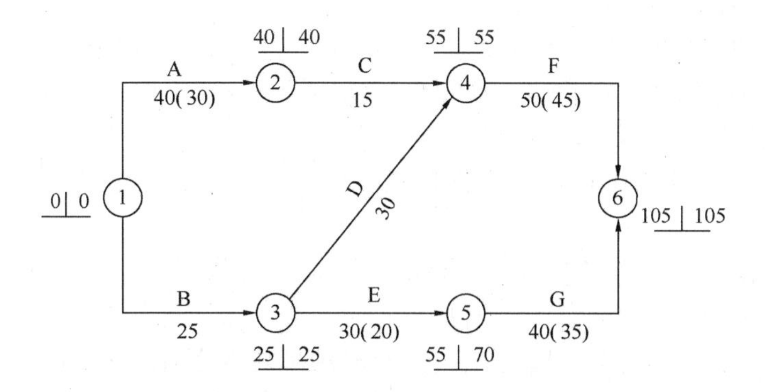

图 3-46　压缩 C、D 达到工期目标的优化网络计划

一个施工项目成本由直接费和间接费两部分组成，即

$$工程成本\ C=直接费\ C_1+间接费\ C_2$$

成本与工期的关系如图 3-47 所示。

从图中可以看出，缩短工期，直接费会增加，而间接费则减少。工程成本取决于直接费和间接费之和。在曲线上可找到工程成本最低点 C_{min} 及其对应的工期 T'（称为最佳工期），工期一成本优化的目的就在于寻求 C_{min} 和对应的 T'。

2. 工作持续时间同直接费的关系

在一定的工作持续时间范围内，工作的持续时间同直接费成反比关系，通常如图3-48所示的曲线规律分布。

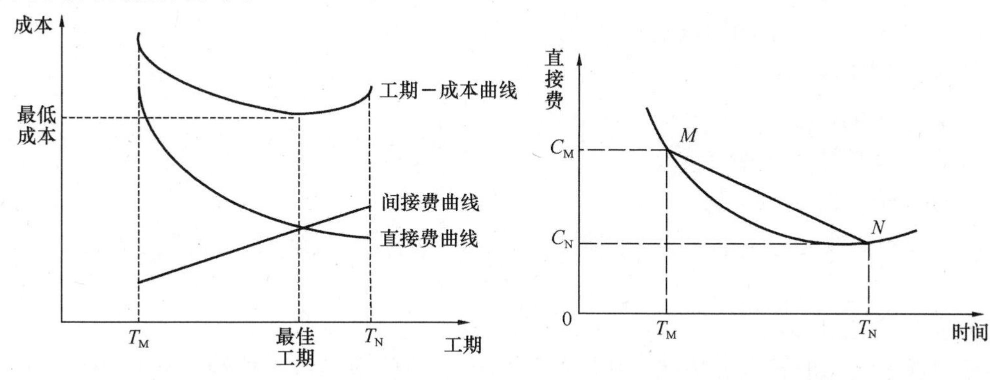

图 3-47　工期一成本曲线　　　　图 3-48　工作持续时间与直接费关系图

图 3-48 中，N 点称为正常点，与其相对应的时间称为工作的正常持续时间，以 T_N 表示，对应的直接费称为工作的正常直接费，以 C_N 表示。工作的正常持续时间一般是指在符合施工顺序、合理的劳动组织和满足工作面要求的条件下，完成某项工作投入的人力和物力较少，相应的直接费用最低时所对应的持续时间就是该工作的正常持续时间。若持续时间超过此限值，工作持续时间与直接费的关系将变为正比关系。

图 3-48 中，M 点称为极限点。同 M 点相对应的时间称为工作的极限持续时间 T_M，对应的直接费称为工作的极限直接费 C_M。工作的极限持续时间一般是指在符合施工顺序、合理劳动组织和满足工作面施工的条件下，完成某项工作投入的人力、物力最多，相应的直接费最高时所对应的持续时间。若持续时间短于此限值，投入的人力、物力再多，也不

能缩短工期，而直接费则猛增。

由 M—N 点所确定的时间区段，称为完成某项工作的合理持续时间范围，在此区段内，工作持续时间同直接费呈反比关系。

根据各项工作的性质不同，其工作持续时间和直接费之间的关系通常有如下两种情况：

1. 连续型关系　M—N 点之间工作持续时间是连续分布的，它与直接费的关系也是连续的，如图 3-48 所示。

一般用割线 MN 的斜率近似表示单位时间内直接费的增加（或减少）值，称为直接费变化率，用 K 表示，则：

$$K=\frac{C_{M}-C_{N}}{T_{N}-T_{M}} \tag{3-66}$$

2. 离散型关系　M—N 点之间工作持续时间是非连续分布的，只有几个特定的点才能作为工作的合理持续时间，它与直接费的关系如图 3-49 所示。

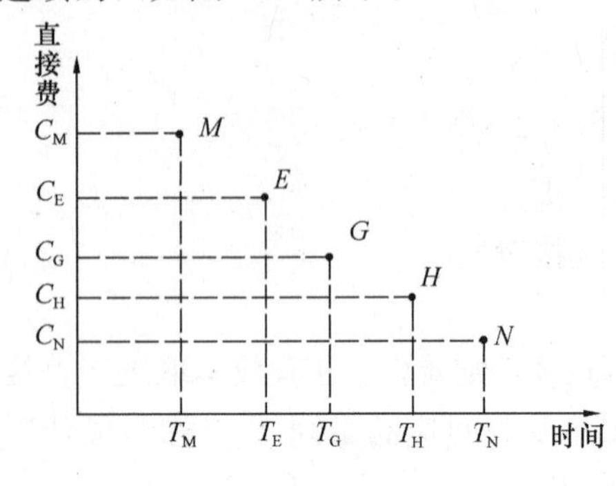

图 3-49　离散型关系示意图

3. 工作持续时间与间接费的关系

间接费同工作持续时间一般呈线性关系。某一工期下的间接费可按下式计算：

$$C_{Zi}=a+T_{i}\cdot K_{i} \tag{3-67}$$

式中　C_{Zi}——某一工期下的间接费；

a——固定间接费；

T_i——工期；

K_i——间接费变化率（元/天）。

4. 工期—成本曲线的绘制

工期—成本曲线是将工期－直接费曲线和工期－间接费曲线叠加而成的，如图 3-47 所示。

5. 优化的方法和步骤

工期—成本优化的基本方法就是从组成网络计划的各项工作的持续时间与费用关系，找出能使计划工期缩短而又能使得直接费增加最少的工作，不断地缩短其持续时间，然后考虑间接费随着工期缩短而减少的影响，把在不同工期下的直接费和间接费分别叠加，即可求得工程成本最低时的相应最优工期和工期一定时相应的最低工程成本。

工期—成本优化的具体步骤如下：

（1）列表确定各项工作的极限持续时间及相应费用。

（2）根据各项工作的正常持续时间绘制网络图，计算时间参数，确定关键线路。

（3）确定正常持续时间网络计划的直接费。

（4）压缩关键线路上直接费变化率最低的工作持续时间，求出总工期和相应的直接费。

（5）往复进行（4），直至所有关键线路上的工作持续时间不能压缩为止，并计算每一循环后的费用。

（6）求出项目工期-间接费曲线。

（7）叠加直接费、间接费曲线，求出工期-成本曲线，找出项目总成本最低点和最佳工期。

（8）绘出优化后网络计划。

例 3-10 某工程由六项工作组成，各项工作持续时间和直接费等有关参数，如表 3-7 所示。已知该工程间接费变化率为 165 元/天，正常工期的间接费用为 3000 元。试编制该网络计划的工期一成本优化方案。

各 项 参 数 **表 3-7**

工作编号 $i-j$	正常工期		极限工期		直接费变化率 K_{i-j}（元/天）
	持续时间 D_{i-j}（天）	直接费 C_{i-j}（元）	持续时间 D'_{i-j}（天）	直接费 C'_{i-j}（元）	
1—2	4	800	3	950	150
1—3	6	1250	4	1560	155
2—4	6	1000	5	1160	160
3—4	7	1070	5	1320	125
3—5	8	900	5	1530	210
4—5	3	1200	2	1400	200
合计		6220			

解:

（1）计算直接费变化率，填入表 3-7 中。

（2）绘制出网络图计划初始方案，并计算出时间参数，如图 3-50。

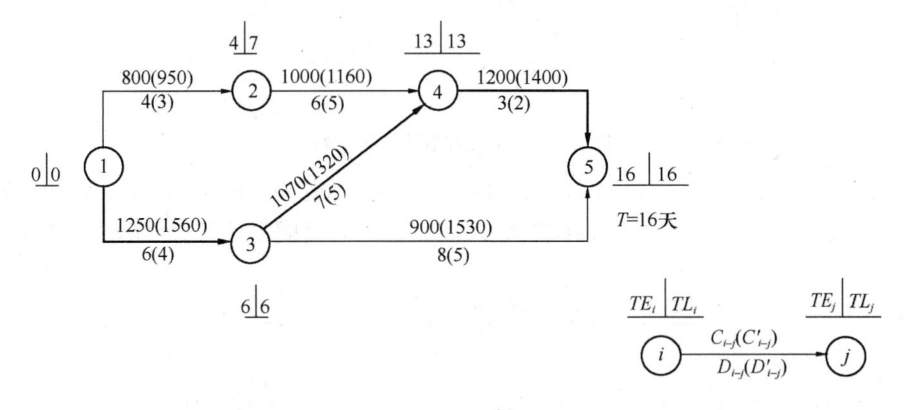

图 3-50 某网络计划初始方案

正常工期为 $T=16$ 天，直接费为 6220 元，间接费为 3000 元，工程成本为 9220 元。

（3）优化

第一次循环，如图 3-50 所示，有一条关键线路，关键工作 1—3、3—4、4—5，3—4 工作的直接费变化率最低，故将 3—4 工作压缩 2 天，此时直接费增加 125×2=250 元，间接费减少 165×2=330 元，工程成本为 9140 元。压缩后的网络图如图 3-51 所示。

第二次循环，从图 3-51 可看出，关键线路有两条，关键工作 1—3 的直接费变化率最

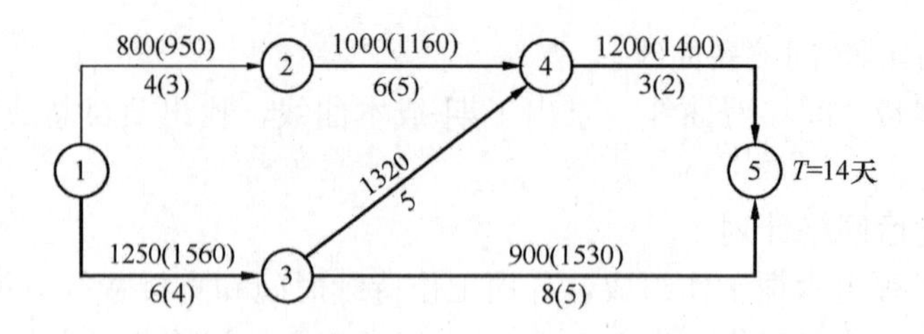

图 3-51　第一次循环后网络图

低，故将其压缩 1 天，此时直接费增加 155 元，间接费减少 165 元，工程成本为 9130 元。压缩后的网络图如图 3-52 所示。

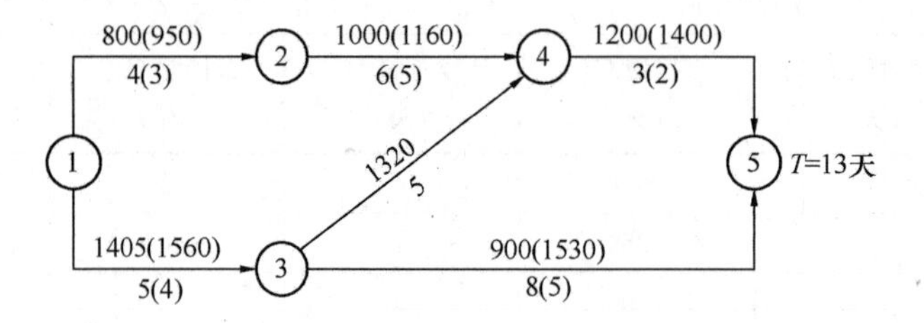

图 3-52　第二次循环后网络图

第三次循环，从图 3-52 看出，关键线路有三条，同时将关键工作 1－2、1－3 压缩 1 天，直接费增加 150＋155＝305 元，间接费减少 165 元，工程成本为 9270 元，压缩后的网络图如图 3-53 所示。

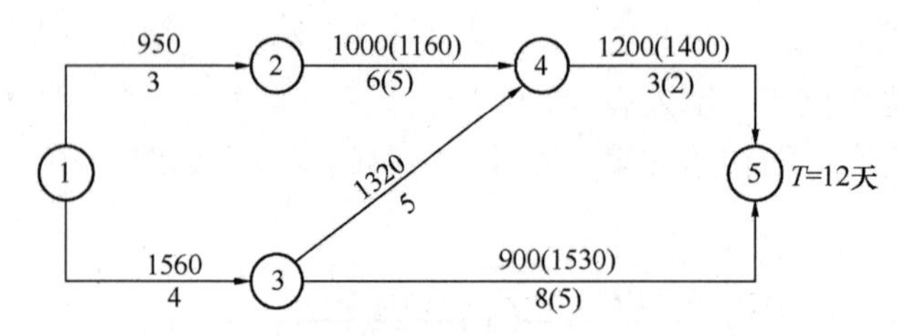

图 3-53　第三次循环后网络图

第四次循环，从图 3-53 看出，关键线路有三条，同时压缩 3－5 和 4－5 工作 1 天，直接费增加 210＋200＝410 元，间接费减少 165 元，工程成本为 9515 元。压缩后的网络图如图 3-54。

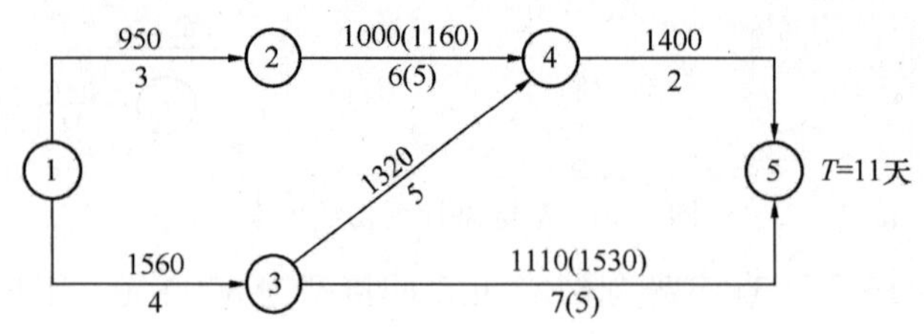

图 3-54　第四次循环后的网络图

网络图已压缩至极限工期，循环至此结束。

（4）绘出工期一成本曲线，如图 3-55。从图中看出工程最低费用为 9130 元，对应最佳工期 T＝13 天，相应的网络图如图 3-54。

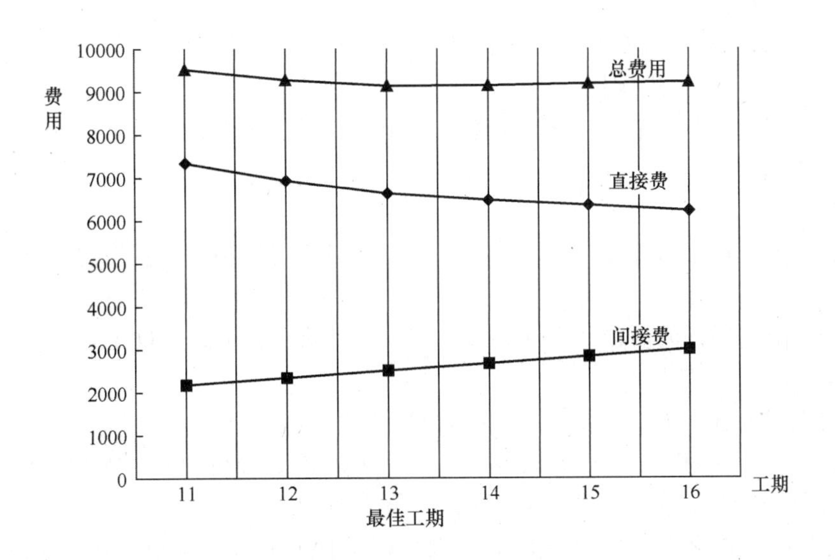

图 3-55 工期—成本曲线

综上所述，工期一成本优化就是从工期一成本曲线上，找出曲线最低点所对应的成本和工期。需要注意的是，在实际应用时，建安工程合同中常有工期提前或延期的奖罚条款，此时，工期一成本曲线应由直接费曲线、间接费曲线和奖罚曲线叠加而成，如图3-56所示。

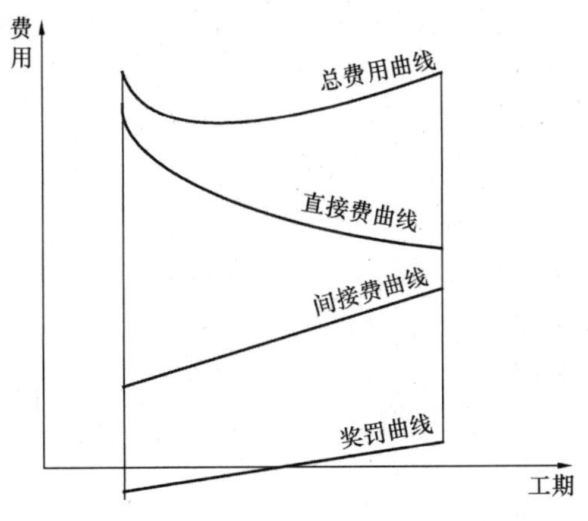

图 3-56 工期—成本曲线示例

3.7 施工项目进度控制

施工项目进度控制是指对施工项目建设各阶段的工作内容、工作程序、持续时间和衔接关系根据进度总目标及资源优化配置的原则编制计划并付诸实施，然后在进度计划的实施过程中经常检查实际进度是否按计划要求进行，对出现的偏差情况进行分析，采取补救措施或调整、修改原计划后再付诸实施，如此循环，直到工程竣工验收交付使用。施工项目进度控制的最终目的是确保建设项目按预定的时间动用或提前交付使用，施工项目进度控制的总目标是建设工期。

3.7.1 施工项目进度控制的措施和主要任务

3.7.1.1 施工项目进度控制的措施

施工项目进度控制的措施应包括：组织措施、技术措施、经济措施及合同措施。

1. 组织措施

进度控制的组织措施主要包括：

（1）建立进度控制目标体系，明确施工现场项目组织机构中进度控制人员具体任务及其工作责任；

（2）按照施工项目的规模、组成和进行顺序，进行项目分解，确定其进度目标，建立控制目标体系；

（3）建立工程进度报告制度和进度信息沟通网络；

（4）建立进度计划审核制度和进度计划实施中的检查分析制度，如检查时间、方法、协调会议时间、参加人员等；对影响进度的因素分析和预测；

（5）建立进度协调会议制度，包括协调会议举行的时间、地点，协调会议的参加人员等；

（6）建立图纸审查、工程变更和设计变更管理制度。

2. 技术措施

进度控制的技术措施主要包括：

（1）编制进度控制工作细则，指导相关人员实施进度控制；

（2）采用网络计划技术及其他科学适用的计划方法，并结合电子计算机的应用，对建设工程进度实施动态控制。

（3）采取加快施工进度的技术方法。

3. 经济措施

进度控制的经济措施主要包括：

（1）及时办理工程预付款和工程进度款支付手续；

（2）对应急赶工给予优厚的赶工费用；

（3）对工期提前给予奖励；

（4）对工程延期收取误期损失赔偿金。

4. 合同措施

进度控制的合同措施主要包括：

（1）对分包单位签订施工合同的合同工期与有关进度计划目标相协调；

（2）加强合同管理，协调合同工期与进度计划之间的关系，保证合同中进度目标的实现；

（4）加强风险管理，在合同中应充分考虑风险因素及其对进度的影响，以及相应的处理方法；

（5）加强索赔管理，公正地处理索赔。

3.7.1.2 施工项目进度控制的主要任务

（1）编制施工项目总进度计划，并控制其执行；

（2）编制单位工程施工项目进度计划，并控制其执行；

（3）编制工程年、季、月实施计划，并控制其执行；

（4）编制主要材料、物资、设备供应总进度计划，并控制其执行；

（5）根据施工项目的进展，在里程碑计划的基础上不断更新和控制计划。

3.7.2　建筑施工项目进度计划的实施

为了保证施工项目进度计划的实施，并且尽量按编制的计划时间逐步进行，保证各进度目标的实现，应做好如下工作：

1. 贯彻施工项目进度计划

（1）检查各层次的进度计划，形成严密的计划保证体系。施工项目的各层次的进度计划：施工总进度计划、单位工程施工进度计划、分部分项工程施工进度计划，都是围绕一个总任务而编制的。它们之间关系是：高层次计划是低层次计划的依据，低层次计划是高层次计划的具体化。在其贯彻执行时应当首先检查其是否协调一致，是否互相衔接，计划目标是否层层分解，是否组成一个严密的计划体系。

（2）层层签订承包合同或下达施工任务书。施工项目经理、施工队和作业班组之间分别签订承包合同，按计划目标明确规定合同工期，明确相互承担的经济责任、权限和利益。或者采用下达施工任务书，将作业下达到施工班组，明确具体施工任务、技术措施、质量要求等内容，使施工班组必须保证按作业计划完成规定的任务。

（3）计划全面交底，发动群众实施计划。施工进度计划的实施是全体工作人员的共同行动，要使有关人员都明确各项计划的目标、任务、实施方案和措施，使管理层和作业层协调一致，将计划变成群众的自觉行动，充分发动群众，发挥群众的干劲和创造精神。在计划实施前要进行计划交底工作，可以根据计划的范围召开全体职工代表大会或各级生产会议进行交底落实。

2. 施工项目进度计划的实施

（1）编制月（旬）作业计划。为了实施施工进度计划，将规定的任务结合现场实际施工条件，在施工开始前和过程中不断地编制本月（旬）的作业计划，使施工进度计划更具体、切合实际和可行。在月（旬）计划中要明确：本月（旬）应完成的任务，所需要的各种资源量；要提高劳动生产率和采取节约措施。

（2）签发施工任务书。编制好月（旬）作业计划后，将每项具体任务通过签发施工任务书的方式使其进一步落实。施工任务书是向班组下达任务，实行责任承包，全面管理原始记录的综合性文件。它是计划和实施的纽带。施工班组必须保证指令任务的完成。

（3）做好施工进度记录，填好施工进度统计表。在计划任务完成的过程中，各级施工进度计划的执行者都要跟踪做好施工记录，记载计划中的每项工作开始日期、工作进度和完成日期。为施工项目进度检查分析提供信息，因此要求实事求是的记载，认真填好有关图表。

（4）做好施工中的调度工作。施工中的调度是组织施工中各阶段、环节、专业和工种的互相配合，进度协调的重要手段。调度工作是使施工进度计划实施顺利进行的重要手段。其主要任务是掌握计划实施情况，协调各方面关系，采取措施，排除各种矛盾，加强各薄弱环节，实现动态平衡，保证完成作业计划和实现进度目标。

3.7.3　建筑施工项目进度计划的检查

在施工项目的实施进程中，为了进行进度控制，进度控制人员应经常地、定期地跟踪检查施工实际进度情况，主要是收集施工项目进度材料，进行统计整理和对比分析，确定实际进度与计划进度之间的关系。其主要工作包括：

1. 跟踪检查施工实际进度

跟踪检查施工实际进度是项目施工进度控制的关键措施。其目的是收集实际施工进度的有关数据。跟踪检查的时间和收集数据的质量，直接影响控制工作的质量和效果。

检查的时间间隔一般与施工项目的类型、规模、施工条件和对进度执行要求程度有关。通常可以确定每月、半月、旬或周进行一次。若在施工中遇到天气、资源供应等不利因素影响严重，检查的间隔应临时缩短，次数应频繁，甚至可以每日进行检查，或派人员驻现场督阵。检查和收集资料的方式一般采用进度报表方式或定期召开进度工作汇报会。为了保证汇报资料的准确性，搞进度控制的工作人员要经常到现场察看施工项目的实际进度情况，从而保证经常地或定期地准确掌握施工项目的实际进度。

2. 整理统计检查数据

收集到的施工项目实际进度数据，要进行必要的整理，按计划控制的工作项目进行统计，形成与计划进度具有可比性的数据、相同的量纲和形象进度。一般可以按实物工程量、工作量和劳动消耗量以及它们的累计百分比整理和统计实际检查的数据，以便与相应的计划完成量相对比。

3. 对比实际进度与计划进度

将收集的资料整理和统计成具有与计划进度可比性的数据后，用施工项目实际进度与计划进度的比较方法进行比较。通常用的比较方法有：横道图比较法、S 型曲线比较法、香蕉型曲线比较法、前锋线比较法和列表比较法等。通过比较得出实际进度与计划进度相一致、超前或拖后三种情况。

4. 施工项目进度检查结果的处理

施工项目进度检查的结果，按照检查报告制度的规定，形成进度控制报告，向有关主管人员和部门汇报。

进度控制报告是把检查比较的结果，有关施工进度现状和发展趋势，提供给项目经理及各级业务职能负责人的最简单的书面形式报告。

进度控制报告是根据报告的对象不同，确定不同的编制范围和内容而分别编写的。一般分为项目概要级进度控制报告、项目管理级进度控制报告和业务管理级进度控制报告。项目概要级的进度报告是报给项目经理、企业经理或业务部门以及建设单位或业主的。它是以整个施工项目为对象说明进度计划执行情况的报告。

业务管理级的进度报告是就某个重点部位或重点问题为对象编写的报告，供项目管理者及各业务部门为其采取应急措施而使用的。

进度报告由计划负责人或进度管理人员与其他项目管理人员协作编写。报告时间一般与进度检查时间相协调，也可按月、旬、周等间隔时间进行编写上报。

3.7.4 施工项目进度比较方法

施工进度比较分析与计划调整是建筑施工项目进度控制的主要环节。其中施工进度比较是调整的基础。常用的比较方法有以下几种：

3.7.4.1 横道图比较法

横道图比较法，是指将在项目施工中检查实际进度收集的信息，经整理后直接用横道线并列标于原计划的横道线处，进行直观比较的方法。例如某钢筋混凝土工程的施工实际进度计划与计划进度比较，如图 3-57 所示。其中黑粗实线表示计划进度，涂黑部分则表示工程施工的实际进度。从比较中可以看出，在第 8 天末进行施工进度检查时，支模板工作已经完成，绑钢筋工作按计划进度应当完成，而实际施工进度只完成了 87%，已经拖后了 13%，浇混凝土工作完成了 40%，与计划施工进度一致。

工作编号	工作名称	工作时间(天)	施工进度														
			1	2	3	4	5	6	7	8	9	10	11	12	13	14	15
1	支模板																
2	绑钢筋																
3	浇混凝土																

检查日期

图 3-57　某钢筋混凝土工程实际进度与计划进度的比较

通过上述记录与比较，为进度控制者提供了实际施工进度与计划进度之间的偏差，为采取调整措施提供了明确的任务。这是人们施工中进行进度控制经常使用的一种最简单、熟悉的方法。但是它仅适用于施工中的各项工作都是按均匀的速度进行，即每项工作在单位时间内完成的任务量都是相等的。

完成任务量可以用实物工程量、劳动消耗量和工作三种物理量表示，为了比较方便，一般用它们实际完成量的累计百分比与计划的应完成量的累计百分比进行比较。

根据施工项目施工中各项工作的速度不一定相同，以及进度控制要求和提供的进度不同，可以采用以下几种方法：

1. 匀速施工横道图比较法

匀速施工是指施工项目中，每项工作的施工进展速度都是均匀的，即在单位时间内完成的任务都是相等的，累计完成的任务量与时间成直线变化如图 3-58 所示。

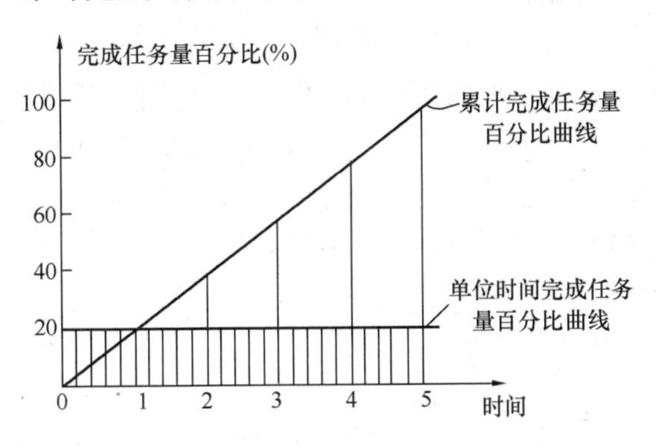

图 3-58　匀速施工时间与完成任务量曲线图

其比较方法的步骤为：

(1) 绘制横道图进度计划；

(2) 在进度计划上标出检查日期；

(3) 将检查收集的实际进度数据，按比例用黑粗线标于计划进度线下方。如图 3-59 所示。

(4) 比较分析实际进度与计划进度。

涂黑的粗线右端与检查日期相重合，表明实际进度与计划进度相一致。

涂黑的粗线右端在检查日期左，表明实际进度拖后。

涂黑的粗线右端在检查日期的右侧，表明实际进度超前。

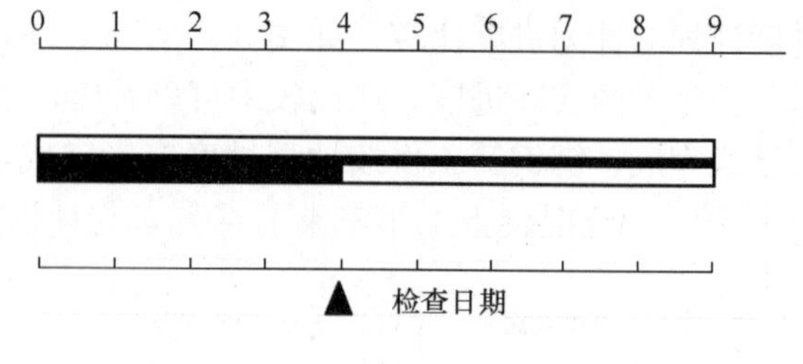

图 3-59　匀速施工横道图比较图

必须指出：该方法只适用于工作从开始到完成的整个过程中，其施工速度是不变的，累计完成的任务量与时间成正比。若工作的施工速度是变化的，用这种方法就不能进行实际进度与计划进度之间的比较。

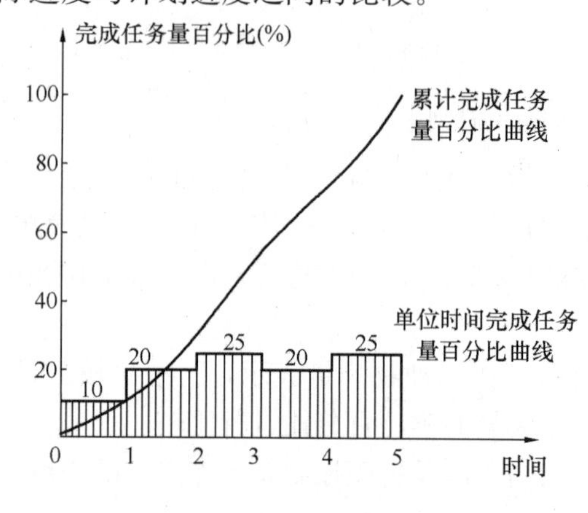

图 3-60　非匀速施工时间与完成任务量曲线图

2. 非匀速进展横道图比较法

当工作在不同单位时间里的进展速度不相等时，累计完成的任务量与时间的关系就不可能是线性关系，如图 3-60 所示。此时，应采用非匀速进展横道图比较法进行工作实际进度与计划进度的比较。

非匀速进展横道图比较法在用涂黑粗线表示工作实际进度的同时，还要标出其对应时刻完成任务量的累计百分比，并将该百分比与其同时刻计划完成任务量的累计百分比相比较，判断工作实际进度与计划进度之间的关系。

采用非匀速进展横道图比较法时，其步骤如下：

(1) 编制横道图进度计划；

(2) 在横道线上方标出各主要时间工作的计划完成任务量累计百分比；

(3) 在横道线下方标出相应时间工作的实际完成任务量累计百分比；

(4) 用涂黑粗线标出工作的实际进度，从开始之日标起，同时反映出该工作在实施过程中的连续与间断情况；

(5) 通过比较同一时刻实际完成任务量累计百分比和计划完成任务量累计百分比，判断工作实际进度与计划进度之间的关系：

1) 如果同一时刻横道线上方累计百分比大于横道线下方累计百分比，表明实际进度拖后，拖欠的任务量为二者之差；

2) 如果同一时刻横道线上方累计百分比小于横道线下方累计百分比，表明实际进度超前，超前的任务量为二者之差；

3) 如果同一时刻横道线上下方两个累计百分比相等，表明实际进度与计划进度一致。

可以看出，由于工作进展速度是变化的，因此，在图中的横道线，无论是计划的还是实际的，只能表示工作的开始时间、完成时间和持续时间，并不表示计划完成的任务量和实际完成的任务量。此外，采用非匀速进度横道图比较法，不仅可以进行某一时刻（如检查日期）实际进度与计划进度的比较，而且还能进行某一时间段实际进度与计划进度的比较。当然，这需要实施部门按规定的时间记录当时的任务完成情况。

例 3-11 某工程的绑扎钢筋工程按施工计划安排需要 9 天完成，每天统计累计完成任务的百分比，工作的每天实际进度和检查日累计完成任务的百分比如图 3-61 所示。

解：

（1）编制横道图进度计划。

（2）在横道线上方标出钢筋工程每天计划累计完成任务的百分比，分别为：5%、10%、20%、35%、50%、65%、80%、90%、100%；

（3）在横道线的下方标出工作一天、二天、三天以至检查日期的实际累计完成任务的百分比，分别为：6%、12%、22%、40%。

（4）用涂黑粗线标出实际进度线。从图 3-61 可看出，实际开始工作时间比计划时间晚一段时间，进程中连续工作。

（5）比较实际进度与计划进度的偏差。从图 3-61 可以看出，第一天末实际进度比计划进度超前 1%，以后各天分别为 2%、2%、5%。

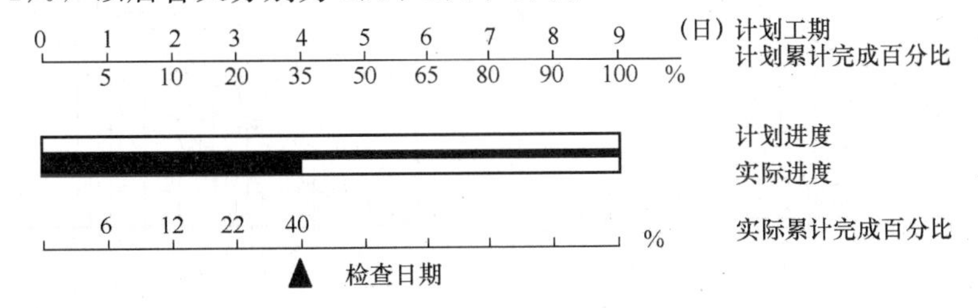

图 3-61 非匀速施工横道图比较法

横道图记录比较法具有以下优点：记录和比较方法都简单，形象直观，容易掌握，应用方便，被广泛采用于简单的进度监测工作中。但是它以横道图进度计划为基础，因此，带有其不可克服的局限性，如各工作之间的逻辑关系不明显，关键工作和关键线路无法确定，一旦某些工作进度产生偏差时，难以预测对后续工作和整个工期的影响以及确定调整方法。

3.7.4.2 S 型曲线比较法

S 型曲线比较法与横道图比较法不同，它不是在编制的横道图上划线进行实际进度与计划进度比较。它是以横坐标表示进度时间，纵坐标表示累计完成任务量，而绘制出一条按计划时间累计完成任务量的 S 型曲线，将施工项目的各检查时间实际完成的任务量绘在 S 型曲线图上，进行实际进度与计划进度相比较的一种方法。

从整个施工项目的施工全过程而言，一般是开始和结尾时，单位时间投入的资源量较少，中间阶段单位时间投入的资源量较多，与其相关单位时间完成的任务量也是呈同样变化的，如图 3-62（*a*）所示，而随时间进展累计完成的任务量，则应呈 S 型变化，如图 3-62（*b*）所示。

1. S 型曲线绘制

S 型曲线的绘制步骤如下：

（1）确定工程进展速度曲线

在实际工程中计划进度曲线，很难找到如图 3-62 所示的定性分析的连续曲线，但可以根据每单位时间内完成的实物工程量、投入的劳动力或费用，计算出计划单位时间的量

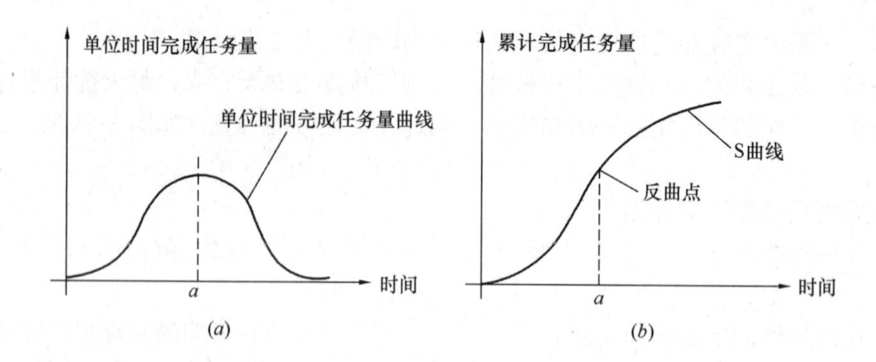

图 3-62　时间与完成任务量关系曲线图

值（q_j），它是离散型的，如图 3-63（a）所示。

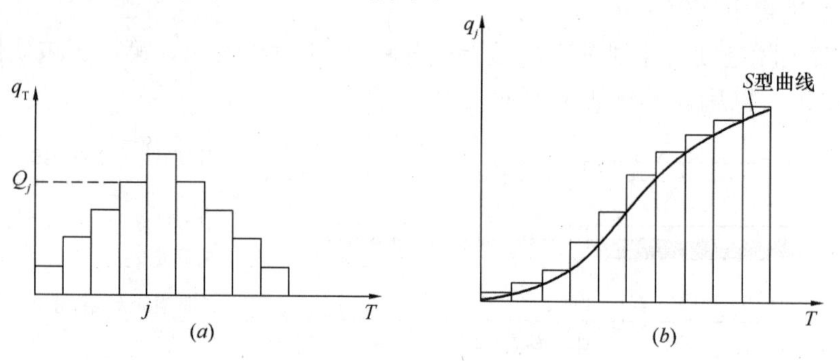

图 3-63　实际工作中时间与完成任务量关系曲线

（2）计算规定时间 j 累计完成的任务量

其计算方法是将各单位时间完成的任务量累加求和，可以按下式计算：

$$Q_j = \sum_{j=1}^{j} q_j \tag{3-68}$$

式中　Q_j——j 时刻的计划累计完成任务量；

q_j——单位时间计划完成任务量。

（3）按各规定时间的 Q_j 值，绘制 S 型曲线，如图 3-63（b）所示。

2. S 型曲线比较法

利用 S 型曲线比较，同横道图一样，是在图上直观地进行施工项目实际进度与计划进度比较。一般情况，计划进度控制人员在计划实施前绘制出 S 型曲线，在项目施工过程中，按规定时间将检查的实际完成任务情况，绘制在与计划 S 型曲线同一张图上，可得出实际进度 S 型曲线如图 3-64 所示。比较二条 S 型曲线可以得到如下信息：

（1）施工项目实际进度与计划进度比较情况

当实际进展点落在计划 S 型曲线左侧则表示此时实际进度比计划进度超前，若落在其右侧，则表示拖后；若刚好落在其上，则表示二者一致。

（2）施工项目实际进度比计划进度超前或拖后的时间

如图 3-64 所示，ΔT_a 表示 T_a 时刻实际进度超前的时间，ΔT_b 表示 T_b 时刻实际进度拖后的时间。

（3）施工项目实际进度比计划进度超额或拖欠的任务量

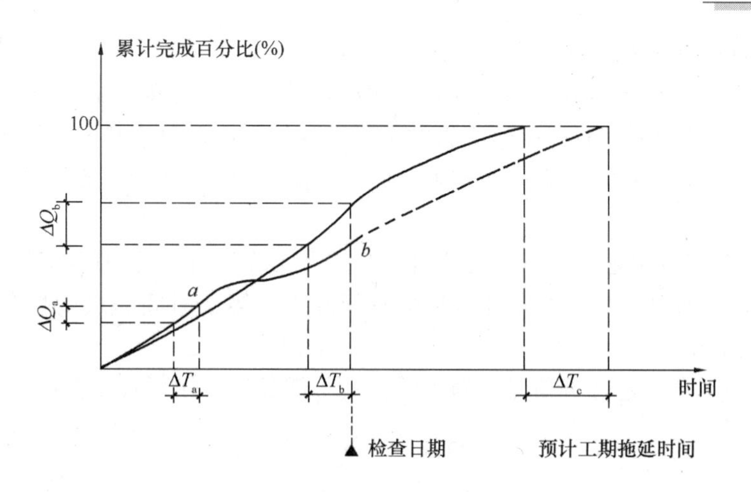

图 3-64　S 型曲线比较图

如图 3-64 所示，ΔQ_a 表示 T_a 时刻超额完成的任务量，ΔQ_b 表示在 T_b 时刻拖欠的任务量。

（4）预测工程进度

如图 3-64 所示，后期工程按原计划速度进行，则工期拖延预测值为 ΔT_c。

3.7.4.3　香蕉型曲线比较法

1. 香蕉型曲线的绘制

香蕉型曲线是两条 S 型曲线组合成的闭合曲线。从 S 型曲线比较中可知：某一施工项目，计划时间和累计完成任务量之间的关系，都可以用一条 S 型曲线表示。一般说来，按任何一个施工项目的网络计划，都可以绘制出两条曲线。其一是以各项工作的计划最早开始时间安排进度而绘制的 S 型曲线，称为 ES 曲线；其二是以各项工作的计划最迟开始时间安排进度，而绘制的 S 型曲线，称为 LS 曲线。两条 S 型曲线都是从计划的开始时刻开始和完成时刻结束，因此两条曲线是闭合的。其余时刻 ES 曲线上的各点一般均落在 LS 曲线相应点的左侧，形成一个形如香蕉的曲线，故此称为香蕉型曲线，如图 3-65 所示。

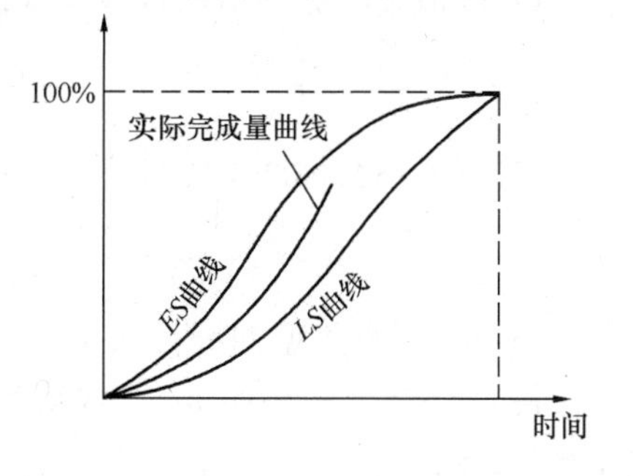

图 3-65　香蕉曲线比较图

在项目的实施中，进度控制的理想状况是任一时刻按实际进度描出的点，应落在该香蕉型曲线的区域内。如图 3-65 中的实际进度线。

2. 香蕉型曲线比较法的作用

（1）利用香蕉曲线合理安排进度；

（2）对施工实际进度与计划进度作比较；

（3）确定在检查状态下，后期工程的 ES 曲线和 LS 曲线的发展趋势。

3. 香蕉型曲线的绘制方法

香蕉曲线的绘制方法与 S 型曲线的绘制方法基本相同，所不同之处在于它是以工作的最早开始时间和最迟开始时间分别绘制的两条 S 型曲线的组合。其具体步骤如下：

（1）以施工项目的网络计划为基础，确定该施工项目的工作数目 n 和计划检查次数

m，并计算时间参数 ES_i、LS_i（i=1、2……n）；

（2）确定各项工作在不同时间，计划完成任务量，分为两种情况；

1）以施工项目的最早时标网络图为准，确定各工作在各单位时间的计划完成任务量，用 $q_{i,j}^{ES}$ 表示，即第 i 项工作按最早开始时间开工，第 j 时间完成的任务量（i=1、2……n，j=1、2……m）；

2）以施工项目的最迟时标网络图为准，确定各工作在各单位时间的计划完成任务量，用 $q_{i,j}^{LS}$ 表示，即第 i 项工作按最迟开始时间开工，第 j 时间完成的任务量（i=1、2……n，j=1、2…m）；

（3）计算施工项目总任务量 Q。施工项目的总任务量可用下式计算：

$$Q = \sum_{i=1}^{n}\sum_{j=1}^{m} q_{ij}^{ES} \tag{3-69}$$

或

$$Q = \sum_{i=1}^{n}\sum_{j=1}^{m} q_{ij}^{LS} \tag{3-70}$$

（4）计算到 j 时刻末完成的总任务量，分为两种情况：

1）按最早时标网络图计算完成的总任务量 Q_j^{ES} 为：

$$Q_j^{ES} = \sum_{i=1}^{i}\sum_{j=1}^{j} q_{ij}^{ES} \qquad 1 \leqslant i \leqslant n \qquad 1 \leqslant j \leqslant m \tag{3-71}$$

2）按最迟时标网络图计算完成的总任务量 Q_j^{LS} 为：

$$Q_j^{LS} = \sum_{i=1}^{i}\sum_{j=1}^{j} q_{ij}^{LS} \qquad 1 \leqslant i \leqslant n, \quad 1 \leqslant j \leqslant m \tag{3-72}$$

（5）计算到 j 时刻末完成项目总任务量百分比，分为两种情况：

1）按最早时标网络图计算完成的总任务量百分比 μ_j^{ES} 为：

$$\mu_j^{ES} = \frac{Q_j^{ES}}{Q} \times 100\% \tag{3-73}$$

2）按最迟时标网络图计算完成的总任务量百分比 μ_j^{LS} 为：

$$\mu_j^{LS} = \frac{Q_j^{LS}}{Q} \times 100\% \tag{3-74}$$

（6）绘制香蕉型曲线。按 μ_j^{ES}（j=1、2……m），描绘各点，并连接各点得到 ES 曲线；按 μ_j^{LS}（j=1、2……m），描绘各点，并连接各点得 LS 曲线，由 ES 曲线和 LS 曲线组成香蕉型曲线。

在项目实施过程中，按同样的方法，将每次检查的各项工作实际完成的任务量，代入上述各相应公式，计算出不同时间实际完成任务量的百分比，并在香蕉型曲线的平面内绘出实际进度曲线，便可以进行实际进度与计划进度的比较。

3.7.4.4 前锋线比较法

前锋线比较法是一种利用时标网络计划进行施工实际进度与计划进度的比较方法。具体做法是从检查时刻的时标点出发，首先连接与其相邻的工作箭线的实际进度点，由此再去连接该工作相邻工作箭线的实际进度点，依此类推。将检查时刻正在进行工作的点都依次连接起来，组成一条一般为折线的前锋线，按前锋线与箭线交点的位置判定施工实际进度与计划进度的偏差。简言之，前锋线法就是通过施工项目实际进度前锋线，比较施工实际进度与计划进度偏差的方法。

例如，某项目时标网络计划和标出的前锋线如图3-66所示。从图中可以看出，B工作延误1天，对总工期影响1天，C工作与计划一致，D工作延误2天，对总工期影响1天。

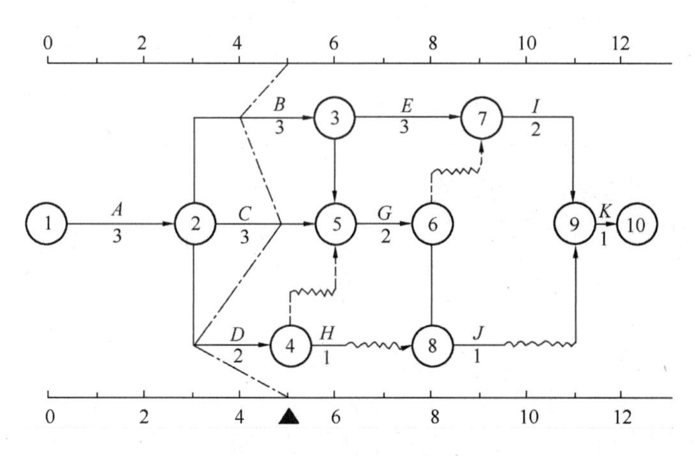

图3-66　某计划前锋线法比较图

3.7.4.5　列表比较法

当采用无时间坐标网络图计划时，也可以采用列表分析法，比较项目施工实际进度与计划进度的偏差情况。该方法是记录检查时正在进行的工作名称和已进行的天数，然后列表计算有关参数，根据原有总时差和尚有总时差判断实际进度与计划进度的比较方法。

列表比较法步骤：

（1）计算检查时正在进行的工作尚需要的作业时间；

（2）计算检查的工作从检查日期到最迟完成时间的尚余时间；

（3）计算检查的工作到检查日期止尚余的总时差；

（4）填表分析工作实际进度与计划进度的偏差。可能有以下几种情况：

1）若工作尚有总时差与原有总时差相等，则说明该工作的实际进度与计划进度一致；

2）若工作尚有总时差小于原有总时差，但仍为正值，则说明该工作的实际进度比计划进度拖后，产生的偏差值为二者之差，但不影响总工期；

3）若尚有总时差为负值，则说明对总工期有影响，应当调整。

例3-12　已知网络计划如图3-67所示，在第5天检查时，发现A工作已完成，B工作已进行一天，C工作已进行两天，D工作尚未开始。试用列表比较法，进行实际进度与计划进度比较。

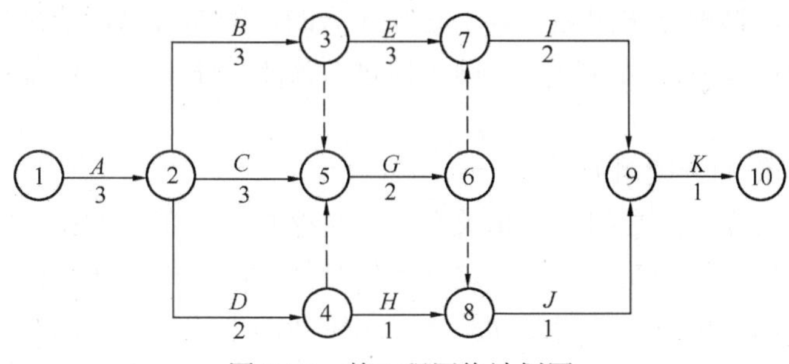

图3-67　某工程网络计划图

工作进度检查比较表　　表 3-8

工作代号	工作名称	检查计划时尚需作业天数	到计划最迟完成时尚余天数	原有总时差	尚有总时差	情况判断
2—3	B	2	1	0	−1	拖后1天，影响总工期1天
2—5	C	1	2	1	1	正常
2—4	D	2	2	2	0	拖后2天，但不影响总工期

3.7.5　施工项目进度计划的调整

3.7.5.1　分析进度偏差的影响

通过前述的进度比较方法，当出现进度偏差时，应当分析该偏差对后续工作和总工期的影响。

1. 分析出现进度偏差的工作是否为关键工作

若出现偏差的工作为关键工作，则无论偏差大小，都对后续工作及总工期产生影响，必须采取相应的调整措施；若出现偏差的工作不是关键工作，需要根据偏差值与总时差和自由时差的大小关系，确定对后续工作和总工期的影响程度。

（1）分析进度偏差是否大于总时差

若工作的进度偏差大于该工作的总时差，说明此偏差必将影响后续工作和总工期，必须采取相应的调整措施；若工作的进度偏差小于该工作的总时差，说明此偏差对总工期无影响，但它对后续工作的影响程度，需要根据此偏差与自由时差的比较情况来确定。

（2）分析进度偏差是否大于自由时差

若工作的进度偏差大于该工作的自由时差，说明此偏差对后续工作产生影响，应根据后续工作允许影响的程度而确定如何调整；若工作的进度偏差小于或等于该工作的自由时差，则说明此偏差对后续工作无影响，因此，原进度计划可以不作调整。

经过如此分析，进度控制人员可以确认应该调整产生进度偏差的工作和调整偏差值的大小，以便确定采取调整措施，获得新的符合实际进度情况和计划目标的新进度计划。

3.7.5.2　施工项目进度计划的调整方法

在对实施的进度计划分析的基础上，应确定调整原计划的方法，一般主要有以下两种：

1. 改变某些工作间的逻辑关系

若检查的实际施工进度产生的偏差影响了总工期，并且有关工作之间的逻辑关系允许改变，可以改变关键线路和超过计划工期的非关键线路上的有关工作之间的逻辑关系，达到缩短工期的目的。这种方法用起来效果是很显著的。例如可以把依次进行的有关工作改变为平行的或互相搭接的以及分成几个施工段进行流水施工的工作，都可以达到缩短工期的目的。

2. 缩短某些工作的持续时间

这种方法是不改变工作之间的逻辑关系，只是缩短某些工作的持续时间，而使施工进度加快，以保证实现计划工期的方法。这些被压缩持续时间的工作是位于因实际施工进度的拖延而引起总工期增长的关键线路和某些非关键线路上的工作。同时，这些工作又是可压缩持续时间的工作。这种方法实际上就是网络计划优化中的工期优化方法和工期与成本优化的方法，此处不再赘述。

复习思考题

1. 流水施工的参数有哪些？如何计算？
2. 流水施工的方式有几种？各有什么特点？
3. 如何组织分别流水？
4. 如何组织成倍节拍流水？
5. 如何组织固定节拍流水？
6. 双代号网络计划的各项时间参数如何确定？
7. 单代号网络计划的各项时间参数如何确定？
8. PERT 和 CPM 两种方法的不同点是什么？
9. 网络计划的优化有哪几种？优化的原理是什么？
10. 施工项目进度计划的编制步骤如何？
11. 施工项目进度控制的措施主要有哪些？
12. 施工项目进度计划主要检查哪些内容？
13. 施工项目进度比较的方法有哪几种？特点和适用范围如何？
14. 施工项目进度计划调整的方法主要有哪些？

第 4 章　施工项目质量管理

4.1　概　　述

施工项目的质量是施工项目管理中的一项重要内容。工程项目的投资巨大，建设过程耗费相当大的人工、材料和能源。如果工程质量差，无法达到国家规定标准和业主的生产或使用要求，就不能发挥预想的作用，而且会造成极大的浪费。同时因为质量问题，会影响工程项目的进度、成本和安全管理，最终会影响到国计民生和社会环境安全。

施工项目的质量主要是指操作质量。施工人员根据施工图纸及相关规范的要求施工，施工过程必须保证工程对象结构可靠、安全与耐久。产品完成后要可用，达到使用效果和预计产出效益，运行过程安全、可靠、稳定。施工项目的最终质量取决于各个施工工序和各个工种的操作质量。

我国在施工项目质量管理上是多方参与管理，主要分四个层次：政府通过宏观质量管理活动，如制定政策、规范，奖励优质工程，处罚劣质工程等手段来调解控制整个建筑市场在质量管理方面的秩序。业主主要通过聘请监理企业或者直接参与来加强施工现场的质量管理。施工企业通过制定企业质量管理体系、调节企业资源、对施工项目部的施工活动进行总体指导和监控等，实现施工企业的质量管理行为。施工项目部通过对施工项目的具体活动进行全面、全过程的质量管理，保证施工项目的质量。

4.1.1　质量和建设工程质量

1. 质量

我国的国家标准 2000 版 GB/T 19000—ISO 9000 族标准中质量的定义是：一组固有特性满足要求的程度。

质量不仅是指产品质量，也可以指工作质量，还可以是质量管理体系运行的质量。质量是由一组固有特性组成，这些固有特性是指满足顾客和其他相关方的要求特性，并由其满足要求的程度加以表征。特性可以是固有的或赋予的，可以是定性的或定量的。质量特性是固有的特性，并通过产品、过程或体系设计和开发以及其后的实现过程形成的属性。固有的意思是指在某事或某物中本来就有的，尤其是那种永久的特性。赋予的特性（如：某一产品的价格）并非是产品、过程或体系的固有特性，不是它们的质量特性。

满足要求就是满足明示的（如合同、规范、标准、技术、文件、图纸中明确规定的）、通常隐含的（如组织的惯例、一般习惯）或必须履行的（如法律、法规、行业规则）的需要和期望。明示要求有具体规定，隐含的要求则应当加以识别和确定。具体说，一是指顾客的期望，二是指人们公认的、不言而喻的、不必作出规定的“需要”。如建筑物的采光、通风、保温、防风等功能。与要求相比较，满足要求的程度反映为质量的好坏。对质量的要求除考虑满足顾客的需要外，还应考虑其他相关方即组织自身利益、提供原材料和零部件等的供方的利益和社会的利益等多种需求。只有全面满足这些要求，才能评定为好的质量或优秀的质量。

顾客和其他相关方对产品、过程或体系的质量要求是动态的、发展的和相对的。质量要求随着时间、地点、环境的变化而变化。因此应定期评定质量要求、修订规范标准，不断开发新产品、改进老产品，满足不断变化的质量要求。另外，不同国家不同地区因为自然环境条件、技术发达程度、消费水平和民俗习惯等等方面的差异会对产品提出不同的要求，产品应具有这种环境的适应性，对不同地区应提供不同性能的产品，以满足该地区用户的明示或隐含的要求。

2. 建设工程质量

建设工程质量简称工程质量。是指工程满足业主需要的，符合国家法律、法规、技术规范标准、设计文件及合同规定的特性综合。建设工程作为一种特殊的产品，除具有一般产品共有的质量特性，如性能、寿命、可靠性、安全性、经济性等满足社会需要的使用价值及其属性外，还具有如下特定的内涵：

(1) 适用性。是指工程满足使用目的的各种性能。

(2) 耐久性。是指工程在规定的条件下，满足规定功能要求使用的年限，也就是工程竣工后的合理使用寿命周期。

(3) 安全性。是指工程建成后在使用过程中保证结构安全、保证人身和环境免受危害的程度。

(4) 可靠性。是指工程在规定的时间和规定的条件下完成规定功能的能力。

(5) 经济性。是指工程从规划、勘察、设计、施工到整个产品使用寿命周期内的成本和消耗的费用。工程经济性具体表现为设计成本、施工成本、使用成本三者之和。

(6) 与环境的协调性。是指工程与其周围生态环境协调，与所在地区经济环境协调以及与周围已建工程相协调，以适应可持续发展的要求。

上述六个方面的质量特性彼此之间是相互依存的，都是必须达到的基本要求，缺一不可。但是对于不同门类不同专业的工程，如工业建筑、民用建筑、公共建筑、住宅建筑、道路建筑，可根据其所处的特定地域环境条件、技术经济条件的差异，有不同的侧重面。

工程质量是一个综合性的指标，包括如下几个方面：

(1) 工程投产运行后所生产的产品（或服务）的质量、该工程的可用性、使用效果和产出效益、运行的安全度和稳定性。

(2) 工程结构设计和施工的安全性和可靠性。

(3) 所使用的材料、设备、工艺、结构的质量以及它们的耐久性和整个工程的寿命。

(4) 工程的其他方面，如外观造型、与环境的协调、项目运行费用的高低以及可维护性和可检查性等。

4.1.2 质量控制和工程质量控制

1. 质量控制

2000版GB/T 19000—ISO9000族标准中，质量控制的定义是：质量控制是质量管理的一部分，致力于满足质量要求。

质量控制是质量管理的重要组成部分，其目的是为了使产品、体系或过程的固有特性达到规定的要求，即满足顾客、法律、法规等方面所提出的质量要求（如适用性、安全性等）。所以，质量控制是通过采取一系列的作业技术和作业活动对各个过程实施控制的。

质量控制的工作内容包括了作业技术和活动，为了做好围绕产品形成全过程每一阶段的工作，应对影响其质量的人、机、料、法、环等因素进行控制，并对质量活动的成果进行分阶段验证，以便及时发现问题，查明原因，采取相应纠正措施，防止不合格产品的发生。因此，质量控制应贯彻“以预防为主，与检验把关相结合”的原则，贯穿在产品形成和体系运行的全过程。每一过程都有输入、转换和输出等三个环节，通过对每一个过程三个环节实施有效控制，对产品质量有影响的各个过程均处于受控状态，才能保证持续提供符合规定要求的产品。

2. 工程质量控制

工程质量控制是指致力于满足工程质量要求，是为了保证工程质量满足工程合同、规范标准的要求所采取的一系列措施、方法和手段。工程质量要求主要表现为工程合同、设计文件、技术规范标准规定的质量标准。

（1）工程质量控制按其实施主体不同，分为自控主体和监控主体。自控主体是指直接从事质量职能的活动者，监控主体是指对他人质量能力和效果的监理者，主要包括政府的工程控制质量控制，工程监理单位的质量控制，勘察设计单位的质量控制，施工单位的质量控制四个方面。

政府属于监控主体，它主要是以法律法规为依据，通过抓工程报建、施工图设计文件审查、施工许可、材料和设备准用、工程质量监督、重大工程竣工验收备案等主要环节进行的。工程监理单位属于监控主体，它主要是受建设单位的委托，代表建设单位对工程实施全过程进行的质量监督和控制，包括勘察设计阶段质量控制、施工阶段质量控制，以满足建设单位对工程质量的要求。勘察设计单位属于自控主体，它是以法律、法规及合同为依据，对勘察设计的整个过程进行控制，包括工作程序、工作进度、费用及成果文件所包含的功能和使用价值，以满足建设单位对勘察设计质量的要求。施工单位属于自控主体，它是以工程合同、设计图纸和技术规范为依据，对施工准备阶段、施工阶段、竣工验收交付阶段等施工全过程的工作质量和工程质量进行的控制，以达到合同文件规定的质量要求。

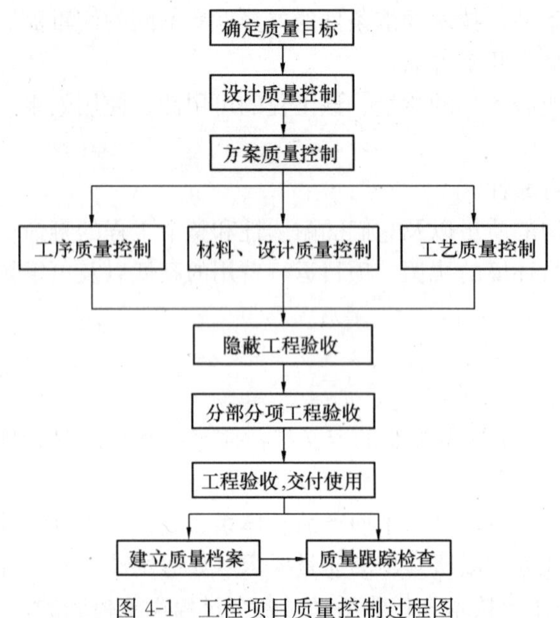

图 4-1　工程项目质量控制过程图

（2）工程质量控制按工程质量形成过程，包括全过程各阶段的质量控制，图 4-1 是项目控制过程图，任何一个方面出现问题，必然会影响后期的质量控制，进而影响工程的质量目标。

（3）工程建设是通过人工、材料、设备和方法来完成分项工程，进而完成分部工程、单位工种、单项工程，以至整个工程的。质量控制必须着眼于各个要素、各个分项工程的施工，并直接渗入到材料的采购、供应、储存和使用过程中。质量控制必须重视对人和对人的工作的控制，认真选择任务承担者，重视被委托者的能力，加强对人员的培训，通过合同、责任制、经济奖励等手段激发人们对质量控制的积极性。

4.1.3　施工企业质量体系

1. 质量管理与质量保证标准简介

ISO 9000《质量管理与质量保证标准》系列标准，是企业建立、完善质量体系的指南。我国于1992年发布了等同于ISO 9000的GB/T 19000系列标准，并根据ISO 9000进一步推出GB/T 19000：2000系列标准。它由五个标准组成：

GB/T 19000—ISO 9000《质量管理与质量保证标——选择和使用指南》；

GB/T 19001—ISO 9001《质量体系——设计/开发、生产、安装和服务的质量保证模式》；

GB/T 19002—ISO 9002《质量体系——生产和安装的质量保证模式》；

GB/T 19003—ISO 9003《质量体系——最终检验和试验的质量保证模式》；

GB/T 19004—ISO 9004《质量管理和质量体系要素——指南》。

《质量管理与质量保证标》系列标准分为三个类型，指导性标准（GB/T 19000），质量保证模式标准（GB/T 19001—3），企业质量体系基础性标准（GB/T 19004）。

2. 质量管理与质量保证标准的内涵

企业为了实施质量管理，生产出满足规定和潜在要求的产品并提供满意的服务。实现企业的质量目标，必须通过建立和健全质量体系来实现。质量体系包含一套专门的组织机构，具备了保证产品或服务质量的人力、物力，还要明确有关部门和人员的职责和权力，以及规定完成任务所必需的各项程序和活动。质量体系按体系目的可分为质量管理体系和质量保证体系，企业在非合同环境下，只建有质量管理体系；在合同环境下，企业应建有质量管理体系和质量保证体系。

质量管理体系是指企业内部建立的、为保证产品质量或质量目标所必需的、系统的质量活动。它根据企业特点选用若干体系要素加以组合，加强从设计研制、生产、检验、销售、使用全过程的质量管理活动，并予以制度化、标准化，使其成为企业内部质量工作的要求和活动程序。

质量保证体系是指企业为生产出符合合同要求的产品，满足质量监督和认证工作的要求，企业对外建立的质量体系。它包括向用户提供必要保证质量的技术和管理“证据”，这种证据，虽然往往是以书面的质量保证文件形式提供的，但它是以现实的质量活动作为坚实后盾的，表明该产品或服务是在严格的质量管理中完成的，具有足够的管理和技术上的保证能力。

3. GB/T 19000—2000族标准主要特点

（1）标准的结构与内容更好地适应于所有产品类别，适应不同规模和各种类型的组织。采用“过程方法”的结构，同时体现了组织管理的一般原理，有助于组织结合自身的生产和经营活动，采用标准来建立质量管理体系，并重视有效性的改进与效率的提高。

（2）该系列标准提出了质量管理八项原则，并在标准中得到了充分的体现。对标准要求的适应性进行了更加科学和明确的规定，在满足标准要求的途径与方法方面，提倡组织在确保有效性的前提下，可以根据自身经营管理的特点做出不同的选择，给予组织更多的灵活度。

（3）更加强调管理者的作用，最高管理者通过确定质量目标，制定质量方针，进行质量评审以及确保资源的获得和加强内部沟通等活动，对其建立、实施质量管理体系并持续改进其有效性的承诺提供证据，并确保顾客的要求得到满足，旨在增强顾客满意。

（4）突出了“持续改进”是提高质量管理体系有效性和效率的重要手段。强调质量管理体系的有效性和效率，引导组织以顾客为中心并关注相关方的利益，关注产品与过程而不仅仅是程序文件与记录。

（5）对文件化的要求更加灵活，强调文件应能够为过程带来增值，记录只是语气的一种形式。将顾客和其他相关方满意或不满意的信息作为评价质量管理体系运行状况的一种重要手段。

（6）概念明确，语言通俗，易于理解、翻译和使用，用概念图形式表达术语间的逻辑关系。强调了 ISO 9001 作为要求性的标准，ISO 9004 作为指南性的标准的协调一致性，有利于组织业绩的持续提升。

（7）增强了与环境管理体系标准等其他体系标准的相容性，从而为建立一体化的管理体系创造了有利条件。

4. GB/T19000－2000 族标准质量管理原则

（1）以顾客为关注焦点。组织依存于顾客，因此组织应理解顾客当前的和未来的需求，满足顾客要求并争取超越顾客期望。

（2）领导作用。领导者建立组织统一的宗旨及方向。他们应当创造并保持使员工能充分参与实现组织目标的内部环境。

（3）全员参与。各级人员是组织之本，只有他们的充分参与，才能使他们的才干为组织带来收益。

（4）过程方法。过程方法或 PDCA（P—计划，D—实施，C—检查，A—处置）模式适用于对每一个过程的管理，这是公认的现代管理方法。将活动和相关的资源作为过程进行管理，可以更高效地得到期望的结果。

（5）管理的系统方法。将相互关联的过程作为系统加以识别、理解和管理，有助于组织提高实现目标的有效性和效率。质量管理的系统方法是把质量管理体系作为一个大系统，对组成质量管理体系的各个过程加以识别、理解和管理，以实现质量方针和质量目标。

（6）持续改进。持续改进整体业绩应当是组织的一个永恒的目标。进行质量管理的目的就是保持和提高产品质量，没有改进就不能提高。持续改进是增强满足要求能力的循环活动，通过不断寻求改进机会，采取适当的改进方式，重点改进产品的特性和管理体系的有效性。

（7）基于事实的决策方法。有效决策是建立在数据和信息分析的基础上。对数据和信息的逻辑分析或直觉判断是有效决策的基础。以事实为依据做决策可以防止决策失误。

（8）与供方互利的关系。组织与供方是相互依存的，互利的关系可增强双方创造价值的能力。

5. 施工企业质量体系的要素

GB/T 19004—ISO 9004 对企业在非合同环境下建立质量体系提出了 17 个要素。施工企业主要是处于合同环境下进行施工活动的。其质量体系的建立，应根据投资者和第三方的质量保证要求，结合施工企业的特点进行。在这 17 个要素中除去设计和规范质量（设计控制）这一要素与设计相关的要素，共有 16 个要素可供施工企业增删、选用。这 17 个要素可分为 5 个层次。第一层次阐述了企业的领导责任；第二层次阐述了展开质量体系的原理和原则；第三层次阐述了质量成本，从经济角度来衡量体系的有效性；第四层次阐述了质量形成的各个阶段，如何控制内部质量，以保证层次具有直接质量职能；第五层次阐述了质量形成过程中的间接影响因素。这 17 个要素包括：管理职责；质量体系原则，质量体系评审（内部）；经济性；营销质量（合同评审）；设计和规范质量（设计控制）；采购质量；生产质量（工序控制）；生产过程的控制、物资控制及其可追溯性、验证状况的控制（检验、试验）；产品验证（检查、验证）；测量和试验设备的控制；不合格的控制；纠正措施；搬运和生产后职能、售后服务；质量文件和记录、质量记录；人员（培训）；产品安全和责任；统计方法的运用、买方供应的产品。

这五个层次质量体系要素体现在施工企业质量管理上，其中第四个层次重点体现在施工准备质量、采购质量、施工过程控制、工序控制点控制、不合格的控制和纠正、半成品与成品保护、工程质量检验和验证及回访与保修这八个要素；第五层次重点体现在施工企业质量管理上就是工程安全与责任，质量文件和记录、测量和试验设备控制，人员培训及统计方法的应用这五个要素。

在施工企业的建筑安装的全部活动中，工序内容多，施工环节多，工序交叉作业多，有外部条件的作用，也有内部管理和技术水平的因素。施工企业要根据自身的特点，参照质量标准体系中所列的质量体系要素的内容，选择和增删要素，建立和完善施工企业的质量体系。

施工企业建立质量体系的目的是结合施工项目的生产过程和生产特点以及企业自身的管理与技术水平，建立企业的质量体系以及规范的质量管理程序，并通过第三方认证，以此来全面指导企业的质量管理活动，指导和规范企业内部每一个施工项目全生命周期的各项活动的质量管理活动。

4.2　施工项目质量管理系统

施工质量管理是贯穿施工全过程、涉及施工企业全体人员的一项综合管理工作。因此，应按照全面质量管理，即全企业管理、全过程管理和全员管理的方法进行施工管理工作。施工企业的施工质量管理系统如图 4-2 所示。

4.2.1　施工项目质量管理的特点

建设工程质量的特点是由建设工程本身和建设生产的特点决定的。建设工程（产品）及其生产的特点：一是产品的固定性，生产的流动性；二是产品的多样性，生产的单件性；三是产品形体庞大、投入高、生产周期长、具有风险性；四是产品的社会性，生产的外部约束性。正是由于上述建设工程的特点而形成了工程质量本身有以下特点。

（1）影响因素多。建设工程质量受到多种因素的影响，如决策、设计、材料、机具设备、施工方法、施工工艺、技术措施、人员素质、工期、工程造价等，这些因素直接或间接地影响工程项目质量。

（2）质量波动大。由于建筑生产的单件性、流动性、不像一般工业产品的生产那样，有固定的生产流水线、有规范化的生产工艺和完善的检测技术、有成套的生产设备和生产环境，所以工程质量容易产生波动且波动大。同时由于影响工程质量的偶然性因素和系统

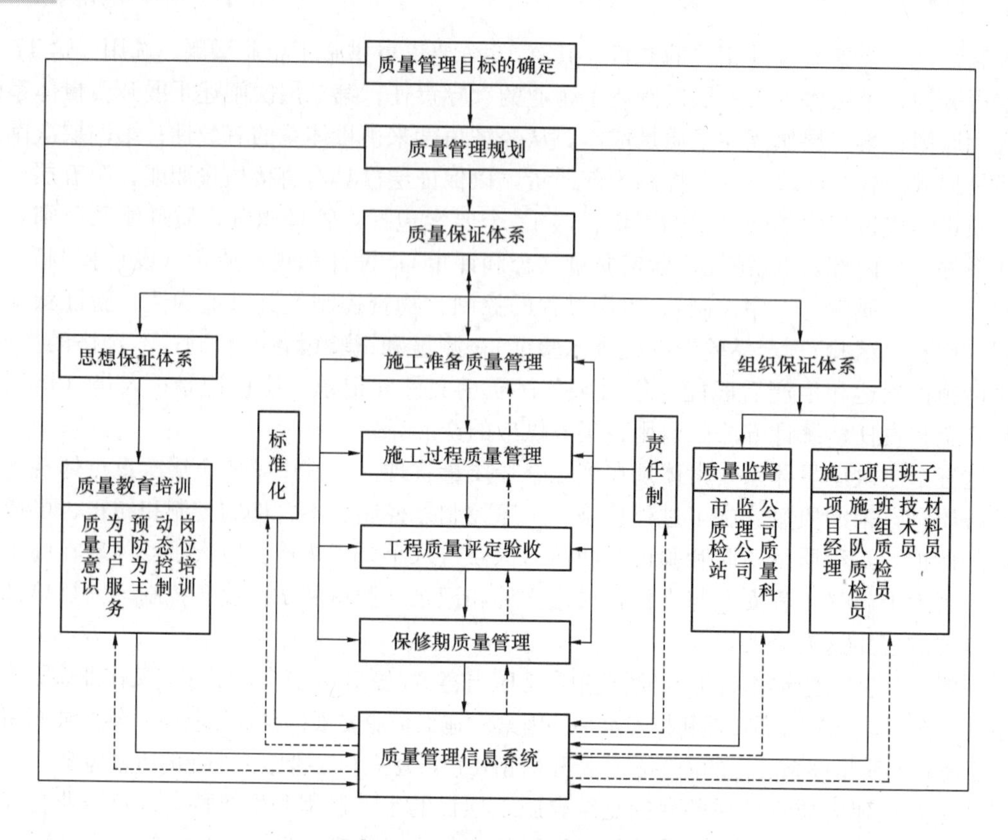

图 4-2　施工质量管理系统示意图

性因素比较多，其中任一因素发生变动，都会使工程质量产生波动。如材料规格品种使用错误、施工方法不当、操作不按规程进行、机械设备过度磨损或出现故障、设计计算失误等等，都会发生质量波动，产生系统因素的质量变异，造成工程质量事故。为此，要严防出现系统性因素的质量变异，要把质量波动控制在偶然性因素范围内。

(3) 质量隐蔽性。建设工程在施工过程中，分项工程交接多、中间产品多、隐蔽工程多，因此质量存在隐蔽性。若在施工中不及时进行质量检查，事后只能从表面上检查，就很难发现内在的质量问题，这样就容易产生判断错误，即第一类判断错误（将合格品判为不合格品）和第二类判断错误（将不合格品误认为合格品）。

(4) 终检的局限性。工程项目建成后不可能像一般工业产品那样依靠终检来判断产品质量，或将产品拆卸、解体来检查其内在的质量，或对不合格零部件可以更换。而工程项目的终检（竣工验收）无法进行工程内在质量的检验，发现隐蔽的质量缺陷。因此，工程项目的终检存在一定的局限性。这就要求工程质量控制应以预防为主，重视事先、事中控制，防患于未然。

(5) 评价方法的特殊性。工程质量的检查评定及验收是按检验批、分项工程、分部工程、单位工程进行的。检验批的质量是分项工程乃至整个工程质量检验的基础，检验批合格质量主要取决于主控项目和一般项目经抽样检验的结果。隐蔽工程在隐蔽前要检查合格后验收，涉及结构安全的试块、试件以及有关材料，应按规定进行见证取样检测，涉及结构安全和使用功能的重要分部工程要进行抽样检测。工程质量是在施工单位按合格质量标准自行检查评定的基础上，由监理工程师（或建设单位项目负责人）组织有关单位、人员进行检验确认验收。

(6) 质量受成本、进度的制约较大。一般情况下，成本控制压力相对较小，工期相对较长，施工质量就容易得到控制。反之，施工质量管理的难度就会加大，有时甚至会造成不可弥补的质量问题。

4.2.2 影响施工项目质量的因素

影响工程的因素很多，但归纳起来主要有五个方面，即人、材料、机械、方法和环境(4M1E)。

1. 人员素质

人是生产经营活动的主体，也是工程项目建设的决策者、管理者、操作者。工程建设的全过程，都是通过人来完成的，人员素质是影响工程质量的一个重要因素。甚至许多属于技术、管理、环境等方面的原因造成的质量问题最终也会归结到人的身上。作为控制的对象，人应该避免产生错误或过失；作为控制的动力，应该充分调动人的积极性。工程实践中应该增加人的责任感和质量观的培养，达到改善和提高工程质量的目的。对所有的工程管理人员都要求必须具有相应的素质，如良好的职业道德、工作热情、敬业精神、诚实信用、团队合作等；具备较强的能力，如较长的工作经验和经历、人事能力、组织管理能力等；拥有完备的知识体系，如学历、专业知识、较宽的知识面等。建筑行业实行经营资质管理和各类专业从业人员持证上岗制度是保证人员素质的重要管理措施。

2. 工程材料

工程材料是工程建筑的物质条件，是工程质量的基础。工程材料选用是否合理、产品是否合格、材质是否经过检验、保管使用是否得当等等，都将直接影响建设工程的结构刚度和强度，影响工程外表及观感，影响工程的使用功能，影响工程的使用安全。

3. 机具设备

机具设备对工程质量也有重要的影响。工程用机具设备质量优劣，直接影响工程使用功能质量。施工机具设备的类型是否符合工程施工特点，性能是否先进稳定，操作是否方便安全等，都将会影响工程项目的质量。所以应该从设备的选型、主要性能参数、使用与操作要求控制等方面着手，保证施工项目质量。

4. 工艺方法

工艺方法是指施工现场采用的施工方案，包括技术方案、组织方案、计划与控制手段、检验手段等各种技术方法。方法是实现工程项目的重要手段，无论工程项目采取哪种技术、工具、措施，都必须以确保质量为目的，严加控制。在工程施工中，施工方案是否合理、施工工艺是否先进、施工操作是否正确，都将对工程质量产生重大的影响。大力推进采用新技术、新工艺、新方法，不断提高工艺技术水平，是保证工程质量稳定提高的重要因素。

5. 环境条件

环境条件包括社会环境、工程技术环境、工程作业环境、工程管理环境、周边环境等。环境条件往往对工程质量产生特定的影响。环境因素对工程质量的影响具有复杂多变以及不确定性的特点。对环境因素的控制，关键是充分调查研究，并根据经验进行预测，针对各个不利因素以及可能出现的情况，提前采取对策和措施，充分做好各种准备。加强环境管理，改进作业条件，把握好技术环境，辅以必要的措施，是控制环境对质量影响的重要保证。

4.2.3 施工项目质量管理的内容

（1）确定控制对象，如一道工序、一个分项工程、安装过程等。

（2）规定控制的标准，详细说明控制对象应达到的质量要求。

（3）确定具体的控制方法，如工艺规程、控制用图表等。

（4）明确所采用的检验方法，包括检验手段。

（5）进行工程实施过程中的各项检验。

（6）分析实测数据与标准之间产生差异的原因。

（7）确定解决差异所采取的措施和方法。

4.2.4 施工项目质量管理的原则

1. 坚持质量第一

工程质量是建筑产品使用价值的集中体现，用户最关心的就是工程质量的优劣，或者说用户的最大利益在于工程质量目标的实现。在项目施工中必须树立“百年大计，质量第一”的思想。

2. 坚持以人为控制核心

人是质量的创造者，质量控制必须“以人为核心”，把施工生产、技术与管理人员作为质量控制的动力，发挥他们的积极性和创造性。

3. 坚持预防为主

预防为主的思想，体现在事先分析影响产品质量的各种因素，找出主导因素，采取措施加以重点控制，使质量问题消灭在发生之前或萌芽状态，做到防患于未然。

过去通过对成品或竣工工程进行质量检查，才能对工程的合格与否做出鉴定，这属于事后把关，不能预防质量事故的产生。提倡严格把关和积极预防相结合，并以预防为主的方针，将事后检查把关转向事前控制、事中控制，才能使工程质量在施工的全过程中处于控制之中。

4. 坚持质量标准

质量标准是评价工程质量的尺度，数据是质量控制的基础。工程质量是否符合质量要求，必须通过严格检查，以数据为依据。

5. 贯彻科学、公正、守法的职业规范

在处理施工项目质量问题的过程中，应尊重客观事实，尊重科学，正直、公正、不持偏见；遵纪、守法，杜绝不正之风；既要坚持原则、严格要求、秉公办事，又要谦虚谨慎、实事求是、以理服人、热情帮助。

6. 建立崇高的使命感

工程项目最根本的目的是通过建成后的工程项目运营为社会、为上层系统（如国家、地方、企业、部门）提供符合要求的产品或服务。随着市场经济的迅速发展，施工项目管理人员只有担负起更大的社会责任，才能赢得项目相关者和社会各方面的信任以及相对的竞争优势。在施工中必须以不污染、不破坏社会环境等方式来保护社会环境不受影响，保证优质的质量，保证工程项目长久的运行。一个工程的整个建设和运行时间较长，它不仅要满足当代人的需求，而且要承担历史责任，能够持续地符合将来人们对工程项目的需求，必须有它的历史价值。施工项目管理者是工程项目的实施者，对工程项目的实施质量负责，应建立起崇高的使命感，为社会、为历史建造起一座座丰碑。

4.2.5 施工项目质量管理的程序

施工项目质量管理程序如图4-3所示。

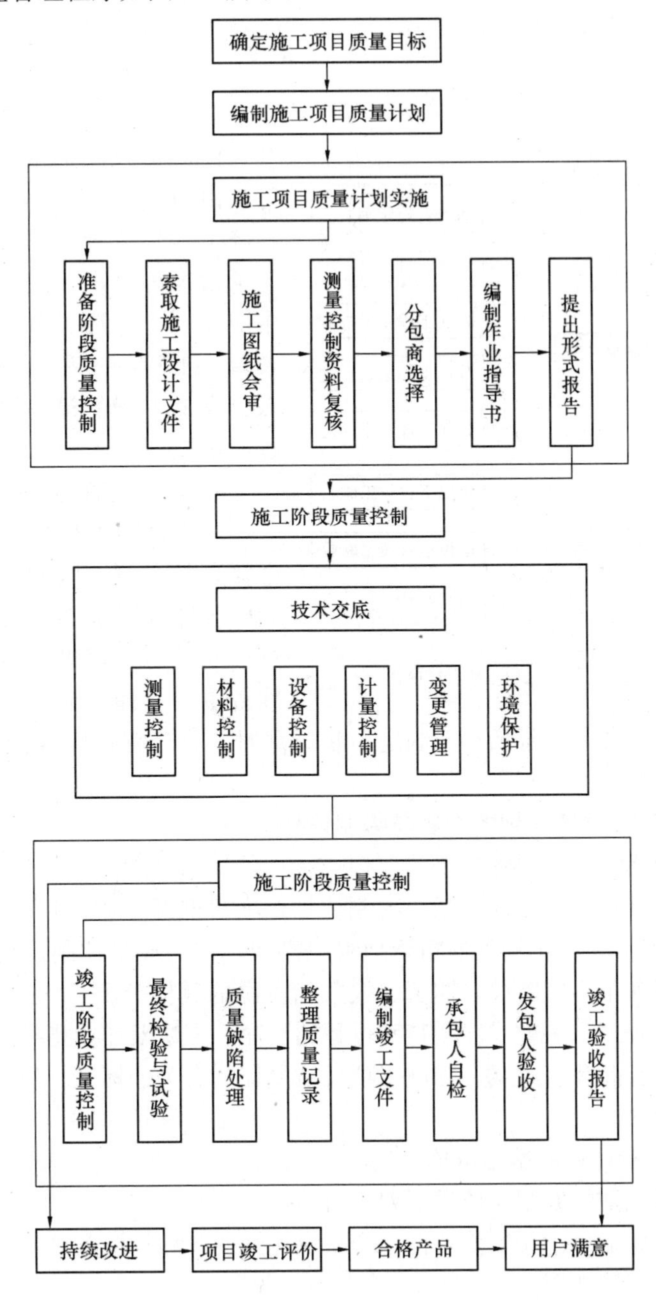

图4-3 施工项目质量管理程序图

4.3 施工项目质量计划与控制

4.3.1 施工项目质量计划的概念

施工项目质量计划就是将施工项目及其合同的特定要求与现行的通用质量体系程序相

结合形成的计划。计划中应明确指出所要开展的质量活动，直接或间接通过相应程序或其他文件，指出如何实施这些活动。施工项目质量计划应充分考虑与施工项目管理实施规划、施工方案等文件的协调与匹配要求。施工项目质量计划既可以作为项目实施规划的一部分，也可以单独成文。

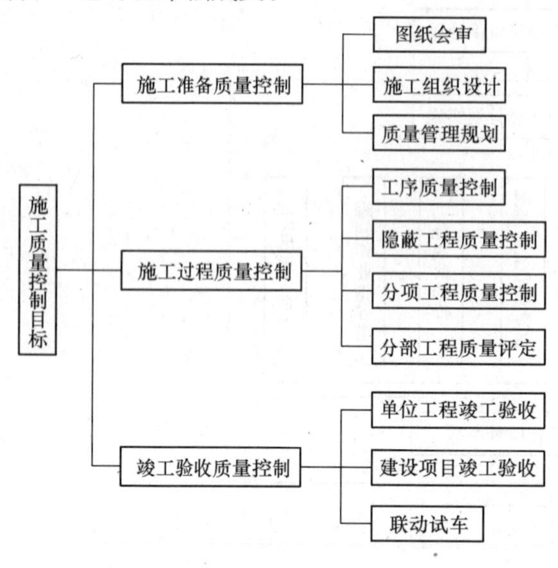

图 4-4　施工质量控制目标分解示意图

施工项目质量计划是对外质量保证和对内质量控制的依据。施工项目质量计划由施工项目质量经理（质量工程师）在施工项目策划过程中负责编制，经施工项目经理批准后发布实施。质量计划中应体现出工序、分项工程、分部工程及单位工程的过程控制，体现从资源投入到完成工程的最终检验和试验的全过程质量控制。

4.3.2　施工项目质量目标的分解

形成最终工程产品质量的过程是一个复杂的过程。因此，施工项目质量计划中管理目标也必须按照工程进展（产品形成）的阶段进行分解，分为：施工准备质量管理、施工过程质量管理和竣工验收质量管理，如图 4-4 所示。在制定质量计划时，将分解目标落实到各分部（分项）工程，落实到班级甚至个人。

4.3.3　施工项目质量计划的内容与编制依据

1. 施工项目质量计划的内容

施工项目质量计划的内容应包括：编制依据，项目概况，质量目标（如特性或规范、可靠性、综合指标等），施工项目质量管理组织机构，进行质量控制及组织协调的系统描述（即在施工项目各个不同阶段，职责、权限和资源的具体分配），必要的质量控制手段和质量保证与协调程序，关键工序与特殊过程的程序、方法及作业指导书，有关阶段适用的试验、检查、检验和评审大纲，与施工项目质量控制有关的标准、规范、规程，更改和完善质量计划的程序。

2. 施工项目质量计划的编制依据

施工项目质量计划的编制应依据下列资料：

（1）施工合同规定的产品质量特性，产品应达到的各项指标及其验收标准。

（2）施工项目管理规划。

（3）施工项目实施应执行的法律、法规、技术标准、规范。

（4）施工企业和施工项目部的质量管理体系文件及其要求。

4.3.4　施工项目质量计划的编制与实施

1. 施工项目质量计划的编制

施工项目质量计划是针对施工项目的特殊要求，以及应重点控制的环节，所编制的对采购、施工、安装、检验等质量控制方案。开始编制质量计划时，可以从总体上考虑如何保证产品质量，因此，它可以是一个带有规划性的较粗的质量计划。随着施工、安装的进展，再相应编制各阶段较详细的质量计划，如施工控制计划、安装控制计划和检验计划等。质量计划应随施工、安装的进度作必要的调整和完善。

在现行的施工管理体制中，对每一个特定工程项目需要编写施工组织设计或施工项目管理规划，作为施工准备和施工全过程的指导性文件。质量计划与施工组织设计的相同点是：其对象均是针对某一特定项目，而且均以文件形式出现。但两者在内容和要求上不完全相同，因此，它们之间不能互相替代，而应有机地结合起来。

2. 施工项目质量计划的实施

施工项目质量计划一旦批准生效，必须严格按计划实施。在质量计划实施过程中应进行监控，及时了解计划执行的情况、偏离的程度、纠偏措施，以确保计划的有效性。如果业主明确提出编制质量计划的要求，在实施过程中如果对质量计划有较大修改时，需要征得业主的同意。

4.4　施工项目质量控制

4.4.1　施工准备阶段的质量控制

施工准备阶段的质量控制是指项目正式施工活动开始前，对各项准备工作及影响质量的各种因素和有关方面进行的质量控制。

施工准备是为保证施工生产正常进行而必须事先做好的工作。施工准备工作不仅是在工程开工前要做好，而且贯穿于整个施工过程。施工准备的基本任务就是为施工项目建立一切必要的施工条件，确保施工生产顺利进行，确保工程质量符合要求。

1. 技术资料、文件准备的质量控制

（1）施工项目所在地的自然条件及技术经济条件调查资料。对施工项目所在地的自然条件和技术经济条件的调查，是为选择施工技术与组织方案收集基础资料，并以此作为施工准备工作的依据。具体收集的资料包括：地形与环境条件、地质条件、地震级别、工程水文地质情况，气象条件以及当地水、电、能源供应条件、交通运输条件、材料供应条件等。

（2）施工组织设计、施工项目管理规划。施工组织设计或施工项目管理规划是指导施工准备和组织施工的全面性技术经济文件。要进行两方面的控制：一是选定施工方案后，制定施工进度过程中必须考虑施工顺序、施工流向，主要分部分项工程的施工方法，特殊项目的施工方法和技术措施能否保证工程质量；二是制定施工方案时，必须进行技术经济比较，使工程项目满足符合性、有效性和可靠性要求，取得施工工期短、成本低、安全生产、效益好的经济质量。

（3）质量管理方面的法律、法规性文件及质量验收标准。国家及政府有关部门颁布的有关质量管理方面的法律、法规，规定了工程建设参与各方的质量责任和义务，质量管理体系建立的要求、标准，质量问题处理的要求、质量验收标准等，这些是进行质量控制的重要依据。

（4）工程测量控制资料。施工现场的原始基准点、基准线、参考标高及施工控制网等数据资料，是施工之前进行质量控制的基础性工作，这些数据资料是进行工程测量控制的重要内容。

2. 设计交底和图纸审核的质量控制

设计图纸是进行质量控制的重要依据。为使施工单位熟悉有关的设计图纸，充分了解拟建项目的特点、设计意图和工艺与质量要求，减少图纸的差错，消灭图纸中的质量隐患，要做好设计交底和图纸审核工作。

（1）设计交底。工程施工前，由设计单位向施工单位有关人员进行设计交底，其主要内容包括：

1）地形、地貌、水文气象、工程地质及水文地质等自然条件；

2）施工图设计依据：初步设计文件，规划、环境等要求，设计规范；

3）设计意图：设计思想、设计方案比较、基础处理方案、结构设计意图、设备安装和调试要求、施工进度安排等；

4）施工注意事项：对基础处理的要求，对建筑材料的要求，采用新结构、新工艺的要求，施工组织和技术保证措施等。

交底后，由施工单位提出图纸中的问题和疑点，以及要解决的技术难题。经协商研究，拟订出解决办法。

（2）图纸审核。图纸审核是设计单位和施工单位进行质量控制的重要手段，也是使施工单位通过审查熟悉设计图纸、了解设计意图和关键部位的工程质量要求、发现和减少设计差错、保证工程质量的重要方法。图纸审核的主要内容包括：

1）对设计者的资质进行认定；

2）设计是否满足抗震、防火、环境卫生等要求；

3）图纸与说明是否齐全；

4）图纸中有无遗漏、差错或相互矛盾之处，图纸表示方法是否清楚并符合标准要求；

5）工程地质及水文地质等资料是否充分、可靠；

6）所需材料来源有无保证，能否替代；

7）施工工艺、方法是否合理，是否切合实际，是否便于施工，能否保证质量要求；

8）施工图及说明书中涉及的各种标准、图册、规范、规程等，施工单位是否具备。

3. 采购质量控制

采购质量控制主要包括对采购产品及其供方的控制，制订采购要求和验证采购产品。施工项目中的工程分包或劳务分包，也应符合规定的采购要求。

（1）物资采购。采购物资应符合设计文件、标准、规范、相关法规及承包合同要求。如果项目部另有附加的质量要求，也应予以满足。对于重要物资、大批量物资、新型材料以及对工程最终质量有重要影响的物资，可由企业主管部门对可供选用的供方进行逐个评价，并确定合格供方名单。

（2）分包服务。对各种分包服务选用的控制应根据其规模以及对它控制的复杂程度区别对待。分包应符合业主的要求，大多数分包必须进行招标，并接受企业、业主或监理监督，报业主或监理批准。一般通过分包合同，对分包服务进行动态控制。评价及选择分包方应考虑的原则：

1）有合法的资质，外地单位需经本地主管部门核准；

2）与本组织或其他组织合作的业绩、信誉；

3）按要求如期提供稳定质量产品的保证能力；

4）对采购物资的样品、说明书或检验、试验结果进行评定。

（3）采购要求。采购要求是采购产品控制的重要内容，其形式可以是合同、订单、技术协议、询价单及采购计划等。采购要求包括：

1）有关产品的质量要求或外包服务的要求；

2）有关产品提供的程序性要求，如供方提交产品的程序，供方生产或服务提供的过程要求，供方设备方面的要求；

3）对供方人员资格的要求：

4）对供方质量管理体系的要求。

（4）采购产品验证。

1）对采购产品的验证有多种方式，如在供方现场检验，进货检验，查验供方提供的合格证据等。组织应根据不同产品或服务的验证要求规定验证的主管部门及验证方式，并严格执行。

2）当组织或其顾客拟在供方现场实施验证时，组织应在采购要求中事先做出规定。

4.4.2　施工阶段质量控制

1. 技术交底

单位工程开工前，应按照工程重要程度，由企业或项目技术负责人组织全面的技术交底。工程复杂、工期长的工程可按基础、结构、装修几个阶段分别组织技术交底。各分项工程施工前，应由项目技术负责人向参加该项目施工的所有班组和配合工种进行交底。

交底内容包括图纸交底、施工组织设计交底、分项工程技术交底和安全交底等。通过交底明确对轴线、尺寸、标高、预留孔、预埋件、材料规格及配合比等要求，明确工序搭接、工种配合、施工方法、进度等工作安排，明确质量、安全、节约措施。交底的形式除书面交底、口头交底外，必要时可采用样板、示范操作等。

2. 测量控制

（1）复核给定的原始基准点、基准线和参考标高等的测量控制点，经审核批准后，才能据此进行准确的测量放线。

（2）施工测量控制网的复测。准确地测定与保护好场地平面控制网和主轴线的桩位，是整个场地内建筑物、构筑物定位的依据，是保证整个施工测量精度和顺利进行施工的基础。因此，在复测施工测量控制网时，应抽检建筑方格网、控制高程的水准网点以及标桩埋设位置等。

（3）施工测量复核。

1）建筑定位测量复核。建筑定位就是把房屋外廓的轴线交点标定到地面上，然后根据这些交点测设房屋的细部。

2）基础施工测量复核。基础施工测量的复核包括基础开挖前，对所放灰线的复核，以及当基槽挖到一定深度后，在槽壁上所设的水平桩的复核。

3）砌体砌筑测量复核。当基础与墙体用砌块砌筑时，为控制基础及墙体标高，要设置皮数杆。

4）楼层轴线检测。在多层建筑墙身砌筑过程中，为保证建筑物轴线位置正确，在每层楼板中心线均测设长线1～2条，短线2～3条。轴线经校核合格后方可开始该层的施工。

5）楼层间高层传递检测。多层建筑施工中，要由下层楼板向上层楼板传递标高，以便使楼板、门窗、室内装修等工程的标高符合设计要求。标高经校核合格后，方可施工。

（4）高层建筑测量复核。高层建筑的场地控制测量、基础以上的平面与高程控制与一般民用建筑测量相同，应特别重视建筑物垂直度及施工过程中沉降变形的检测。对高层建筑垂直度的偏差必须严格控制，不得超过规定的要求。高层建筑施工中，需要定期进行沉降变形观测，以便及时发现问题，采取相应措施，确保建筑物安全使用。

3. 材料质量控制

（1）建立材料管理制度，减少材料损失、变质。对材料的采购、加工、运输、贮存建立管理制度，可加快材料的周转，减少材料占用量，避免材料损失、变质，按质、按量、按期满足工程项目的需要。

（2）对原材料、半成品、构配件进行标识。进入施工现场的原材料、半成品、构配件要按型号、品种，分区堆放，予以标识；对有防湿、防潮要求的材料，要有防雨防潮措施，并有标识。对容易损坏的材料、设备，要做好防护；对有保质期要求的材料，要定期检查，以防过期，并做好标识。标识应具有可追溯性，即应标明其规格、产地、日期、批号、加工过程、安装交付后的分布和场所。

（3）加强材料检查验收。用于工程的主要材料，进场时应有出厂合格证和材质化验单；凡标志不清或认为质量有问题的材料，需要进行追踪检验，以确保质量；凡未经检验和已经验证为不合格的原材料、半成品、构配件和工程设备不能投入使用。

（4）发包人提供的原材料、半成品、构配件和设备。发包人所提供的原材料、半成品、构配件和设备用于工程时，项目组织应对其做出专门的标识，接收时进行验证，贮存或使用时给予保护和维护，并正确使用。上述材料经验证不合格，不得用于工程。发包人有责任提供合格的原材料、半成品、构配件和设备。

（5）材料质量抽样和检验方法。材料质量抽样应按规定的部位、数量及采选的操作要求进行。材料质量的检验项目分为一般试验项目和其他试验项目，一般项目即通常进行的试验项目，其他试验项目是根据需要而进行的试验项目。材料质量检验方法有书面检验、外观检验、理化检验和无损检验等。

4. 施工机械设备选用的质量控制

施工机械设备是实现施工机械化的重要物质基础，在现代化施工中必不可少，对施工项目的进度、质量均有直接影响。

（1）施工机械设备的选用对保证工程质量具有重要作用。如土方压实：对黏性土，小面积可采用夯实机械，面积比较大则应选用碾压机械；对砂性土，则应选用振动压实机械或夯实机械。又如预应力混凝土施工中预应力张拉设备，应根据锚具的形式选用不同形式的张拉设备，其千斤顶的张拉力必须大于张拉程序中所需的最大张拉值，且千斤顶和油表一定要定期配套校正，才能保证张拉质量。

（2）机械设备的主要性能参数是选择机械设备的依据，如选择打桩设备时，要根据土质、桩的种类、施工条件等确定锤的类型，同时为保证打桩质量应采用的“重锤低击”，锤的重量要大于桩的重量，或当桩的重量大于2t时，锤的重量不能小于桩的重量的75%。

（3）合理使用机械设备，正确地进行操作，是保证施工项目质量的重要环节。要实行定机、定人、定岗位责任的“三定”制度。操作人员必须认真执行各项规章制度，严格遵守操作规程，防止出现质量安全事故。

5. 工序的质量控制

工序质量是指工序的成果符合设计、工艺（技术标准）要求的程序。人、机械、原材料、方法、环境五种因素（4MlE）对工程质量有不同程度的直接影响。

工序质量控制包含两方面的内容：一是工序活动条件的质量，即每道工序投入品的质量（4MlE的质量）；二是工序活动效果的质量，即每道工序施工完成的工程产品是否达到有关质量标准。工序质量的控制，就是对工序活动条件的质量控制和工序活动效果的质量控制，从而达到整个施工过程的质量控制。工序质量控制是采用数理统计方法，通过对工序一部分（子样）检验的数据，进行统计、分析，来判断整道工序的质量是否稳定、正常。若不稳定，产生异常情况，必须及时采取对策和措施予以改善，从而实现对工序质量的控制。

工序质量管理要分析和发现影响施工中每道工序质量的偶然因素和系统因素中的异常因素，并采取相应的技术和管理措施，使这些因素被控制在允许的范围内，从而保证每道工序的质量。工序管理的实质是工序质量控制，使工序处于稳定受控状态。

工序质量控制是为把工序质量的波动限制在要求的界限内所进行的质量控制活动。工序质量控制的最终目的是要保证稳定地生产合格产品。具体地说工序质量控制是使工序质量的波动处于允许的范围之内，一旦超出允许范围，立即对影响工序质量波动的因素进行分析，针对问题采取必要的组织措施和技术措施，对工序进行有效的控制，使波动控制在允许范围内。工序质量控制的实质是对工序因素的控制，特别是对主导因素的控制。所以，工序质量控制的核心是管理因素，而不是管理结果。

进行工序质量控制，应着重于四个方面的工作：严格遵守工艺规程、主动控制工序活动条件的质量、及时检验工序活动效果的质量、设置工序质量控制点。其具体步骤如下：

（1）采用相应的检测工具和手段，对抽出的工序子样进行实测，并取得质量数据。

（2）分析检验所得数据，找出其规律。

（3）根据分析结果，对整道工序质量做出推测性判断，确定该道工序质量水平。

工序质量控制的工作方法是：

（1）主动控制工序作业条件，变事后检查为事前控制。对影响工序质量的诸多因素，如材料、施工工艺、环境、操作者和施工机具等预先进行分析，找出主要影响因素，严加控制，从而防止工序质量问题出现。

（2）动态控制工序质量，变事后检查为事中控制。及时检验工序质量，利用数理统计方法分析工序所处状态，并使工序处于稳定状态中；如果工序处于异常状态，则应停工。经分析原因，并采取措施消除异常状态后，方可继续施工。

6. 质量控制点的设置与控制

质量控制点一般指对工程的性能、安全、寿命、可靠性等有严重影响的关键部位或对下道工序有严重影响的关键工序。在施工项目中，存在一些特殊过程，这些施工过程或工序施工质量不易或不能通过其后的检验和试验而得到充分的验证，或者万一发生质量事故则难以挽救。

设置质量控制点就是要根据工程项目的特点，抓住影响工序施工质量的主要因素。这些点的质量得到了有效控制，工程质量就有了保证。质量控制点可分为A、B、C三级。A级为最重点的质量控制点，由施工项目部、施工单位、业主或监理工程师三方检查确认。B级为重点质量控制点，由施工项目部、监理工程师两方检查确认。C级为一般质量控制点，由施工项目部检查确认，有质量检查记录要求的应加R，如AR、BR、CR级。

（1）质量控制点设置原则

1）对工程质量形成过程的各个工序进行全面分析，凡对工程的适用性、安全性、可靠性、经济性有直接影响的关键部位设立控制点，如高层建筑垂直度、预应力张拉、楼面标高控制等。

2）对下道工序有较大影响的上道工序设立控制点，如砖墙粘结率、墙体混凝土浇捣等。

3）对质量不稳定、经常容易出现不良品的工序设立控制点，如阳台地坪、门窗装饰等。

4）对用户反馈和过去有过返工的不良工序设立控制点，如屋面、油毡铺设等。

（2）质量控制点的管理

根据工程特点、重要性、复杂程度、精度、质量标准和要求，对质量影响大或危害严重的部位或因素，如人的操作、材料、机械、工序、施工顺序和自然条件，以及影响质量关键环节或技术要求高的结构构件等设置质量控制点，并建立质量管理卡。事先分析可能造成质量隐患的原因，采取对策进行预控。表4-1为混凝土工程质量管理卡。

混凝土质量管理卡 **表4-1**

管理点	管理内容	实施的技术措施			检查次数										责任者
		测定方法	测定时间	对策措施	1	2	3	4	5	6	7	8	9	10	
材料	水泥、砂、石、外加剂质量合格	观察化验	进场使用之前	检查合格证											材料员
制备	配合比正确、坍落度符合要求	实测试块	施工中	称量投料；控制搅拌时间											投料工人、搅拌机、操作者、技术员
浇筑	强度达到要求，表面观感好，无麻面、露筋	观察试块	施工中完工后	充分振捣、控制保护层											操作者
养护	充分养护	观察	养护时	保证浇水次数，养护时间、条件											操作者

在操作人员上岗前，施工员、技术员做好交底及记录，在明确工艺要求、质量要求、操作要求的基础上方能上岗。施工中发现问题要及时向技术人员反映，由有关技术人员指导后，操作人员方可继续施工。

为了保证质量控制点的目标实现，要建立三级检查制度，即操作人员每日自检一次，组员之间或班长、班组质量负责人与组员之间进行互检；质量员进行专检；上级部门进行抽查。

在施工中，如果发现质量控制点有异常情况，应立即停止施工，召开分析会，找出产生异常的主要原因，并用对策表写出对策。如果是因为技术要求不当而出现异常，必须重新修订标准，在明确操作要求和掌握新标准的基础上，再继续进行施工，同时还应加强自检、互检的频率。

7. 施工项目质量的预控

施工项目质量预控，是事先对要进行施工的项目，分析在施工中可能或容易出现的质量问题，从而提出相应的对策，采取预控的措施，从而达到实现控制目的。如钢筋焊接质量预控可能出现的质量问题有：焊接接头偏心弯折；焊条规格长度不符合要求；焊缝长、宽、厚度不符合要求；气压焊镦粗面尺寸不符合规定；凹陷、焊瘤、裂纹、烧伤、咬边、气孔、夹渣等；焊条型号不符合要求。对钢筋焊接采用的质量预控措施有：检查焊工有无合格证，禁止无证上岗；焊工正式施焊前，必须按规定进行焊接工艺试验；每批钢筋焊接完成后，应进行自检，并按规定取样进行机械性能试验，专职检查人员还需在自检的基础上对焊接质量进行抽查，对质量有怀疑时，应抽样复查其机械性能；采用气压焊时，缺乏经验的焊工应先进行培训；检查焊缝质量时，应同时检查焊条型号。

8. 施工项目现场质量检查

（1）现场质量检查的内容

1）工程施工预检。它是指分部（项）工程施工前所进行的预先检查和复核，未经预检或预检不合格，不得进行施工。预检的内容包括：建筑工程位置主要检查标准轴线和水平桩，并进行定轴线复测等；基础工程主要检查轴线、标高、预留孔洞和预埋件的位置，以及桩基础的桩位等；砌筑工程主要检查墙身轴线、楼层标高、砂浆配合比和预留孔洞位置尺寸等；钢筋混凝土工程主要检查模板尺寸、标高、支撑和预留孔，钢筋型号。规格、数量、锚固长度和保护层，以及混凝土配合比、外加剂和养护条件等；主要管线主要检查标高、位置和坡度等；预制构件安装主要检查吊装准线、构件型号、编号、支承长度和标高等；电气工程主要检查变电和配电位置，高低压进出口方向，电缆沟位置、标高和送电方向等项内容。

2）施工操作质量的巡视检查。若施工操作不符合操作规程，最终将导致产品质量问题。在施工过程中，各级质量负责人必须经常进行巡视检查，对违章操作，不符合规程要求的施工操作，应及时予以纠正。

3）工序质量交接检查。工序质量交接检查是保证施工质量的重要环节，每一工序完成之后，都必须经过自检和互检合格，办理工序质量交接检查手续后，方可进行下道工序施工。工序操作质量交接卡如表 4-2 所示。如果上道工序检查不合格，则必须返工。待检查合格后，再允许继续下道工序施工。

工序操作质量交接卡 **表 4-2**

<table>
<tr><td>施工部位名称</td><td colspan="3"></td></tr>
<tr><td>操作班组</td><td></td><td>操作时期</td><td>年 月 日</td></tr>
<tr><td>对上道工序
检查意见</td><td colspan="3"></td></tr>
<tr><td>工序转交说明
及对问题的处理</td><td colspan="3"></td></tr>
<tr><td colspan="4">工长： 技术负责人： 检查员： 上道工序负责：
下道工序负责：</td></tr>
</table>

4）隐蔽工程检查验收，施工中坚持隐蔽工程不经检查验收就不准掩盖的原则，认真进行隐蔽工程检查验收。对检查时发现的问题，及时认真处理，并经复核确认达到质量要求后，办理验收手续，方可继续进行施工。

5）分部（项）工程质量检查。每一分部（项）工程施工完毕，都必须进行分部（项）工程质量检查，并填写质量检查评定表，确信其达到相应质量要求，方可继续施工。分项工程质量评定表格式如表 4-3 所示。

6）停工后复工前的检查。因处理质量问题或某种原因停工后需复工时，亦应经检查认可后方能复工。

钢筋绑扎工程质量检验评定表 **表 4-3**

<table>
<tr><td rowspan="2">序号</td><td rowspan="2" colspan="2">基本项目和标准要求</td><td colspan="10">质量情况</td><td rowspan="2">评定等级</td></tr>
<tr><td>1</td><td>2</td><td>3</td><td>4</td><td>5</td><td>6</td><td>7</td><td>8</td><td>9</td><td>10</td></tr>
<tr><td>1</td><td>钢筋绑扎</td><td>合格：缺扣、松扣的数量不超过绑扣数的 20%，且不应集中
优良：缺扣、松扣的数量不超过绑扣数的 10%，且不应集中</td><td></td><td></td><td></td><td></td><td></td><td></td><td></td><td></td><td></td><td></td><td></td></tr>
<tr><td>2</td><td>钢筋弯钩接头</td><td>合格：弯钩朝向应正确，绑扎接头应符合施工规范规定，搭接长度均不小于规定值的 95%
优良：在合格基础上，每个搭接长度不小于规定值</td><td></td><td></td><td></td><td></td><td></td><td></td><td></td><td></td><td></td><td></td><td></td></tr>
<tr><td>3</td><td>箍筋数量弯钩</td><td>合格：数量符合设计要求，弯钩角度和平直长度基本符合施工规范规定
优良：数量符合设计要求，弯钩角度和平直长度符合施工规范规定</td><td></td><td></td><td></td><td></td><td></td><td></td><td></td><td></td><td></td><td></td><td></td></tr>
</table>

续表

<table>
<tr><th rowspan="2">序号</th><th rowspan="2" colspan="2">允许偏差项目</th><th rowspan="2">允许偏差
(mm)</th><th colspan="10">实　测　值　(mm)</th><th rowspan="2">检查
点数</th><th rowspan="2">合格
点数</th></tr>
<tr><th>1</th><th>2</th><th>3</th><th>4</th><th>5</th><th>6</th><th>7</th><th>8</th><th>9</th><th>10</th></tr>
<tr><td>1</td><td colspan="2">网的长度、宽度</td><td>±10</td><td></td><td></td><td></td><td></td><td></td><td></td><td></td><td></td><td></td><td></td><td></td><td></td></tr>
<tr><td>2</td><td colspan="2">网眼尺寸</td><td>±20</td><td></td><td></td><td></td><td></td><td></td><td></td><td></td><td></td><td></td><td></td><td></td><td></td></tr>
<tr><td>3</td><td colspan="2">骨架的宽度、高度</td><td>5</td><td></td><td></td><td></td><td></td><td></td><td></td><td></td><td></td><td></td><td></td><td></td><td></td></tr>
<tr><td>4</td><td colspan="2">骨架的长度</td><td>10</td><td></td><td></td><td></td><td></td><td></td><td></td><td></td><td></td><td></td><td></td><td></td><td></td></tr>
<tr><td rowspan="2">5</td><td rowspan="2">受力钢筋</td><td>间距</td><td>10</td><td></td><td></td><td></td><td></td><td></td><td></td><td></td><td></td><td></td><td></td><td></td><td></td></tr>
<tr><td>排距</td><td>±5</td><td></td><td></td><td></td><td></td><td></td><td></td><td></td><td></td><td></td><td></td><td></td><td></td></tr>
<tr><td>6</td><td colspan="2">箍筋、构造筋、间距</td><td>20</td><td></td><td></td><td></td><td></td><td></td><td></td><td></td><td></td><td></td><td></td><td></td><td></td></tr>
<tr><td>7</td><td colspan="2">钢筋弯起点位移</td><td>20</td><td></td><td></td><td></td><td></td><td></td><td></td><td></td><td></td><td></td><td></td><td></td><td></td></tr>
<tr><td rowspan="2">8</td><td rowspan="2">焊接预埋件</td><td>中心线位移</td><td>5</td><td></td><td></td><td></td><td></td><td></td><td></td><td></td><td></td><td></td><td></td><td></td><td></td></tr>
<tr><td>水平高差</td><td>±3</td><td></td><td></td><td></td><td></td><td></td><td></td><td></td><td></td><td></td><td></td><td></td><td></td></tr>
<tr><td rowspan="3">9</td><td rowspan="3">受力钢筋保护层</td><td>基础</td><td>±10</td><td></td><td></td><td></td><td></td><td></td><td></td><td></td><td></td><td></td><td></td><td></td><td></td></tr>
<tr><td>梁柱</td><td>±0</td><td></td><td></td><td></td><td></td><td></td><td></td><td></td><td></td><td></td><td></td><td></td><td></td></tr>
<tr><td>墙板</td><td>±3</td><td></td><td></td><td></td><td></td><td></td><td></td><td></td><td></td><td></td><td></td><td></td><td></td></tr>
<tr><td rowspan="3" colspan="2">检查结果</td><td colspan="2">保证项目</td><td colspan="12"></td></tr>
<tr><td colspan="2">基本项目</td><td colspan="12">检查　　项，　其中优良　　　项，优良率　　%</td></tr>
<tr><td colspan="2">允许偏差项目</td><td colspan="12">实测　　点，　其中合格　　　项，优良率　　%</td></tr>
<tr><td rowspan="3" colspan="2">评定等级</td><td rowspan="3"></td><td>工程负责人</td><td colspan="4"></td><td rowspan="3" colspan="3">核定等级</td><td rowspan="3" colspan="3"></td><td colspan="2">专职质量检查员</td></tr>
<tr><td>工　　长</td><td colspan="4"></td><td colspan="2"></td></tr>
<tr><td>班组长</td><td colspan="4"></td><td colspan="2">年　月　日</td></tr>
</table>

7）成品保护检查。检查成品有无保护措施，或保护措施是否可靠。

（2）现场质量检查的方法

现场质量检查的方法有目测法、实测法和试验法三种。

1）目测法。其手段可归纳为看、摸、敲、照四个字。看，就是根据质量标准进行外观目测，如饰面表面光洁平整、观感、线条的顺直等以及施工顺序是否合理、施工操作是否正确等可通过目测检查、评价；摸，就是手感检查，主要用于装饰工程的某些检查项目，如饰面的牢固程度、光滑度可通过手感加以鉴别；敲，就是运用工具进行音感检查，如各种面砖、大理石贴面等，均应通过敲击检查，通过声音的虚实确定有无空鼓；照，对于难以看到或光线较暗的部位，则可以采用镜子反射或灯光照射的方法进行检查。

2）实测法。就是通过实测数据与施工规范及质量标准所规定的允许偏差对照，来判断施工质量是否合格。其手段也可归纳为靠、吊、量、套四个字。靠，就是用直尺、塞尺检查墙面、地面、屋面的平整度；吊，就是用托线板配合吊锤线检查构件的垂直度；量，就是用测量工具和计量仪器检查构件位置、湿度、温度等的偏差。套，就是以方尺套方，辅以塞尺检查，如对阴阳角的方正、踢脚线的垂直度等项目的检查。

3）试验检查。指必须通过现场试验或试验室试验等手段既得数据，才能对质量进行判断的检查方法。包括理化试验和无损测试或检验两种。

工程中常用的理化试验包括各种物理、力学性能方面的检验和化学成分及含量的测定。力学性能的检验有抗拉强度、抗压强度、抗弯强度、抗折强度、冲击韧性、硬度、承载力等。各种物理性能方面的测定包括密度、含水量、凝结时间、安定性、抗渗、耐磨、耐热等。各种化学方面的试验有钢筋中的磷、硫含量，混凝土粗骨料中活性氧化硅的成分测定，以及耐酸、耐碱、抗腐蚀等。此外，还可以在现场通过诸如对桩或地基的现场静载试验确定其承载力；对混凝土现场取样，通过试验室的抗压强度试验确定混凝土达到的强度等级，通过管道压水试验判断其耐压及渗漏等情况。

无损测试或检验是借助专门的食品、仪表等，在不损伤被测物的情况下探测结构物或材料、设备内部的组织结构或损失状态。常用的检测食品有超声波探伤仪，磁粉探伤仪、γ射线探伤仪、渗透液探伤仪等。

9. 成品保护

在工程项目施工中，特别是装饰工程阶段，某些部位已完成，而其他部位还正在施工，如果对已完成部位或成品不采取妥善的措施加以保护，就会造成损伤，影响工程质量，造成人、财、物的浪费和拖延工期，更为严重的是有些损伤难以恢复原状，而成为永久性的缺陷。

加强成品保护，要从两个方面着手，首先应加强教育，提高全体员工的成品保护意识；其次要合理安排施工顺序，采取有效的保护措施。成品保护的措施包括：

1）护。护就是提前保护，防止对成品的污染及损伤。如外檐水刷石大角或柱子要立板固定保护；为了防止清水墙面污染，在相应部位提前钉上塑料布或纸板。

2）包。包就是进行包裹，防止对成品的污染及损伤。如在喷浆前对电气开关，插座、灯具等设备进行包裹；铝合金门窗应用塑料布包扎。

3）盖。盖已经表面覆盖，防止堵塞、损伤。如高级水磨石地面或大理石地面完成后，应用苫布覆盖；落水品、排水管安好后加覆盖，以防堵塞。

4）封。封就是局部封闭。如室内塑料墙纸、木地板油漆完成后，应立即锁门封闭；屋面防水完成后，应封闭通上屋面的楼梯门或出入口。

4.4.3 竣工验收阶段的质量控制

《建筑工程施工质量验收统一标准》GB 50300—2013 规定，建筑工程施工质量应按下列要求进行验收：

（1）工程质量的验收均应在施工单位自检合格的基础上进行。

（2）参加工程施工质量验收的各方人员应具备相应的资格。

（3）检验批的质量应按主控项目和一般项目验收。

（4）对涉及结构安全、节能、环境保护和主要使用功能的试块、试件及材料，应在进场时或施工中按规定进行见证检验。

（5）隐蔽工程在隐蔽前应由施工单位通知监理单位进行验收，并应形成验收文件，验收合格后方向继续施工。

（6）对涉及结构安全、节能、环境保护和使用功能的重要分部工程应在验收前按规定进行抽样检验。

（7）工程的观感质量应由验收人员通过现场检查，并应共同确认。

1. 最终质量检验和试验

单位工程质量验收也称质量竣工验收，是建筑工程投入使用前的最后一次验收，也是最重要的一次验收。验收合格的条件有五个：除构成单位工程的各分部工程应合格，并且有关的资料文件应完整以外，还须进行以下三方面的检查。

（1）涉及安全和使用功能的分部工程应进行检验资料的复查。不仅要全面检查其完整性（不得有漏检缺项），而且对分部工程验收时补充进行的见证抽样检验报告也要复核。这种强化验收的手段体现了对安全和主要使用功能的重视。

（2）对主要使用功能还需进行抽查。使用功能的检查是对建筑工程和设备安装工程最终质量的综合检验，也是用户最关心的内容。因此，在分项、分部工程验收合格的基础上，竣工验收时再作全面检查。抽查项目是在检查资料文件的基础上由参加验收的各方人员商定，并用计量、计数的抽样方法确定检查部位。检查要按有关专业工程施工质量验收标准的要求进行。

（3）必须由参加验收的各方人员共同进行观感质量检查。观感质量验收往往难以定量，只能以观察、触摸或简单量测的方式进行，并由个人的主观印象判断，检查结果并不给出“合格”、“不合格”的结论，而是综合给出质量评价，最终确定是否通过验收。

单位工程技术负责人应按编制竣工资料的要求收集和整理原材料、构件、零配件和设备的质量合格证明材料、验收材料。各种材料的试验检验资料、隐蔽工程、分项工程和竣工工程验收记录，其他的施工记录等。

2. 技术资料的整理

技术资料，特别是永久性技术资料，是施工项目进行竣工验收的主要依据，也是项目施工情况的重要记录。因此，技术资料的整理要符合有关规定及规范的要求，必须做到准确、齐全，能够满足建设工程进行维修、改造、扩建时的需要，其主要内容有：

（1）工程项目开工报告；

（2）工程项目竣工报告；

（3）图纸会审和设计交底记录；

（4）设计变更通知单；

（5）技术变更核定单；

（6）工程质量事故发生后的调查和处理资料；

（7）水准点位置、定位测量记录、沉降及位移观测记录；

（8）材料、设备、构件的质量合格证明资料；

（9）试验、检验报告；

（10）隐蔽工程验收记录及施工日志；

（11）竣工图；

（12）质量验收评定资料；

（13）工程竣工验收资料。

3. 施工质量缺陷的处理

在施工中发现工程质量缺陷，按缺陷的严重程度采用以下相应处理方案：

（1）修补处理。当工程的某些部分的质量虽未达到规定的规范、标准或设计要求，存在一定的缺陷，但经过修补后还可达到要求的标准，又不影响使用功能或外观要求的，可以做出进行修补处理的决定。例如，某些混凝土结构表面出现蜂窝麻面，经调查、分析，该部位经修补处理后，不影响其使用及外观要求的，即可以采用修补处理。

（2）返工处理。当工程质量未达到规定的标准或要求，有明显的严重质量问题，对结构的使用和安全有重大影响，而又无法通过修补办法给予纠正时，可以做出返工处理的决定。例如，某工程预应力按混凝土规定张力系数为1.3，但实际仅为0.9，属于严重的质量缺陷，也无法修补，只能做出返工处理的决定。

（3）限制使用。当工程质量缺陷按修补方式处理无法保证达到规定的使用要求和安全，而又无法返工处理的情况下，不得已时可以做出结构卸荷、减荷以及限制使用的决定。

（4）不做处理。某些工程质量缺陷虽不符合规定的要求或标准，但其情况不严重，经过分析、论证和慎重考虑后，可以做出不做处理的决定。可以不做处理的情况有：不影响结构安全和使用要求；经过后续工序可以弥补的不严重的质量缺陷；经复核验算，仍能满足设计要求的质量缺陷。

4.4.4 项目保修的质量控制

1. 工程项目的交接

工程经竣工验收合格以后，便可办理工程交接手续，即将工程项目的所有权移交给建设单位。交接手续应及时办理，以便使项目早日投产使用，充分发挥投资效益。

在办理工程项目交接前，施工单位要编制竣工结算书，以此向建设单位结算最终拨付的工程价款。

在工程项目交接时，还应将成套的工程技术资料进行分类整理，编目建档后移交给建设单位，同时，施工单位还应将在施工中所占用的房屋设施，进行维修清理，打扫干净，连同房门钥匙全部予以移交。

2. 工程项目的回访与保修

工程项目在竣工验收交付使用后，承包人应编制回访计划，主动对交付使用的工程进行回访。回访计划包括以下内容：

（1）确定主管回访保修业务的部门；

（2）确定回访保修的执行单位；

（3）被回访的发包人（或使用人）及其工程名称；

（4）回访时间安排及主要工程内容；

（5）回访工程的保修期限。

每次回访结束，执行单位应填写回访记录，主管部门依据回访记录对回访服务记录的实际效果进行验证。回访记录应包括：参加回访的人员，回访发现的质量问题，建设单位的意见，回访单位对发现的质量问题的处理意见，回访主管部门的验收签证。

回访一般采用三种形式：一是季节性回访。大多数是回访屋面、墙面的防水情况，冬季回访采暖系统的情况，发现问题采取有效措施及时加以解决。二是技术性回访，主要了解在工程施工过程中所采用的新材料、新技术、新工艺、新设备等的技术性能和使用后的效果，发现问题及时加以补救和解决，同时也便于总结经验，获取科学依据，为改进、完善和推广这些技术创造条件。

3. 保修期满前的回访。

这种回访一般是在保修期即将结束之前进行回访。

建设工程承包单位在向建设单位提交工程竣工验收报告时，应该向建设单位出具质量保修书。《建设工程质量保修书》的内容有：质量保修项目内容及范围，质量保修期，质量保修责任，质量保修金的支付方法等。

在正常使用条件下，建设工程的最低保修期限为：

（1）基础设施工程，房屋建筑的地基基础工程和主体结构工程，为设计文件规定的合理使用年限；

（2）屋面防水工程，有防水要求的卫生间，房间和外墙面的防渗漏，为5年；

（3）供热与供冷系统，为两个采暖期、供冷期；

（4）电气管线，给排水管道，设备安装和装修工程，为2年；

（5）其他项目的保修期限由发包方与承包方约定。

建设工程的保修期，自竣工验收合格之日起计算。

保修期内属于施工单位施工过程中造成的质量问题，施工单位要负责维修，不留隐患。一般施工项目竣工后，各承包单位的工程款保留5%左右的保修金。按照合同在保修期满退回承包单位。如属于设计原因造成的质量问题，在征得甲方和设计单位认可后，协助修补，其费用由设计单位承担。

施工单位在接到用户来访、来信的质量投诉后，应立即组织力量维修，发现影响安全的质量问题应紧急处理。项目经理对于回访中发现的质量问题，应组织有关人员进行分析，制定措施，作为进一步改进和提高质量的依据。

对所有的回访和保修都必须予以记录，并提交书面报告，作为技术资料归档。项目经理部还应不定期听取用户对工程质量的意见。对于某些质量纠纷或问题应尽量协商解决，若无法达成统一意见，则由有关仲裁部门负责解决。

4.5　施工项目质量事故的处理

凡工程产品质量没有满足某个规定的要求，就称之为质量不合格。由于影响建筑工程质量的因素众多而且复杂多变，建筑工程在施工和使用过程中往往会出现各种各样不同程度的质量问题，甚至质量事故。

4.5.1　常见问题的成因

由于建筑工程产品固定，生产流动，施工期较长，所用材料品种繁多，露天施工，受自然条件方面异常因素的影响较大等各方面原因的影响，产生的工程质量问题也多种多样。归纳其最基本的因素主要有以下几方面：

（1）违背建设程序，不按建设程序办事。如未搞清地质情况就仓促开工；边设计、边施工；无图施工；不经竣工验收就交付使用等常是导致工程质量问题的重要原因。

（2）违反法规行为。如无证设计；无证施工；越级设计；越级施工；工程招、投标中的不公平竞争；超常的低价中标；非法分包；转包、挂靠；擅自修改设计等行为。

（3）地质勘察失实。如未认真进行地质勘察或勘探时钻孔深度、间距、范围不符合规定要求，地质勘察报告不详细、不准确、不能全面反映实际的地基情况等，从而使得地下情况不清；或对基岩起伏、土层分布误判；或未查清地下软土层、墓穴、孔洞等，都会导致采用不恰当或错误的基础方案，造成地基不均匀沉降、失稳，使上部结构或墙体开裂、破坏，或引起建筑物倾斜、倒塌等质量问题。

(4) 设计差错。如盲目套用图纸，采用不正确的结构方案，计算简图与实际受力情况不符，荷载取值过小，内力分析有误，沉降缝或变形缝设置不当，悬挑结构未进行抗倾覆验算，以及计算错误等，都是引发质量问题的原因。

(5) 施工与管理不到位，不按图施工或未经设计单位同意擅自修改设计。如将简支梁做成连续梁，导致结构破坏；不按有关的施工规范和操作规程施工，浇筑混凝土时振捣不良，造成薄弱部位；砖砌体砌筑上下通缝，灰浆不饱满等均能导致砖墙或砖柱破坏；施工组织管理紊乱，不熟悉图纸，盲目施工；施工方案考虑不周，施工顺序颠倒；图纸未经会审，仓促施工；技术交底不清，违章作业；疏于检查、验收等，均可能导致质量问题。

(6) 使用不合格的原材料、制品及设备。建筑材料及制品不合格如钢筋力学性能不良会导致钢筋混凝土结构产生裂缝；骨料成分不合格致使混凝土产生裂缝；水泥安定性不合格会造成混凝土爆裂；水泥受潮、过期、结块，砂石含泥量及有害物含量超标、外加剂掺量不符合要求时，会影响混凝土强度、和易性、密实性、抗渗性，从而导致混凝土结构强度不足、裂缝、渗漏等质量问题。建筑设备不合格如变配电设备质量缺陷导致自燃或火灾，电梯质量不合格危及人身安全，均可造成工程质量问题。

(7) 自然环境因素。如空气温度、湿度、暴雨、大风、洪水、地震等均可能成为质量问题的诱因。

(8) 不当使用建筑物。如未经校核验算就任意对建筑物加层；任意拆除承重结构部位；任意在结构物上开槽、打洞、削弱承重结构截面等也会引起质量问题。

4.5.2 成因分析方法

由于影响工程质量的因素众多，要分析究竟是哪种原因所引起，必须对质量问题的特征表现，以及其在施工中和使用中所处的实际情况和条件进行具体分析。

首先进行细致的现场调查研究，观察记录全部实际情况，充分了解与掌握引起质量问题的现象和特征。收集调查与质量问题有关的全部设计和施工资料，分析摸清工程在施工或使用过程中所处的环境及面临的各种条件和情况。然后找出可能产生质量问题的所有因素，分析、比较和判断，找出最可能造成质量问题的原因。最后进行必要的计算分析或模拟实验予以论证确认。对引起质量问题的成因分析可按下面的步骤进行：

(1) 确定质量问题的初始点，它是一系列独立因素集合起来形成的爆发点。因其能反映出质量问题的直接原因，而在分析过程中具有关键性作用。

(2) 围绕初始点对现场各种现象和特征进行分析，区别导致同类质量问题的不同原因，逐步揭示质量问题发生、发展和最终形成的过程。

(3) 综合考虑原因复杂性，确定诱发质量问题的真正原因。工程质量问题原因分析是对一堆模糊不清的事物和现象的客观属性和联系的反映，它的准确性和工程师的能力学识、经验和态度有极大关系，其结果不单是简单的信息描述，而是逻辑推理的产物，其推理可用于工程质量的事前控制。

4.5.3 工程质量事故的特点

工程质量事故具有复杂性、严重性、可变性和多发性的特点。

(1) 复杂性。建筑生产与一般工业相比具有产品固定、生产流动；产品多样；露天作业多，自然条件复杂多变；材料各异；多工种、多专业交叉施工，相互干扰大；施工方法各异，技术标准不统一等特点。因此，影响工程质量的因素繁多，造成质量事故的原因错综复杂，原因多种多样，甚至截然不同。所以使得对质量事故进行分析，判断其性质、原因及发展，确定处理方案与措施等都增加了复杂性及困难。

（2）严重性。工程项目一旦出现质量事故，其影响较大。轻者影响施工顺利进行、拖延工期、增加工程费用，重者则会留下隐患成为危险的建筑，影响使用功能或不能使用，更严重的还会引起建筑物的失稳、倒塌，造成人民生命、财产的巨大损失。

（3）可变性。许多工程的质量问题出现后，其质量状态并非稳定于发现的初始状态，而是有可能随着时间而不断地发展、变化。有些在初始阶段并不严重的问题，如不能及时处理和纠正，有可能发展成一般质量事故，一般质量事故有可能发展成为严重或重大质量事故。

（4）多发性。建设工程中的质量事故，往往在一些工程部位中经常发生，采取有效措施予以预防十分必要。

4.5.4　工程质量事故的处理

1. 工程质量事故的概念和分类

工程质量事故是指工程质量不符合规定的质量标准而达不到设计要求的事件。它包括由于设计错误、材料或设备不合格、施工方法错误、施工顺序不当、漏检、误检、偷工减料，疏忽大意等原因所造成的各种质量问题。

（1）按造成事故的后果分类。

1）未遂事故。指班组自检、互检、交接检、隐蔽工程验收、工程临检和日常检查所发现的质量问题，经及时处理，未造成经济损失和未延误工期的。

2）已遂事故。凡造成经济损失和不良后果的质量问题，均为已遂事故。

（2）按事故的严重程度分类。国家现行对工程质量通常采用按照造成损失严重程度进行分类，其基本分类如下：

1）凡具备下列条件之一者为一般质量事故：直接经济损失在5000元（含5000元）以上，不满50000元的；影响使用功能和工程结构安全造成永久质量缺陷的。

2）凡具备下列条件之一者为严重质量事故：直接经济损失在50000元（含50000元）以上，不满10万元；严重影响使用功能或工程结构安全，存在重大质量隐患的；事故性质恶劣或造成2人以下重伤。

3）凡具备下列条件之一者为重大质量事故，属建设工程重大事故范畴：工程倒塌或报废；由于质量事故，造成2人以下人员死亡或重伤3人以上；直接经济损失10万元以上。

按国家建设行政主管部门规定，建设工程重大事故分为四个等级：凡造成死亡30人以上或直接经济损失300万元以上为一级；凡造成死亡10人以上29人以下或直接经济损失100万元以上，不满300万元为二级；凡造成死亡3人以上，9人以下或重伤20人以上或直接经济损失30万元以上，不满100万元为三级；凡造成死亡2人以下，或重伤3人以上，19人以下或直接经济损失10万元以上，不满30万元为四级。

4）凡具备国务院发布的《特别重大事故调查程序暂行规定》所列发生一次死亡30人及其以上，或直接经济损失达500万元及其以上，或其他性质特别严重的，上述影响三个之一均属特别重大事故。

2. 工程质量事故的处理

（1）未遂事故。及时采取措施补救，并做好记录，一般不上报上级主管部门。

（2）一般事故。应进行调查、统计、分析、记录、提出处理意见，采取措施，保证质量，并将事故报上级单位。

（3）重大事故。一般重大工程质量事故发生后，5 日内由公司直接报送上级主管部门和建设部，事故原因、经济损失情况可待查清后进行补报。结构倒塌事故应在 12 小时内电告住房和城乡建设部。事故发生后，应尽快查明原因，制定处理方案，进行事故处理。事毕还需写出详细的事故专题报告上报。对造成质量事故的直接责任者，应视情节轻重，给予纪律处分和经济处罚，直至受到法律制裁。

4.6 工程质量管理的原理及方法

4.6.1 施工项目质量管理的原理

1. PDCA 循环原理

PDCA 循环原理是项目目标控制的基本方法，也同样适用于施工项目质量管理。实施 PDCA 质量管理循环时，把质量管理全过程划分为四个阶段，八个步骤。

四个阶段是 P（计划 Plan）、D（实施 Do）、C（检查 Check）、A（总结处理 Action）。

（1）计划（Plan）阶段，明确目标并制定实现目标的行动方案。在施工项目质量管理中，“计划”就是指施工项目部根据其任务目标和责任范围，确定质量管理的组织制度、工作程序、技术方法、业务流程、资源配置、检验实验要求、质量记录方式、不合格处理、管理措施等具体内容和做法的文件。“计划”还必须对其实现预期目标的可行性、有效性和经济性进行分析论证，按照规定的程序与权限审批执行。

（2）实施（Do）阶段，包含两个环节，即计划行动方案的交底和按计划规定的方法与要求展开工程作业技术活动。计划交底的目的在于使具体的作业者和管理者明确计划的意图和要求，掌握标准，从而规范行为，全面地执行计划的行动方案，步调一致地去努力实现预期目的。

（3）检查（Check）阶段，指对计划实施过程进行各种检查，包括作业者的自检、互检以及专职管理者专检。各类检查都包含两大方面：一是检查是否严格执行了计划的行动方案，实际条件是否发生了变化，不执行计划的原因；二是检查计划执行的结果，即产出的质量是否达到标准的要求，对此进行确认和评价。

（4）总结处理（Action）阶段，对于质量检查所发现的问题或质量不合格，进行原因分析，采取必要的措施，予以纠正，保持质量形成的受控状态。处理分纠偏和预防两个步骤。前者是采取应急措施，解决当前的质量问题；后者是信息反馈管理部门反思问题症结或计划时的不周，为今后类似问题的质量预防提供借鉴。

八个具体步骤为：

（1）现状分析，找出存在的质量问题；

（2）分析造成质量问题的影响因素；

（3）找出影响质量的主要因素；

（4）制订计划和对策；

（5）计划和对策实施；

（6）检查计划和对策实施结果；

（7）总结；

（8）将本次循环尚未解决的问题，转入下一次循环；如此往复进行下去，直到质量问题解决为止。

PDCA 循环的特点是：四个阶段的工作完整统一，缺一不可；大环套小环，小环促大环，阶梯式上升，循环前进，如图 4-5 所示。

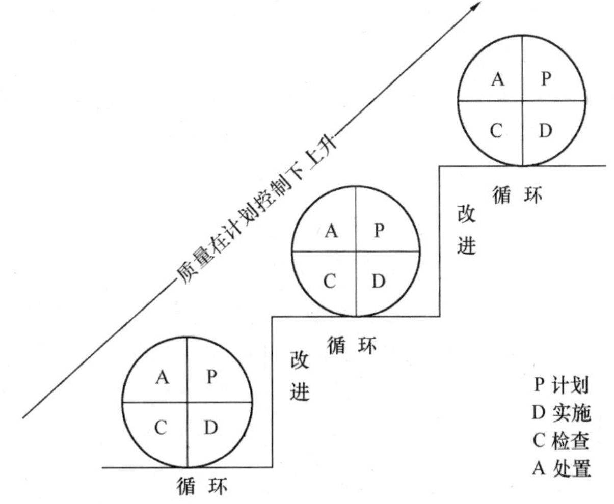

图 4-5　PDCA 循环示意图

2. 系统控制原理

由于施工阶段是使工程设计意图最终实现并形成工程实体的阶段，是最终形成工程实体质量的过程，所以施工阶段的质量控制是一个由对投入的资源和条件的质量控制，进而对生产过程及各环节质量进行控制，直到对所完成的工程产出品的质量检验与控制为止的全过程的系统控制过程。

（1）系统的划分。这个过程可以根据在施工阶段工程实体质量形成的时间阶段不同来划分；也可以根据施工阶段工程实体形成过程中物质形态的转化来划分；或者是将施工的工程项目作为一个大系统，按施工层次加以分解来划分。

1）按工程实体质量形成过程的时间阶段划分。施工阶段的质量控制可以分为三个环节。施工准备控制指在各工程对象正式施工活动开始前，对各项准备工作及影响质量的各因素进行控制，这是确保施工质量的先决条件。施工过程控制指在施工过程中对实际投入的生产要素质量及作业技术活动的实施状态和结果所进行的控制，包括作业者发挥技术能力过程的自控行为和来自有关管理者的监控行为。竣工验收控制是指对于通过施工过程所完成具有独立的功能和使用价值的最终产品（单位工程或整个工程项目）及有关方面（例如质量文档）的质量进行控制。上述三个环节的质量控制系统过程如图 4-6 所示。

2）按工程实体形成过程中物质形态转化的阶段划分。由于工程对象的施工是一项物质生产活动，所以施工阶段的质量控制系统过程也是一个经由以下三个阶段的系统控制过程。

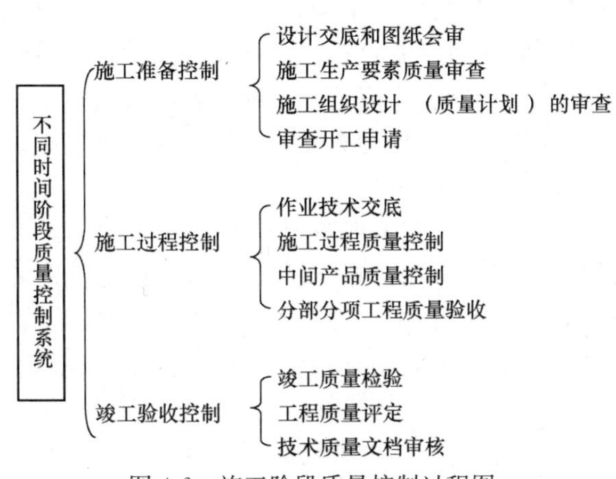

图 4-6　施工阶段质量控制过程图

①对投入的物质资源质量的控制。

②施工过程质量控制。即在使投入的物质资源转化为工程产品的过程中，对影响产品质量的各因素、各环节及中间产品的质量进行控制。

③对完成的工程产出品质量的控制与验收。

在上述三个阶段的系统过程中，

前两阶段对于最终产品质量的形成具有决定性的作用，而所投入的物质资源的质量控制对最终产品质量又具有举足轻重的影响。所以，质量控制的系统过程中，无论是对投入物质资源的控制，还是对施工及安装生产过程的控制，都应当对影响工程实体质量的五个重要因素方面，即对施工有关人员因素、材料（包括半成品、构配件）因素、机械设备（生产设备及施工设备）因素、施工方法（施工方案、方法及工艺）因素以及环境因素等进行全面的控制。

3）按工程项目施工层次划分。通常任何一个大中型工程建设项目可以划分为若干层次。例如，对于建筑工程项目按照国家标准可以划分为单位工程、分部工程、分项工程、检验批等层次；而对于诸如水利水电、港口交通等工程项目则可划分为单项工程、单位工程、分项工程等几个层次。各组成部分之间的关系具有一定的施工先后顺序的逻辑关系。显然，施工作业过程的质量控制是最基本的质量控制，它决定了有关检验批的质量；而检验批的质量又决定了分项工程的质量。各层次间的质量控制系统过程如图 4-7 所示。

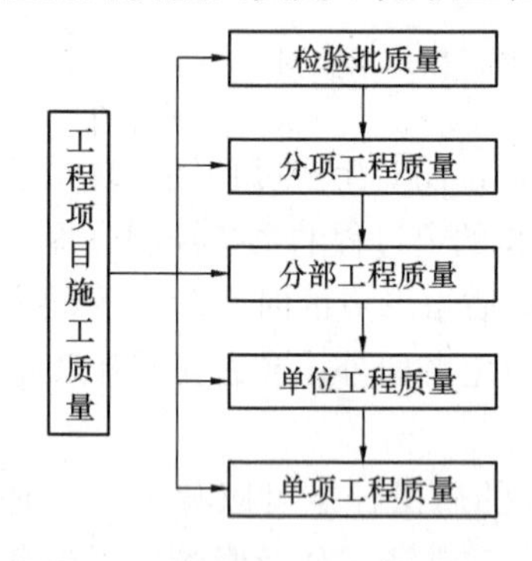

图 4-7　不同施工层次质量控制过程图

（2）系统控制原理。系统控制原理就是事前控制、事中控制和事后控制。这三阶段构成了施工项目质量管理的系统过程。

1）事前质量控制。即正式施工前进行质量控制，控制重点是做好准备工作。要求在切实可行并有效实现预期质量目标的基础上，预先进行周密的施工质量计划，编制施工组织设计或施工项目管理实施规划。对影响质量的各因素和有关方面进行预控，应注意，准备工作贯穿施工全过程。事前控制要求加强施工项目的技术质量管理系统控制，加强企业整体技术和管理经验对施工质量计划的指导和支撑作用。其内涵包括两层意思，一是强调质量目标的计划预控，二是按质量计划进行质量活动前的准备工作状态的控制。

2）事中质量控制。指在施工过程中进行质量控制。首先是对质量活动的行为约束，即对质量产生过程各项技术作业活动操作者在相关制度管理下的自我行为约束的同时，充分发挥其技术能力，完成预定质量目标的作业任务；其次是对质量活动过程和结果，进行来自外部的监督控制。事中质量控制的策略是，全面控制施工过程及其有关各方面的质量，重点是控制工序质量。工作包质量，质量控制点。要点是：工序交接有检查，质量预控有对策，施工项目有方案，技术措施有交底，图纸会审有记录，配制材料有试验，隐蔽工程有验收，计量器具有复核，设计变更有手续，质量处理有复查，成品保护有措施，行使质控有否决，质量文件有档案。

3）事后质量控制。指对于通过施工过程所完成的具有独立功能和使用价值的最终产品（单位工程或整个工程项目）及其有关方面（如质量文档）质量进行控制，包括对质量活动结果的评价认定和对质量偏差的纠正。在实际工程中不可避免地存在一些难以预料的影响因素，很难保证所有作业活动“一次成功”；另外，对作业活动的事后评价是判断其质量状态不可缺少的环节。

以上三个环节，不是孤立和截然分开的，它们之间构成有机的系统过程，实质上也就是 PDCA 循环的具体化，并在每一次滚动循环中不断提高，达到质量管理的持续改进。

3. 全面质量管理（TQC）

（1）全面质量管理的原理。指企业全体职工及有关部门同心协力，把专业技术、经营管理、数理统计和思想教育结合起来，建立起产品的研究、设计、生产（作业）、服务等全过程的质量体系，从而有效地利用人力、物力、财力、信息等资源，提供符合规定要求和用户期望的产品或服务。全面质量管理的基本核心是提高人的素质，调动人的积极性，人人做好本职工作，通过抓好工作质量来保证和提高产品质量或服务质量。全面质量管理的特点是把过去的以事后检验和把关为主转变为以预防和改进为主；把过去的就事论事、分散管理转变为以系统的观点进行全面的综合治理；从管结果转变为管因素，把影响质量的诸因素查出来，抓住主要方面，发动全面、全过程和全员参与的质量管理，使生产（作业）的全过程都处于受控制状态。这一原理对工程项目管理以及施工项目管理的质量管理，同样有理论和实践的指导意义。

（2）全面质量管理的基本要求。

1）全面质量管理。它是指工程（产品）质量和工作质量的全面控制。工作质量是工程（产品）质量的保证，工作质量直接影响工程（产品）质量的形成，对于施工项目而言，全面质量管理还应包括施工项目各参与主体的工程（产品）质量和工作质量的全面控制，如施工项目部、各个作业队、施工分包单位、材料设备供应商等，任何一方、任何环节的怠慢疏忽或质量责任不到位都会造成对施工项目质量的影响。

2）全过程质量管理。全面质量管理的范围是产品或服务质量的产生、形成和实现的全过程，包括从产品的研究、设计、生产（作业）、服务等到全部有关过程的质量管理。对于施工项目而言，从施工项目的全过程包括投标选择、投标、准备、施工、竣工验收和维修。所以施工项目部在施工项目全过程的各个环节中应做到以预防为主，防检结合，不断改进，做到一切为用户服务，以达到用户满意为目的，如在材料的采购与检查、施工组织与施工准备、检测设备控制、施工生产的检验实验、施工质量的评定、竣工验收与交付、工程回访维修服务等过程加强质量管理。

3）全员参加的质量管理。要求全体职工树立质量第一的思想，各部门各个层次的人员都要有明确的质量责任、任务和经验，做到各司其职、各负其责，形成一个群众性的质量管理活动，尤其是要开展质量管理小组（QC）活动，充分发挥广大职工的聪明才智和当家作主的主人翁精神，把质量管理提高到一个新水平。

全员参与质量管理作为全面质量管理不可或缺的重要手段就是目标管理。因此，施工项目质量管理应首先明确项目的质量目标，并根据质量管理分工和质量管理程序，将质量目标层层分解，直到最基层岗位，从而形成自下到上、自岗位个体到部门团队的层次控制和保证关系。

4.6.2　施工项目质量管理的方法

质量控制必须采用科学方法和手段，通过收集和整理质量数据，进行分析比较，发现质量问题，及时采取措施，预防和纠正质量事故。常用的质量管理方法有以下几种。

1. 直方图法

直方图，也称质量分布图、矩形图或频率分布直方图。它以横坐标表示质量特征值，以纵坐标表示频数或频率。每个条形块底边长度代表产品质量特性的取值范围，高度代表落在该区间范围的产品。直方图法是根据直方图分布形状和与公差界限的距离，来观察和探索质量分布规律，分析和判断整个生产过程是否正常的数理统计方法。其具体步骤如下：

(1) 收集质量数据。数据的数量以 N 表示，通常 N 为 50～100；

(2) 找出数据中的最大数 X_{max} 和最小数 X_{min}，计算极差值 $R=X_{max}-X_{min}$；

(3) 确定组数 K 和组距 h。通常数据在 50 个以内时，$K=5\sim7$ 组；数据在 50～100 个时，$K=6\sim10$ 组；数据在 100～250 个时，$K=7\sim12$ 组；数据在 250 个以上时，$K=10\sim20$ 组；组距 $h=R/K$；

(4) 确定分组界线。第一组下界值 $=X_{min}-\frac{h}{2}$，第一组的上界限值 $=X_{min}+\frac{h}{2}$，第一组的上界限值就是第二组下界限值，第二组下界限值加上组距 h 就是第二组的上界限值，依此类推；

(5) 整理数据，做出频数表，用 f_i 表示每组的频数；

(6) 绘制直方图；

(7) 观察直方图形状，判断有无异常情况。直方图形状如图 4-8 所示九种。

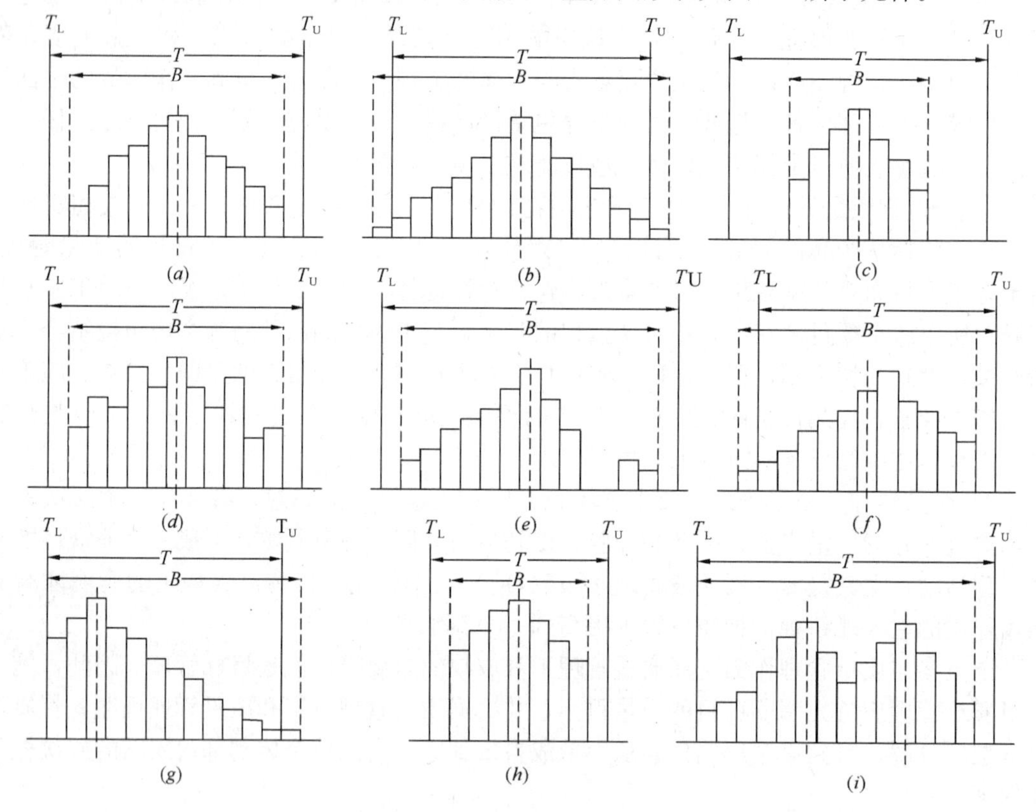

图 4-8　直方图分布状态示意图

(a) 正常型；(b) 超差型；(c) 显集型；(d) 锯齿型；(e) 孤岛型；(f) 左面缓坡型；(g) 右面缓坡型；(h) 绝壁型；(i) 双峰型

正常型直方图为正态分布，表示工序状态正常，质量稳定；超差型也叫能力不足型，说明散差大，已出现废品，应停止生产，分析原因，采取对策；显集型也称为能力富余型，说明控制过严，质量有富余，出现浪费；锯齿型说明测量数据有误或数据分组不合理；孤岛型说明有异常因素影响或测量错误，需查找原因；左面缓坡型说明对上限控制不严，对下限控制太严；右面缓坡型说明对上限控制太严，对下限控制不严；另外缓坡型也可能说明存在系统偏差，必须采取措施加以控制。绝壁型说明数据收集不当，有虚假现象；双峰型说明分类不当或未分类。

2. 控制图法

控制图又称管理图，它是对生产过程进行分析和控制的一种方法。它反映生产工序随时间变化而发生质量变动的状态，利用上下控制界限，将产品质量特性控制在正常质量波动范围之内。质量波动一般有两种情况：一种是偶然性因素引起的波动，称为正常波动；一种是系统性因素引起的波动，属于异常波动。质量控制的目标就是查找异常波动的因素，并加以排除，使质量只受正常波动因素的影响，符合正态分布的规律。如果有异常原因引起质量波动，从控制图中就可以看出，以便及时采取措施，使其恢复正常。控制图一般分为两大类八种形式，如表4-4所示。控制图示意如图4-9所示。

控制图分类表 **表4-4**

图名	大分类	详细分类
控制图	计量值控制图	$\bar{X}$ 控制图（平均值控制图）
		R 控制图（极差控制图）
		$\bar{X}$ 控制图（不合格品数控制图）
		X 控制图（单值控制图）
	计数值控制图	P 控制图（不合格品控制图）
		P_0 控制图（不合格品控制图）
		U 控制图（单位缺陷数控制图）
		C 控制图（缺陷数控制图）

（1）正常控制图判断规则。没有超出控制界限的点（若点子落在控制界限上，亦视为界限外），且点在控制界限间，围绕中心做无规律波动，连续25个点中无超出控制界限线的点，35个点中仅有一点超出控制界限线，连续100个点中仅有两点超出控制界限线，均认为质量控制属于正常状态。当点落在控制界限线上时，视为超出界限。

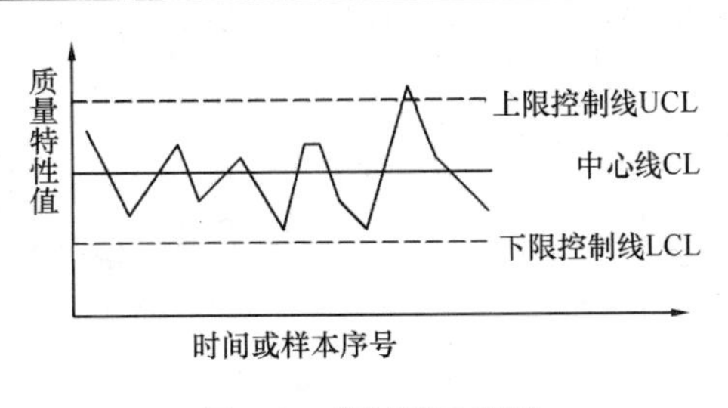

图4-9 控制图示意图

（2）异常控制图判断规则。点子超出控制界限；或连续七点以上在中心线的同侧；或连续七点以上逐点上升或下降；或突然有连续两点以上靠近上控制线或下控制线；或点子做周期性波动，连续11个点中有10个点在中心线的同一侧，连续14个点中有12个点在中心线的同一侧，连续17个点中有14个点在中心线的同一侧，连续20个点中有16个点在中心线的同一侧，均认为质量控制出现异常状态。此时，应分析原因，及时采取措施，使质量控制图呈正常状态。

在观察控制图发生异常后，要找出问题，分析原因，然后采取措施，使控制图所控制的工序恢复正常。

3. 因果分析图

因果分析图又称特性要因图、鱼刺图或树枝图。任何质量问题的产生，往往是多种原因造成的，并且这些原因有大有小；如将其分别用主干、大枝、中枝和小枝图形表示出来，就可以找出关键原因，以便制定质量对策和解决问题，从而达到控制质量的目的。图4-10为某水泥地面工程质量波动因素分析图。因果分析图的绘制过程如下：

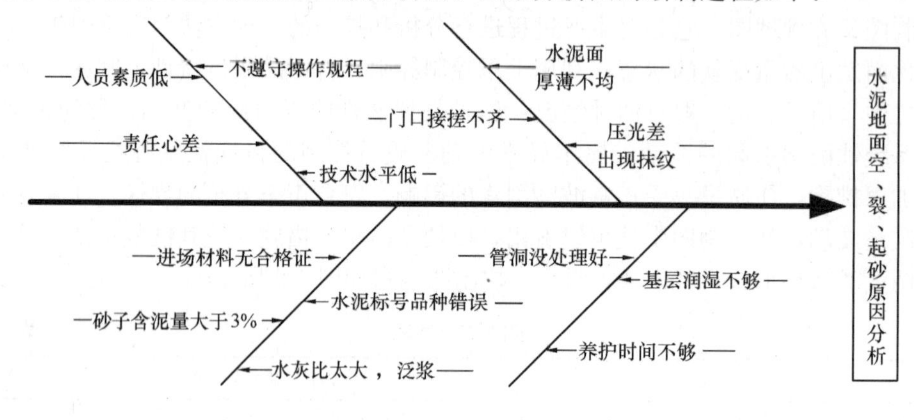

图4-10 因果分析图示意图

（1）决定特性。就是确定需要解决的质量问题，放在主干箭头的前面。

（2）确定影响质量特性的大枝。影响工程质量的因素主要有人、材料、工艺、设备和环境五个方面。

（3）进一步画出中、小细枝，也就是找出中、小原因。

（4）发扬技术民主，反复讨论，补充遗漏的因素。

（5）针对影响质量的因素，有针对性地制定对策，落实到解决问题的人和时间，通过对策计划表的开工列出，限期改正。

4. 排列图法

排列图法又称主次因素分析图法、巴氏图或巴雷特图法，它是寻找影响质量主要因素的方法。它一般由两个纵坐标、一个横坐标、几个直方块和一条曲线所组成，如图4-11所示。左侧纵坐标表示产品频数，即不合格产品件数。右侧纵坐标表示频率，即不合格产品累计百分数。横坐标表示影响产品质量的各个不良因素或项目。按影响质量程度的大小，从左到右依次排列。

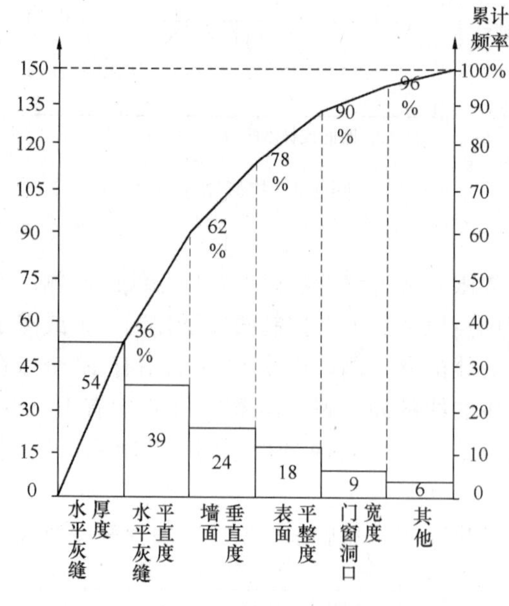

图4-11 排列图示意图

排列图的作图基本步骤如下：

（1）搜集数据，确定分类项目；

（2）统计各项目数据，如频数、计算频率和累计频率；

（3）根据影响因素的频率大小顺序，从左至右排列在横坐标上；

（4）画上矩形图。

在排列图中，矩形柱高度表示影响因素程度的大小，高柱是影响质量的主要因素。在排列图上，通常把曲线的累计百分数分为三级，与此相对应的因素分为三类：A 类因素对应于频率 0～80%，是影响产品质量的主要因素。B 类因素对应于频率 80%～90%，为次要因素。C 类因素对应于 90%以上的频率，属于一般影响因素。运用排列图便于找出主次矛盾，使错综复杂的问题一目了然，有利于采取相应对策加以改善。

5. 相关图法

相关图又称散布图，它是分析、判断和研究两个相对应的数据之间是否存在相关关系，并明确相关程度的方法。其作图基本步骤包括：

（1）确定研究的质量特性，并收集对应数据；

（2）画出横坐标 x 和纵坐标 y；通常横坐标表示原因，纵坐标表示结果；

（3）找出 x、y 各自的最大值和最小值；

（4）根据数据画出坐标点。

相关图形式如图 4-12 所示。

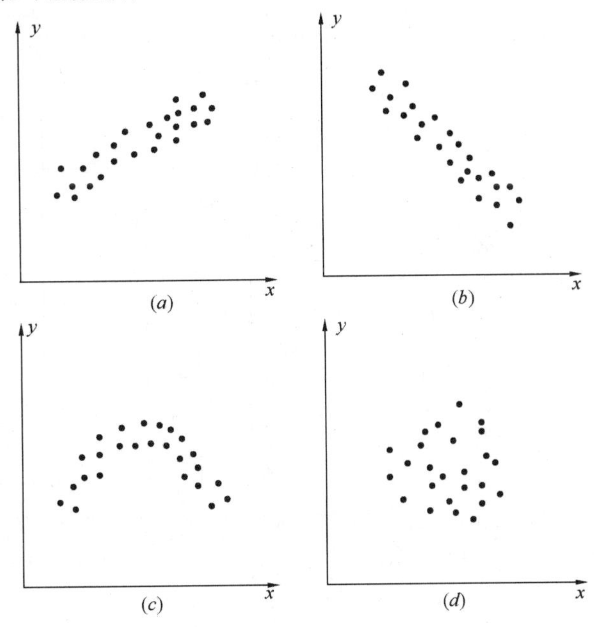

图 4-12　相关图示意图

（a）正相关；（b）负相关；（c）非线性相关；（d）不相关

质量管理中，根据质量与影响因素关系绘制的相关图，分析它们之间的关系，从而采取相应措施，控制质量。

6. 分层法

分层法又称分类法或分组法，它是把收集的质量数据，按统计分析的需要，按不同目的分类整理，以便找出产生质量问题的原因，并及时采取措施加以预防。

质量数据分类的方法很多，一般可按施工时间、操作人员、操作方法、原材料、施工机械和技术等级等因素分类。如表 4-5 为混凝土质量问题分层调查表。

混凝土质量问题分层调查表　　**表 4-5**

序号	质量问题分类	损失金额（元）	所占比率（%）	累计比率（%）
1	强度不够	1200	52.17	52.17
2	蜂窝、麻面	800	26.09	78.26
3	预埋件偏移	250	10.87	89.13
4	其他	250	10.87	100

7. 调查分析法

调查分析法又称调查表法，它是利用表格收集和统计数据的方法，其表格形式可根据统计便利自行设计，常用的有：

(1) 调查产品缺陷部位，采用的统计分析表；

(2) 分部分项工程质量特征的统计分析表；

(3) 影响质量主要原因的统计分析表；

(4) 质量检查评定的统计分析表。

工序质量特性的统计分析图，可以直接把测出的每个质量特性值填在预告好的频数分布空白表格上，每测出一个数据就在相应值栏内做一记数，记测完毕即可把频数分布统计出来。如图 4-13 为某工序统计分析表。

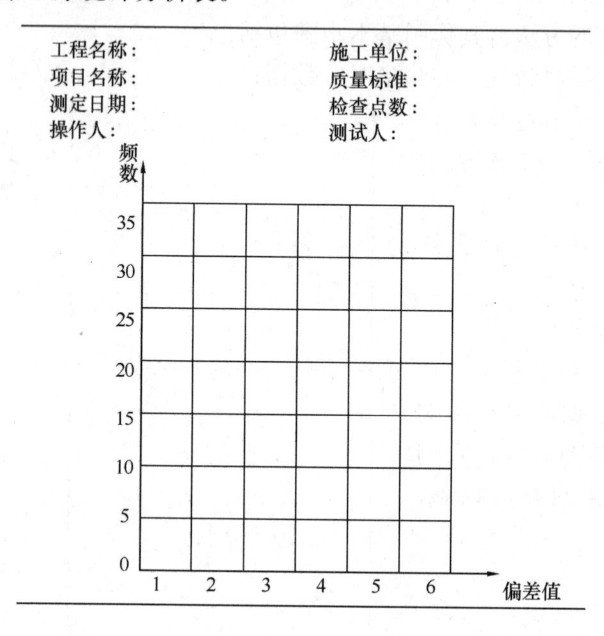

图 4-13　某工序统计分析表

复习思考题

1. 什么是质量？什么是工程质量？有哪些特定的内涵？
2. 什么是质量控制？什么是工程质量控制？
3. 施工企业质量体系的构成要素有哪些？
4. 影响施工项目质量的因素有哪些？举例说明。
5. 施工项目质量管理的内容、原则和程序各是什么？
6. 施工项目质量计划的概念及编制要点是什么？
7. 如何做好施工准备阶段的质量管理？
8. 如何做好施工阶段的质量控制？
9. 如何设置质量控制点？
10. 如何进行材料质量控制？
11. 现场质量检查的内容和方法都是什么？
12. 施工项目质量事故常见的成因有哪些？
13. 施工项目质量管理的原理有哪些？详细说明。
14. 施工项目质量管理的方法有哪些？

第 5 章　施工项目成本管理

5.1　概　　述

5.1.1　施工项目成本的概念及特点

施工项目成本是建筑施工企业以施工项目作为成本核算对象，在施工过程中所耗费的生产资料转移价值和劳动者必要劳动所创造的价值的货币形式，包括所耗费的主、辅材料，构配件，周转材料的摊销费或租赁费，施工机械的台班费或租赁费，支付给生产工人的工资、奖金以及在施工现场进行施工组织与管理所发生的全部费用支出。施工项目成本不包括劳动者为社会所创造的价值，即工程造价组成中的利润和税金，也不应包括构成施工项目价值的一切非生产性支出。

施工项目成本是施工企业的主要产品成本，也称工程成本，一般以项目的单位工程作为成本核算对象，通过各单位工程成本核算的综合来反映施工项目成本。

1. 施工项目成本的构成

施工项目成本是在施工项目上发生的全部费用总和，包括直接成本和间接成本。其中直接成本是指施工过程中耗费的构成工程实体或有助于工程形成的各项费用支出，包括人工费、材料费、机械使用费和措施费，直接成本一般可以通过施工预算得出。间接成本指项目经理部为施工准备、组织和管理工程施工所发生的现场管理费。间接成本包括所有归属于项目但不能与某一特定施工过程或分部分项工程相对应的成本。

按项目管理要求，凡发生于项目的可控费用，均应下沉到项目核算，不受层次限制，以便落实施工项目管理的经济责任，所以施工项目成本还应包括工会经费、教育经费、业务活动经费、由施工项目负担的房产税、车船使用税、土地使用税、印花税、劳保统筹费、利息支出、其他财务费。

对于施工企业发生的经营费用、企业管理费用和财务费用，作为期间费用，直接计入企业的当期损益，不得计入施工项目成本。

2. 影响施工项目成本的主要因素

施工项目成本受许多因素的影响，任何项目范围、技术标准、施工条件、施工方案、设计等方面的变化以及项目的质量、进度、安全、现场等其他各个方面控制的失败都会带来成本的变化，大多情况下表现为成本的增加；反之，工程若出现实际成本超过计划成本，施工项目的其他目标就有可能会牺牲。

在施工过程中，施工项目成本影响因素一般包括：施工效率、开支的节约程度、施工方案、生产要素市场物价的变化、项目管理水平、各种变更等引起的索赔与反索赔、合同条件与合同管理水平等。

3. 施工项目成本的特殊性

（1）业主方与市场因素的影响。由于竞争激烈，业主处于卖方市场，施工项目投标报价受到严重制约，许多项目很难以合理的价格中标，导致施工项目成本目标很苛刻。企业中标时可能会出于企业市场战略的考虑，中标价低于成本预测。这就给施工项目成本控制带来许多困难。

（2）多目标的影响。企业大多情况下同时有多个项目在实施中，由于各个项目的重要程度和战略影响因素不同，为了实现企业整体利益最大化，对各个项目的成本目标要求就会不同；同时，在对各个项目资源分配进行调节时，可能产生不平衡，这会导致部分施工项目成本控制受到影响。

（3）成本控制的综合性。成本控制必须追求与质量目标、进度目标、健康、安全、卫生目标、施工效率、资源消耗之间的综合平衡。

（4）施工项目成本计划、控制、核算的角度多以及成本控制方法、措施多。因而应进行施工项目成本的综合控制。

5.1.2 施工项目成本管理的概念及特点

项目成本管理是企业的一项重要的基础管理，是指施工企业结合行业特点，以施工过程中直接耗费为原则，以货币为主要计量单位，对项目从开工到竣工所发生的各项收、支进行全面系统的管理，以实现项目施工成本最优化目的的过程。它包括落实项目施工责任成本，制定成本计划、分解成本指标，进行成本控制，成本核算、成本考核和成本监督的过程。

1. 项目成本管理的特点

（1）事先能动性。由于项目管理具有一次性的特征，因而其成本管理只能在这种不能重复的过程中进行管理，避免某一工程项目上的重大失误。这就要求项目成本管理必须是事先的、能动性的、自为的管理。工程项目成本管理在项目开始就应进行成本预测，制定成本计划，明确目标，以目标为出发点，采取各种技术、经济、管理措施实现目标。

（2）综合优化性。项目管理是一个多目标的管理过程，因此，项目成本管理必然要与项目的工期管理、质量管理、技术管理、分包管理、预算管理、资金管理、安全管理紧密结合，以达到项目管理的整体目标。工程项目只有把所有管理职能、所有管理对象、所有管理要素纳入成本管理轨道，整个项目才能收到综合优化的功效。不能仅靠几名成本核算人员从事成本管理，否则，对工程项目管理就没有更多的实际价值。

（3）动态跟踪性。工程项目生产的周期长，在生产过程中各种不稳定因素会随时出现，从而影响到项目成本。例如材料价格的提高、工程设计的修改、产品功能的调整、因建设单位责任引起的工期延误、人工机械价格上涨等，都会使项目成本在实施过程中发生变化。工程项目要实现预期的成本目标，应采取调整预算、合同索赔、增减账管理等一系列针对性措施。

（4）内容适应性。项目成本管理的内容是由工程项目管理的对象范围决定的。它不同于企业成本管理，因此不能盲目地要求与企业成本核算对口。一般来说，项目成本管理只是对工程项目的直接成本和间接成本的管理，除此之外的内容都不属于项目成本管理范畴。企业有的核算内容，例如固定资产的核算，在项目成本中就不存在。另一方面，企业成本管理中不具备的内容，在项目成本管理中必须设置，如合同索赔的核算管理等。因此，必须从项目管理的实际出发确定项目成本核算的范围，而企业则应当从项目管理的实际情况出发，去对项目成本管理进行研究，并加以有效的指导，强求一致是绝对行不通的。

2. 项目全面成本管理责任体系

项目全面成本管理责任体系应包括两个层次：

（1）组织管理层，负责项目全面成本管理的决策，确定项目的合同价格和成本计划，确定项目管理层的成本目标。

（2）项目经理部。负责项目成本的管理，实施成本控制，实现项目管理目标责任书中的成本目标。

3. 项目成本管理应遵循的程序

（1）掌握生产要素的市场价格和变动状态。

（2）确定项目合同价。

（3）编制成本计划，确定成本实施目标。

（4）进行成本动态控制，实现成本实施目标。

（5）进行项目成本核算和工程价款结算，及时收回工程款。

（6）进行项目成本分析。

（7）进行项目成本考核，编制成本报告。

（8）积累项目成本资料。

4. 项目成本管理的流程

项目成本管理工作归纳为以下几个关键环节：成本预测、成本决策、成本计划、成本控制、成本核算、成本分析、成本考核等，其流程如图 5-1 所示。

5.1.3　施工项目成本管理责任体系

项目经理部是成本管理的中心。首先，项目经理部应成立以项目经理为中心的成本管理体系；其次，应按内部各岗位和作业层进行成本目标分解；再次，应明确各管理人员和作业层的成本责任、权限及相互关系。项目经理部应对施工过程中发生的各种消耗和费用进行责任成本控制，并承担成本风险。

企业对项目经理部的成本管理进行服务。首先应通过“项目管理目标责任书”明确项目经理部应承担的成本责任和风险；其次为成本管理创造优化配置生产要素和实施动态管理的环境和条件。企业不是项目成本管理的直接责任者，但企业是项目经理部进行成本管理的支持者。企业的盈利目标有赖于项目成本的降低。

1. 建立目标成本分解体系

建立成本分解体系的目的主要有：便于成本计划与成本模型的编制，施工过程中的成本动态控制，以及成本目标落实到各个责任人。而在成本管理的这些工作中，所要求成本分解的内容是不相同的。落实到责任人的成本分解往往是各个工作队所进行专业工程的成本消耗指标、分包合同价、采购部门费用计划、各职能部门费用计划等。用于成本计划编制的成本分解往往采用 CWBS 中各层次的项目单元的直接成本或工程量清单分解结构的直接成本。其都可以采用资源（劳动力、材料、机械台班）消耗量来进行控制。这种分解能将工程作业队的成本责任与进度控制、成本动态管理联系起来。按成本要素（人工费、材料费、机械费、措施费、规费、企业管理费）进行的成本分解，有利于项目及企业的成本核算工作。

2. 建立成本目标责任制

为了实行全面成本管理，必须对施工项目成本进行层层分解，以分级、分工、分人的

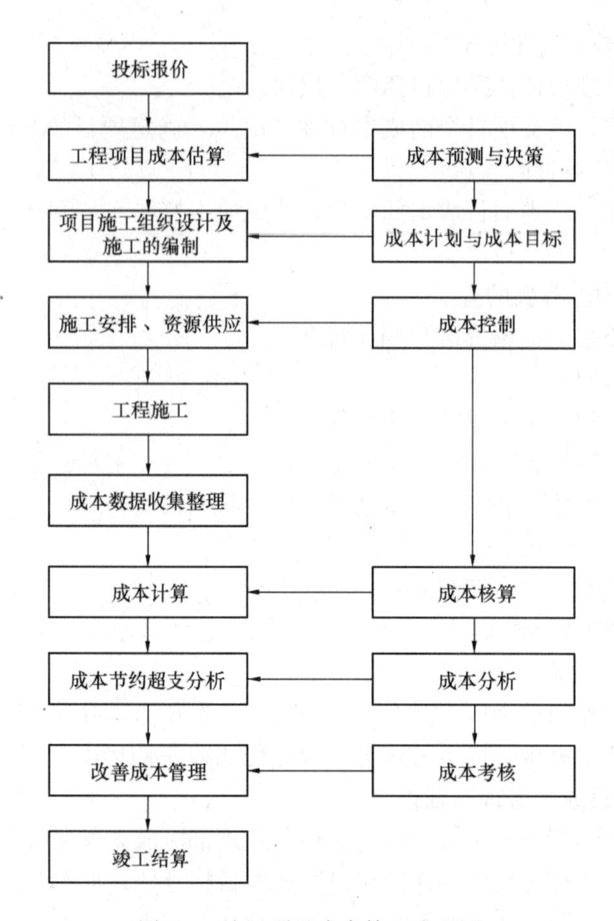

图 5-1　施工项目成本管理流程图

成本责任制作保证。施工项目经理部应对企业下达的成本指标负责，班组和个人对项目经理部的成本目标负责，以做到层层保证，定期考核评定，成本责任制的关键是划清责任，并要与奖惩制度挂钩，使各部门、各班组和个人都来关心施工项目成本。成本目标责任应区分不同的责任者。对工程作业队来说，成本目标责任主要是资源消耗，而各种职能管理部门，其主要成本目标责任是各项费用。工程实践中前者主要依靠降低消耗来控制成本，后者则应通过提高工作效率，控制支出，厉行节约，减少浪费等来控制成本。

5.1.4　施工项目成本管理的内容

施工项目经理部的成本管理应包括成本计划、成本控制、成本核算、成本分析、成本考核。施工项目经理部在项目施工过程中，对发生的各种成本信息，通过有组织、有系统地进行计划、控制、核算和分析等一系列工作，促使施工项目系统内各种要素按照一定的目标运行，使施工项目的实际成本能够控制在预定的计划成本范围内。

1. 施工项目成本计划

施工项目成本计划是以货币形式编制施工项目在计划期内的施工生产耗费、成本水平、成本降低率以及为降低成本所采取的主要措施和规划的书面方案，它是建立施工项目成本管理责任制、开展成本控制和核算的基础。

成本计划是目标成本的一种形式。一个施工项目的成本计划应包括从开工到竣工所必需的施工成本，它是该施工项目控制成本的指导文件，是设立目标成本的依据。

2. 施工项目成本控制

施工项目成本控制是指项目在施工过程中，对影响施工项目成本的各种因素进行规划、调节，并采取各种有效措施，将施工中实际发生的各种消耗和支出严格控制在计划范围内，随时揭示并及时反馈，严格审查各项费用是否符合标准，计算实际成本和计划成本之间的差异并进行分析，消除施工中的损失浪费现象，发现和总结先进经验。

3. 施工项目成本核算

施工项目成本核算是利用施工项目成本核算体系，对项目施工过程中所发生的各种消耗和形成成本的各项费用进行记录、分类，计算出各个成本核算对象的总成本和单位成本的过程。它包括两个基本环节：一是按照规定的成本开支范围对施工费用进行汇总，计算出施工费用的实际发生额；二是根据成本核算对象，采用适当的方法，计算出该施工项目的总成本和单位成本。施工项目成本核算是施工项目成本管理中最基础性的工作，它所提供的各种成本信息是成本预测、成本计划、成本控制和成本考核等各个环节的依据。

4. 施工项目成本分析

施工项目成本分析是指施工项目成本变化情况及其变化原因的过程。它在成本形成过程中对施工项目成本进行对比评价和剖析总结，贯穿于施工项目成本管理的全过程。它主要是利用施工项目的成本核算资料（成本信息），将项目的实际成本与目标成本（计划成本）、预算成本等进行比较，了解成本的变动情况，同时也分析主要经济指标对成本的影响，系统地研究成本变动的因素，检查成本计划的合理性，深入揭示成本变动的规律，寻找降低施工项目成本的途径。

5. 施工项目成本考核

所谓成本考核，就是施工项目完成后，对成本形成中各级责任人成本管理的成绩或失误所进行的总结与评价。成本考核的目的在于鼓励先进、鞭策滞后，促使管理者认真履行职责，加强成本管理。

综上所述，施工项目成本管理系统中每一个环节都是相互联系和相互作用的。成本计划是成本决策所确定目标的具体化；成本控制则是对成本计划的实施进行监督，保证决策的成本目标实现；而成本核算又是成本计划是否实现的最后检验，它所提供的成本信息又对下一个施工项目成本预测和决策提供基础资料；成本考核是实现成本目标责任制的保证和实现决策目标的重要手段。

5.2　施工项目成本计划

5.2.1　施工项目成本计划的组成

施工项目的成本计划就是制订计划期内工程成本支出水平和降低程度的计划，它是成本管理的首要环节。其核心内容是确定工程计划成本目标和成本降低额、成本降低率。一般由施工项目直接成本计划和间接成本计划组成。

1. 直接成本计划

施工项目的直接成本计划主要反映项目直接成本的计划成本、计划降低额以及计划降低率。直接成本计划主要包括以下内容：

(1) 编制说明

包括对施工项目的概述，对项目管理机构、项目外部环境特点、对合同中有关经济问题的责任、承包人对项目经理提出的责任目标以及成本计划编制的指导思想和依据资料等的具体说明。

(2) 成本目标及核算原则

包括施工项目降低成本计划及计划利润总额、投资和外汇总节约额、主要材料和能源节约额、流动资金节约额等。核算原则是指参与项目的各单位在成本、利润结算中采用何种核算方式，如承包合同中约定的结算方式、费用分配方式、会计核算原则、结算款所用币种币制等，如有必要应予以说明。

(3) 降低成本计划总表或总控制方案

针对项目主要部分的分部成本，编写项目施工成本计划，可采用表格形式反映，按直接成本项目分别填入预算成本、计划成本、计划降低额以及计划降低率。如有多家单位参加项目的施工，则要由各单位编制负责施工部分的成本计划表，之后再汇总编制施工项目的成本计划表。

(4) 对成本计划中的计划成本估算过程的说明

成本计划中要对各个直接成本项目加以分解、说明。以材料费为例，应说明钢材、木材、水泥、砂石、委托加工材料等主要材料和预制构件的计划用量、价格，周转材料、低值易耗品等摊销金额的预算，脚手架等租赁用品的计划租金，材料采购保管费的预计金额等，以便在实际施工中加以控制与考核。

(5) 计划降低成本的途径分析

应反映项目管理过程计划采取的增产节约、增收节支和各项技术措施及预期效果。可依据技术、劳资、机械、材料、能源、运输等各部门提出的节约措施，加以整理、分析、计算得到。

2. 间接成本计划

间接成本计划主要反映施工现场管理费用的计划数、预算收入以及降低额。间接成本计划应根据施工项目的成本核算期，以项目总收入中的管理费为基础，制定各部门费用的收支计划，汇总后作为施工项目的间接成本计划。在间接成本计划中，收入应与取费口径一致，支出应与会计核算中间接成本项目的内容一致。各部门应按照节约开支、压缩费用的原则，制定施工现场管理费用计划表，以保证该计划的实施。

3. 制订降低施工项目成本的措施

(1) 加强施工管理，提高施工组织管理水平

施工方案不同，工期和施工效率就不同，所需的施工机械也不同，导致实际施工成本的不同。因此，正确选择施工方案，合理布置施工现场，加强进度控制，组织均衡生产和协作配合等，是降低工程成本、实现成本管理目标的基础。

(2) 加强技术管理，提高工程质量

制定切实可行的降低成本的措施，严格执行技术交底制度，按照图样和技术规程施工，加强技术监督检验，避免返工。

(3) 加强劳动管理，提高劳动生产率

加强劳动管理，组织人员培训，改善劳动组织，压缩非生产用工，执行定额定员

管理。

（4）加强物资管理，降低材料费支出

材料费在工程成本中占据较大比重，历来受到项目管理人员的重视。做好物资供应和调配工作；严格材料进场验收和限额领料制度；制定并贯彻节约材料的技术措施，开展材料的代用、修旧利废和废料回收；综合利用一切资源。还可将材料消耗的定额指标，进行层层落实，直至施工工序，并制定相应的材料消耗节超奖惩制度。

（5）提高机械设备的使用率

提高机械设备的使用率，合理进行机械施工的组织，提高施工生产效率，对降低工程成本有直接影响。为提高使用率，首先，应结合施工方案的制定，选择最合适施工特点的机械设备，包括性能、数量、台班成本等方面；其次，做好配合机械施工的组织工作，同时，提高机械操作人员的技术水平，保证机械设备发挥最大效能；最后，应统筹考虑机械使用费，不片面强调节约成本，而忽视维修管理工作，应提高机械设备的完好率，使之始终处于最佳工作状态。

（6）加强费用管理，节约间接成本

间接成本的降低主要从现场管理费用的节约入手。按照“精简、高效率”的原则组建项目管理班子，减少管理层次，实行定额管理，严格控制成本支出。

（7）正确划分成本中心，使用先进的成本管理方法和手段

要有效地控制成本，就必须正确划分成本中心，落实各成本中心的成本责任，合理确定其核算和考核方法。如果成本中心划分不合理，成本责任的确定也就不合理，成本中心履行成本责任变得困难，成本核算和考核也易流于形式。在实际工作中，不少人将成本管理简单地理解为财务问题，限制了降低成本的思路和范围。事实上，成本管理是项目管理的一项综合指标，一切有利于成本降低的技术、组织和经济方法都应采用。此外，为了有效地做好成本管理工作，应尽可能采用先进的成本信息收集、整理手段，如电子计算机的使用，建立和使用成本数据库等。

5.2.2　施工项目成本计划的编制

1. 施工项目成本计划编制的内容

施工项目成本计划所要表达的内容是多方面的：施工项目的总成本目标以及各分部分项工程的目标成本、成本降低额；施工项目以及各分部分项工程的直接成本以及间接成本计划值及降低额；直接成本与间接成本中各成本项目（成本要素）计划值及其降低额；为了能将成本控制与进度控制相结合，成本计划应能反映时间进度。但这并不是要求从不同角度作几个独立的计划和核算，而是将一个详细的施工项目成本预算，按不同对象进行信息处理得到不同的成本形式。

施工项目的成本计划工作，是一项非常重要的工作，不应仅仅把它看作是几张计划表的编制，更重要的是选定技术上可行、经济上合理的最优降低成本方案。同时，通过成本计划把目标成本层层分解，落实到施工过程的每个环节，以调动全体职工的积极性，有效地进行成本控制。

2. 施工成本计划编制依据

（1）合同文件。合同文件包括合同文本、招标文件、投标文件、设计文件等，合同中的工程内容、数量、规格、质量、工期和支付条款都将对工程的成本计划产生重要的影响，因

此，承包方在签订合同前应进行认真的研究与分析，在正确履约的前提下降低工程成本。

（2）项目管理实施规划。其中工程项目施工组织设计文件为核心的项目实施技术方案与管理方案，是在充分调查和研究现场条件及有关法规条件的基础上制定的，不同实施条件下的技术方案和管理方案，将导致工程成本的不同。

（3）可研报告和相关设计文件。

（4）生产要素的市场价格信息。

（5）相关定额及类似项目的成本资料。

3. 施工项目成本计划编制的方法

施工项目成本计划的编制方法根据成本计算及项目费用分解的不同，有不同的计算方法，常见的有以下方法。

（1）施工预算法。这是最基本、最常见的方法。它以施工图为基础，以施工方案、企业定额为依据，通过编制施工预算方式确定各分项工程的成本，然后将各分项工程成本汇总，得到整个项目的成本支出，最后考虑风险、物价等因素影响，予以调整。可用下列公式表示：

分项工程成本＝工程量×单位工程量消耗量×实际单价　　(5-1)

计划成本＝分项工程成本之和×(1＋间接费率)×(1＋风险、价格系数)　　(5-2)

计划成本降低额＝预算成本－计划成本　　(5-3)

（2）技术节约措施法。是指以工程项目计划采取的技术组织措施和节约措施所能取得的经济效果为项目成本降低额，然后求工程项目的计划成本的方法。可用下列公式表示：

工程项目计划成本＝预算成本－技术节约措施计划节约额（成本降低额）　　(5-4)

（3）按实计算法。就是工程项目经理部有关职能部门（人员）以该项目施工图预算的工料分析资料作为控制计划成本的依据，根据工程项目经理部执行施工定额的实际水平和要求，由各职能部门按费用（人工费、材料费、机械使用费、措施费、间接费）归口计算各项计划成本。

4. 项目月度成本计划的编制

项目月度成本计划是项目成本管理的基础，属于控制性计划，是进行各项施工成本活动的依据。它确定了月度施工成本管理的工作目标，也是对岗位责任人员进行月度岗位成本指标分解的基础。项目月度成本计划是根据成本目标制定的月度成本支出和月度成本收入计划。包括：月度人工费成本计划、材料费成本计划、机械费成本计划、措施费用成本计划、临设费、项目管理、安全设施成本计划等。

在编制月度成本计划时，成本计划是根据构成成本的要素进行编制的，但实际上在进行管理时，成本管理的责任是按岗位进行划分的，因此，对按成本构成要素编制的月度成本计划，还要按岗位责任进行分解，作为进行岗位成本责任核算和考核的基础依据。

5.3 施工项目成本控制

5.3.1 施工项目成本控制概述

1. 施工项目成本控制的概念

项目成本控制是指项目经理部在项目成本形成的过程中，对工程成本形成进行预防、监督，及时纠正发生的偏差，使工程的成本支出限制在成本计划的范围内，以达到预期的成本目标。成本的发生和形成是一个动态过程，因此成本的控制也应是一个动态过程，也称为成本的过程控制。成本控制是成本管理的核心内容。

2. 施工项目成本控制的依据

（1）合同文件。项目成本控制要以工程承包合同为依据，围绕降低工程成本这个目标，从预算收入和实际成本两方面挖掘增收节支潜力，以求获得最大的经济效益。

（2）项目成本计划。项目成本计划是根据工程项目的具体情况制定的施工成本控制方案，既包括预定的具体成本控制目标，又包括实现控制目标的措施和规划，是项目成本控制的指导文件。

（3）进度报告。进度报告提供了工程实际完成量，工程施工成本实际支付情况等重要信息。施工成本控制工作正是通过实际情况与施工成本计划相比较，找出二者之间的差别，分析偏差产生的原因，从而采取措施改进以后的工作。

（4）工程变更与索赔资料。在项目实施过程中，工程变更难以避免，一旦出现变更，工期、成本都会发生变化，因此，施工成本管理人员应及时掌握变更情况，并对此进行分析，确定工期是否拖延，支付情况变化等，判断变更以及变更可能带来的索赔等。

除了上述几种项目成本控制工作的主要依据以外，有关施工组织设计、分包合同文本等也是项目成本控制的依据。

5.3.2 施工项目成本控制的实施

1. 施工项目成本控制的对象和内容

施工项目成本控制的对象可以是施工项目成本形成的过程、施工项目的责任人、成本要素、分部分项工程和对外经济协作合同。

（1）以项目成本形成的过程作为控制对象，即对项目成本实行全面、全过程控制，具体的控制内容包括：

1）在工程投标阶段，应根据工程概况和招标文件，进行项目成本的预测，提出投标决策意见。

2）施工准备阶段，应结合设计图纸的自审、会审和其他资料，编制施工组织设计，通过多方案的技术经济比较，从中选择经济合理、先进可行的施工方案，编制明细而具体的成本计划，对项目成本进行事前控制。

3）施工阶段，以施工图预算、施工预算、劳动定额、材料消耗定额和费用开支标准等，对实际发生的成本费用进行控制。

4）竣工交付使用及保修期阶段，应对竣工验收过程发生的费用和保修费用进行控制。

（2）以项目的责任人，即职能部门、施工队和生产班组作为成本控制的对象时，成本控制的具体内容是日常发生的各种费用和损失。这些费用和损失，都发生在各个职能部门、施工队和生产班组。因此，应以其作为成本控制对象，接受项目经理和企业有关部门的指导、监督、检查和考评，除此之外，还应进行自我控制，应该说，这是最直接、最有效的项目成本控制。

（3）以分部分项工程作为项目成本的控制对象。为了把成本控制落到实处，还应以分部分项工程作为项目成本的控制对象。一般情况下，项目应根据分部分项工程的实物量，参照施工预算定额，联系项目管理的技术素质、业务素质和技术组织措施的节约计划，编制包括工、料、机消耗数量以及单价、金额在内的施工预算、作为对分部分项工程成本进行控制的依据。

（4）以对外经济合同作为成本控制对象。合同明确了双方的权利和义务以及关于进度、质量、结算方式及奖罚条款外，也规定了合同金额。当实际支出超过合同金额，就意味着成本亏损；反之，就能降低成本。

2. 施工项目成本控制实施的步骤

施工项目成本控制是一个动态循环过程，在确定了项目施工成本计划之后，必须定期地进行施工成本计划值与实际值的比较，当实际值偏离计划值时，分析产生偏差的原因，采取适当的纠偏措施，以确保施工成本控制目标的实现。其步骤如下：

（1）比较。按照某种确定的方式将施工成本计划值与实际值逐项进行比较，经比较发现施工成本是否已超支。

（2）分析。对比较的结果进行分析，以确定偏差的严重性及偏差产生的原因。这一步是施工成本控制工作的核心，其主要目的在于找出产生偏差的原因，从而采取有针对性的措施，减少或避免相同原因的再次发生或减少由此造成的损失。

（3）预测。根据项目实施情况估算整个项目完成时的施工成本。预测的目的在于为决策提供支持。

（4）纠偏。当工程项目实际施工成本出现了偏差，应当根据工程的具体情况、偏差分析和预测的结果，采取适当的措施，使施工成本偏差尽可能减小。纠偏是施工成本控制中最具实质性的一步，只有通过纠偏，才能最终达到有效控制成本的目的。

（5）检查。指对工程的进展进行跟踪和检查，及时了解工程进展状况以及纠缠措施的执行情况和效果，为今后的工作积累经验。

3. 施工项目成本控制的实施重点

（1）材料物资的成本控制。在施工项目成本中，材料费占总额的50%～60%，甚至更多。对材料的管理工作有以下几个重要环节，那就是采购、收料、验收、入库、发料、使用。要做好材料成本的控制工作，应重点控制以上环节。

1）材料采购控制

材料采购首先要制定采购计划，材料采购计划应根据施工图纸、施工进度计划、施工方案，并参考施工预算进行编制。材料供应对象应坚持“质优、价低、路近、信誉好”的原则来选择，不同采购批量会有不同价格，因此，应根据现场仓储条件及定额费用，计算经济定购批量。

2）材料的收验管理

收料、验收是材料管理的两个不同环节，应由不同的人各自独立完成。收料、验收时要从材料数量、价格、质量三方面按采购计划和采购人员的进货（或收料）通知单进行复核。如果进场时发现损坏、数量不足、质量不符，应及时通知有关责任人，不能把存在问题的材料收进现场，以防止将运输中的损耗或短缺计入材料成本。

3）材料用量控制

在保证符合设计规格的质量标准的前提下，合理并节约使用材料，严格按成本计划控制中材料用量，以消耗定额为依据，实行限额领料制度。施工作业队责任人只能在材料消耗限量范围内分期分批领用，超额用料必须经项目经理批准后才可以发放。

（2）劳动力成本控制

1）人工费的控制

项目经理与施工作业队或分包商签订劳务合同时，应根据项目预算收入中人工费单价，并考虑定额外人工费和关键工序的奖励费确定人工费单价。

2）加强定额用工管理，提高劳动生产率

改善劳动组织，合理使用劳动力，减少窝工浪费；执行劳动定额，加强培训工作，提高工人的技术水平和操作熟练程度，加强劳动纪律，提高劳动生产率。

3）控制人工用量

根据成本计划中施工项目的用工量分解落实到工作包，以工作包的劳动用工签发施工作业队的施工任务单，施工任务单必须与施工预算完全相符。在施工任务单的执行过程中，要求施工作业队根据实际完成的工程量和实耗人工做好原始记录，作为结算依据。

（3）施工机械设备使用成本控制

1）根据施工项目的特殊性和企业设备配备以及市场情况，以降低机械使用费为目标，确定设备的企业内部调用、采购和租赁。

2）根据工程特点和施工方案，合理选择机械的型号规格，并合理进行主导机械与其他机械的组合与搭配，充分发挥机械的效能，节约机械费用。

3）根据施工需要，合理安排机械施工，加强机械设备的平衡调度，提高机械利用率，减少机械使用成本。

4）加强机械维修保养，保证机械完好率，使施工机械保持良好的状态，满足施工需要。

（4）施工项目间接成本的控制

施工项目间接成本指项目经理部为施工准备、组织和管理工程施工所发生的现场管理费，以及按规定应计入项目成本中的其他费用。这些费用包括的范围广、项目多、内容繁杂，因此，也是项目成本和费用控制的重要方面。

（5）分包项目价格的控制

由于建筑工程是由多工种、多专业密切配合完成的工作，在实际施工中，施工企业常常将分包作为风险转移的战略，将不熟悉的、专业化程度高，或利润低、风险大的部分工程分包出去，以控制工程成本。分包项目的分包造价通常以招标的方式确定，此价格即是施工项目责任成本中分包项目的分包成本，分包可根据预算工程量与市场价确定。在分包进行施工招标时，要以此作为报价的上限控制。

5.3.3　施工项目成本控制的方法

1. 以项目成本目标控制成本支出

在项目的成本控制中，可根据项目经理部制定的成本目标控制成本支出，实行“以收定支”，或者叫“量入为出”，这是最有效的方法之一。如人工费的控制，以稍低于预算人工工资单价，与施工队签订劳务合同，将节余出来的人工费用于关键工序的奖励及投标报价之外的人工费。而对材料费，以投标报价中所采用的价格来控制材料采购成本，对于材料消耗数量的控制，应通过“限额领料”去落实。

2. 挣值法

（1）基本概念

挣值法，也称赢得值原理。挣值法是利用三条不同的 S 曲线对项目成本和进度进行动态、定量综合评估，见图 5-2 所示。这三条曲线分别是拟完工程的计划成本（Budgeted Cost for Work Schedule，BCWS），已完工程的计划成本（Budgeted Cost for Work Performed，BCWP），已完工程的实际成本（Actual Cost for Work Performed，ACWP）。

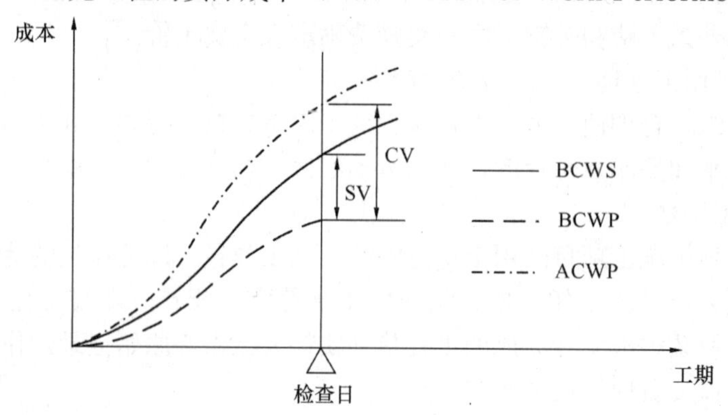

图 5-2 挣值法示意图

第一条曲线为拟完工程的计划成本（BCWS）曲线，它是根据进度计划安排，在某一确定时间内所应完成的工程内容计划消耗资源。它是反映按进度计划应完成的任务的工作（程）量。可以表示为在某一确定时间内计划完成的工程量与工程计划单价的乘积。可按公式（5-5）计算。

$$BCWS=计划工程量\times计划成本 \quad (5\text{-}5)$$

第二条曲线为已完工程实际成本（ACWP）曲线，它是根据实际进度完成状况在某一确定时间内已经完成的工程内容的实际消耗的成本。它是反映费用执行效果的一个重要指标。可以表示为在某一确定时间内实际完成的工程量与单位工程实际单价的乘积，可按公式（5-6）计算。

$$ACWP=实际工作程量\times实际成本 \quad (5\text{-}6)$$

第三条曲线为已完工程计划成本（BCWP）曲线，即挣值曲线。已完工程计划成本是指实际进度完成状况在某一确定时间内已经完成工程所对应的计划成本。它是用预算值来计算已完工作量所取得的实物进展的值，是测量项目实际进展所取得绩效的尺度。这个参数具有反映进度和费用执行效果的双重特性。可以用公式（5-7）计算。

$$BCWP=实际工程量\times计划成本 \quad (5\text{-}7)$$

通过图 5-2 中的三条曲线的对比，可以反映项目成本和进度的进展情况，发现施工项目实施过程中成本与进度的差异，并找出产生偏差的原因，进一步确定需要采取的补救措施。

（2）偏差分析

1）将检查日期的 BCWP 与 ACWP 相比较，两者的差值，为费用偏差 CV（Cost Variance），可按公式（5-8）计算。

$$CV=BCWP-ACWP=实际工程量\times（计划成本-实际成本） \quad (5\text{-}8)$$

从上式可以看出，当工程量一定时，成本单价的差异。CV 为负时，表示成本超支，反之，表示成本节约。

2）将检查日期的 BCWP 与 BCWS 相比较，两者的差值，为进度偏差 SV（Schedule

Variance)，可按公式（5-9）计算。

$$SV=BCWP-BCWS=计划成本\times(实际工程量-计划工程量) \quad (5\text{-}9)$$

从上式可以看出，成本单价一定时，工程量的差异。SV为正时，实际大于计划，表示进度超前。

3）在分析费用与进度时，还可以将偏差转化为百分比进行分析，即费用偏差百分比CVP（Cost Variance Percentage），进度偏差百分比（Schedule Variance Percentage）。可分别按公式（5-10）、公式（5-11）计算。

$$CVP=CV/BCWP \quad (5\text{-}10)$$

$$SVP=SV/BCWS \quad (5\text{-}11)$$

CVP能反映在项目实施过程中发生的费用偏差是保持不变，还是在增长或递减。SVP能反映在项目实施过程中发生的进度偏差是保持不变，还是在增长或递减的信息。

4）反映项目实施执行效果的两个指数：费用效果执行指数CPI（Cost Performance Index）和进度效果执行指数SPI（Schedule Performance Index）。分别按公式（5-12）和公式（5-13）计算。

$$CPI=BCWP/ACWP \quad (5\text{-}12)$$

CPI=1.0时，表示符合预算，工作效果正常；CPI>1.0时，表示低于预算，工作效果好；CPI<1.0时，表示超过预算，工作效果差。

$$SPI=BCWP/BCWS \quad (5\text{-}13)$$

SPI=1.0时，表示符合进度，工作效果正常；SPI>1.0时，表示进度提前，工作效果好；SPI<1.0时，表示进度落后，工作效果差。

5）项目完成时成本差异VAC（Variance At Completion）

$$VAC=BAC-EAC \quad (5\text{-}14)$$

式中，BAC（Budget At Completion）为项目完成计划成本，是落实到项目上的计划成本总和。EAC（Estimate At Completion）是项目完成预测成本，表示按检查项目的进展趋势预测，当项目完成时所需总成本预测。EAC等于当前状态下耗费的直接成本和间接成本总和与剩余工作所需成本估算值之和。

以上各种偏差值是向项目管理各级组织报告的主要项目，根据项目管理制度，应在组织的每一级都要建立主要的差异标准，作为项目进度一成本控制的依据。

5.4 施工项目成本核算

5.4.1 施工项目成本核算概述

1. 施工项目成本核算对象的确定

成本核算对象是指在计算工程成本时，确定归集和分配生产费用的具体对象，即生产费用承担的客体。合理地划分施工项目成本核算对象，是正确组织工程项目成本核算的前提条件。

施工项目一般应以每一独立编制投标报价的单位工程为成本核算对象，但也可以按照承包工程项目的规模、工期、结构类型、施工组织和现场管理等情况，结合成本管理要求，灵活划分成本核算对象。一般有以下几种划分方法：

（1）一项单位工程由两个或两个以上施工单位共同施工时，各施工单位都应以同一单位工程为成本核算对象，各自核算其自行施工的部分。

（2）对于个别规模大、工期长的单位工程，可以将工程划分为若干部分，以分部位的工程作为成本核算对象。

（3）同一建设项目，由同一施工单位施工，并在同一施工地点，属同一结构类型，开竣工时间接近的若干单位工程，可以合并为一个成本核算对象。

（4）改建、扩建的零星工程，可以将开竣工时间接近、属于同一建设项目的各个单位工程合并为一个成本核算对象。

（5）土石方工程和打桩工程可以根据实际情况和管理需要，以一个单项工程作为成本核算对象，或将同一施工地点的若干个工程量较小的单项工程合并作为一个成本核算对象。

成本核算对象确定以后，在成本核算过程中不能任意变更。所有原始记录都必须按照确定的成本核算对象填写清楚，以便于归集和分配施工生产费用。为了集中反映和计算各个成本核算对象本期应负担的施工费用，财会部门应该为每一成本核算对象设置工程成本明细账，并按成本项目分设专栏来组织成本核算。

2. 建立施工成本核算制

项目经理部应根据财务制度和会计制度的有关规定，建立项目成本核算制，明确项目成本核算的原则、范围、程序、方法、内容、责任及要求，并设置核算台账，记录原始数据。

项目成本核算应坚持形象进度、产值统计、成本归集三同步的原则。

5.4.2 施工项目成本核算的任务和要求

1. 施工项目成本核算的任务

由于施工项目成本核算在施工项目成本管理中占据重要地位，施工项目成本核算应完成以下基本任务。

（1）执行国家有关成本开支范围、费用开支标准、工程预算定额和企业施工预算、成本计划的有关规定，控制费用，促使项目合理、节约地使用人力、物力和财力。这是施工项目成本核算的先决条件和首要任务。

（2）正确及时地核算施工过程中发生的各项费用，计算施工项目的实际成本。这是项目成本核算的主体和中心任务。

（3）反映和监督施工项目成本计划的完成情况，为项目成本预测、技术经济评价、参与经营决策提供可靠的成本报告和有关信息，促进项目改善经营管理，降低成本，提高经济效益。这是施工项目成本核算的根本目的。

2. 施工项目成本核算的要求

为了充分发挥项目成本核算的作用，施工项目成本核算必须遵守以下基本要求：

（1）划清成本、费用支出和非成本、费用支出的界限

这是指划清不同性质的支出，即划清资本性支出和收益性支出与其他支出，营业支出与营业外支出。施工项目为取得本期收益而在本期内发生的各项支出即为收益性支出，根据配比原则，应全部计入本期的施工项目的成本或费用。营业外支出是指与企业的生产经营没有直接关系的支出，若将之计入营业成本、则会虚增或少计施工项目的成本或费用。

(2) 划清施工项目工程成本和期间费用的界限

根据财务制度的规定，为工程施工发生的各项直接成本，包括人工费、材料费、机械使用费和其他直接费，直接计入施工项目的工程成本。为工程施工而发生的各项间接成本，在期末按一定标准分配计入有关成本核算对象的工程成本。根据我国现行的成本核算办法——制造成本法，企业发生的管理费用（企业行政管理部门为管理和组织经营活动而发生的各项费用）、财务费用（企业为筹集资金而发生的各项费用）以及销售费用（企业在销售产品或者提供劳务过程中发生的各项费用）作为期间费用，直接计入当期损益，并不构成施工项目的工程成本。

(3) 划清各个成本核算对象的成本界限

对施工项目组织成本核算，首先应划分若干成本核算对象，施工项目成本核算对象一经确定，就不得变更，各个成本核算对象的工程成本不可“张冠李戴”，否则就失去了成本核算和管理的意义，造成成本不实，歪曲成本信息，导致决策失误。财务部门应为每一个成本核算对象设置一个工程成本明细账，并根据工程成本项目核算工程成本。

(4) 划清本期工程成本和下期工程成本的界限

划清这两者的界限，是会计核算的配比原则和权责发生制原则的要求，对于正确计算本期工程成本是十分重要的。本期工程成本是指应由本期工程负担的生产耗费、不论其收付发生是否在本期，全部计入本期的工程成本，如本期计提的，实际尚未支付的预提费用；下期工程成本是指应由以后若干期工程负担的生产耗费，不论其是否在本期内发生收付，均不得计入本期工程成本，如本期实际发生的，应计入由以后分摊的持摊费用。

(5) 划清已完工程成本和未完工程成本的界限

施工项目成本的真实度取决于未完工程和已完工程成本界限的正确划分，以及未完工程和已完工程成本计算方法的准确度。按期结算的施工项目，要求在期末通过实地盘点确认未完施工，并按估量法、估价法等合理的方法，计算期末未完工程成本，再根据期初未完工程成本、本期工程成本和期末未完工程成本倒推本期已完工程成本；竣工后一次结算的施工项目，期末未完工程成本是指该成本核算对象成本明细账所反映的、自开工起至当期期末止累计发生的工程成本；已完工程成本是指自开工起至竣工累积发生的工程成本。为确实划清已完工程成本和未完工程成本的界限。重点是防止期末任意提高或降低未完工程成本，借以调节已完工程成本。

上述几个成本费用界限的划分过程，实际上也是成本计算的过程。只有划清各成本的界限，施工项目成本核算才可能正确。这些成本费用的划分是否正确，是检查评价项目成本核算是否遵循基本核算原则的重要标志。但也应指出，不能将成本费用界限划分的过于绝对化，因为有些成本费用的分配方法具有一定的假定性，成本费用的界限划分只能做到相对正确，片面地花费大量人力、物力以追求成本费用划分的绝对精确是不符合成本-效益原则的。

3. 做好成本核算的基础工作

(1) 建立健全材料、劳动、机械台班等内部消耗定额以及材料作业、劳务等的内部计价制度。

(2) 建立健全各种财产物资的收发、领退、转移、报废、清查、盘点、索赔制度。

(3) 建立健全与成本核算有关的各项原始记录和工程量统计制度。

（4）完善各种计量检测设施，建立健全计量检验制度。

（5）建立健全内部成本管理责任制。

4. 项目成本核算必须有账有据

成本核算中要运用大量数据资料，这些数据资料的来源必须真实、可靠、准确、完整、及时。一定要以审核无误、手续齐备的原始凭证为依据。同时，还要根据内部管理和编制报表的需要，按照成本核算对象、对成本项目进行分类、归集。

5.5 施工成本分析

5.5.1 施工项目成本分析及其内容

1. 施工项目成本分析的基本概念

施工项目的成本分析，就是以成本核算提供的成本信息为依据，按照一定程序，运用专门科学的办法，对成本计划的执行过程、结果和原因进行研究，据以评价施工项目成本管理工作，并寻求进一步降低成本的途径（包括项目成本中的有利偏差的挖潜和不利偏差的纠正）；另一方面，通过成本分析，可从成本信息、报表反映的成本现象看清成本的实质，从而增强项目成本的透明度和可控性，为加强成本控制，实现项目成本创造条件。由此可见，施工项目成本分析是施工项目成本管理的重要组成内容。

施工项目成本分析，应该随着项目施工的进展，动态地、多形式地开展，而且要与各种资源的经营管理相结合。这是因为成本分析必须为生产经营服务，即通过成本分析，及时发现矛盾，从而改善施工项目管理水平，同时又可降低成本。

2. 施工项目成本分析的内容

施工项目成本分析的内容应与成本核算对象的划分同步。如果一个施工项目包括若干个单位工程，并以单位工程为成本核算对象，就应对单位工程进行成本分析。与此同时，还要在单位工程成本分析的基础上，进行施工项目的成本分析。施工项目成本分析与单位工程成本分析尽管在内容上有很多相同的地方，但各有不同的侧重点。从总体上说，施工项目成本分析的内容应该包括以下三个方面：

（1）按项目施工的进展进行的成本分析。包括：分部分项工程成本分析，月（季）度成本分析，年度成本分析，竣工成本分析。

（2）按成本项目进行的成本分析。包括：人工费分析，材料费分析，机械使用费分析，其他直接费分析，间接成本分析。

（3）针对特定问题和与成本有关事项分析。包括：施工索赔分析，成本盈亏异常分析，工期成本分析，资金成本分析，技术组织措施节约效果分析，其他有利因素和不利因素对成本影响的分析。

5.5.2 施工项目成本分析的方法

1. 施工项目成本分析的基本方法

施工项目成本分析的基本方法包括比较法、因素分析法、差额计算法、比率法等基本方法。

（1）比较法

比较法，又称“指标对比分析法”，就是通过技术经济指标的对比，检查目标的完成情况，分析产生差异的原因，进而挖掘内部潜力的方法。这种方法具有通俗易懂、简单易行、便于掌握的特点，因而得到了广泛的应用，但在应用时必须注意各技术经济指标的可比性。比较法的应用，通常有以下形式：

1）将实际指标与计划指标对比，以检查计划的完成情况，分析完成计划的积极因素和阻碍完成的影响因素，以便及时采取措施，保证成本目标的实现。在进行实际与计划对比时，还应注意计划、目标本身有无问题。如果计划本身出现问题，则应调整目标，重新正确评价实际工作的成绩。

2）本期实际指标与上期实际指标对比。通过这种对比，可以看出各项技术经济指标的变动情况，反映施工项目管理水平的提高程度。在一般情况下，一个技术经济指标只能代表施工项目管理的一个侧面，只有成本指标才是施工项目管理水平的综合反映。因此，成本指标的对比分析尤为重要，而且要有深度。

3）与本行业平均水平、先进水平对比。通过这种对比，可以反映本项目的技术管理和经济管理与其他项目的平均水平和先进水平的差距，进而采取措施赶超先进水平。

（2）因素分析法

因素分析法，又称连锁置换法或连环替代法，可用来分析各种因素对施工成本形成的影响程度。在进行分析时，首先要假定众多因素中的一个因素发生了变化，而其他因素则不变，然后逐个替换，并分别比较其计算结果，以确定各个因素的变化对成本的影响程度。因素分析法的计算步骤如下：

1）确定分析对象（即所分析的技术经济指标），并计算出实际与计划（预算）的差异。

2）确定该指标是由哪几个因素组成的，并按其相互关系进行排序。

3）以计划（预算）为基础，将各因素的计划（预算）相乘，作为分析替代的基数。

4）将各因素的实际数按照上面的顺序进行替换计算，并将替换后的实际数保留下来。

5）将每次替换计算所得的结果，与前一次的计算结果相比较的差异即为该因素对成本的影响程度。

6）各个因素的影响程度之和，应与分析对象的总差异相等。

（3）差额计算法

差额计算法是因素分析法的一种简化形式，它利用各个因素的计划与实际的差额来计算其对成本的影响程度。

（4）比率法

比率法是指用两个以上指标的比率进行分析的方法。它的基本特点是：先把对比分析的数值变成相对数，再观察其相互之间的关系。常用的比率法有以下几种：

1）相关比率法

由于施工项目经济活动的各个方面是相互联系，相互依存，又相互影响的，因而可以将两个性质不同而又相关的指标加以对比，求出比率，并以此来考察成本管理的情况。例如，产值和工资是两个不同的概念，但它们的关系又是投入与产出的关系。在一般情况下，都希望以最少的工资支出完成最大产值。因此，用产值工资率指标来考核人工费的支出水平，就能说明问题。

2）构成比率

又称比重分析法或结构对比分析法。通过构成比率可以考察成本总量的构成情况以及各成本项目占成本总量的比重，同时也可看出本、量、利的比例关系，从而为寻求降低成本的途径指明方向。

3）动态比率

动态比率法，就是将同类指标不同时期的数值进行对比，求出比率，以分析该项指标的发展方向和发展速度。动态比率的计算，通常采用基期指数和环比指数两种方法。

2. 综合成本分析法

所谓综合成本，是指涉及多种生产要素，并受多种因素影响的成本费用，如分部分项工程成本，月（季）度成本，年度成本等。由于这些成本都是随着项目施工的进展而逐步形成的，与生产经营有着密切的关系。因此，做好上述成本的分析工作，无疑将提高施工项目的管理水平，提高项目的经济效益。

（1）分部分项工程成本分析

分部分项工程成本分析是针对施工项目主要的、已完的分部分项工程进行的成本分析，是施工项目成本分析的基础。通过分部分项工程成本分析，可以基本上了解项目成本形成全过程，为竣工成本分析和今后的项目成本管理提供一份宝贵的参考资料。

分部分项工程成本分析的资料来源是计划成本来自施工预算或投标报价，实际成本来自施工任务单的实际工程量，实耗人工和限额领料单的实耗材料。

分部分项工程成本分析的方法是进行成本计划值、挣得值、实耗值之间的比较，分别计算实际偏差和目标偏差，分析偏差产生的原因，为今后的分部分项工程成本寻求节约途径。

（2）月（季）度成本分析

月（季）度的成本分析，是施工项目定期的、经常性的中间成本分析。对于有一次性特点的施工项目来说，其有着特别重要的意义。因为，通过月（季）度成本分析，可以及时发现问题，以便按照成本目标指示的方向进行监督和控制，保证项目成本目标的实现。

月（季）度的成本分析的依据是当月（季）的成本报表。分析方法包括：

1）通过实际成本与预算成本的对比，分析当月（季）的成本降低水平；通过累计实际成本与累计预算成本的对比，分析累计的成本降低水平，预测实现项目成本目标的前景。

2）通过实际成本与计划成本的对比，分析计划成本的落实情况以及目标管理中的问题和不足，进而采取措施，加强成本管理，保证成本计划的落实。

3）通过对各成本项目的成本分析，可以了解成本总量的构成比例和成本管理的薄弱环节。对超支幅度大的成本项目，应深入分析超支原因，并采取相应的增收节支措施，防止今后再超支。

4）通过主要技术经济指标的实际与计划的对比，分析产量、工期、质量、“三材”节约率，机械利用率等对成本的影响。

5）通过对技术组织措施执行效果的分析，寻求更加有效的节约途径。

6）分析其他有利条件和不利条件对成本的影响。

（3）年度成本分析

由于许多大中型施工项目的施工工期超过一年，甚至达到几年，所以，对于这些项目除了要进行月（季）度成本的核算和分析外，还要进行年度成本的核算和分析。这不仅是为了满足企业汇编年度成本报表的需要，同时也是施工项目管理的需要。因为通过年度成本的综合分析，可以总结一年来成本管理的成绩和不足，为今后的成本管理提供经验和教训，从而可对项目成本进行更有效的管理。年度成本分析的依据是年度成本报表。年度成本分析的内容，除了月（季）度成本分析的六个方面以外，重点是针对下一年度的施工进展情况规划切实可行的成本管理措施，以保证项目成本目标的实现。

（4）竣工成本综合分析

施工项目竣工成本分析应以各单位工程竣工成本分析资料为基础，再加上项目经理部的经营效益（如资金调度，对外分包等所产生的效益），进行综合分析。

单位工程竣工成本分析，应包括三方面内容：竣工成本分析、主要资源节超对比分析、主要技术节约措施及经济效果分析。通过这些分析，可以全面了解单位工程的成本构成和降低成本的来源，对今后同类工程的成本管理很有参考价值。

3. 成本项目分析法

成本项目分析法是按施工项目工程成本的构成项目逐项分别进行成本分析的方法。分别对人工费、材料费（包括主要材料费用、周转材料使用费、采购保管费、材料储备金）、机械使用费、其他直接费、间接成本进行逐一分析。这些分析都可以在成本核算的基础上进行。

5.6 施工项目成本考核

5.6.1 施工项目成本考核的层次及内容

施工项目成本考核，应该包括两方面的考核，即项目成本目标（降低成本目标）完成情况的考核和成本管理工作业绩。通过考核，可以对施工项目管理及其成本管理工作业绩作出正确评价。施工项目成本考核的内容，应该包括责任成本完成情况的考核和成本管理工作业绩的考核。

（1）企业对项目经理考核的内容

1）项目成本目标和阶段成本目标的完成情况。

2）建立以项目经理为核心的成本管理责任制的落实情况。

3）成本计划的编制和落实情况。

4）对各部门、各施工队和班组责任成本的检查和考核情况。

5）在成本管理中贯彻责权利相结合原则的情况。

（2）项目经理对所属各部门、各施工队和班组考核的内容

1）对各部门的考核内容

①本部门、本岗位责任成本的完成情况。

②本部门、本岗位成本管理责任的执行情况。

2）对各施工队的考核内容

①对劳务合同规定的承包范围和承包内容的执行情况。

②劳务合同以外的补充收费情况。

③对班组施工任务单的管理情况，以及班组完成施工任务后的考核情况。

3）对生产班组的考核内容（平时由施工队考核）

以分部分项工程成本作为班组的责任成本。以施工任务单和限额领料单的结算资料为依据，与成本计划目标及施工预算进行对比，考核班组责任成本的完成情况。

5.6.2 施工项目成本考核的实施

1. 施工项目的成本考核采取评分制

具体方法先按考核内容评分，然后按七与三的比例加权平均。即：责任成本完成情况的评分占七成，成本管理工作业绩的评分占三成。这是一个经验比例，施工项目可以根据自己的具体情况进行调整。

2. 施工项目的成本考核要与相关指标的完成情况相结合

成本考核的评分是奖罚的依据，相关指标的完成情况是奖罚的条件。也就是说，在根据评分计算的同时，还要参考相关指标的完成情况进行加奖或扣罚。

与成本考核相结合的相关指标，一般有工期、质量、安全和现场标准化管理。以工期指标的完成情况为例，说明如下：

1）工期提前，每提前一天，按应得奖金加奖10％。

2）按期完成，奖金不加不扣。

3）工期推迟，扣除应得奖金的50％。

3. 强调项目成本的中间考核

项目成本的中间考核，可从两方面考虑。

（1）月度成本考核

一般是在月度成本报表编制以后，根据月度成本报表的内容进行考核。在进行月度成本考核的时候，不能单凭报表数据，还要结合成本分析资料和施工生产、成本管理的实际情况，然后才能作出正确的评价。

（2）阶段成本考核

按项目的形象进度划分项目的施工阶段，一般可分为按基础、结构、装饰、总体四个阶段。如果是高层建筑，可对结构阶段的成本进行分层考核。

阶段成本考核的优点在于能对施工告一段落后的成本进行考核，可与施工阶段其他指标（如工期、质量等）的考核结合得更好，也更能反映施工项目的管理水平。

4. 正确考核施工项目的竣工成本

施工项目的竣工成本是在工程竣工和工程款结算的基础上编制的，它是竣工成本考核的依据。施工项目的竣工成本是项目经济效益的最终反映。它既是项目上缴利税的依据又是进行职工分配的依据。由于施工项目的竣工成本关系到国家、企业、职工的利益，必须做到核算正确、考核正确。

5. 施工项目成本完成情况的奖罚

对成本完成情况的经济奖罚，也应分别在月度考核、阶段考核和竣工考核三种成本考核的基础上立即兑现。不能只考核不奖罚，或者考核后拖了很久才奖罚。

由于月度成本和阶段成本都是假设性的，正确程度有高有低。因此，在进行月度成本和阶段成本奖罚的时候不妨留有余地，然后再按照竣工成本结算的奖金总额进行调整，多退少补。

施工项目成本奖罚的标准，应通过经济合同的形式明确规定，这就是说，经济合同规定的奖罚标准具有法律效力，任何人都无权中途变更，或者拒不执行。另一方面，通过经济合同明确奖罚标准以后，施工人员就有了奋斗目标，因而也会在实现项目成本目标中发挥更积极的作用。

复习思考题

1. 简述影响施工项目成本的主要因素，施工项目成本的特殊性。
2. 如何建立项目目标成本分解体系？
3. 简述施工项目成本管理的主要内容。
4. 作图说明施工项目成本目标责任体系。
5. 简述施工项目成本计划的组成。
6. 简述降低施工项目成本的措施有哪些？
7. 如何在施工项目实施过程中进行成本控制？成本节约与成本控制的关系如何？
8. 挣值法中的偏差分析都有哪些？所表达的含义是什么？
9. 简述施工项目成本核算的任务和要求。
10. 简述施工项目成本分析的内容和方法。
11. 简述施工项目成本考核的层次和内容。

第6章　施工项目资源管理

6.1 概　　述

项目资源管理就是对形成建筑物或构筑物的施工过程中所涉及的各生产要素的管理，即对项目所需人力、材料、设备、技术和资金等资源所进行的组织、协调和控制等活动。

6.1.1　项目资源管理的目的

项目资源管理的目的是在保证施工质量和工期的前提下，通过合理配置和调控，充分利用有限资源，节约使用资源，降低工程成本。资源管理应以实现资源优化配置、动态控制和成本节约为目的。优化配置就是按照优化的原则安排各资源在时间和空间上的位置，满足生产经营活动的需要，在数量、比例上合理，实现最佳的经济效益。另外还要不断调整各种资源的配置和组合，在变化中寻求最合理的流动和平衡，最大限度地使用好项目部有限的人、财、物去完成施工任务，始终保持各种资源的最优组合，努力节约成本，追求最佳经济效益。

6.1.2　项目资源管理的内容

资源作为工程项目实施的基本要素，通常包括：材料、机械设备、劳动力、资金，此外还可能包括信息系统、专利技术等。

1. 项目技术管理

施工项目技术管理是在遵循现场施工客观规律的基础上，通过不断提高施工企业的科技水平，并运用科学有效的管理方法，按照工程既定的项目目标对工程施工进行合理安排，从而实现建筑工程现场施工过程的安全有序，达到缩短施工工期、控制工程项目造价、确保工程项目质量的目的。

2. 材料与采购管理

主要是指在做好材料计划的基础上，搞好材料的供应、保管和使用的组织与管理工作。具体的讲，材料管理工作包括：材料定额的制定与管理、材料计划的编制、材料的库存管理、材料的订货、采购、组织运输、材料的仓库管理和现场管理、材料的成本管理等。材料管理是工程项目管理的重要组成部分，在工程建设过程中材料的采购管理、质量控制、环保节能、现场管理、成本控制是建筑工程管理的重要环节。搞好材料管理对于加快施工进度、保证工程质量、降低工程成本、提高经济效益，具有十分重要的意义。

3. 机械设备管理

机械设备管理的内容包括机械设备运动的全过程，即从选择机械设备开始，经生产领域的使用、磨损、补偿，直至报废退出生产领域为止的全过程。机械设备管理的主要任务就是：正确选择施工机械，保证机械设备经常处于良好状态，并提高机械设备的效率，适时地改造和更新机械设备，提高企业的技术装备程度，以达到机械设备的寿命周期费用最低，设备综合效能最高的目标。

4. 分包与劳务管理

工程分包是承包人将建筑工程中的专业工程或者劳务作业交于其他建筑企业完成的活动。劳务分包是指总承包人或专业承包人将其施工任务中的劳务作业交由有法定资质的劳务企业完成的活动。目前我国劳务市场上存在着很多问题，例如劳务人员权利得不到保障、劳务人员安全意识淡薄、劳务用工队伍组织缺乏弹性、用工队伍结构不合理、施工企业内部用工管理难度大等问题，因此加强劳务市场的管理是当务之急。劳务管理主要分为三个方面的管理：一是劳务招标管理，二是劳务合同管理，三是劳务队伍的现场管理。

5. 资金管理

项目资金管理，是指项目经理部对项目资金的计划、使用、核算、防范风险和管理工作。项目资金管理的内容主要包括项目融资、资金成本控制和资金风险控制等，其主要环节包括：资金的收支预测与对比，资金筹措和资金使用管理等。

6.1.3　项目资源管理的过程和程序

1. 项目资源管理的全过程

（1）根据工程技术设计和施工方案来确定资源的种类、质量和数量。

（2）资源供应情况调查和询价。

（3）确定各种资源使用的约束条件，包括总量限制、可用单位时间限制、供应条件和过程的限制。

（4）在工期计划的基础上，确定资源的使用计划。

（5）确定资源的供应计划、各个供应环节和它们的时间安排。

2. 项目资源管理程序

（1）在合同规定或施工生产要求的基础上，编制资源配置计划，以确定投入资源的数量与时间。

（2）根据所编制的资源配置计划，做好各种资源的供应工作。

（3）采取科学的措施，对资源进行有效组合，合理投入，动态管理。

（4）对资源的投入和使用情况进行定期分析，找出问题，总结经验并持续改进。

6.1.4　项目资源管理的基本工作

1. 编制项目资源管理计划

在工程项目开始施工之前，总承包商的项目经理部必须做出指导工程施工全局、统筹建筑施工全过程的施工组织计划，以对资源的投入量、投入时间、投入步骤有一个合理的安排，从而满足施工项目实施的要求。

项目施工过程中，往往涉及多种资源，如人力资源、原材料、机械设备、施工工艺及资金等，都必须按照工程施工准备计划，施工进度总计划和主要分部（项）工程进度计划以及工程的工作量，套用相关的定额，来确定所需资源的数量、进场时间、进场要求和进场安排，编制出详尽的需用计划表。

2. 保证资源的供应

在项目施工过程中，资源的供应是按照编制的各种资源计划，有专业部门人员负责组织资源的来源，进行优化选择，并把它投入到施工项目管理中，使计划得以实施、施工项目的需要得以保证。

3. 节约使用资源的措施。

节约使用资源应该是资源管理诸环节中最为重要的一环。因为在项目施工过程中，资源管理的最根本的意义就在于节约活劳动及物化劳动。要节约使用资源，就要根据每种资源的特性，设计出科学的措施，进行动态配置和组合，协调投入，合理使用，不断地纠正偏差，以尽可能少的资源，满足项目的使用要求，达到节约的目的。

4. 资源使用核算及资源使用效果分析

资源管理的另一个重要环节，就是对施工项目投入的资源的使用和产出情况进行核算。只有完成了这个程序，资源管理者才能做到心中有数，才知道哪些资源的投入、使用是恰当的，哪些资源还需要进行重新调整。对资源使用效果进行分析，一方面是对管理效果的总结，找出经验问题，评价管理活动；另一方面又为管理者提供储备与反馈信息，以指导以后的管理工作。

6.2 技术管理

6.2.1 施工项目技术管理概述

1. 施工项目技术管理的概念

施工项目技术管理，是指对施工技术构成要素和活动，进行决策、计划、组织、指挥、控制、协调、教育和激励的总称。其中施工技术构成要素，是各项技术活动赖以进行的技术标准与规程、技术情报、技术装备、技术人才及技术责任等；技术活动，是熟悉与会审施工图纸、编制施工组织设计，施工过程中的质量检验，直至建筑工程竣工验收，包括了工程建筑全过程的各项技术工作。

2. 施工项目技术管理工作内容

施工项目技术管理工作内容，如图 6-1 所示。

6.2.2 施工项目技术管理基础工作

1. 技术责任制度

建立技术责任制，首先要建立以项目技术负责人的技术业务统一领导和分级管理的技术管理工作系统，并配备相应的职能人员，然后按技术职责和业务范围建立各级技术人员的责任制。技术责任制可以使各级技术人员有一定的责任和权限，充分调动他们的积极性和创造性，既能完成各自负担的技术任务，又能把施工企业的技术管理工作和其他各项管理工作有机的结合起来。

2. 建立健全的技术原始记录

原始记录是提供工程形成过程实际状况的真实凭据，包括建筑材料，构配件，工程用品及施工质量检验、试验、测定记录，图纸绘审记录和设计交底记录，设计变更、技术核定记录，工程质量及安全事故分析和处理记录，施工日记等。

3. 贯彻技术标准和技术规程

技术标准分为国家标准（GB）和部（专业）标准。企业自定标准必须高于前两种标准，只有这样才能提高企业竞争能力。但在具体的工程项目中，又必须依据承包合同的规定采用相应的技术标准，否则将使施工无法有序进行。技术规程是为了贯彻技术标准，对施工作业方法、作业程序、技术要领和施工安全等方面做出具体技术规定。

项目经理部在施工生产活动中，要严格遵守、贯彻国家和上级颁布的技术标准和技术

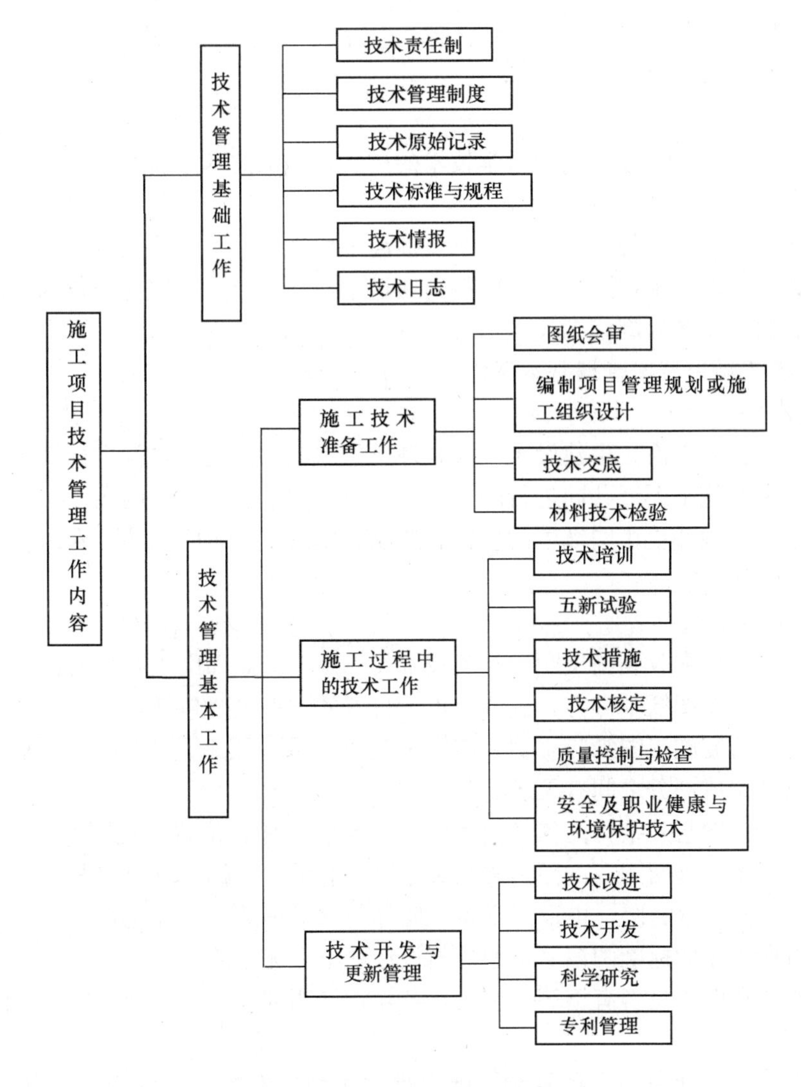

图 6-1　施工项目技术管理工作内容

规程，及各种建筑材料、半成品、成品的技术标准及相应的检验标准等，这些国家的标准、规范是施工的依据，是保证工程质量必须遵循的法规。

4. 建立施工技术日志

施工技术日志是施工中有关技术方面的原始记录。内容有：设计变更或施工图修改记录；质量、安全、机械事故的分析和处理记录；紧急情况下采取的特殊措施；有关领导部门对工程所作的技术方面的建议或决定等。

5. 建立工程技术档案

施工项目技术档案是在施工活动中积累形成的、具有保存价值并按照一定的立卷归档制度集中保管的技术文件和资料，如图纸、照片、报表、文件等。工程技术档案是工程交工验收的必备技术资料；同时也是评定工程质量、交工后对工程进行维护的技术依据之一；还能在发生工程索赔时提供重要的技术证据资料。

包括的主要内容是：①施工图的管理，企业应授权技术负责人指导专人进行图纸的签收、发放，保管、借阅，归档等业务的工作；②施工组织设计文件；③施工方案或大纲；④施工图放样；⑤技术措施。

6. 做好技术情报工作

由于社会生产力的不断发展和科学技术的进步，施工技术革新及新工艺法的开发，新材料、新设备的应用，使建筑业的施工水平日益提高。必须重视建筑技术发展的最新动态，努力结合实际，推广使用先进的成果，提高市场竞争力。因此项目经理部在施工活动中应注意收集、索取技术信息、情报资料，通过学习、交流，采用先进技术、设备，采用新工艺、新材料，不断提高施工技术水平。

6.2.3 施工项目技术管理基本工作

6.2.3.1 图纸会审

图纸会审是指开工前，由建设单位或监理单位组织，由设计单位进行设计交底，施工单位参加，对全套施工图纸共同进行的检查与核对。图纸会审的目的在于熟悉和掌握图纸的内容和要求，发现并更正图纸中的差错和遗漏，提出不便于施工的技术内容，解决各专业之间的矛盾和协作。

1. 图纸学习与自审

施工项目经理部在收到施工图及有关技术文件后，应立即组织有关人员学习研究施工图纸。在学习、熟悉图纸基础上，进行自审。自审的重点主要包括：

（1）了解和研究施工图纸与说明在内容上是否一致，图纸是否齐全，规定是否明确，以及设计图纸各组成部分之间有无矛盾和错误。

（2）审查建筑图与其结构图在几何尺寸、标高、坐标、位置、说明等方面是否一致，有无错误，平面图、立面图、剖面图之间关系是否有矛盾或标注有否遗漏。

（3）审查土建与水、暖、电以及设备之间如何交叉衔接，尺寸是否一致。

（4）审查所采用的标准图编号、型号与设计图纸有无矛盾。

（5）审查结构图中是否有钢筋明细表，若无钢筋明细表，关于钢筋构造方面的要求在图中是否说明清楚。

（6）审查设计图纸中的工程复杂、施工难度大和技术要求高的分部分项工程或新结构、新材料、新工艺，明确现有施工技术水平和管理水平能否满足工期和质量要求等。

2. 图纸会审的内容

（1）设计图纸必须是设计单位正式签署的图纸，凡是无证设计或越级设计，以及非设计单位正式签署的图纸不得施工。

（2）设计是否符合国家的有关技术政策、经济政策和相关规定。

（3）设计计算的假设条件和采用的处理方法是否符合实际情况，施工时有无足够的稳定性，对安全施工有无影响。

（4）地质勘探资料是否安全，设计的地震烈度是否符合要求。

（5）建筑、结构、水、暖、电、卫与设备安装之间有无重大矛盾。

（6）图纸及说明是否安全、清楚、明确，有无矛盾。

（7）图纸上的尺寸、标高、轴线、坐标及各种管线、道路、立体交叉、连接有无矛盾等。

（8）防火要求是否满足。

（9）实现新技术项目、特殊工程、复杂设备的技术可能性和必要性如何，是否有必要的措施。

6.2.3.2　技术交底

技术交底是在正式施工之前，对参与施工的有关管理人员、技术人员和工人交代工程情况和技术要求，避免发生指导和操作的错误，以便科学地组织施工，并按合理的工序、工艺流程进行作业。

1. 技术交底的内容

（1）图纸交底。目的是使施工人员了解施工工程的设计特点、构造要求、抗震处理要求、施工时应注意的事项等，以便掌握设计关键，结合本企业的施工力量、技术水平、施工设备等，合理组织按图施工。

（2）施工组织设计交底。将施工组织设计的全部内容向参与施工的有关人员交代，以便掌握工程特点、施工部署、任务划分、施工方法、施工进度、各项管理措施、平面布置等，用先进的技术手段和科学的组织手段完成施工任务。

（3）设计变更和洽商交底。将设计变更的结果向参与施工的人员做统一说明，便于统一口径，避免差错。

（4）分项工程技术交底。分项工程技术交底主要包括施工工艺、技术安全措施、规范要求、操作规程和质量标准要求等。

对于重点工程、工程重要部位、特殊工程和推广与应用新技术、新工艺、新材料、新结构的工程，在技术咨询时更需要作全面、明确、具体、详细的技术交底。

2. 技术交底的表现形式

技术交底应根据工程施工技术的复杂程度，采取不同的形式。一般采用文字、图表形式交底，或采用示范操作和样板的形式交底。随着虚拟建造技术在施工管理中的应用，对于复杂的项目，还可以将虚拟建造技术用于技术交底。不过，书面交底仅仅是一种形式，技术管理的大量工作是检查、督促。在施工过程，反复检查技术交底的落实情况，加强施工监督，对中间验收要严格，从而保证施工质量。

混凝土工程技术交底记录　　**表 6-1**

单位工程名称：　　交底日期：

施工部位及结构名称：　　工程数量：

<table>
<tr><td colspan="5">1. 混凝土配合比</td></tr>
<tr><td>混凝土强度等级</td><td>水泥：水：砂：石子</td><td>水泥用量（kg）</td><td>水泥品种</td><td>坍落度</td></tr>
<tr><td></td><td></td><td></td><td></td><td></td></tr>
<tr><td colspan="5">2. 浇灌方法：</td></tr>
<tr><td>浇灌顺序</td><td colspan="4"></td></tr>
<tr><td>分层厚度</td><td colspan="4"></td></tr>
<tr><td>施工缝位置</td><td colspan="4"></td></tr>
<tr><td>劳动力组织</td><td colspan="4"></td></tr>
<tr><td>预计浇灌时间</td><td colspan="4"></td></tr>
<tr><td>注意事项</td><td colspan="4"></td></tr>
</table>

交底人：　　被交底人：

6.2.3.3 设计变更与洽商记录

1. 设计变更

(1) 设计变更原因

设计变更的原因主要有：①图纸会审后，设计单位根据图纸会审纪要与施工单位提出的图纸错误、建议、要求，对设计进行变更修正；②在施工过程中，发现图纸错误，通过工作联系单，由建设单位转交设计单位，设计单位对设计进行修止；③建设单位在施工前或施工中，根据情况对设计提出新的要求，如增加建筑面积、提高建筑和装修标准、改变房间使用功能等，设计单位按照这些新要求，对设计予以修改；④因施工本身原因，如施工设备问题、施工工艺、工程质量问题等，需设计单位协助解决问题，设计单位在允许的条件下，对设计进行变更；⑤施工中发现某些设计条件与实际不符，此时必须根据实际情况对设计进行修正。如某些基础施工中经常出现。

(2) 设计变更手续

所有设计变更均须由设计单位或设计单位代表签字（或盖章），通过建设单位提交给施工单位。施工单位直接接受设计变更是不适合的，具体办法是：

①对于变更较少的设计，设计单位可以通过变更通知单，由施工单位自行修改，在修改的地方加盖图章，注明设计变更编号。若变更较大，则需设计单位附加变更图纸，或由设计单位另行设计图纸。②设计变更若与以前洽商记录有关，要进行对照，看是否存在矛盾或不符之处。③若施工中的设计变更对施工产生直接影响，如施工方案，施工机具，施工工期，进度安排、施工材料，或提高建筑标准，增加建筑面积等，均涉及工程造价与施工预算，应及时与建设单位联系，根据承包合同和国家有关规定，商讨解决办法。④若设计变更与分包单位有关，应及时将设计变更有关文件交给分包施工单位。⑤设计变更的有关内容应在施工日志上记录清楚，设计变更的文本应登记、复印后存入技术档案。

2. 洽商记录

在施工中，建设、施工、设计三方应经常举行会晤，解决施工中出现的各种问题，对于会晤洽谈的内容应以洽商记录方式记录下来。

(1) 洽商记录应填写工程名称、洽商日期、地点、参加人数、各方参加者姓名。

(2) 在洽商记录中，应详细记述洽谈协商的内容及达成的协议或结论。

(3) 若洽商与分包商有关，应及时通知分包商参加会议，并参加洽商会签。

(4) 凡涉及其他专业时，应请有关专业技术人员会签，并发给该专业技术人员洽商单，注意专业之间的影响。

(5) 原洽商条文在施工中因情况变化需再次修改时，必须另行办理洽商变更手续。

(6) 洽商中凡涉及增加施工费用，应追加预算的内容，建设单位应给予承认。

(7) 洽商记录均应由施工现场技术人员负责保管，作为竣工验收的技术档案资料。

6.2.3.4 隐蔽工程的检查与验收

隐蔽工程检查与验收，是指本工序操作完成以后将被下道工序掩埋、包裹而无法再检查的工程项目，在隐蔽之前所进行的检查与验收。它是建筑工程施工中必不可少的重要程序，是对施工人员是否认真执行施工验收规范和工艺标准的具体鉴定，是衡量施工质量的重要尺度，也是工程技术资料的重要组成部分，工程交工使用后又是工程检修、改建的依据。

（1）隐蔽工程检查与验收的项目

通常包括土建工程、给排水与暖通工程、电气工程中各种项目的隐蔽工程，例如地槽的隐蔽验收、基础的隐蔽验收、钢筋工程、防水工程、暗管道工程、检查消防系统中消火栓、水泵接合器等设备的安装与试用情况、锅炉工程、电气工程暗配线等。

（2）隐蔽工程检查验收记录

隐蔽工程检查记录由施工技术员或单位工程技术负责人填写，必须严肃认真、正规全面，不得漏项、缺项。经检查合格的工程，应及时办理验收记录和签字，隐蔽工程检查验收记录内容如下：

①单位工程名称及编号、检验日期；②施工单位名称；③验收项目的名称、在建筑物中的部位、对应图纸的编号；④隐蔽工程检查验收的内容、说明或附图；⑤材料、构件及施工试验的报告编号；⑥检查验收意见；⑦各方代表及负责人签字，包括建设单位、施工单位以及质量监督管理和设计部门等。

6.2.3.5　技术复核及技术核定

1. 技术复核

技术复核是指在施工过程中，对重要的和涉及工程全局的技术工作，依据设计文件和有关技术标准进行的复查和核验。其目的是为了避免发生影响工程质量和使用的重大差错，以维护正常的技术工作秩序。复核的内容视工程的情况而定，一般包括建筑物位置坐标、标高和轴线、基础、模板、钢筋、混凝土、大样图、主要管道、电气等及其配合，如表 6-2 所示。建筑企业应将技术复核工作形成制度，发现问题及时纠正。

技术复核项目及内容　　　　**表 6-2**

项目	复核内容
建（构）筑物定位	测量定位的标准轴线桩、水平桩、轴线标高
基础及设备基础	土质、位置、标高、尺寸
模板	尺寸、位置、标高、预埋件预留孔、牢固程度、模板内部的清理工作、湿润情况
钢筋混凝土	现浇混凝土的配合比，现场材料的质量和水泥品种标号，预制构件的位置、标高、型号、搭接长度，焊缝长度，吊装构件的强度
砌体	墙身轴线、皮数杆、砂浆配合比
大样图	钢筋混凝土柱、屋架、吊车梁及特殊项目大样图的形状、尺寸、预制位置
其他	根据工程需要复核的项目

2. 技术核定

技术核定是在施工过程中，如发现图纸仍有差错，或因施工条件发生变化，材料和半成品等不符合原设计要求，采用新材料、新工艺、新技术及合理化建议等各种情况或事先未能预料的各种原因，对原设计文件所进行的一种局部修改。技术核定是施工过程中进行的一项技术管理工作。

为避免发生重大差错，在分项工程正式施工前，应按标准规定对重要项目进行复查、校核，主要复查项目有建（构）筑物位置、模板、钢筋混凝土、砖砌体、大样图、主要管道、电气等。

6.2.3.6 工程技术档案制度

工程技术档案是指反映建筑工程的施工过程、技术、质量、经济效益、交付使用等有关的技术经济文件和资料。

1. 技术档案的内容

(1) 工程交工验收后交由建设单位保管的技术档案

①竣工图和竣工项目一览表（竣工工程名称、位置、结构、层、工程量或安装工程的设备、装置的数量等）。②图纸会审记录、设计变更和技术核定单。③材料、构件和设备的质量合格证明。④隐蔽工程验收记录。⑤工程质量检查评定和事故处理记录。⑥设备调试、试压、试运转等记录。⑦永久性测量基准点的位置，建筑物和构筑物施工测量定位记录，沉陷、变形观测记录。⑧主要结构和部位的试件、材料试验及检查记录。⑨施工和设计单位提出的建筑物、构筑物、设备使用注意事项的文件。⑩其他有关该项工程的技术决定。

(2) 由建筑企业保存的施工组织与管理方面的工程技术档案

①施工组织设计文件。②新结构、新技术、新材料、新机械的试验研究资料及其经验总结。③重大质量安全事故分析及其补救措施记录。④有关技术管理的经验总结。⑤重大技术决定及施工日志。⑥大型临时设施档案，如工棚、食堂、仓库、围墙、刺丝网、变压器、水电管线的设计和总平面布置图、施工图，跨度在 9 米及 9 米以上的木屋架的计算书。⑦为工程交工验收准备的资料。如施工执照、测量记录、设计变更洽商记录、材料试验记录（包括出厂证明），成品及半成品出厂证明检验记录、设备安装及暖气、卫生、电气、通风的试验记录，以及工程检查、验收记录等。

2. 工程技术档案的整理

工程技术档案的整理工作包括系统整理和目录编制。

(1) 工程技术档案的系统管理。是在全面收集工程技术档案材料的基础上，进行科学分类和排序。分类应符合技术档案归档要求，一般按工程项目分，使同一项工程的技术档案都集中在一起，以便于反映该项工程的全貌。在每一类下，又可按工程专业分为若干类，如建筑、结构、采暖、通风、燃气、给排水、设备、电气、组织、管理、经济等，以便从专业角度查找。

(2) 工程技术档案的目录编制。应通过一定形式，按照一定要求，总结整理成果，揭示工程技术档案的内容和它们之间的联系，便于检索。

6.3 材料与采购管理

6.3.1 材料管理的意义与任务

1. 材料管理的意义

施工生产的过程同时也是材料消耗的过程，材料是生产要素中价值量最大的组成要素。因此，加强材料的管理是生产的客观要求。加强材料管理是改善企业各项技术经济指标和提高经济效益的重要环节。材料管理水平的高低，会通过工作量、劳动生产率、工程质量、成本、流动资金占用的多少和周转速度等各项指标直接影响到企业的经济效益。因此，材料管理工作直接影响到企业的生产、技术、财务、劳动、运输等各方面的活动。其对企业完成生产任务，满足社会需要和增加利润起着重要的作用。

2. 材料管理的任务

材料管理工作的任务，一方面要保证生产的需要，另一方面要采取有效措施降低材料的消耗，加速资金的周转，提高经济效益，其目的就是要用最少的资金取得最大的效益。具体要做到：

（1）按期、按质、按量、适价、配套的供应生产所需的各种材料，保证生产正常进行。

（2）经济合理的组织材料供应，减少储备，改进保管，降低消耗。

（3）监督与促进材料的合理使用和节约使用。

6.3.2 材料的计划管理

6.3.2.1 材料需用计划

材料需用计划是根据工程项目有关合同、设计文件、材料消耗定额、施工组织设计及其施工方案、进度计划编制的，用以反映完成工程项目以及相应计划期内所需材料品种、规格、数量和时间要求的文件。

对于整个工程项目而言，在确定材料需用量时，通常应根据不同的特点，来选择不同方法，一般的确定方法有定额计算法、动态分析法、类比计算法和经验估计法。

根据计划工程量、材料消耗定额或历史消耗水平，在已有材料消耗定额时按下式计算：

$$\text{材料需用量}=\text{计划工程量}\times\text{材料消耗定额} \tag{6-1}$$

在没有材料消耗定额时，采用间接计算法，主要有动态分析法和类似工程对比法。

动态分析法是以历史上实际材料消耗水平为依据，考虑到计划期影响材料消耗变动因素，利用一定的比例或系数对上期的实际消耗进行修正，其计算公式为：

$$\text{材料需用量}=\text{计划期工程量}\times\frac{\text{上期实际消耗量}}{\text{上期实际完成工程量}}\times\text{调整系数} \tag{6-2}$$

在上式中，调整系数是根据降低材料消耗的要求，节约措施及消除上期实际消耗中的不合理因素确定的。

类似工程对比法是根据同类工程的实际消耗材料进行对比分析计算而得，其计算公式为：

$$\text{材料需用量}=\text{计划工程量}\times\text{类似工程材料消耗定额}\times\text{调整系数} \tag{6-3}$$

在上式中，调整系数可根据该工程与类似工程有关质量、结构、工艺等差异的对比分析加以取定。

综合分析以上所述各种方法，定额计算法作为一种直接计算的方法，其结果比较准确，但要求具有相应、适当的材料消耗定额。动态分析法简便、适用，但具有一定的误差，多用于缺少材料消耗定额、只有对比期材料消耗数据的情况，而且其结果的精度与两期数据的可比性关系密切。类比计算法的误差较大，多用于计算新工程、新工艺等对于某些材料的需用量。

另外还可以考虑用经验估计法，它是由计划人员根据以往经验来估算材料需用量的方法。由于其对计划人员要求高、科学性差，经验估计法作为一种补充，主要用于不能采用其他方法的情况。

6.3.2.2 材料计划管理

1. 材料供应计划

材料供应计划是根据材料需用计划、可供应货源编制的，用以反映工程项目所需材料来源的文件。

（1）材料供应数量的确定

材料的供应数量，应在计划期材料需用量的基础上，预计各种材料的期初储存量、期末储备量，经过综合平衡后，加以确定。其计算公式如下：

计划期内材料供应量＝期内需用量－期初存储量＋期末储备量 （6-4）

在式（6-4）中，某种材料的期末储备量需要考虑经常储备和保险储备，并主要取决于供应方式和现场条件，一般可按下式计算：

期末储备量＝日需用量×(供应间隔天数＋运输天数＋入库检验天数＋生产前准备天数) （6-5）

（2）材料储备量的确定

计划期初库存量＝编制计划时实际库存量＋期初前预计到货量－期初前预计消耗量 （6-6）

计划期末库存量＝(0.5～0.75)×经济库存量＋保险储备量 （6-7）

乘以（0.5～0.75）是因为库存量是一个变量，在计划期末不可能恰好处在最高库存，故取经济库存的平均值或偏大一些。

（3）材料申请采购量的确定

材料申请采购量＝材料需要量＋计划期末库存量
－(计划期初库存量－计划期内不合用数量)－企业可利用资源 （6-8）

（4）材料供应计划的平衡

材料平衡的具体内容包括总需要量与资源总量的平衡，品种需要与配套供应的平衡，各种用料与各个工程的平衡，公司供应与项目经理部供应的平衡，材料需要量与资金的平衡等。而且，在材料供应计划执行过程中，应进行定期或不定期的检查；在涉及到设计变更、工程变更时，必须做出相应的调整和修改，制订相应的措施，以书面形式及时通知有关部门，并妥善处理、积极解决材料的余缺。

2. 材料采购计划

材料采购计划是根据材料供应计划编制的，反映施工承包企业或项目经理部需要从外部采购材料的数量、时间等的文件。它是进行材料订货、采购的依据。

其中，材料采购量可按下式计算：

材料采购量＝材料需要量＋期末库存量－(期初库存量－期内不可用数量)
－可利用资源总量 （6-9）

在式（6-9）中，某种材料的不合用数量是指在库存量中，由于材料规格、型号不符合任务需要而扣除的数量；可利用资源总量是指经加工改制的呆滞物资、可利用的废旧物资以及采取技术措施可节约的材料等。

3. 材料节约计划

材料节约计划是根据材料的耗用量、生产管理水平以及施工技术组织措施编制的，反映工程项目材料消耗或节约水平的文件。

节约材料的具体途径，应当因企业、项目以及项目经理部等具体情况而异，但根据科学合理的材料节约计划，借助“ABC分类法”原理把握重点材料，运用存储理论优化订购数量，通过技术、经济、组织等综合措施（例如，改进施工方案、研究材料代用），往往可以取得较好的工作成效。

由于用量和价格变化均可导致材料费用的变化，因此，可用下式评价材料节约计划的执行效果：

材料成本降低额＝(材料计划用量－材料实际用量)×材料价格
＋(材料计划价格－材料实际价格×材料实际用量) (6-10)

在式（6-10）中，前者反映了主要由于内部原因造成的材料消耗的“量差”带来的节约或超支，后者则反映了由于内部和市场原因造成的材料消耗的“价差”带来的节约或超支。因此，高水平的材料管理工作应贯穿于材料管理的所有环节。

6.3.3 材料的采购管理

6.3.3.1 采购方式的选择

根据来源与交易方式的不同，材料采购的主要方式包括购买和租赁两类：前者通过支付全部款项实现了所有权的转移，并主要用于大宗材料的购买；后者通过支付租金取得了相应期限内的使用权，且主要用于周转材料和大中型工具。而且，从理论上讲，无论是购买还是租赁，均可通过公开招标、邀请招标和协商采购这三种方式实现交易。

公开招标具有投标人竞争比较充分、招标人选择余地大，有利于保证采购质量、缩短供货期、节约费用等优点。但是，也存在着招标工作量大、组织复杂、费时较多，以及投入的人力、物力等社会资源较多等缺点。因此，在材料管理中，该方式主要适用于重大工程项目中使用的大宗材料的采购。

邀请招标具有节省招标所需的费用、时间，较好地限制投标人串通抬价等优点。但同时具有竞争不充分、不利于招标人获得最优报价等不足。因此，在材料管理中，该方式主要适用于大中型项目中使用的，已经达到招标规模和标准的大宗材料的采购。

协商采购既具有节约时间的优点，也具有缺乏竞争性的缺点。根据我国现行规定，重要设备、材料等货物的采购，单项合同估算价在100万元人民币以上的，必须采用公开招标或邀请招标方式。因此，在材料管理中，该方式主要适用于未达到招标规模和标准的一般材料的购买或租赁。

6.3.3.2 采购数量的确定

适宜的材料采购数量，不仅可以避免资金大量积压、享受价格优惠，而且可以保证工程建设的需要。而且，其有定量订购法、定期订购法可供选择。

1. 定量订购法

定量订购法是指当材料库存量消耗达到安全库存量之前的某一预定库存量水平时，按一定批量组织订货，以补充、控制库存的方法。在图6-2中，A是预定的库存量水平，即订购点；B是安全库存量；Q是订购批量。

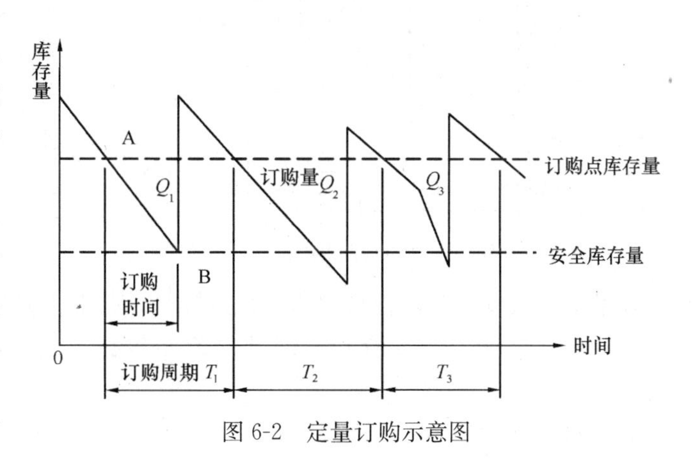

图6-2 定量订购示意图

(1) 订购点的确定

一般来讲，某种材料的订

购点（A）可按下式计算：

$$订购点=日平均需要量\times最长订购时间+安全库存量 \quad (6\text{-}11)$$

在式（6-11）中：最长订购时间是指从开始订购到验收入库为止所需的订货、运输、验收以及可能的加工、准备时间；安全库存量（B）是为了防止缺货、停工待料风险而建立的库存，通常按材料平均日需要量与根据历史资料、到货误期可能性等估算的平均误期天数之积计算。

由于安全库存量对于材料采购具有重要影响，因此应综合考虑仓库保管费用和缺货损失费用而科学确定。例如，当安全库存量大时，缺货概率小、缺货损失费用小，但仓库保管费用增加；反之亦然。而且，当缺货损失费用期望值与仓库保管费用之和最小时，即为最优安全库存量。

（2）经济订购批量的确定

经济订购批量（EOQ）是指某种材料订购费用和仓库保管费用之和为最低时的订购批量，其计算公式如下：

$$经济订购批量=\sqrt{\frac{2\times年需要量\times每次订购费用}{材料单价\times仓库保管费率}} \quad (6\text{-}12)$$

在式（6-12）中：订购费用是指每次订购材料运抵仓库之前所发生的一切费用，主要包括采购人员工资、差旅费、采购手续费、检验费等；仓库保管费率是指仓库保管费用占库存平均费用的百分率，仓库保管费主要包括材料在库或在场所需的流动资金的占用利息、仓库的占用费用（折旧、修理费等）、仓库管理费、燃料动力费、采暖通风照明费、库存期间的损耗以及防护、保险等一切费用。

由于定购时间不受限制、适应性强，定量订购法在材料需要量波动较大时，可根据库存情况考虑需要量变化趋势，随时组织订货、补充库存，可以适当减少安全库存量。但是，此法要求外部货源充足以及对库存量的不间断盘点；而且当库存量达到订购点时即行组织订货，将会加大材料管理的工作量，以及订货、运输费用和采购价格。因此，该方法主要适用于高价物资，安全库存少、需严格控制、重点管理的材料；需要量波动大或难以估计的材料；不常用或因缺货造成经济损失较大的材料等。

2. 定期订购法

定期订购法是按事先确定的订购周期，例如每季、每月或每旬订购一次，到达订货日期即组织订货的方法。如图 6-3 所示，其订购周期相等，但每次订购数量不等。

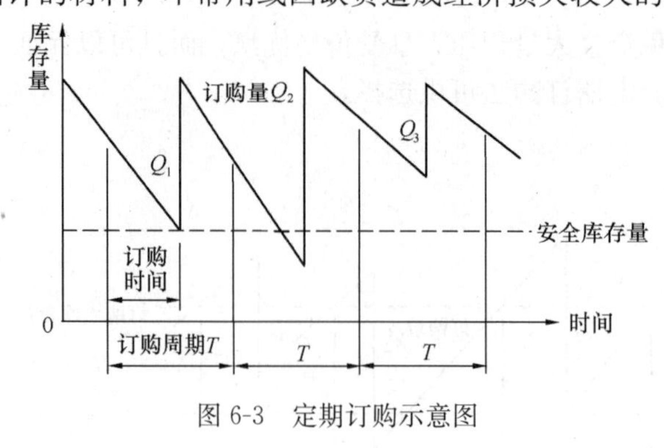

图 6-3　定期订购示意图

（1）订购周期的确定

首先用材料的年需要量除以经济订购批量求得订购次数，然后再以一年的 365 天除以订购次数可得订购周期。而订购的具体日期，则应考虑提出订购时的实际库存量要高于安全库存量，即其保险储备必须满足供应间隔期和订购期的材料需要量。

（2）订购数量的确定

每次订购的数量应根据在下次到货前材料的需用数量，减去订货时的实际库存量而定。其计算公式如下：

$$订购数量=(订购天数+供应间隔天数)\times 日平均需要量+安全库存量-实际库存量 \quad (6\text{-}13)$$

在式（6-13）中，供应间隔天数是指相邻两次到货之间的间隔天数。

由于通常是在固定的订货期间对各种材料统一组织订货，所以定期订购法无须不断盘点各种材料库存，可以简化订货组织工作，降低订货费用。而且，该方法可事先与供货方协商供应时间，有利于实现均衡、经济生产。但是，其保证程度相对较低，故定期订购法主要用于需要量波动不大的一般材料的采购。

6.3.3.3　材料采购程序

在材料的实际采购过程中，通常按以下程序开展工作：①明确材料采购的基本要求、采购分工及有关责任；②进行采购策划，编制采购计划；③进行市场调查、选择合格的产品供应单位，建立名录；④通过招标或协商议标等方式，进行评审并确定供应商；⑤签订采购合同；⑥运输、验收、移交采购材料；⑦处置不合格产品；⑧采购资料归档。

6.3.4　材料库存及现场管理

6.3.4.1　材料库存管理

1. 库存费的构成

对材料进行一定数量的库存，就要有一定的库存费用。其成本构成是订购成本、存货成本、缺货成本。企业要保持生产的正常进行，必须建立一定的库存。但是，库存量必须经济合理，不宜多，也不宜少，这样才能使企业获得良好的经济效益，因此必须对库存进行严格的控制和管理。

2. 平均库存量

它是指库存量的平均数，有如下类型：

（1）若一定时间内进货一次，而且每日使用量相等，则库存量与时间呈线性关系，平均库存量等于初期库存量的一半，如图 6-4 所示。

（2）若一定时间内进货一次，而且使用量受季节与生产不均衡性影响，其库存量与时间成一曲线关系，如图 6-5 所示，平均库存量等于曲线下面积除以时间 t。

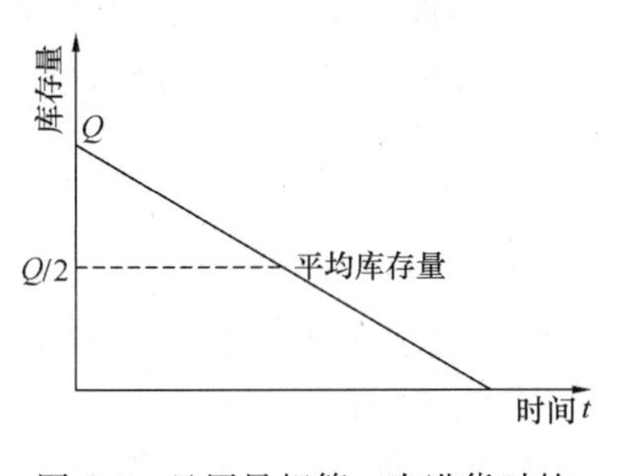

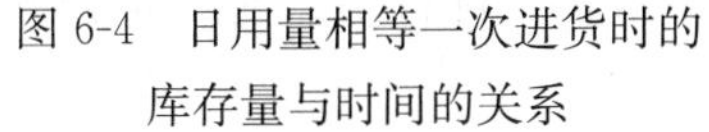
图 6-4　日用量相等一次进货时的库存量与时间的关系

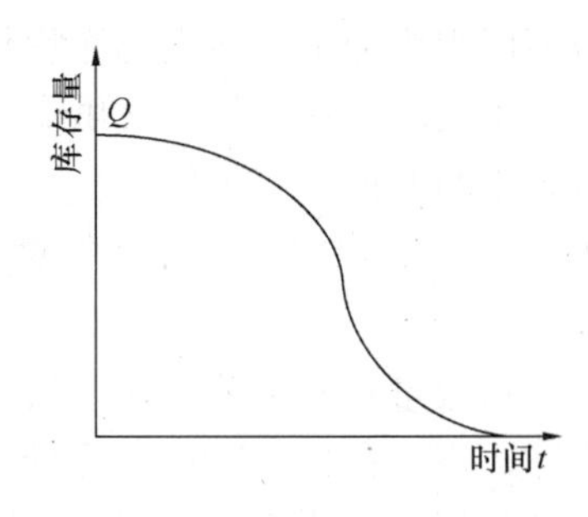

图 6-5　季节不均衡时库存量与时间的关系

（3）若一定时间内进货不止一次，但各批次进货数量相等，且每日等量使用，则平均库存量等于每批进量的一半，如图 6-6 所示。

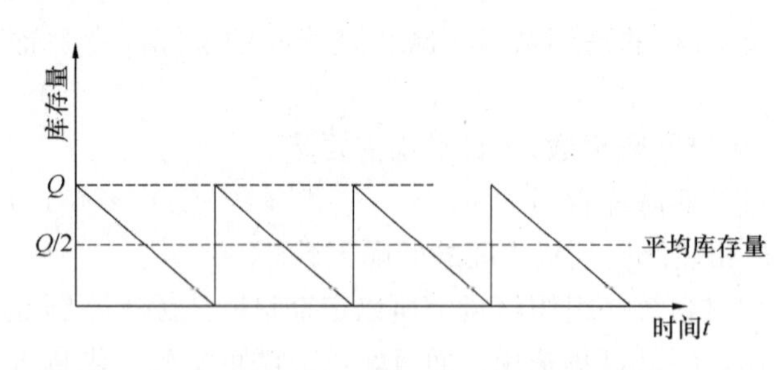

图 6-6　多次进货日用量相等时库存量与时间的关系

6.3.4.2　材料仓库管理

材料仓库管理工作对保证材料及时供应、合理储备、加速材料周转、减少材料损耗、节约合理用料、降低成本有着重要的意义。材料仓库管理主要包括以下工作：

（1）材料验收入库

材料验收应以合同为依据，检验到货的名称、规格、数量、质量、价格、日期等。通常情况下应进行全数检查；对数量较大而协作关系稳定、证件齐全、运输良好、包装完整者可采用抽检。只有单据、数量、质量验收无误，才能办理入库手续。验收入库后，应立即记账、立卡、建档。

（2）材料保管维护

材料保管维护的基本要求是：合理存放，妥善维护，加强账、卡、物管理，达到节省库存容量，入库和领用方便，节省人力消耗，减少库存损耗。

（3）材料的发放

材料发放的基本要求是：按质、按量、齐备、准时，有计划地发放材料，确保生产一线的需要，严格出库手续，防止不合理领用，促进材料的节约和合理使用。

（4）清仓盘点和多余材料处理

仓库材料流动性大，为了及时掌握材料的变动情况，应认真做好清仓盘点工作。清仓盘点的主要要求是：检查账、物是否相符；各种材料有无超储积压、损坏、变质；检查安全设施和库存设备有无损坏；核定库存资金的占用量。对超储呆滞的多余材料应及时处理。

6.3.4.3　材料现场管理

材料现场管理是材料管理工作的基本落脚点，是管好、用好材料的重要环节。

1. 现场材料计划管理

① 根据工程变更及调整的施工预算，及时向企业材料部门提出调整供料月计划，作为动态供料的依据；②根据施工图纸、施工进度，在加工周期允许时间内提出加工制品计划，作为供应部门组织加工和向现场送货的依据；③根据施工平面图对现场设施的设计，按使用期提出施工设施用料计划，报供应部门作为送料的依据；④按月对材料计划的执行情况进行检查，不断改进材料供应。

2. 现场材料验收、保管、发放和核算

（1）验收

为了把住材料数量和质量关，在材料进场时必须根据进料计划、送料凭证、质量保证书或产品合格证，进行材料的数量和质量验收：验收工作按质量验收规范和计量检测规定进行；验收内容包括品种、规格、型号、质量、数量、证件等；对不符合计划要求或质量不合格的材料应拒绝验收。

（2）保管

现场材料要加强保管，做到防火、防盗、防雨、防变质、防损坏，建立健全保管制度；现场材料的放置要按平面布置图实施；对于各种工具，可采取随班组转移的办法，按定额配给班组，增强职工的责任感，减少混用和丢失。

(3) 发放

现场应严格限额领料，凡有定额的工程用料，凭限额领料单领发材料；施工设施用料也实行定额发料制度，以设施用料计划进行总控制；超限额的用料，用料前应经有关人员批准，填制限额领料单，并注明超耗原因。周转材料按工程量、施工方案编报需用计划，做好回收验收记录。建立维修制度，按规定进行报废处理。

(4) 核算

施工过程中要坚持材料的中间核算，以便及时发现问题，努力节约，防止材料超用。工程完工后，在组织工料消耗与分析的基础上，按单位工程核算材料消耗，并分析原因，总结经验。

3. 材料的使用认证

要重视材料的使用认证，以防错用或使用不合格的材料。

(1) 对主要装饰材料及建筑配件，应在订货前要求厂家提供样品或看样订货；主要设备订货时，要审核设备清单是否符合设计要求。

(2) 对材料性能、质量标准、适用范围和对施工要求必须充分了解，以便慎重选择和使用材料。

(3) 凡是用于重要结构、部位的材料，使用时必须仔细地核对、认证，其材料的品种、规格、型号、性能有无错误，是否适合工程特点和满足设计要求。

(4) 新材料应用必须通过试验和鉴定；代用材料必须通过计算和论证，并要符合结构构造的要求。

(5) 材料认证不合格时，不许用于工程中，有些不合格的材料，如过期、受潮的水泥是否降级使用，亦需结合工程的特点予以论证，但决不允许用于重要的工程或部位。

6.4 机械设备管理

6.4.1 机械设备管理概述

1. 机械设备管理的意义

施工现场机械设备，通常是指为施工服务的施工机械，运输、加工与维修设备等各种生产性机械设备。它包括起重机械、挖掘机械、土方铲运机械、桩工机械、钢筋混凝土机械、木工机械，以及各类汽车、动力设备、焊接切割机械、锻压铸造热处理设备、金属切削机床、测试仪器和科学试验设备等。

施工机械设备管理的意义在于按照机械设备运转的客观规律，通过对施工所需要的机械设备进行合理配置，优化组合，严密地组织管理，使操作人员科学的应用装备，从而达到用少量的机械去完成尽可能多的施工任务，大大地节约资源，提高企业经济效益的目的。

2. 机械设备管理的内容和任务

机械设备管理的内容包括机械设备运动的全过程，即从选择机械设备开始，经生产领域的使用、磨损、补偿，直至报废退出生产领域为止。机械设备运动的全过程包括两种运动形态：一是机械设备的物质运动形态，包括设备选择、进场验收、安装调试、合理使用、维护修理、更新改造、封存保管、调拨报废和设备的事故处理等。二是设备的价值运动形态，即资金运动形态，包括机械设备的购置投资、折旧、维修支出、更新改造资金的来源和支出等。

机械设备的管理应包括这两种运动形态的管理。在实际工作中，前者一般叫机械设备的使用业务管理（或叫设备的技术管理），由机械设备管理部门承担；后者是机械设备的经济管理，构成企业的固定资金管理，由企业的财务部门承担。

因此，机械设备管理的主要任务就是：正确选择施工机械，保证机械设备经常处于良好状态，并提高机械设备的效率，适时地改造和更新机械设备，提高企业的技术装备程度，以达到机械设备的寿命周期费用最低，设备综合效能最高的目标。

6.4.2 机械设备的合理装配

6.4.2.1 机械设备装备的依据和原则

机械设备的合理装备总体上的原则，应当是技术上先进，经济上合理，生产上适用。结合建筑生产的特点和我国建筑机械设备的生产供应等条件，建筑企业机械的装备应该考虑以下原则：

（1）贯彻机械化、半机械化和改良工具相结合的方针。

（2）坚持土洋结合，中小为主，国产机械为主。

（3）建筑企业的机械装备应有重点，一般顺序是：①不用机械不能完成的作业；②不用机械就不能保证和提高质量的作业；③劳动强度大的工种。符合这一要求的有五大工种，即土石方开挖、混凝土作业、运输装卸、起重吊装、装修。

（4）一定要讲求经济效益，充分体现机械化的优越性。机械化的优越性不仅是机械的先进性，还要表现出经济上的合理性。

6.4.2.2 机械设备的选择与评价

当企业需要自身装备并购置机械时，必须从技术、经济以及使用维修等多方面综合进行考虑，认真进行选择和评价。要对比各种方案，选出最优方案，使有限的机械设备投资发挥最大的效益。

（1）机械设备选择应考虑的因素

生产性，指机械设备的生产率，它是以单位时间内完成的产量来表示；可靠性，指机械设备使用中性能发挥稳定可靠，不易出现故障；节能性，指机械设备要节省能源消耗，一般以机械设备单位开动时间的能源消耗量表示；安全性，指生产时对安全的保证程度，显然是越安全越好；成套性，指机械设备要配套；环保性，即对环境的影响；灵活性，根据建筑生产的特点，对建筑机械的要求是轻便、灵活、多功能、适用性强、结构紧凑、重量轻、体积小以及易于拆装等；耐用性，既机械设备的使用寿命要长；维修性，维修的难易程度；机械设备的购置价格、使用费用、维修费用的多少，要求做到在整个寿命周期中费用最少；机械设备的利用率和工作效率。

以上是影响设备选择的重要因素。但必须指出，实际上并没有兼顾以上各点的设备。各方面的因素有时是互相矛盾、相互制约的。因此，在选择设备时，凡是可以用数量表示的，如生产效率、能源、原材料节约等，应进行定量分析；不能用数量表示的，如安全性、成套性等，则进行定性分析。最简便的方法是按每个因素的情况给不同设备评分，最后以累计得分最高的为最优先设备。

（2）机械设备的评价

经济评价的方法有：

1）投资回收期法

$$机械设备投资回收期(年)=\frac{投资费(元)}{采用新设备后的年节约额(元/年)} \quad (6\text{-}14)$$

在其他条件相同的情况下，投资回收期最短的设备为最优设备。

2）单位工程量成本比较法

机械设备使用的成本费用分为可变费用和固定费用两大类。可变费用又称操作费，它随着机械的工作时间变化，如操作人员的工资、燃料动力费、小修理费、直接材料费等。固定费用是按一定施工期限分摊的费用，如折旧费、大修理费、机械管理费、投资应付利息、固定资产占用费等，租赁机械的固定费用是按期交纳的租金。在多台机械可供选用时，可优先选择单位工程量成本费用较低的机械。单位工程量成本的计算公式是：

$$C=\frac{R+Px}{Qx} \quad (6\text{-}15)$$

式中　C——单位工程量成本；

R——定期间固定费用；

P——单位时间变动费用；

Q——单位作业时间产量；

x——实际作业时间（机械使用时间）。

3）界限时间比较法

界限时间（X_0）是指两台机械设备的单位工程量成本相同的时间。由式 6-15 可知单位工程量成本 C 是作业时间（x）的函数，当 A、B 两台机械的单位工程量成本相同，即 $C_a=C_b$ 时，有关系式：

$$\frac{R_a+P_aX_0}{Q_aX_0}=\frac{R_b+P_bX_0}{Q_bX_0} \quad (6\text{-}16)$$

解得界限时间 X_0 的计算公式：

$$X_0=\frac{R_bQ_a-R_aQ_b}{P_aQ_b-P_bQ_a} \quad (6\text{-}17)$$

当 A、B 两机单位作业时间产量相同，即 $Q_a=Q_b$ 时，$X_0=\frac{R_b-R_a}{P_a-P_b}$。

4）折算费用法（等值成本法）

当施工项目的施工期限长，某机械需要长期使用，在决策购置机械时，可考虑机械的原值、年使用费、残值和复利利息，用折算费用法计算，在预计机械使用的期间，按月或年摊入成本的折算费用，选择较低者购买。计算公式是：

$$年折旧费=(原值-残值)\times资金回收系数+残值\times利率+年度机械使用费 \quad (6\text{-}18)$$

$$资金回收系数=\frac{i(1+i)^n}{(1+i)^n-1} \quad (6\text{-}19)$$

式中　i——复利率；

n——计利期。

6.4.2.3　机械的装备形式和相应的管理体制

由于不同的机械装备形式（自有、租赁、承包）有不同的经济效果，因而建筑机械按不同的形式进行装备也就具有客观的必然性。

(1) 自有机械的装备形式。建筑企业应根据工程任务和施工技术的预测，对于常年大量使用的机械设备宜自己装备。自有机械的经济界限，应是保证机械的利用率和效率都在60%以上。

(2) 租赁与承包形式。企业自行拥有机械在经济上不合理时，就应由专门的租赁站和专业机械化施工公司装备。属于这种情况的机械主要是大型、操作复杂、专用、特殊的机械；或对本企业来说，利用率不高的设备。

机械的管理体制由不同的装备形式决定，一般应与施工管理体制相适应，但最主要的是取决于经济效益。哪些机械宜于分散管理，哪些机械宜于集中管理，总是有一定经济界限的：从机械本身来看，分散和集中管理，哪一种体制的三率（完好率、利用率、效率）更高；从企业来看，哪一种体制能给企业带来经济上的效益更大。一般对于中小型、常用和通用的机械，由一般土建企业分散使用，分级进行管理。大型、专用、特殊的机械设备，宜于集中使用，集中管理。

6.4.3 机械设备的使用管理

1. 机械设备的合理使用

机械设备的合理使用，是机械设备管理中的重要环节，为此必须做好以下几个方面的工作。

(1) 要根据施工任务的特点、施工方法及施工进度的要求，正确地配备各种类型的机械设备，使所选择的机械设备技术性能既能满足施工生产活动的要求，又能以最小的代价换取最大的经济效益。

(2) 要根据机械设备的性能及保修制度的规定，恰当地安排工作负荷。做好使用的检查保养，及时排除故障，不带故障作业。

(3) 要贯彻“人机固定”的原则。实行定人、定机、定岗位责任制的“三定”制度，是合理的使用机械设备的基础。实行“三定”制度，能够调动机械操作者的积极性，增强责任心，有利于熟悉机械特性，提高操作熟练程度，精心维护保养机械设备，从而提高机械设备的利用率、完好率和设备产出率，并有利于考核操作人员使用机械的效果。

(4) 要严格贯彻机械设备使用中的有关技术规定。机械设备购置、制造、改造之后，要按规定进行技术试验，鉴定是否合格；在正式使用初期，要按规定进行走合运行，使零件磨合良好，增强耐用性；机械设备冬季使用时，应采取相应的技术措施，以保证设备正常运转等。

(5) 要在使用过程中为机械设备制造良好的工作条件，要安装必要的防护，保安等装置。

(6) 要加强对机械管理和使用人员的技术培训。通过举办培训班、岗位练兵等形式，有计划有步骤地开展培训工作，以提高实际操作能力和技术管理业务水平。

(7) 建立机械设备技术档案，为合理使用、维修、分析机械设备使用情况提供全面历史记录。

2. 机械设备的检查维护与修理管理

机械设备的管理、使用、保养与修理是几个互相影响不可分割的方面。

(1) 企业应建立健全机械设备的检查维护保养制度和规程，实行例行保养、定期检查、强制保养、小修、中修、大修、专项修理相结合的维修保养方式，根据设备的实际技术状况，施工任务情况，认真编制企业年度、季度、月度的设备保修计划，严格落实。

（2）对于大型机械、成套设备、进口设备要实行每日检查与定期检查，按需修理的检修制度，对中小型设备、电动机等实行每日检查后立即修理的制度。

（3）企业要结合社会性的设备修理资源与自身能力，建立健全机械设备维护保养与修理的保证体系。需要依靠社会修理的设备，应委托有相应修理资质与能力的单位修理。建立设备修理检查验收制度，核实设备修理项目完成情况，结合市场行情核销设备修理费用。

（4）企业要结合设备修理，搞好老旧设备的技术改造工作。

机械设备的检查、保养、修理要点　　**表 6-3**

类别	方式	要　点
检查	每日检查	交接班时，操作人员和例保结合，及时发现设备不正常状况
	定期检查	按照检查计划，在操作人员参与下，定期由专职人员执行全面准备了解设备及实际磨损，决定是否修理
保养	日常保养	简称“例保”，操作人员在开机前、使用间隙、停机后，按规定项目的要求进行。十字方针：清洁、润滑、紧固、调整、防腐
	强制保养	又称定期保养，每台设备运转到规定的时限，必须进行保养，其周期由设备的磨损规律、作业条件、维修水平决定。大型设备一般分为一至四级。一般机械为一至二级
修理	小修	对设备全面清洗，部分解体，局部修理，以维修工人为主，操作工参加
	中修	每次大修中间的有计划、有组织的平衡性修理
	大修	对机械设备全面解体修理，更换磨损零件，校调精度，以恢复原生产能力

3. 机械设备的更新与改造

机械设备在使用（或闲置）过程中，会发生逐渐的损耗。这种磨损有两种形式，一种是有形损耗，一种是无形损耗。有形损耗是使用过程中的使用磨损和闲置过程中的自然磨损。对有形损耗，有一部分可以通过修理得到修复和补偿。无形损耗是由于科学技术进步不断出现更完善、生产效率更高的机械设备，使原有机械设备价值下降，或是由于生产同样机械设备的价值不断下降，而使原有机械设备贬值。对于无形磨损的补偿办法是技术更新。机械设备技术更新，就是指用结构更先进、技术更完善、生产效率更高、耗费原材料和能源更少、外形更新颖的新设备更换那些技术陈旧的老设备。

为了尽快改变机械设备老旧杂的落后面貌，提高机械化施工水平，对现有的机械设备既要采取“以新换旧”的措施，还要“改旧变新”，老旧杂的机械设备就需要进行技术改造。

机械设备的技术改造具有投资少、时间短、收效快、经济效益好的优点。但在进行中应注意以下几点：要同整个企业的技术改造相结合，提高企业生产能力；要以降低消耗，提高效率，达到最大经济效益为目的；在调查研究的基础上，做好全面规划，根据需要和资金、技术、物质的可能，有重点地进行。

机械设备改造的具体方法很多，如：改造设备的动力装置，提高设备的功率，改变设备的结构，满足新工艺的要求，改善零件的材料质量和加工质量，提高设备的可靠性和精度，安装辅助装置提高设备的机械化、自动化程度，另外还有为改善劳动条件、降低能源和原材料消耗等对设备进行的改造。

6.5 分包与劳务管理

6.5.1 分包概述

1. 分包的必要性

随着工程项目施工日益复杂化、系统化、专业化，工程分包施工亦随之迅速发展，总包通常将承揽的工程分包给各种各样的专门工程公司。这种分包体系能够分散总包的风险，并能确保有必要技术的工人和机器设备等。随着建筑市场的发展与建筑技术的进步，国家有关产业政策已明确将建筑施工企业分成两大类，即具有独立承包资格的施工企业与分包施工企业，同时《建筑法》第二十九条就工程施工总承包与分包亦做了相关的规定，为两种工程承包方式提供了法律支持。目前分包完成的合同额已占到总包合同额的50%～80%。

2. 分包的分类

（1）按分包范围

一般性工程项目分包：适用于技术较为简单、劳动密集型工程项目，一般将分包商作为总承包商施工力量或资源调配的补充；专业项目分包：适用于技术含量较高、施工较复杂的工程项目。

（2）按发包方式

指定分包：业主在承包合同中规定的由指定承包商施工部分项目的分包方式；协议分包：总包单位与资质条件、施工能力适合于分包项目的分包商协商而达成的分包方式。

（3）按分包内容

综合施工分包：分包项目的整个施工过程及施工内容全部由分包商来完成，通常称为“包工、包料”承包方式；劳务分包：分包商仅负责提供劳务，而材料、机具及技术管理等工作由总包方负责。

3. 分包商的选择

总承包商在决定对部分工程进行分包时应相当慎重，要特别注意选择有影响、有经济技术实力和资信可靠的分包商，并应该在共担风险的原则下强化经济制约手段。按照国际工程惯例，在选定分包商之前必须得到业主和监理工程师的书面批准。

6.5.2 分包合同

1. 分包合同的签订

分包合同签订前要先研究各种合同关系。分包合同一般多采用固定总价合同，为此在签订分包合同时，需按照固定总价合同的条件，认真进行合同的起草。明确分包商的队伍情况，包括施工人员、相应的加工场地和合作伙伴等。分包商还有一个问题是材料的采购供应。材料、设备是大宗货物，在工程建设中，资金比重很大，占到60%～70%。大宗的材料采购，需要良好的材料商合作，以保证工程的进展。

2. 分包合同的内容

（1）明确分包的工程范围、内容及为承建工程所承担的一些义务和权利，对于各专业的工程界面应有明确的划分和合理的搭接。要在合同内容中强调工种间的技术协调。各工种或各分包合同所定义的各专业工程（或工作）应能共同构成符合目标的工程技术系统。

（2）明确分包工程技术与质量上的要求。

（3）明确分包的价格。分包合同一般是在总包合同签订后再签订。在总包合同签订后，等于对分包合同有了总的制约。总包商通常要尽量压低分包商的价款，而分包商应本着充分理解总承包商的前提下，与总包商进行价款谈判，尽量与总包商合作，最后形成双方都满意的分包合同价款。

（4）明确时间上的要求。分包合同强调与其他工种配合上的时间关系，明确各种原因造成工期延误的责任等。

（5）明确工程设计变更等问题出现后的处理方法。

（6）其他方面。建筑施工承包合同都具有风险。总承包商一般在分析合同时，往往会将一些不利的施工风险分散于下属分包单位。另外，在文明施工、安全保护、企业形象设计（CI）等方面也要在合同中有所体现。

3. 签订分包合同的注意事项

（1）分包合同签订前应得到业主的批准，否则不得将承包工程的任何部分进行分包；分包虽经业主批准，但并不免除总包方相对于业主的任何责任及义务。分包商对总包商负责，总包商对业主负责，分包商与业主不存在直接的合同关系。

（2）分包单位营业资料齐全，资质与分包工程相符。

（3）分包合同条款清晰、责权明确、内容齐全、严密，少留活口；价格、安全、质量、工期目标明确。当对格式条款的理解不一致时，应按不利于提供格式条款方的理解进行处理。

（4）分包合同的签订人应为法人代表或法人代表委托人，合同内容合法，意见一致，否则合同无效。

（5）分包合同应采用书面形式，双方应本着诚实守信原则、严格按合同条款办事。

（6）为保障合同目标的实现，合同条款对分包方提出了较多约束，但总包方要加强对分包方的服务与指导，尽量为分包方创造施工条件，帮助分包方降低成本、实现效益，最终实现“双赢”，以顺利实现合同目标。

6.5.3　对分包的管理

1. 对分包的技术管理

总包方应该发挥自身的技术优势，为分包方提供技术支持。包括向分包方进行施工组织设计和技术交底；帮助分包方研究确定工艺、技术、程序等施工方案；帮助解决分包方施工中遇到的矛盾和问题，如图纸矛盾、各分包之间互相干扰等；统一指挥和协调各分包商之间水、电、道路、施工场地和材料设备堆场等的布置和使用。总包还要求分包方认真保管有关的技术和内业资料。

2. 对分包的质量管理

这是分包管理的重点。总包方有专职质检员对分包商的施工质量进行监督与认可，要求各分包商应配备足够合格的现场质量管理人员；要求分包商对产品质量进行检查，并做好检查记录，凡达不到质量标准的，总包方不予以签证并促其整改，对一些成品与半成品的加工制作，总承包亦将抽派人员赶赴加工现场进行检查验证。总包检查合格后，报监理核验。加强对分包材料设备的质量管理，分包商采购的材料、设备等的产地、规格、技术参数必须与设计及合同中规定的要求一致，不符合要求的材料、设备必须退场；加强对成品、半成品保护，已完成并形成系统功能的产品，经验收后，分包商即组织人力和相应的技术手段进行产品保护。

3. 对分包的进度管理

总包要明确要求各分包商的施工总工期和节点工期按合同严格执行，要求分包与总包方安排的施工节拍与区域一致。当情况有变化，需要调整进度计划时，必须经双方协调，并得到总承包的同意，报监理和业主签认。

4. 对分包的文明施工与安全管理

各分包商要在总包指导下，按照总包制订的统一的现场安全文明管理体系执行。建立健全各项工地安全施工和文明施工的管理制度，各分包方要加强对材料、设备、成品和半成品的看护，加强对本单位施工人员的安全生产监督管理。总包方亦有专职安全员进行现场监督检查，发现隐患或违章将予以严肃处理。分包商必须遵守合同中有关文明施工的规定，做到工完场清。教育并监督现场施工人员遵纪守法。

6.5.4 建筑劳务管理

1. 建筑劳务的组织形式

随着我国建筑业的不断改革和开放，建筑业产业结构发生了深刻变化。其中，最为明显的是建筑施工企业管理层和劳务层的“两层分离”。“两层分离”使得大量的施工劳务从建筑施工企业里剥离出来，此外大量的农村剩余劳动力涌进了城市的建筑施工行业，成为劳务层的主力。在目前我国近4000万的建筑大军中，劳务层人员占到80%以上。劳务分包人员大多数为农民工，他们的劳务组织结构较为松散，作业队伍规模普遍较小，人员流动性大，作业队伍不稳定，技术水平参差不齐，劳动者权益难以得到保证，不发、克扣、拖欠工资等现象较为严重，劳资纠纷经常发生，社会保险、意外伤害保险等难以落实，现已成为社会不稳定的一个因素。因此科学有效规范地对建筑劳务进行管理对于提高施工质量、技术水平、安全生产、劳务权益保护以及社会稳定等具有重要意义。

施工劳务的组织有三种形式：(1) 施工企业直接雇佣劳务，指与施工企业签订有正式劳动合同的施工企业自有的劳务。(2) 成建制的分包劳务，指从施工总承包企业或专业承包企业那里分包劳务作业的分包企业，成建制的分包劳务使劳务能够以集体的、企业的形态进入二级建筑市场。(3) 零散用工，一般是指建筑企业为完成某项目而临时雇佣的不成建制的施工劳务。

2. 建筑劳务管理工作

对建筑劳务的管理涉及政府、行业、总包和分包等众多部门。从总承包商的角度，一方面要加强对建筑劳务的技术与质量管理，保证劳务能够按照设计要求完成合格的建筑产品，另一方面要给劳务以合理的报酬与待遇。总承包企业与劳务企业是合同关系，双方的责、权、利必须靠公平、详尽的合同来约束。具体的管理工作有以下几方面：

(1) 总承包单位要求劳务公司提供足够的、技术水平达到要求的、人员相对稳定的劳动力，并对现场作业的质量、工人的安全教育、工人的调配负责。总承包单位对现场的组织、技术方案的制定，工程进度的管理，材料供应及质量，设备投放，安全、文明施工设施的落实及管理等负全责。

（2）总承包单位要关心劳务工人的生产和生活，要为劳务工人提供宿舍、食堂、娱乐用房等设施，否则应向劳务公司支付费用；劳务公司除自备工具及小型机械外，其余机械均由总承包商提供。因工程停工、窝工而给劳务公司造成的损失，分包合同应有明确约定。

（3）总承包商必须按月支付劳务公司的劳务费，最多拖欠的劳务费不得超过劳务公司注册资本的1倍，拖欠的劳务费必须在工程完工后半年内付清。劳务公司必须按月向工人支付工资，每月支付工资总量不得低于该工人完成工作量的90%，当年所欠薪金，必须在年底前结清。

6.6　资　金　管　理

6.6.1　资金管理概述

建设项目的所有活动最终反映到资金方面，如物质的采购、工资的发放、机具的购置等均离不开资金的运行。因此，作为项目资源重要一环的资金管理对项目的正常运行有着至关重要的作用。

项目资金管理，是指项目经理部对项目资金的计划、使用、核算、防范风险的管理工作。施工项目资金管理的主要环节包括：施工项目资金的预测与对比，项目资金计划和资金使用管理。

项目实施过程中资金流动所涉及的主要各方及项目资金流动过程见示意图6-7。

图6-7　资金流动示意图

6.6.2　施工项目资金运动

1. 项目资金运动

项目资金随着不同施工阶段施工活动的进行而不断地运动。从资金的货币形态开始，经过施工准备、施工生产、竣工验收三个阶段，依次由货币转化为储备资金、生产资金、成品资金，最后又回到货币资金的形态上来。这个运动过程称为资金的一次循环。

（1）在施工准备阶段，主要是筹集资金，并用它来购买各种建筑材料、构配件、部分所需的固定资产及机械零配件、低值易耗品、征购或租用土地、建筑物拆迁、临时设施以及支付工资等其他项目费用。目前项目资金筹措的渠道主要有企业本部的直接拨给，项目业主单位的工程预付款和银行贷款。在实际工作中，有的企业为了促使项目管理水平的提高，加强项目的独立核算，将无偿的直接拨款也改为资金的有偿使用。

（2）在施工生产阶段。资源（劳动力、资金和材料等）储备通过物化劳动和活劳动不断消耗于项目的施工之中，从而逐渐形成项目实体。储备资金随着施工活动的进行而逐渐转化为生产资金，固定资金也以折旧的形式渐渐进入工程成本；当施工阶段结束时，资金形态则由生产资金转化为成品资金。

（3）在验收交付阶段，项目已部分或全部满足设计和合同的要求。这时就要及时和业主办理验收交付手续，收回工程款，资金形态也由成品资金转化为货币资金。如果收入量

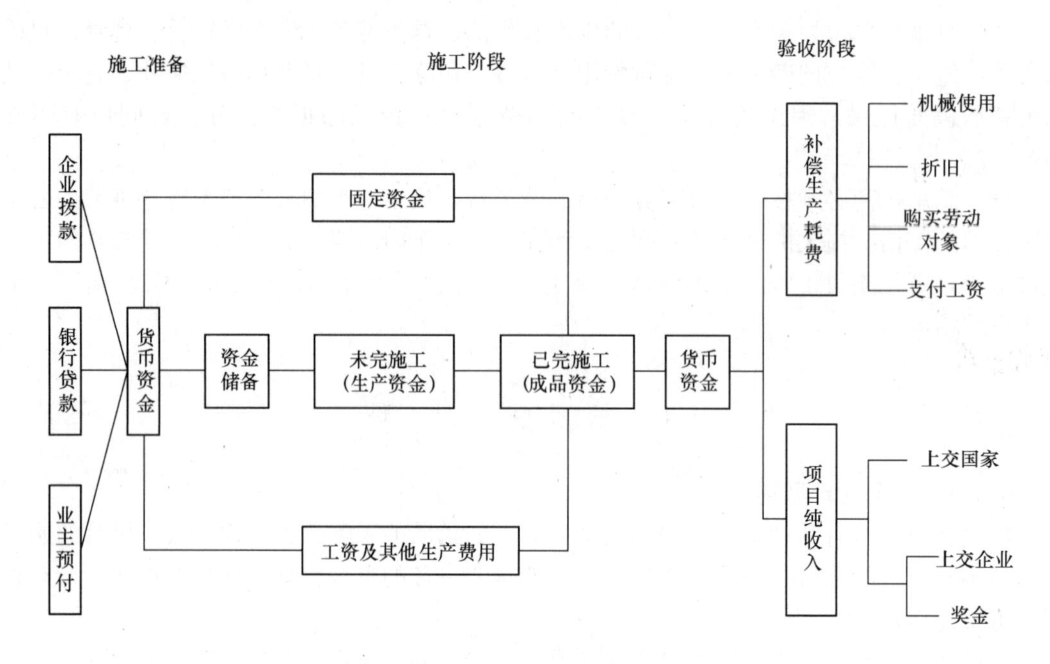

图 6-8 资金循环

大于消耗量，项目就能盈利，否则就会出现亏损。随即，就要对资金进行分配，应正确处理国家、企业、施工项目、职工个人之间的经济关系。

2. 施工项目资金运动所体现的经济关系

3. 施工项目资金运动规律

（1）空间并存和时间继起：项目资金不仅要在空间上同时并存于货币资金、固定资金、储备资金、生产资金、成品资金等资金形态，而且在时间上要求各种资金形态相互通过各自的循环。保证各种资金形态的合理配置和资金周转的畅通无阻，是项目施工活动顺

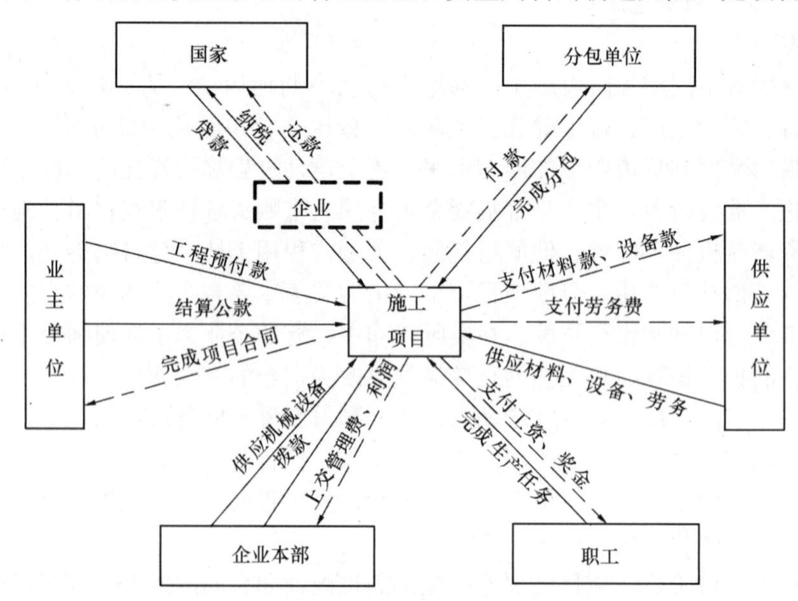

图 6-9 施工项目与各方经济关系示意图

利进行的必要条件。

(2) 收支的协调平衡：施工项目资金的收支要求在数量上和时间上的协调平衡。资金的收支平衡，主要取决于供应、施工、验收移交活动的平衡。在供应活动中，项目要购买各种材料，应注意储备的限度，避免因物资积压而使资金周转滞缓。施工阶段是形成工程项目实体的过程，应科学组织与管理项目施工，力求以较少的消耗取得较多的成果。验收移交阶段，应按照设计要求、合同规定和实际完成数量，及时同业主单位进行计量计价，实现工程价款的收入，完成一次资金的循环。

(3) 一致与背离的关系：由于结算的原因而造成两者在时间上的背离，如已完工程未及时验收移交，或验收后未收到工程价款，材料购进而未支付货款；由于损耗的原因而造成两者在价值上的背离，如固定资产磨损、无形磨损、仓储物资的自然损耗等；由于组织管理的原因而形成两者在数量上的背离，如改善劳动组织，工人劳动积极性提高，使得劳动效率提高。

以上各项项目资金运动的规律，是对施工项目总体考察而言的，项目管理人员必须深刻认识和研究这些资金运动的规律，自觉利用它们来为施工项目管理服务。

6.6.3　施工项目资金的预测和对比

1. 项目资金收入预测

在施工项目实施过程中，首先要取得资金要素，然后再取得其他生产要素，这种资金要素的取得就是施工项目资金收入。项目资金收入一般是指预测收入。项目资金是按合同收取的，在实施项目合同过程中，应从收取预付款开始，每月按进度收取工程进度款，直到最后竣工结算。

施工项目的预测资金收入主要来源于：按合同规定收取的工程预付款；每月按进度收取的工程进度款；各分部、分项、单位工程竣工验收合格和工程最终竣工验收合格后竣工结算款；自有资金的投入或为弥补资金缺口的需要而获得的有偿资金。

在实际获得项目资金收入时应注意以下几个问题：

(1) 资金预测收入在时间和数额上的准确性，要考虑到收款滞后的因素，要注意尽量缩短这个滞后期，以便为项目筹措资金、加快资金周转、合理安排资金打下良好的基础。

(2) 避免资金核算和结算工作中的失误和违约而造成的经济损失。

(3) 按合同约定，按时足额结算项目资金收入。

(4) 对补缺资金的获得采用经济评价的方法进行决策。

2. 项目资金支付预测

项目资金支出预测是在分析施工组织设计、成本控制计划和材料物资储备计划的基础上，用取得的资金去获得其他生产要素，并把它们投入到施工项目的实施过程中，以达成项目目标。我们把除资金以外其他生产要素的投入计为项目资金的支付。项目资金支出应根据成本费用控制计划、施工组织设计和材料、设备等物资储备计划来完成预测工作，根据以上计划便可以预测出随工程进度，每月预计的人工费、材料费、机械费等直接费和措施费、管理费等各项支付。

施工项目资金预测支付主要包括以下款项：消耗人力资源的支付；消耗材料及相关费用的支付；消耗机械设备、工器具等的支付；其他直接费和间接费用的支付；其他施工措施费和按规定应缴纳的费用；自有资金投入后利息的损失或投入有偿资金后利息的支付。

在进行资金支付预测时应注意以下问题：从施工项目的运行实际出发，使资金预测支付计划更接近实际；应考虑由于不确定性因素而引起资金支付变化的各种可能；应考虑资金支出的时间价值。测算资金的支付是在筹措资金和合理安排调度资金的角度考虑的，故应从动态角度考虑资金的时间价值，同时考虑实施合同过程中不同阶段的资金需要。

3. 资金收支对比分析

资金收支对比分析是确定应筹措资金数量的主要依据。将施工项目资金收入预测累计结果和支出预测累计结果进行对比分析，在相应时间的收入与支出资金数之间差即应筹措的资金数量。

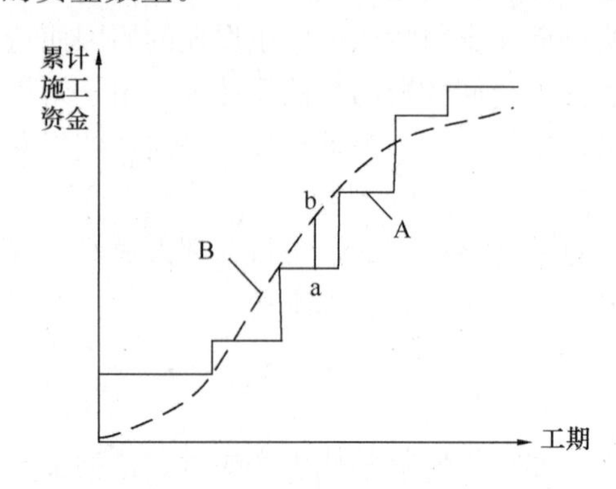

图 6-10 施工资金收入和支出预测曲线

施工项目资金收支对比分析可以通过资金收入支出曲线图分析。如图 6-10 所示，将施工项目资金收入预测累计结果和支出预测累计结果绘制在一个坐标图中，以纵坐标表示累计施工资金，横坐标表示进度。图中曲线 A 表示项目资金预计收入曲线，曲线 B 表示项目预计资金支出曲线。

图中 A、B 曲线上的 a、b 值，是对应工程进度时点的资金收入与支出，且资金支付需求大于资金的获得需求，说明资金处于短缺的状态，也即应筹措的资金数量。

6.6.4 项目资金计划

1. 支付计划

承包商工程项目的支付计划包括：人工费支付计划；材料费支付计划；设备费支付计划；分包工程款支付计划；现场管理费支付计划；其他费用计划，如上级管理费、保险费、利息等各种其他开支。

2. 工程款收入计划

承包商工程款收入计划即为业主的工程款支付计划。它与两个因素有关：

（1）工程进度：即按成本计划确定的工程完成状况。

（2）合同确定的付款方式：工程预付款（备料款、准备金）；按月进度付款；按形象进度付款；其他形式带资承包。

3. 现金流量

在工程款支付计划和工程款收入计划的基础上可以得到工程的现金流量。它可以通过表或图的形式反映。通常按时间将工程支付和工程收入的主要费用项目罗列在一张表中，按时间计算出当期收支相抵的余额，再按时间计算到该期末的累计余额。在此基础上即可绘制现金流量图。

4. 融资计划

（1）项目融资计划的确定，即何时需要注入资金才能满足工程需要，这可由现金流量表得到。通常在安排工程的资金投入时要考虑到一些不确定因素（风险），留一定余地。例如考虑到物价上涨、特殊的地质条件、计划和预算的缺陷等。

（2）融资方式。项目融资是现代战略管理和项目管理的重要课题。对一个建设项目，特别是大型的工业项目、基础设施建设项目，采用什么样的资本结构，如何取得资金，不仅对建设过程，而且对项目建成后的运行过程都极为重要。它常常决定了项目以及由项目所产生的企业的性质。现在的融资渠道有很多，例如：自有资金；世行贷款、亚行贷款；国内外商业银行贷款；外国政府各种形式的信贷；发行股票；发行债券；合资经营；各种形式的合作开发，如各种形式的BOT项目；国内的各种形式的基金；国际租赁等。但每一渠道有它的特殊性，通常要综合考虑风险、资本成本、收益等各种因素，确定本项目的资金来源、结构、币制、筹集时间，以及还款的计划安排等，确定符合技术、经济和法律要求的融资计划。

6.6.5　资金使用管理

1. 项目经理部资金管理

根据企业对项目经理部运行的管理规定，项目实施过程中所需资金的使用由项目经理部负责管理，项目经理部在资金运作全过程中都要接受企业内部银行的管理。企业内部银行本着对存款单位负责、谁的账户谁使用、不许企业透支、存款有息、借款付息、违规罚款的原则，实行金融市场化管理。

项目经理部以独立身份成为企业内部银行的客户，并在企业内部银行设立项目专用账户，包括存款贴和贷款贴，这样项目经理部在施工项目所需资金的运作上具有相当的自主性。所以，项目经理部在项目资金管理方面，除了要重视资金的收支预测与支出控制外，还必须建立健全项目资金管理责任制。

2. 施工项目资金的计收规定

项目经理部的收款工作从承揽工程并签订合同开始，直到工程竣工验收、结算收入，以及保修一年期满收回工程尾款。主要包括以下内容：新开工项目按工程施工合同收取的预付款；根据月度统计报表送监理工程师审批的结算款；根据工程变更记录和证明发包人违约的材料，计算的索赔金额，列入当期的工程结算款；施工中实际发生的材料价差；工期奖、质量奖、技术措施费、不可预见费及索赔款；工程尾款应于保修期完成时取得保修完成单后及时回收工程款。

3. 资金使用

项目经理部按公司下达的用款计划控制资金使用，以收定支，节约开支；按会计制度规定设立财务台账，记录资金支出情况，加强财务核算，及时盘点盈亏。具体包括以下内容：

（1）确定由项目经理为理财中心的地位，哪个项目的资金，则主要由该项目支配。

（2）项目经理部在企业内部银行开独立账户，由内部银行办理项目资金的收、支、划、转，并由项目经理签字确认。

（3）内部银行实行“有偿使用”、“存款计息”、“定额考核”等办法。项目资金不足时，应书面报项目经理审批追加，审批单交财务，做到支出有计划，追加按程序。

（4）项目经理按月编制资金收支计划，由公司财务及总会计师批准，内部银行监督执行，并每月都要做出分析总结。

（5）项目经理部要及时向发包方收取工程款，做好分期结算，增（减）账结算，竣工结算等工作，加快资金入账的步伐，不断提高资金管理水平和效益。

（6）建设单位所提供的“三材”和设备也是项目资金的重要组成，经理部要设置台账，根据收料凭证及时入账，按月分析使用情况，反映“三材”收入及耗用动态，定期与交料单位核对，保证资料完整、准确，为及时做好各项结算创造先决条件。

（7）项目经理部应每月定期召开请业主代表参加的分包商、供应商、生产商等单位的协调会，以便更好地处理配合关系，解决甲方提供资金、材料以及项目向分包、供应商支付工程款等事。

复习思考题

1. 项目资源管理的内容有哪些？
2. 施工项目技术管理的基础工作和基本工作主要包括哪些？
3. 材料采购的数量可以用哪些方法来确定，具体是怎么确定的？
4. 如何合理使用机械设备？
5. 签订分包合同有哪些注意事项？
6. 如何进行项目资金的使用管理？

第7章　施工项目安全与环境管理

7.1　施工项目安全管理概述

7.1.1　安全与安全管理

1. 安全的概念

安全（safety），顾名思义，“无危则安，无缺则全”，即安全意味着没有危险，尽善尽美。这是与人的传统的安全观念相吻合的。随着对安全问题研究的逐步深入，人类对安全的概念有了更深的认识，并从不同的角度给它下了各种定义。

其一，安全是指客观事物的危险程度能够为人们普遍接受的状态。该定义明确指出安全的相对性及安全与危险之间的辩证关系，即安全和危险不是互不相容的。当将系统的危险性降低到其种程度时，该系统便是安全的，而这种程度即为人们普遍接受的状态。

其二，安全是指没有引起死亡、伤害、职业病或财产、设备的损坏或损失或环境危害的条件。此定义来自美国军用标准MIL-STD-382C《系统安全大纲要求》。该标准是美国军方与军品生产企业签订订购合同时约束企业保证产品全寿命周期安全性的纲领性文件，也是系统安全管理基本思想的典型代表。从1964年问世以来，历经882、882A、882B、882C、882D若干个版本。对安全的定义也从开始时仅仅关注人身伤害，进而到关注职业病，财产或设备的损坏、损失直至环境危害，体现了人们对安全问题认识深化的全过程，也从一个角度说明了人类对安全问题研究的不断扩展。

其三，安全是指不因人、机、媒介的相互作用而导致系统损失、人员伤害、任务受影响或造成时间的损失。可以看出，第三种说法又进一步把安全的概念扩展到了任务受影响或时间损失，这意味着系统即使没有遭受直接的损失，也可能是安全科学关注的范畴。

综上所述，随着人们认识的不断深入，安全的概念已不是传统的职业伤害或疾病，也并非仅仅存在于企业生产过程之中，安全科学关注的领域应涉及人类生产、生活、生存活动中的各个领域。职业安全问题是安全科学研究关注的最主要的领域之一。如果仅仅局限于企业生产安全之中，会在某种程度上影响我们对安全问题的理解与认识。

2. 安全管理及其发展

在项目管理系统中，含有多个具有某种特定功能的子系统，安全管理就是其中的一个。这个子系统是由项目中有关部门的相应人员组成的。该子系统的主要目的就是通过管理的手段，实现控制事故、消除隐患、减少损失的目的，使整个项目达到最佳的安全水平，为劳动者创造一个安全舒适的工作环境。因而我们可以给安全管理（safety management）下这样一个定义，即：以安全为目的，进行有关决策、计划、组织和控制方面的活动。

控制事故可以说是安全管理工作的核心，而控制事故最好的方式就是实施事故预防，即通过管理和技术手段的结合，消除事故隐患，控制不安全行为，保障劳动者的安全，这也是“预防为主”的本质所在。但根据事故的特性可知，由于受技术水平、经济条件等各方面的限制有些事故是不可能不发生的。因此，控制事故的第二种手段就是应急措施，即通过抢救、疏散、抑制等手段，在事故发生后控制事故的蔓延，把事故的损失减少到最小。

所以，我们也可以说，安全管理就是利用管理的活动，将事故预防、应急措施与保险补偿三种手段有机地结合在一起、以达到保障安全的目的。

安全问题是伴随着社会生产而产生和发展的。我国古代在生产中就积累了一些安全防护的经验。隋代医学家巢元方所著《病源诸侯论》一书中就记有凡进古井深洞，必须先故入羽毛，如观其旋转，说明有毒气上浮，便不得入内。明代科学家宋应星所著《天工开物》中记述了采煤时防止瓦斯中毒的方法，“深至丈许，方始得煤，初见煤端时，毒气灼人、有将巨竹凿去中节，尖锐其末，插入炭中，其毒烟从竹中透上”就有着安全管理的雏形。而孟元志所著《东京梦华录》一书记述的北宋都城汴京（现河南开封）严密的消防组织就已显示出较高的安全管理水平了：“每坊卷三百步许，有军巡铺一所，铺兵五人”，“高处砖砌望火楼，楼上有人卓望，下有官屋数间，屯住军兵百亲人。乃有救火家事，谓如大小桶、洒子、麻搭、斧锯、梯子、火叉、火索、铁锚儿之类”，一旦发生火警，由骑兵驰报各有关部门。

在世界范围内，18 世纪中叶，蒸汽机的发明引起了一场工业革命。传统的手工业劳动逐渐为大规模的机器生产所代替，生产率大大提高。但工人们在极其恶劣的环境下，伤亡事故接连发生，工人健康受到严重摧残。这迫使工人奋起反抗，维护自身的安全和健康。19 世纪初，英、法、比利时等国相继颁布了安全法令，如英国 1802 年通过的纺织厂和其他工厂学徒健康风险保护法，1820 年比利时制定的矿场检查法案及公众危害防止法案等。另一方面，由于事故造成的巨大经济损失以及在事故诉讼中所支付的巨额费用，使资本家出自自身利益，也要考虑和关注安全问题，这些都在一定程度上促进了安全技术和安全管理的发展。

进入 20 世纪以后，工业发展速度加快，环境污染和重大工业事故相继发生，职业危害也日益严重。与此同时，由于一系列恶性事故的发生，也使得人们对劳动安全与卫生在现代科学技术和工业发展中的重大课题，越来越给予广泛的关注。1929 年，美国的海因里希发表了著名的《工业事故预防》一书，比较系统地阐述了安全管理的思想和经验。美、英等发达国家，也相继在 70 年代初建立了职业安全卫生法规，设立了相应的执法机构和研究机构，加大了安全卫生教育的力度，包括在高等院校设立安全类专业、开设安全类课程等，并通过各类组织对各类人员采用了形式多样的培训方式，重视安全技术开发工作，提出了一系列的有关安全分析、危险评价和风险管理的理论和方法，使得安全管理水平有了较大的提高，也促进了这些国家的安全工作的飞速发展、取得了较好的效果。

20 世纪 90 年代以来国际上又进一步提出了“可持续发展”的口号，人们也充分认识到了安全问题与可持续发展间的辩证关系、进而又提出了职业安全卫生管理体系（OHSMS）的基本概念和实施方法，使安全管理工作走向了标准化和现代化。

从安全管理的发展过程，我们可以看出，安全管理的发展是随着工业生产的发展和人们的安全需求的逐步提高而进行的。初级阶段的安全管理，可以说是纯粹的事后管理，即完全被动地面对事故，无奈地承受事故造成的损失；在积累了一定的经验和教训之后，管理者采用了条例管理的方式，即事故后总结经验教训，制定出一系列的规章制度来约束人的行为，或采取一定的安全技术措施控制系统或设备的状态，避免事故的再发生，这时已经有了事故预防的概念。而职业安全卫生管理体系的诞生则成为现代化安全管理的重要标志。

7.1.2　施工项目安全管理

1. 施工项目安全管理的概念

施工项目安全管理就是用现代管理的科学知识，概括施工项目安全生产的目标要求，进行控制、处理，以提高安全管理工作的水平。在施工过程中只有用现代管理的科学方法去组织、协调生产，方能大幅度降低伤亡事故，才能充分调动施工人员的主观能动性。在提高经济效益的同时，改变不安全、不卫生的劳动环境和工作条件，在提高劳动生产率的同时，加强对施工项目的安全管理。

施工现场安全管理大致体现为安全组织管理、场地与设施管理、行为控制和安全技术管理四个方面，分别对生产中的人、物、环境的行为与状态，进行具体的管理与控制。为了使施工项目中的各种因素控制好，在实施安全管理过程中，必须遵循以下几条原则。

（1）安全管理法制化。安全管理要法制化，就是要依靠国家以及有关部委制定的安全生产法律文件，对施工项目进行管理。加强法制是安全管理的重要环节，也是安全管理的关键。对违反安全生产法律的单位和个人要视责任大小、情节轻重，给予政纪、党纪处分，直至追究刑事责任，坚决依法处理。平时要加强对建筑施工管理人员和广大职工的安全法律教育，增强法制观念，使大家做到知法守法，安全生产。我国目前安全管理法制化的文件包括安全生产法规和各种技术规范。安全生产法规，是指国家关于改善劳动条件，实现安全生产，为保护劳动者在生产过程中的安全和健康而采取的各种措施的总和，是必须执行的法律规范。技术规范，是指人们关于合理利用自然力、生产工具、交通工具和劳动对象的行为规则。如，操作规程、技术规范、标准和规定等。安全技术规范是强制性的标准，具有法律规范的性质。

（2）安全管理制度化。规章制度，是指国家各主管部门及其地方政府的各种法规性文件，制定的各方面的条例、办法、制度、规程、规则和章程等，它们具有不同的约束力和法律效力。安全管理要制度化，要对施工项目过程中的各种因素进行控制，以预防和减少各种安全事故，这样就必须建立和健全各种安全管理规章制度和规定，实行安全管理责任制，安全管理要制度化和经常化。

（3）实行科学化管理。安全管理的方法和手段要科学化，要加强对管理科学的研究，将最新的管理科学应用到施工项目安全管理上，使生产技术和安全管理技术协调发展，用动态的观点来看待建筑施工安全管理，这样才能达到预防、消灭事故，防止或消除事故伤害，保护劳动者的安全与健康的目的，在安全管理中求发展。

（4）贯彻“预防为主”的方针。“安全第一，预防为主”的方针，是搞好安全工作的准则，是搞好安全生产的关键。只有作好预防工作，才能处于主动。国家颁发的劳动安全法则，上级制订的安全规程、制度和办法、都是贯彻预防为主的方针，只要认真贯彻就会收到好的效果。贯彻预防为主，首先要端正对生产中不安全因素的认识，端正消除不安全因素的态度，选准消除不安全因素的时机，在安排与布置生产内容的时候，针对施工生产中可能出现的危险因素，采取措施予以消除是最佳选择。在生产活动过程中，经常检查、及时发现不安全因素，采取措施，明确责任，尽快地、坚决地予以消除，是安全管理应有的鲜明态度。

(5) 坚持全员参与安全管理。安全管理、人人有责，安全管理不是少数人和安全机构的事，而是一切与生产有关人员共同的事。直接参加生产的广大职工，最熟悉生产过程，最了解现场情况，最能提出切实可行的安全措施。我们不否定安全管理第一责任人和安全机构的作用，但缺乏全员的参与，安全管理不会成功、不会出现好的管理效果。

2. 施工项目安全管理的特点

建筑施工生产与一般的工业生产相比具有其独特之处，因此，施工项目生产安全管理也具有其自身的特点。

(1) 建筑施工项目种类众多，不同种类项目施工安全生产管理方法、内容各异。建筑施工领域涵盖的工程类别广泛，主要包括：高速铁路工程、普通铁路工程、高速公路工程、高层建筑工程、跨海跨河桥梁工程、陆域立交桥梁工程、市政工程、隧道工程、港口码头工程、轨道交通工程、地铁工程、机场工程、钢结构工程、工业和民用建筑工程等。不同的工程类别，施工技术、施工工艺、施工方法、施工周期、所用设备、机具、材料、物料都不尽相同，涉及的安全管理技术、管理知识、管理特点及对管理人员素质要求也各不相同。

(2) 一个工程项目涵盖多种工程类型，安全生产构成复杂。每一个工程项目都有多种配套的分部分项工程组合而成，一般涉及基础工程、主体结构工程、水电暖通安装工程。不同的分部分项工程施工特点不同，安全管理技术要求不同，并且多种工序同时存在，构成了安全管理的复杂性。

(3) 每一个工程项目都有它的独特性，安全管理需要有针对性。建筑工程的每一个工程的施工时间、所处地理位置、作业环境、周边配套设施、参加施工的管理人员和作业人员都不同，同时由于建筑结构、工程材料、施工工艺的多样性，决定了每个工程的差异性和独特性。建筑工程施工生产的这些差异性和独特性进而也就决定了施工项目安全管理需要有针对性。

(4) 项目施工生产影响因素复杂众多，使得安全管理不安全因素多。建筑工程施工具有高能耗、高强度、施工现场扰动因素（噪声、尘土、热量、光线等）多等特点，以及建筑工程施工大多是在露天作业，受天气、气候、温度影响大。这些因素使得工程的施工安全生产涉及的不确定因素增多，加大了施工作业的危险性。

(5) 项目施工安全生产管理具有动态性的特点。在施工生产过程中，从基础、主体到安装、装修各阶段，随着分部、分项工程、工序的顺序开展，每一步的施工方法都不相同，现场作业条件、作业状况、作业人员和不安全因素都在变化中，整个施工项目的建设过程就是一个动态的不断变化的过程。这也就决定了施工安全生产管理动态性的特点。

(6) 施工项目安全管理是持续改进、与时俱进的管理。科学技术的发展是突飞猛进、日新月异的，在建筑施工领域不断地会有新的研究成果出现，新的施工工艺、施工技术、新材料、新设备将会越来越多的用于建筑施工现场，国家也会出台新的安全管理的法律法规、规章、规范、政策、措施。建筑施工企业的安全管理需要跟上科学和社会发展的步伐，不断更新安全管理理念、学习充实安全管理方法、安全管理技术，同时善于总结，融会贯通，不断提高安全管理水平。

7.1.3　施工项目安全事故类型

施工现场集中了大量不同种类的物资、交叉作业的机械设备和活动范围较大的操作，各种不安全因素和潜在的职业危害非常多，随时都有可能发生各类事故，危及工人生命，给国家财产和人民生命安全造成损害。

1. 高处坠落

根据《高处作业分级》GB/T 3608—2008 的规定，高处作业是指高度基准面 2m 以上（含 2m）有可能坠落的作业。高处坠落是在高处作业的情况下，由于人为的或环境影响的原因导致的坠落。根据高处作业者工作时所处的部位不同，高处坠落事故可分为：

（1）临边作业高处坠落事故。现在在高处作业的工作区域内都要求布置安全防护措施，但是不可避免地会由于安全防护措施失效，或者施工人员未按安全要求进行正规的施工作业等因素造成临边作业高处坠落事故。

（2）洞口作业高处坠落事故。工程项目施工过程中会存在大量便于施工交通或材料运输所用的孔洞，包括竖向的和横向的。但在建筑物内时，因为光线昏暗、视觉盲区、行为失误等原因会造成施工人员误入孔洞，从而导致洞口作业高处坠落事故。

（3）攀登作业高处坠落事故。攀登作业是工程项目施工的必备作业方式，如果忽视安全防护要求，不佩戴安全防护用品，使用劣质支撑管材板材，手脚打滑，那么就极易造成攀登作业过程中的安全事故。

（4）悬空作业高处坠落事故。这种情况下经常会受到大风、悬空装置的影响，造成悬空装置失控。还有一些情况是施工人员在悬空作业时需要更换施工区域，采用的更换办法不当，这也会造成一些安全隐患，甚至是高空坠落事故。

（5）操作平台作业高处坠落事故。操作平台作业出现事故的主要情况有操作平台失稳、操作人员身体失衡、环境影响等等。在操作平台作业时，经常需要更换施工位置，这也就要求施工人员不停地更改安全装置的固定位置，一旦出现麻痹思想而不采取保护就很容易出现高处坠落。

（6）交叉作业高处坠落事故。很多种情况下，在高空作业时是需要以上几种作业方式交叉作业的，这就提高了交叉作业时出现危险的概率。因此，必须要加强安全教育、并在高处施工时安排合适的施工进度。

2. 机械伤害

机械伤害是工程项目施工过程中的常见伤害之一，主要指机械设备部件、工具、加工件直接与人体接触引起的夹击、碰撞、剪切、卷入、绞、碾、割、刺等形式的伤害。

施工现场在钢筋下料处理、混凝土浇灌、各类切割和焊接过程中需要用到大量机械设备。易造成机械伤害的机械和设备主要有：运输机械、钢筋弯曲处理机械、装载机械、钻探机械、破碎设备、混凝土泵送设备、通风及排水设备、其他转动或传动设备等等。尤其是各类转动机械外露的传动和往复运动部分都有可能对人体造成机械伤害。

3. 物体打击

物体打击指由失控物体的惯性力造成的人身伤亡事故。工程项目的施工进度一般都比较紧张，这就使得施工现场的劳动力、机械和材料投入较多，并且需要交叉作业。在这种情况下就极易发生物体打击事故。在施工中常见的物体打击事故有：

(1) 工具零件、建筑建材等物的高处掉落伤人;

(2) 人为乱扔的各类废弃物伤人;

(3) 起重吊装物品掉落或吊装装置惯性伤人;

(4) 对设备的违规操作伤人;

(5) 机械运转故障甩出物伤人;

(6) 压力容器爆炸导致的碎片伤人。

这就要求现场施工及管理人员一定要提高警惕,按照规定和机械设备使用规则来进行施工。要在实际施工中注意观察,避开可能造成物体打击的危险源。

4. 触电伤害

电力是工程项目施工过程中不可缺少的动力源,所以施工现场经常会有非常多的电闸箱、线缆、接头和控制装置。专业人员的违规操作和非专业人员的错误操作都可能会造成与电相关的各类伤害。

触电伤害一般可以分为电伤和电击两种。电伤一般是由于电流的热、化学和机械效应引起人体外表伤害,电伤在不是很严重的情况下一般不会造成施工人员的生命危险;电击是指电流流过人体内部造成人体内部器官的伤害,这种触电伤害的后果比较严重,甚至经常会危及生命。而且,在施工项目中的绝大部分触电死亡事故都是由电击造成。因此就需要专业电工在架线、电闸箱布置、电路安全控制和检查等方面做好工作,降低触电伤害的发生几率。

5. 坍塌事故

坍塌事故在地下工程中较为常见,尤其是边坡支护工程中。在施工前的地质勘测中,地下的情况只能是分区域的大致了解,这就对未知的地下情况造成坍塌事故提供了很大的可能性。另外在不具备放坡条件的情况下,强行放坡,坑边布置重物或停放各类运输车辆都会大大提高坍塌事故发生的可能性。在雨雪季之后更要注意避免由于土壤物理力学性能发生变化而导致发生的事故,如冻融现象导致的坍塌。

6. 起重伤害

工程项目起重吊装时由于吊点、吊装索具、指挥信号、卷扬机、起重重量等因素会造成起重机器的整体失衡,或者物料吊装过程中的坠落、撞击、遗洒等问题,直接会造成对人、机械设备和车辆的伤害。

7. 危险品

在工程项目中由于焊接、切割、驱动、制冷等需求,经常会需要一些易燃、易爆的施工资源。如果对这些资源不按严格的规章制度存放、搬运和使用,那么就会在各个环节有危险品爆炸、泄露的隐患,极易发生安全事故。

以上提及的安全事故是施工事故产生的主要原因,它们经常表现为交叉作用,组合推动事故发生概率的增加。因此,在工程项目的施工生产过程中要认真识别、积极采取有效的防护措施、进行严格的监督和管理,控制事故的发生。

7.1.4 施工安全事故的分类

按照不同的分类方法和分类原则,建筑施工安全事故有不同的分类。

1. 按照事故伤害程度分类

《企业职工伤亡事故分类标准》GB 6441—86 按伤亡事故造成的工作日损失多少,将伤亡事故划分为以下3类：

(1) 轻伤事故，指造成丧失劳动能力的工作日损失大于一个工作日（含1个工作日），又小于105个工作日的伤害事故；

(2) 重伤事故，指造成丧失劳动能力的工作日损失大于105个工作日（含105个工作日），又小于6000个工作日的伤害事故；

(3) 死亡事故，指造成丧失劳动能力的工作日损失大于6000工作日（含6000个工作日）的伤害事故。

2. 按事故后果严重程度分类

我国于2007年6月1日实施的《生产安全事故报告和调查处理条例》(中华人民共和国国务院令第493号)，根据生产安全事故（以下简称事故）造成的人员伤亡或者直接经济损失，将事故分为以下4个等级：

(1) 特别重大事故，是指造成30人以上死亡，或者100人以上重伤（包括急性工业中毒，下同)，或者1亿元以上直接经济损失的事故；

(2) 重大事故，是指造成10人以上30人以下死亡，或者50人以上100人以下重伤，或者5000万元以上1亿元以下直接经济损失的事故；

(3) 较大事故，是指造成3人以上10人以下死亡，或者10人以上50人以下重伤，或者1000万元以上5000万元以下直接经济损失的事故；

(4) 一般事故，是指造成3人以下死亡，或者10人以下重伤，或者1000万元以下直接经济损失的事故。

3. 按事故发生原因分类

《企业职工伤亡事故分类标准》(GB 6441—86) 中，将事故划分为20类，即物体打击、车辆伤害、机械伤害、起重伤害、触电、淹溺、灼烫、火灾、高处坠落、坍塌、冒顶片帮、透水、放炮、火药爆炸、瓦斯爆炸、锅炉爆炸、容器爆炸、其他爆炸、中毒和窒息、其他伤害，其中与建筑业有关的有12类。

7.2　施工项目安全管理制度

制度建设是做好一切工作特别是安全工作的基础，建立和不断完善安全管理制度体系，切实将各项安全管理制度落实到建筑生产当中是实现施工项目安全管理目标的重要手段。

7.2.1　安全生产责任制

1. 安全生产责任制基本要求

安全生产责任制主要是指工程项目部各级管理人员，包括：项目经理、工长、安全员、生产、技术、机械、器材、后勤、分包单位负责人等管理人员，均应建立安全责任制。根据《建筑施工安全检查标准》和项目制定的安全管理目标，进行责任目标分解。建立考核制度，定期（每月）考核。

工程的主要施工工种，包括：砌筑、抹灰、混凝土、木工、电工、钢筋、机械、起重司索、信号指挥、脚手架、水暖、油漆、塔吊、电梯、电气焊等工种均应制定安全技术操作规程，并在相对固定的作业区域悬挂。

工程项目部专职安全人员的配备应按住建部的规定，一万平方米以下工程 1 人；一万至五万平方米的工程不少于 2 人；五万平方米以上的工程不少于 3 人。

制定安全生产资金保障制度，就是要确保购置、制作各种安全防护设施、设备、工具、材料及文明施工设施和工程抢险等需要的资金，做到专款专用。同时还应提前编制计划并严格按计划实施，保证安全生产资金的投入。

《建筑施工安全检查标准》JGJ 59—2011 中对安全生产责任制提出了如下要求：

（1）工程项目部应建立以项目经理为第一责任人的各级管理人员安全生产责任制；

（2）安全生产责任制应经责任人签字确认；

（3）工程项目部应有各工种安全技术操作规程；

（4）工程项目部应按规定配备专职安全员；

（5）对实行经济承包的工程项目，承包合同中应有安全生产考核指标；

（6）工程项目部应制定安全生产资金保障制度；

（7）按安全生产资金保障制度，应编制安全资金使用计划，并应按计划实施；

（8）工程项目部应制定以伤亡事故控制、现场安全达标、文明施工为主要内容的安全生产管理目标；

（9）按安全生产管理目标和项目管理人员的安全生产责任制，应进行安全生产责任目标分解；

（10）应建立对安全生产责任制和责任目标的考核制度；

（11）按考核制度，应对项目管理人员定期进行考核。

2. 有关人员的安全责任

（1）项目经理的职责

项目经理是项目安全生产的第一责任者，负责整个项目的安全生产工作，对所管辖工程项目的安全生产负直接领导责任。项目经理的职责包括：

① 对合同工程项目施工过程中的安全生产负全面领导责任。

② 在项目施工生产全过程中，认真贯彻落实安全生产方针政策、法律法规和各项规章制度，结合项目工程特点及施工全过程的情况制定本项目工程各项安全生产管理办法，或有针对性地提出安全管理要求，并监督其实施。严格履行安全考核指标和安全生产奖惩办法。

③ 在组织项目工程业务承包、聘用业务人员时，必须本着加强安全工作的原则，根据工程特点确定安全工作的管理制度、配备人员，并明确各业务承包人的安全责任和考核指标，支持、指导安全管理人员的工作。

④ 健全和完善用工管理手续，录用外包队必须及时向有关部门申报，严格用工制度与管理，适时组织上岗安全教育，要对外包队人员的健康与安全负责，加强劳动保护工作。

⑤ 认真落实施工组织设计中的安全技术措施及安全技术管理的各项措施，严格执行安全技术审批制度，组织并监督项目工程施工中的安全技术交底制度和设备、设施验收制度的实施。

⑥ 领导、组织施工现场定期的安全生产检查，发现施工生产中不安全问题，组织采取措施，及时解决。对上级提出的安全生产与管理方面的问题，要定时、定人、定措施予

以解决。

⑦ 发生事故时，要及时上报，保护好现场，做好抢救工作，积极配合事故的调查，认真落实纠正与防范措施，吸取事故教训。

（2）项目技术负责人的职责

项目技术负责人对项目工程生产经营中的安全生产负技术责任，项目技术负责人的职责包括：

① 贯彻、落实安全生产方针、政策，严格执行安全技术规程、规范、标准，结合项目工程特点，主持项目工程的安全技术交底。

② 参加或组织编制施工组织设计；编制、审查施工方案时，要制定、审查安全技术措施，保证其可行性与针对性，并随时检查、监督、落实。

③ 主持制定专项施工方案、技术措施计划和季节性施工方案的同时，制定相应的安全技术措施并监督执行，及时解决执行中出现的问题。

④ 及时组织项目工程应用新材料、新技术、新工艺人员的安全技术培训，认真执行安全技术措施与安全操作规程，预防施工中因化学物品引起的火灾、中毒或其新工艺实施中可能造成的事故。

⑤ 主持安全防护设施和设备的检查验收，发现设备、设施的不正常情况应及时采取措施，严格控制不符合标准要求的防护设备、设施投入使用。

⑥ 参加安全生产检查，对施工中存在的不安全因素，从技术方面提出整改意见和办法，及时予以消除。

⑦ 参加、配合工伤及重大未遂事故的调查，从技术上分析事故的原因，提出防范措施。

（3）施工员的职责

① 严格执行各项安全生产规章制度，对所管辖单位工程的安全生产负直接领导责任。

② 认真落实施工组织设计中的安全技术措施，针对生产任务特点，向作业班组进行详细的书面安全技术交底，并履行签认手续，对规程、措施、交底要求执行情况随时检查，随时纠正违规作业。

③ 随时检查作业范围内的各项防护设施、设备的安全状况，随时消除不安全因素，不违章指挥。

④ 配合项目安全员定期和不定期地组织班组学习安全操作规程，开展安全生产活动，督促、检查工人正确使用个人防护用品。

⑤ 对分管工程项目应用的新材料、新工艺、新技术严格执行申报和审批制度，发现问题及时停止使用，并报有关部门或领导。

⑥ 发生工伤事故、未遂事故要立即上报，并保护好现场；参与工伤及其他事故的调查处理。

（4）安全员的职责

① 认真贯彻执行劳动保护、安全生产的方针、政策、法令、法规、规范、标准，做好安全生产的宣传教育和管理工作，推广先进经验。对本项目安全生产负检查、监督的责任。

② 深入施工现场，负责施工现场生产巡视督察，并做好记录；指导下级安全技术人

员工作，掌握安全生产情况，调查研究生产中的不安全问题，提出改进意见和措施，并对执行情况进行监督检查。

③ 协助项目经理组织安全活动和安全检查。

④ 参加审查施工组织设计和安全技术措施计划，并对执行情况进行监督检查。

⑤ 组织本项目新工人的安全技术培训和考核工作。

⑥ 制止违章指挥、违章作业，发现现场存在安全隐患时，应及时向企业安全生产管理机构和工程项目经理报告；遇有险情，有权暂停生产，并报告领导处理。

⑦ 进行工伤事故统计分析和报告，参加工伤事故调查、处理。

⑧ 负责本项目部的安全生产、文明施工、劳务手续的办理及治安保卫的管理工作。

（5）班组长的职责

① 认真执行安全生产规章制度及安全操作规程，合理安排班组人员工作，对本班组人员在生产中的安全和健康负责。

② 经常组织班组人员学习安全操作规程，监督班组人员正确使用个人劳保用品，不断提高自保能力。

③ 认真落实安全技术交底，做好班前教育工作，不违章指挥、冒险蛮干。

④ 随时检查班组作业现场安全生产状况，发现问题及时解决并上报有关领导。

⑤ 认真做好新工人的岗位教育。

⑥ 发生工伤及未遂事故时，要保护好现场，并立即上报有关领导。

7.2.2 安全教育管理制度

1. 安全生产教育的基本要求

安全教育和培训要体现全面、全员、全过程的原则。施工现场所有人员均应接受安全培训与教育，确保他们先接受安全教育并懂得相应的安全知识后才能上岗。建设部建质[2004] 59号《企业主要责任人、项目负责人和专职安全生产管理人员安全生产考核管理暂行规定》中规定，企业主要责任人、项目负责人和专职安全生产管理人员必须接受建设行政主管部门或其他有关部门安全生产考核，考试合格并取得安全生产合格证书后方可担任相应职务。安全教育要做到经常性，要根据工程项目的不同、工程进展和环境的不同，对所有人员尤其是施工现场的一线管理人员和工人实行动态的教育，做到经常化和制度化。为达到经常性安全教育的目的，可采用出版报刊、上安全课、观看安全教育影视片资料等形式，重要的是必须认真落实班前安全教育活动和安全技术交底，告知工人在施工中应注意的问题和安全技术措施。让工人了解和掌握相关的安全知识，起到反复和经常性教育和学习的作用。

《建筑施工安全检查标准》JGJ 59—2011 对安全教育提出了如下要求：

① 工程项目部应建立安全教育培训制度；

② 当施工人员入场时，工程项目部应组织进行以国家安全法律法规、企业安全制度、施工现场安全管理规定及各工种安全技术操作规程为主要内容的三级安全教育培训和考核；

③ 当施工人员变换工种或采用新技术、新工艺、新设备、新材料施工时，应进行安全教育培训；

④ 施工管理人员、专职安全员每年度应进行安全教育培训和考核。

2. 安全教育内容

（1）项目经理部教育

项目安全培训教育时间不得少于15学时，主要内容是：

① 建设工程施工生产的特点，施工现场的一般安全管理规定和要求；

② 施工现场的主要事故类别，常见多发性事故的特点、规律及预防措施，事故教训等；

③ 本工程项目施工的基本情况（工程类型、施工阶段、作业特点等），施工中应当注意安全事项。

（2）班组教育

班组教育又称岗位教育，其教育时间不得少于20学时，主要内容是：

① 本工种作业的安全技术操作要求；

② 本班组施工生产概况，包括工作性质、职员、范围等；

③ 本人及本班组在施工过程中所使用及所遇到的各种生产设备、设施、电气设备、机械、工具的性能、作用、操作要求及安全防护要求；

④ 个人使用和保管的各类劳动防护用品的正确穿戴与使用方法，劳防用品的基本原理与主要功能；

⑤ 发生伤亡事故或其他事故（如火灾、爆炸、设备及管理事故等）时，应采取的措施（救助抢险、保护现场、报告事故等）。

7.2.3　班前教育制度

《中华人民共和国建设工程安全生产管理条例实施手册》对班前活动提出了如下要求：

（1）要建立班前活动制度

班前活动，是安全管理的一个重要环节，是提高工人的安全素质、落实安全技术措施、减少事故发生的有效途径。班前安全活动是班组长或管理人员在每天上岗前，检查和了解班组的施工环境、设备和工人的防护用品的佩戴情况，总结前一天的施工情况，根据当天施工任务特点和分工情况讲解有关的安全技术措施，同时预知操作中可能出现的不安全因素，提醒大家注意和采取相应的防范措施。

（2）班前安全活动要有记录

每次班前活动应重点记录活动内容，活动记录应收集为安全管理档案资料。同时，加强监督检查和考核。在安全检查中，按照安全技术措施有关要求，认真对照检查实际施工中是否得到落实，对发生的问题要及时加以整改，要按照有关考核制度，根据落实安全技术措施的情况，及时对有关人员和部门进行奖励或处罚。

7.2.4　安全检查与评分制度

工程项目安全检查是在工程项目建设过程中消除隐患、防止事故、改善劳动条件及提高员工安全生产意识的重要手段，是安全控制工作的一项重要内容。通过安全检查，可以发现工程中的危险因素，以便有计划地采取措施，保证安全生产。施工项目的安全检查应由项目经理组织，定期进行。

安全检查不仅是安全生产职能部门必须履行的职责，也是监督、指导和消除事故隐患、杜绝安全事故的有效方法和措施。《建筑施工安全检查标准》（JGJ 59—2011）对安全检查提出了如下要求：

① 工程项目部应建立安全检查制度；

② 安全检查应由项目负责人组织，专职安全员及相关专业人员参加，定期进行并填写检查记录；

③ 对检查中发现的事故隐患应下达隐患整改通知单，定人、定时间、定措施进行整改。重大事故隐患整改后，应由相关部门组织复查。

7.2.5 安全目标管理制度

安全目标管理是建筑施工企业根据企业的总体规划要求，制定出一定时期内安全生产所要达到的预期目标。建筑施工企业为实现安全生产必须建立严格的安全目标管理制度。

项目部应当按目标管理的方法，将建设项目的安全目标层层分解，责任到人。同时，制定完善的各项安全管理制度，并组织安全互动和检查，有效控制各类伤亡事故，预防或减少一般安全事故，确保安全管理目标的实现。

7.2.6 安全考核与奖惩制度

安全考核与奖惩是指企业的上级主管部门，包括政府主管安全生产的职能部门、企业内部的各级行政领导等按照国家安全生产的方针政策、法律法规和企业的规章制度等有关规定，按照企业内部各级实施安全生产目标控制管理时所下达的安全生产各项指标完成的情况，对企业法人代表及各负责人执行安全生产情况的考核与奖惩的制度。

安全考核与奖惩制度是建筑行业的一项基本制度。实践表明，只要全员安全生产的意识尚未达到较佳的状态，职工自觉遵守安全法规和制度的良好作风未能完全形成之前，实行严格的考核与奖惩制度是我们常抓不懈的工作。安全工作不但要责任到人，还要与员工的切身利益联系起来。

安全考核与奖惩制度要体现在以下几个方面：

① 项目部必须将生产安全和消防安全工作放在首位，列入日常安全检查、考核、评比的内容；

② 对在生产安全和消防安全工作中成绩突出的个人给予表彰和奖励。坚持遵章必奖、违章必惩、全责挂钩、奖惩到人的原则；

③ 对未依法履行生产安全、消防安全职责，违反企业生产安全、消防安全制度的行为，按照有关规定追究有关责任人的责任；

④ 企业各部门必须认真执行安全考核与奖惩制度，增强生产安全和消防安全的约束机制以确保安全生产；

⑤ 杜绝安全考核工作中弄虚作假、敷衍塞责的行为；

⑥ 按照奖惩对等的原则，对所完成的工作的良好程度给出结果并按一定标准给予奖惩；

⑦ 奖惩情况应及时张榜公示。

7.2.7 安全施工方案编审制度

《建筑施工安全检查标准》（JGJ 59—2011）对施工组织设计或施工方案提出了如下的要求：

（1）施工组织设计中的安全技术措施应包括安全生产管理措施。《建筑工程安全生产管现条例》规定，施工单位应在施工组织设计中编制安全技术措施和施工现场临时用电方案。

（2）施工组织设计必须经审批后才能实施施工。工程技术人员编制的安全专项施工方案，由施工企业技术部门专业技术人员及专业监理工程师进行审核，审核合格后，由施工企业技术负责人和监理单位的总监理工程师签字。无施工组织设计（方案）或施工组织设计（方案）未经审批的不能开始该项目的施工，未经审批也不得擅自变更施工组织设计或方案。

（3）对专业性较强的项目，应编制专项施工组织设计（方案）。危险性较大的分部分项工程专项方案，经专家论证后提出修改完善意见的，施工单位应按论证报告进行修改，并经施工单位技术负责人、项目总监理工程师、建设单位项目负责人签字后，方可组织实施。专项方案经论证后需做重大修改的，应重新组织专家进行论证。

住建部《危险性较大的分部分项工程安全管理办法》（建质［2009］87 号）施工方案编审项目要求如表 7-1 和表 7-2 所示。

应当编制安全专项施工方案的分部分项工程　　**表 7-1**

序号	分部分项工程	工　程　范　围
1	基坑支护与降水工程	开挖深度超过 3m（含 3m）或虽未超过 3m 但地质条件和周边环境复杂的基坑（槽）支护、降水工程
2	土方开挖工程	开挖深度超过 3m（含 3m）的基坑（槽）的土方开挖工程
3	模板工程	（1）各类工具式模板工程：包括大模板、滑模、爬模、飞模等工程。 （2）混凝土模板支撑工程：搭设高度 5m 及以上；搭设跨度 10m 及以上；施工总荷载 $10kN/m^2$ 及以上；集中线荷载 $15kN/m^2$ 及以上；高度大于支撑水平投影宽度且相对独立无联系构件的混凝土模板支撑工程。 （3）承重支撑体系：用于钢结构安装等满堂支撑体系
4	起重吊装及安装拆卸工程	（1）采用非常规起重设备、方法，且单件起吊重量在 10KN 及以上的起重吊装工程。 （2）采用起重机械进行安装的工程。 （3）起重机械设备自身的安装、拆卸
5	脚手架工程	（1）搭设高度 24m 及以上的落地式钢管脚手架工程。 （2）附着式整体和分片提升脚手架工程。 （3）悬挑式脚手架工程。 （4）吊篮脚手架工程。 （5）自制卸料平台、移动操作平台工程。 （6）新型及异型脚手架工程
6	拆除、爆破工程	（1）建筑物、构筑物拆除工程。 （2）采用爆破拆除的工程
7	其他	（1）建筑幕墙安装工程。 （2）钢结构、网架和索膜结构安装工程。 （3）人工挖扩孔桩工程。 （4）地下暗挖、顶管及水下作业工程。 （5）预应力工程。 （6）采用新技术、新工艺、新材料、新设备及尚无相关技术标准的危险性较大的分部分项工程

需要专家论证的分部分项工程 表 7-2

序号	分部分项工程	工程范围
1	深基坑工程	(1) 开挖深度超过 5m(含 5m)的基坑(槽)的土方开挖、支护、降水工程。 (2) 开挖深度虽未超过 5m,但地质条件、周围环境和地下管线复杂,或影响毗邻建筑(构筑)物安全的基坑(槽)的土方开挖、支护、降水工程
2	模板工程及支撑体系	(1) 工具式模板工程:包括滑模、爬模、飞模工程。 (2) 混凝土模板支撑工程:搭设高度 8m 及以上;搭设跨度 18m 及以上,施工总荷载 $15kN/m^2$ 及以上;集中线荷载 $20kN/m^2$ 及以上。 (3) 承重支撑体系:用于钢结构安装等满堂支撑体系,承受单点集中荷载 700kg 以上
3	起重吊装及安装拆卸工程	(1) 采用非常规起重设备、方法,且单件起吊重量在 100kN 及以上的起重吊装工程。 (2) 起重量 300kN 及以上的起重设备安装工程;高度 200m 及以上内爬起重设备的拆除工程
4	脚手架工程	(1) 搭设高度 50m 及以上落地式钢管脚手架工程。 (2) 提升高度 150m 及以上附着式整体和分片提升脚手架工程。 (3) 架体高度 20m 及以上悬挑式脚手架工程
5	拆除、爆破工程	(1) 采用爆破拆除的工程。 (2) 码头、桥梁、高架、烟囱、水塔或拆除中容易引起有毒有害气(液)体或粉尘扩散、易燃易爆事故发生的特殊建、构筑物的拆除工程。 (3) 可能影响行人、交通、电力设施、通信设施或其他建、构筑物安全的拆除工程。 (4) 文物保护建筑、优秀历史建筑或历史文化风貌区控制范围的拆除工程
6	其他	(1) 施工高度 50m 及以上的建筑幕墙安装工程。 (2) 跨度大于 36m 及以上的钢结构安装工程;跨度大于 60m 及以上的网架和索膜结构安装工程。 (3) 开挖深度超过 16m 的人工挖孔桩工程。 (4) 地下暗挖工程、顶管工程、水下作业工程。 (5) 采用新技术、新工艺、新材料、新设备及尚无相关技术标准的危险性较大的分部分项工程

7.2.8 安全技术交底制度

安全技术交底制度是安全制度的重要组成部分。为贯彻落实国家安全生产方针、政策、规程规范、行业标准及企业各种规章制度,及时对安全生产、工人职业健康进行有效预控,提高施工管理与操作人员的安全生产管理与操作技能,努力创造安全生产环境,根据《中华人民共和国安全生产法》、《建设工程安全生产管理条例》、《施工企业安全检查标准》等有关规定,在进行工程技术交底的同时要进行安全技术交底。《建筑施工安全检查标准》(JGJ 59—2011)对安全技术交底提出了如下要求:

① 施工负责人在分派生产任务时,应对相关管理人员、施工作业人员进行书面安全技术交底;

② 安全技术交底应按施工工序、施工部位、施工栋号分部分项进行；

③ 安全技术交底应结合施工作业场所状况、特点、工序，对危险因素、施工方案、规范标准、操作规程和应急措施进行交底；

④ 安全技术交底应由交底人、被交底人、专职安全员进行签字确认。安全技术交底要针对性强和全面交底。

7.2.9 “三类人员”考核任职制度

“三类人员”考核任职制度是从源头上加强安全生产监督的有效措施，是强化建筑施工安全生产管理的重要手段。

(1)“三类人员”考核任职制度的考核对象

“三类人员”考核任职制度的考核对象包括建筑施工企业的主要负责人、项目负责人及专职安全生产管理人员。建筑施工企业主要负责人包括企业法定代表人、经理、企业分管安全生产工作的副经理等；建筑施工企业项目负责人，是指经企业法人授权的项目管理的负责人；建筑施工企业专职安全生产管理人员，是指在企业专职从事安全生产管理工作的人员，包括企业安全生产管理机构的负责人及其工作人员和施工现场专职安全生产管理人员。

(2)“三类人员”考核任职制度的主要内容

① 考核的目的和依据

根据《安全生产法》、《建筑工程安全生产管理条例》和《安全生产许可证条例》等法律法规，实行三类人员考核任职制度旨在提高建筑施工企业主要负责人、项目负责人和专职安全生产管理人员的安全生产知识水平和管理能力，保证建筑施工安全生产。

② 考核范围

在中华人民共和国境内从事建设工程施工活动的建筑施工企业管理人员必须经建设行政主管部门或者其他有关部门安全生产考核，考核合格取得安全生产考核合格证书后，方可担任相应职务。建筑施工企业管理人员安全生产考核内容包括安全生产知识和管理能力。

7.2.10 安全事故报告制度

《建设工程安全生产管理制度》规定：“施工单位发生生产安全事故，应当按照国家有关伤亡事故报告和调查处理的规定，及时、如实地向负责安全生产监督管理的部门、建设行政主管部门或者其他有关部门报告；特种设备发生事故的，还应当同时向特种设备安全监督管理部门报告。接到报告的部门应当按照国家有关规定，如实上报。”另外，《安全生产法》、《建筑法》、《企业职工伤亡事故报告和处理规定》等对生产安全事故报告也作了相应规定。

依据《企业职工伤亡事故报告和处理规定》的规定，生产安全事故报告制度的程序是：

① 伤亡事故发生后，负伤者或者事故现场有关人员应当立即直接或者逐级报告企业负责人；

② 企业负责人接到重伤、死亡、重大死亡事故报告后，应当立即报告企业主管部门和企业所在地劳动部门、公安部门、检察院、工会；

③ 企业主管部门和劳动部门接到死亡、重大死亡事故报告后，应当立即按系统逐级

上报，死亡事故报至省、自治区、直辖市企业主管部门和劳动部门，重大死亡事故报至国务院有关主管部门和劳动部门；

④ 发生死亡、重大死亡事故的企业应当保护事故现场，并迅速采取必要措施抢救人员和财产，防止事故扩大；

依据《工程建设重大事故报告和调查程序规定》，工程建设重大事故的报告制度为：

① 重大事故发生后，事故发生单位必须以最快方式，将事故简要情况向上级主管部门和事故发生地的市、县级建设行政主管部门及检察、劳动部门报告；事故发生单位属于国务院部委的，应同时向国务院有关主管部门报告。

② 事故发生地的市、县级建设行政主管部门接到报告后，应当立即向人民政府和省、自治区、直辖市建设行政主管部门报告；省、自治区、直辖市建设行政主管部门接到报告后，应当立即向人民政府和建设部报告。

③ 重大事故发生后，事故发生单位应当在24小时内写出书面报告，并逐级上报。

④ 重大事故书面报告应当包括以下内容：事故发生的简要经过、伤亡人数和直接经济损失的初步估计；事故发生原因的初步判断；事故发生后采取的措施及事故控制情况；事故报告单位。

7.2.11 消防安全责任制度

施工单位应当在施工现场建立消防安全责任制度，确定消防安全责任人，制定用火、用电、使用燃易爆材料等各项消防安全管理制度和操作规程，设置消防通道、消防水源，配备消防设施和灭火器材，并在施工现场入口处设置明显标志等。

7.3 职业健康安全管理体系

职业安全健康管理体系（Occupation Health Safety Management System，英文简写为“OHSMS”）是20世纪80年代后期在国际上兴起的现代安全生产管理模式，它与质量管理体系（ISO9000）和环境管理体系（ISO14000）等标准化管理体系一样被称为是后工业化时代的管理模式，也是目前世界各国广泛推行的一种以实现安全文化为根本目标的现代安全生产管理方法。

7.3.1 职业健康安全管理体系沿革

1. OHSMS产生的背景

按照WTO/TBT的规定，国家强制干预的方面包括涉及安全、健康、环保、国家安全及防止欺诈行为等，在国家与国家之间进行产品贸易、技术转让和企业合资（合作）或跨国独资经营时必须保证提供安全健康产品，保护清洁环境，同时附有“安全、健康、环保”技术文件，对“原材料—生产—加工（产品）—消费品—废弃物（环境稳定性）—健康危险度评估”全过程实施严格的“安全、健康、环保”质量保证与管理，并将其纳入企业和市场标准化、国家和政府法制化和消费者社会监督管理体系。这些都必须制定相应的技术法规（包括法律、法规、规章管理规定等）。正是这种需要，催生了职业安全健康体系的产生。

国外有相应完善的安全管理方面的标准体系，比如1996年英国颁布的BS8800《职业安全健康管理体系指南》，1996年美国工业卫生协会制定的《职业安全健康管理体系》的指导性文件，1997 年澳大利亚和新西兰提出的《职业安全健康管理体系原则、体系和支持技术通用指南》草案，日本工业安全健康协会提出的《职业安全健康管理体系导则》，挪威船级社制定的《职业安全健康管理体系认证标准》。据不完全统计，世界上已有 20 余个国家制定了相应的职业安全健康管理体系标准。

1995 年，ILO、WHO 参加了 ISO 组织的 OSH 特别工作小组和相关工作。1997 年 9 月在 ISO 决定暂缓涉足 OSH 领域后，ILO 与国际职业卫生协会（IOHA）合作，对 15 个国家、地区和标准化组织制定的 24 个 OSHMS 标准、规程和导则进行比较分析和研究，并提出新的 OSHMS 标准草案框架。1998 年，ILO 开始组织制定 OSHMS 技术导则（草案），1999 年，英国标准协会（BSI）、挪威船级社（DNV）等 13 个组织共同参与制定了职业安全健康评价系列（OHSAS）标准，即：OHSAS18001《职业安全健康管理体系—规范》（Occupational Health and Safety Management Systems：Specification）、OHSAS18002《职业安全健康管理体系—OHSAS18001 实施指南》。2000 年在国际范围广泛咨询和征求意见，2001 年 4 月 ILO 召开专家会议（Meeting of Experts）审定 OSHMS 技术导则（草案）。ILO 决定以实施规程形式颁布 OSHMS 技术导则。

2. OHSMS 的基础

在 1996 年英国提出了质量管理与安全健康—BS8800《职业健康与安全管理体系指南》。英国的 BS8800《职业安全健康管理体系指南》于 1996 年由英国标准协会 BSI（British Standard Institution）制定。来自政府、雇主、雇员及保险界四方的 38 家机构参与了该标准的制定。制定该标准的目的是帮助企业建立职业安全健康（OSH）管理体系以及将 OHS 纳入企业全面管理提供指导。

该指南规定了实施有效的职业健康与安全管理体系所必需的一切要素，已成为当今职业安全健康管理标准化的基础，是最具参考价值的标准。其目标是要通过指导如何将职业健康与安全管理整合到其他管理层面来改善企业的业绩和职业健康与安全管理绩效。

该指南以良好管理的通用原理为依据，并设计成能使职业安全健康（OSH）管理融入全面管理体系中。关于职业安全健康的管理有很多方法，BS8800 里仅介绍了两种方法：

（1）以国家安全健康执行局（HSE）的指导性文件（成功的职业安全健康管理 HS（G）65）为基础的模式；

（2）环境管理体系　BSENISO14001 模式。

这两种方法的指导思想实质是相同的，唯一的差异在于提法的顺序上。而且任一方法皆可用于使 OSH 纳入全面管理体系中。因此，本文仅介绍职业安全健康管理（HS（G）65）并对该思想进行说明。

英国的职业安全健康管理（HS（G）65）主要内容涉及以下几个方面：

1）对国家和地区范围内对健康和安全进行管理—计划、组织、控制、设立目标、规定责任并确定方针政策；

2）针对个别和具体地点对健康和安全绩效进行衡量；

3）鼓励管理人员提高自己控制范围内的健康和安全标准。

目前，健康和安全管理已经涉及众多领域，但关键的方面主要体现在：

1）监督健康与安全的程序和评估健康与安全执行状况的程序；

2）可以实现的目标和可以衡量的标准的明确划分；

3）用来加深个人对健康与安全问题、责任和义务的认识的方法；

4）通过风险评估、工作安全体系的设计和操作及其他形式的危险控制来消除实际工作场所、设备和材料中的潜在的危险的程序。

我们可以将其主要内容和体系概述为图 7-1。

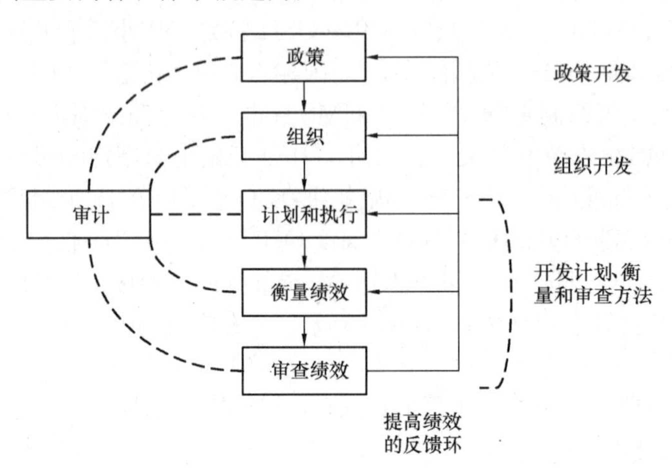

图 7-1　成功管理健康与安全的关键因素（HSE）

7.3.2　职业健康安全管理体系要素

职业健康安全管理体系由五个一级要素组成，即职业健康安全方针、策划、实施与运行、检查与纠正措施及管理评审。以及要素下面分成 17 个二级要素，分别是：

1. 职业健康安全方针

确定职业健康安全管理的总方向和总原则及职责和绩效目标，同时表明组织对职业健康安全管理的承诺，特别是最高管理者对“遵守法规”和“持续改进”的承诺。

2. 对危险源辨识、风险评价和风险控制的策划

危险源是产生事故的直接原因，危险源的辨识需要考虑的内容很多，对危险源辨识时必须考虑以下几个方面：组织的常规活动（如：正常的生产活动）和非常规活动（如：抢险、维修等）；所有进入工作场所的人员的活动（包括合同所涉及的各方人员以及参观学习人员等）；工作场所内本组织的设施（包括：机械设备、物质资料、建筑物、临时设施等）；工作场所内由外界提供的设施（包括：租赁机械设备、租赁的周转工具等）。此外危险源辨识还是一个动态的过程，每当工作场所发生变化（如甲工地竣工后到乙工地进行施工等）设备设施（如新购进塔式起重机等）及工艺（如由原来的人工搅拌混凝土改为泵送混凝土、由原来的电渣压力焊接改为搭接焊等）发生改变时，都要对危险源辨识重新进行辨识。辨识后还需要进行更深层次的风险评价和风险控制策划，以保证辨识结果的有效处理。

3. 法规和其他要求

至少遵守现行的职业健康安全法律法规和其他要求，并将法律法规的文本进行收集，识别需要遵守或适用的条款。

4. 目标

目标和职业健康安全管理方案通常是用来控制不可容许风险的，目标必须是能够完成

的，如果条件允许，目标应当予以量化，以便于考核。

5. 职业健康安全管理方案

职业健康安全管理方案要与组织的实际情况相适应，并且必须具备职责、权限和完成时间表等要素，否则就不是一个完整的、规范的管理方案。

6. 结构和职责

最高管理者应指定最高管理层中的一名或多名成员作为管理者代表，负责职业健康安全管理体系的建立和实施。除管理者代表之外，还应有一名或几名员工代表，参加协商和沟通。这样才能使结构更加完善，职责更加清晰，管理目标更加明确。

7. 培训、意识和能力

培训的目的在于提高员工的安全意识，使之具有在安全的前提下完成工作的能力。本要素重点关注的是员工的上岗资质以及安全意识和能力。如驾驶员的驾驶证和上岗证，稽查人员的检查证和执法证，炊事员的健康证等。

8. 协商和沟通

协商沟通的目的是要求员工代表和管理者代表一起参与风险管理、方针和程序的制定和评审；共同商讨影响工作场所职业健康安全的任何变化；互相了解和沟通对方的意图，以及对方关于职业健康安全方面的意见和建议。

9. 文件

本要素的主要目的在于建立和保持足够的文件量并及时更新，以便起到沟通管理意图，统一管理行为的作用，确保职业健康安全管理体系得到充分了解和充分有效地运行。

10. 文件和资料控制

文件和资料的控制主要目的是便于查找，当文件发生变化时要及时传达到员工，保证重要岗位人员的作业手册是最新版本。

11. 运行控制

应按照策划的结果实施运行控制。本要素是职业健康安全管理体系的核心内容，也是相关评估报告的重点考察内容。

12. 应急准备和响应

包括两个方面，一是准备，二是响应。如果可能，这些应急程序应当定期进行测试，也就是通常所说的应急预案演练。演练的目的是为了检测预案的可行性。

13. 绩效测量和监视

本要素主要是对“运行控制”的结果进行监测和检查的过程。

14. 事故、事件、不符合、纠正和预防措施

本要素是在监测或检查时发现不遵守法律法规、制度、流程等方面的行为而采取的纠正、整改措施。

15. 记录和记录管理

体系运行中的各种记录，记录的作用在于它的可追溯性，也就是平时经常提到的“有据可查”。记录必须规定保存期限和保存地点，记录的管理必须便于检索，即需要查记录时，必须在很快的时间内找到该记录。

16. 审核

此处的审核是指职业健康安全管理体系的内部审核，即组织自我审核，也称为“第一

方审核”，就是通常所说的“内审”，是检验职业健康安全管理体系的运行情况的重要手段。

17. 管理评审

管理评审是最高管理者的职责，一般至少每年进行一次，目的是确保职业健康安全管理体系的持续适宜性、充分性和有效性。通俗地说，管理评审是指组织的某个部门在改进体系的职业健康安全业绩时，需要别的部门的配合、协助，或者是准备购买某种物品而需要使用资金等重大的、涉及面较广的、本部门不能独立完成、需要上级批准的问题的解决过程。

职业安全健康管理体系是一个系统化、程序化和文件化的管理体系，它强调系统化和程序性，将每一功能块中分解成若干要素构成，这些要素之间不是孤立的，而是相互有联系的；它强调预防为主，主动辨识和评价组织活动中的危险，并积极控制；强调全过程控制和持续改进理念，有针对性地改善组织的职业安全健康行为，以期达到对职业安全健康绩效的持续改善。它将各种制度和规定落实到具体的作业程序之中，使安全制度更加严密、具体。为组织提供了一种科学、有效的安全管理模式，可促进安全管理由被动管理向主动管理转化。其基本要素和运行模式见图 7-2 所示。

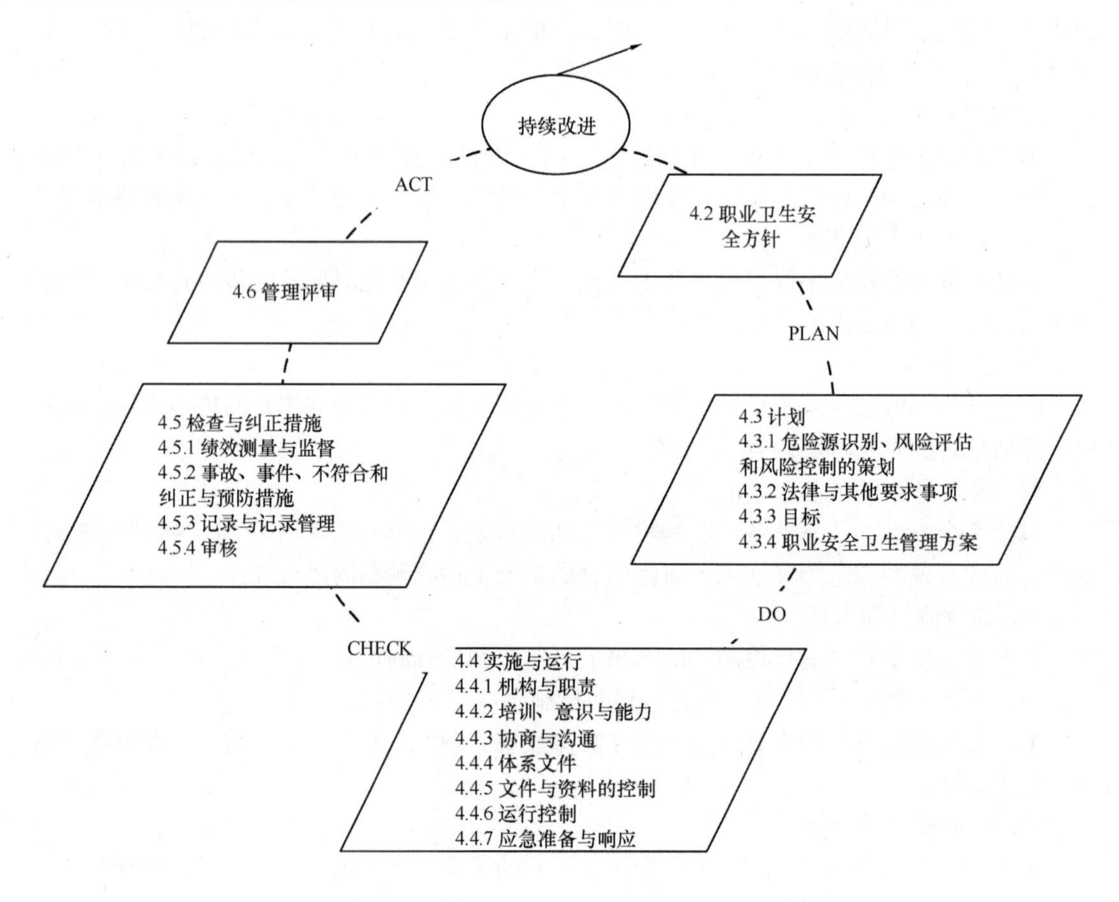

图 7-2　职业安全健康管理体系的基本要素与运行模式

7.3.3　OHSMS 与我国建筑业安全管理的关系

1999 年 10 月，国家经贸委颁布了《职业安全健康管理体系试行标准》，同时下发了开展体系认证的通知，并于2000年7月组建了有各行业安全生产管理机构参加的全国职业安全健康管理体系认证指导委员会。实践证明，职业安全健康管理体系对强化企业安全生产科学管理、有效预防事故发生具有十分显著的作用，所倡导的“预防为主、持续改进”的现代管理思想已被越来越多的企业所接受。国际劳工组织（ILO）对我国在推进职业安全健康管理体系方面取得的卓有成效的工作给予了充分肯定。

OSHMS的基本内容在建筑行业中并不陌生，我国建筑企业多年来积累的安全生产管理经验与OSHMS的要求在原理上是基本一致的，并且采用的方法也十分相近。历年来，我国建筑企业按照“安全第一，预防为主”的方针，根据企业的实际情况确定适当的安全生产管理制度和标准，实行目标责任制，岗位过程管理，通过风险评价（安全评价），确定企业安全健康水平，发现事故隐患和潜在职业危害，提出改善措施，以各种形式（如安全标准化作业和安全标准化班组活动）实行职工群众参与和监督等，都符合OSHMS的基本原则，并与发达国家的职业安全健康管理内容相似。

但总体而言，我国建筑企业安全生产管理还未达到OSHMS标准所要求的科学性、全面性和系统性。通过对照、比较OSHMS标准的内容，需要不断调整、加强不足的方面，来全面提高企业安全生产管理的质量和水平。开展职业安全健康管理体系的工作，把预防事故及预防职业危害的各个方面联系起来，由独立的工作变成整体的工作。职业安全健康管理体系要求对组织进行整体的安全评估或者危险源的辨识，这样就可以把目前呈分散状态的特种设备安全检查、作业环境安全健康检查等，统一纳入职业安全健康管理体系内来开展。由此，还可以全面提高企业的管理水平，改善劳动者的职业安全健康状况，加强安全培训质量，解决专职安全管理人员数量不足、安全技术知识匮乏、学历结构和专业构成不合理等被动局面，积极参与国际竞争。

7.3.4　职业健康安全的管理思想

系统安全理论认为，危险源是导致事故的根源，系统之所以发生事故，是由于系统中危险源的存在。

从现代化安全管理模式结构可以看出，系统危险源辨识是现代化安全管理的基础，既为系统危险控制提供依据，也为综合安全评价提供危险状况信息，导致事故发生的根源是危险源，要想控制事故的发生，必须首先辨识危险源，控制危险源所带来的风险，所以危险源成为安全管理制度的管理核心。与传统的安全健康管理体系相比，现代职业安全健康管理体系具有显著特征：以危险源辨识、评价和控制为核心。这是现代职业安全健康管理体系与传统职业安全健康管理体系本质的区别。

企业开展危险源辨识、风险评价及风险控制的策划的工作是初始职业安全健康状态评审工作的核心内容，而开展危险源辨识和风险评价又是整个危险源辨识、风险评价及风险控制的策划工作的核心基础。

1. OHSMS的持续改进思想

职业安全健康管理体系标准OHSAS18001的运行模式是系统化管理的PDCA循环模式，这种管理模式主要分为四个阶段：

1）计划（PLAN）阶段。根据组织的政策和顾客的要求，制定方针和目标以及实现方针和目标的管理过程和管理措施；

2）实施（DO）阶段。根据计划，实施并有效地控制已经制定的管理过程和管理措施；

3）验证（CHECK）阶段。根据组织的政策目标和要求，监督和监视管理过程的运行和管理措施的落实，必要时采取补救和纠正措施；

4）改进（ACT）阶段。定期评审职业安全健康管理体系的运行的适宜性、充分性和有效性，改进管理过程和管理措施，以达到持续改进的目的。

同时，OHSAS18001规定了一个重要的改进方式，就是定期的管理评审。管理评审就是由最高管理者定期召开专门评价职业安全健康管理体系的适宜性、充分性和有效性的评审会议。管理评审时，要针对所有已经发现的不符合项进行认真的自我评价，并针对已经评价出的有关职业安全健康管理体系的适宜性、充分性和有效性方面的问题进行分别修正职业安全健康管理体系的文件，从而产生一个新的职业安全健康管理体系。

管理评审中有要求对不符合项采取纠正和预防措施。纠正措施就是针对不符合项产生的原因采取的措施，其目的就是为了防止此不符合项的再发生。预防措施则是针对潜在的不符合项产生的原因采取的措施，其目的是防止不符合项的发生。坚持对发现的不符合项和潜在的不符合项采取纠正和预防措施，就可以达到不断改进职业安全健康管理体系的目的。

从传统的“资料收集与分析—选择对策—实施对策—监测”工作方式，发展为建立在危险性预测、评价基础上的“计划—实施—检查—评审”的现代工作方式；现代职业安全健康管理体系强调企业高层领导人在职业安全健康管理方面的责任，要求企业最高领导人制定职业安全健康方针，对建立和完善职业安全健康管理体系、不断加强和改善职业安全健康管理工作做出承诺。

2. OHSMS的动态发展思想

职业安全健康管理体系是一个动态发展、不断改进和不断完善的过程。职业安全健康管理体系的运行，是依据体系标准中的要素所规定的职业安全健康方针、计划、实施与运行、检查与纠正措施及管理评审等环节实施，并随着科学技术的进步、法律法规的完善、客观情况的变化以及人们职业安全健康意识的提高，自身会不断地改进、补充和完善并呈螺旋式上升。每经过一个循环过程，就需要制定新的职业安全健康目标和实施方案，调整相关要素的功能，使原有的职业安全健康管理体系不断完善，达到一个新的运行状态，最终实现预防和控制工伤事故、职业病及其他损失的目的。

3. OHSMS的风险评价思想

职业安全健康管理体系中的风险评价内涵是在危险源辨识的基础上，需要对危险源进行分析评价。风险评价就是为了评价危险发生的可能性及其后果的严重程度，将危险源进行分级或分类，提出相应的安全措施，以寻求最低事故率、最少损失和最优的安全投资效益。

通常来讲，风险评价也称危险评价或安全评价，是对系统存在的危险性进行定性或定量分析，依据已有的专业经验，建立评价标准和准则，对系统发生危险性的可能性及其后果严重程度进行系统分析，根据评价结果确定风险级别，划分为若干等级，根据不同级别采取不同的控制措施。《职业安全健康管理体系规范》GB/T 28001—2001对风险评价的定义为：“评价风险大小以及确定风险是否可容许的全过程”。也就是对某项活动和过程中识别出的所有危险源从其发生可能性和后果严重程度两方面综合考虑，评价其危险程度大小，并与预定目标和准则对比，确定其是否在可容许的范围的过程。

从前者来看，所谓的风险评价，究其实质，就是评价风险的危害程度等级。通过将危险源分为若干等级，针对高等级危险源提出科学合理及可行的管理方法和技术措施，以消除或降低风险。而《职业安全健康管理体系规范》中的风险评价定义则重点在于确定风险“是否在可容许范围内”，将此作为策划风险管理措施的依据（图 7-3）。

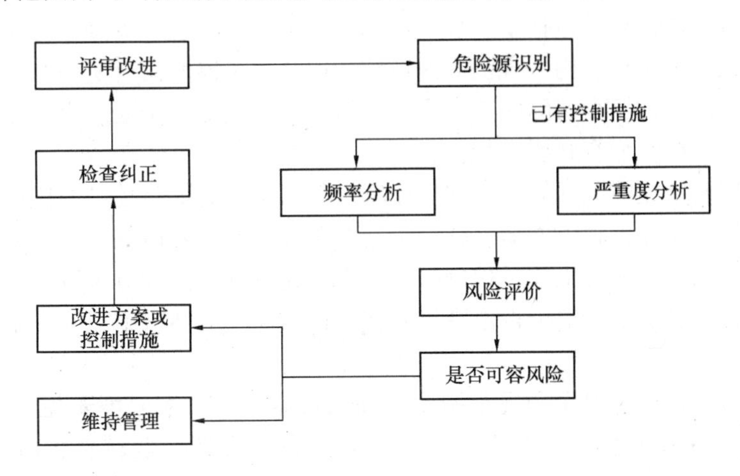

图 7-3　职业安全健康管理风险评价与持续改进机制

7.3.5　施工项目职业健康安全管理

《建筑企业职业安全健康管理体系》是针对建筑行业具有的施工特点与风险的特征，为建筑企业使用国际劳工组织《职业安全健康管理体系导则》（ILO—OSH2001）和《职业安全健康管理体系指导意见》提供的指导性技术文件。该体系指南是在总结建筑工程施工特点及其危害和风险特征的基础上，运用 OHSAS 体系架构，给建筑企业提供一种工具，指导建筑企业建立起一套适合行业特点的职业安全健康管理体系，并能够持续改进职业安全健康绩效，不断消除、降低和控制安全健康危害和风险，确保人员安全健康。

根据工程特征，运用系统的方法对施工项目危险源进行有效辨识、分类和风险评价，是体系的核心所在。其基本特点概括如下：

1. 危险源的初始评审和策划

在体系建立之初，要求进行初始评审和策划。主要是针对现有的或计划的建筑施工相关活动进行危险源辨识和风险评价；确定现有措施或计划采取的措施是否能够消除危害或控制风险；对现行组织机构、资源配备和职责分工等进行评价和策划。

在危险源辨识、风险评价和风险控制策划中，要求是主动实施、合理分级，并根据如下优先顺序策划预防和控制措施。它们分别是：消除危害—通过工程技术措施或组织管理措施从源头来控制危害—制定安全作业制度—采用相应的个体保护用品或设施。运用系统方法来划分作业活动，辨识各类作业活动中的危害，特别强调对工作界面进行有效协调。在施工项目危险源辨识中，需要在考虑常规活动的同时，注意辨识那些非常规的活动，如特殊季节施工及临时性作业等；在考虑作业人员活动中的危险性同时要考虑施工企业、供货商和访问者等相关方活动及外部服务提供所带来的危害和风险；还要考虑场内所有的物料、装置和设备造成的职业安全危害。最后对以常见作业活动分类为划分标准的主要危害和可能事故类型进行分析。

2. 动态管理和预防性控制措施

在施工项目实施过程中，要充分体现危险源辨识、风险评价和风险控制策划的动态管理，注意根据客观状况的变化，及时评审，在变化前即采取措施进行适当的预防。由于施工现场变化频繁，规律性差，当客观状况发生变化，对现有辨识与评价有效性产生疑义时，应及时评审。这种变化包括新工程、新用工制度、新工艺、新操作程序、新采购合同等企业内部变化或国家、机构、规范等的调整。但是，指南并没有明确对于局部的工序调整所需要的危险评审，但在实际施工过程中，由于施工变更等引起的交叉作业施工队伍的不一致，这个工作被认为有必要进行。

在预防性控制措施中，强调采用本质化安全的方法作为危险控制的优选方法。按照工程特点对施工组织设计、施工方案、施工工艺和单项安全技术措施方案，从设计、劳动组织和作业环境优化着手来对施工过程进行安全本质化处理。并针对一般（项目整体）的工程安全技术措施、单位工程安全技术措施和特殊性（如季节性）施工的安全技术措施等进行分别设计。

通过教育培训、建立程序和规章制度提高人员素质，最大限度避免人为危险源的产生，特别是在不熟悉新工艺、新环境的状态下的施工人员安全教育、培训和管理尤为重要。

在规范施工企业管理程序的同时，重点指出了避免施工企业由于交叉作业带来的各种危害，需要通过与施工企业各方签订专门的安全生产管理协议来实施，但同时指出，建筑企业有责任对承包商各方的安全生产进行统一协调和管理。

3. 系统的全面危险源管理

自然灾害作为施工环境中存在的危险源，被纳入到施工项目危险源管理中。同时，由于自然灾害具有突发性和预警时间短等特性，体系中强调在应急状态下对人力、专项技能、技术和财力资源的整合，应通过预期目标与实际效果的比较来评价上述资源的充分性。采用应急预案和应急资源装备来达到灾害预期损失的最小化。

针对应急状态下的应急响应，指南指出主动评价企业的潜在事故和紧急情况发生的可能性和应急需求；阐述了应急计划、应急资源的规划，应急救援队伍、紧急情况发生时施工现场使用或存放危险物料的应急处理措施、紧急情况发生时与外部应急机构的接口等问题。对于应急设备的需求要予以充分提供，要定期对应急设备进行检测与测试，确保其始终处于完好和有效状态。

7.4 施工项目安全技术措施

施工安全技术措施是指在施工项目生产活动中，针对工程特点、施工现场环境、施工方法、劳动组织、作业使用的机械、动力设备、变配电设施、架设工具以及各项安全防护设施等制定的确保安全施工，保护环境，防止工伤事故和职业病危害，从技术上采取的预防措施。施工项目安全技术措施是施工组织设计的重要组成部分。

7.4.1 施工项目安全技术措施的编制和实施

1. 施工安全技术措施编制要求

（1）超前性。应在开工前编制，在工程图纸会审时，就应考虑到施工安全。因为开工前已编审了安全技术措施，用于该工程的各种安全设施有较充分的时间做准备，为保证各种安全设施的落实。由于工程变更设计情况变化，安全技术措施也应及时相应补充完善。

（2）要有针对性。施工安全技术措施是针对每项工程特点而制定的，编制安全技术措施的技术人员必须掌握工程概况、施工方法、施工环境、条件等第一手资料，并熟悉安全法规、标准等才能编写有针对性的安全技术措施；主要考虑以下几个方面：

1）针对不同工程的特点和可能造成施工的危害，从技术上采取措施，消除危险，保证施工安全；

2）针对不同的施工方法，如井巷施工、水上作业、立体交叉作业、滑模、网架整体提升吊装，大模板施工等，可能给施工带来不安全因素，从技术上采取措施，保证安全施工；

3）针对施工的各种机械设备、变配电设施给施工人员可能带来的危险因素，从安全保险装置等方面采取技术措施；

4）针对施工有毒有害、易燃易爆等作业，可能给施工人员造成的危害，从技术上采取措施，防止伤害事故；

5）针对施工现场周围环境，可能给施工人员或周围居民带来危害，以及材料，设备运输带来的不安全因素，从技术上采取措施，予以保护。

（3）可靠性。安全技术措施均应贯彻于每个施工工序之中，力求全面细致，具体可靠。如施工平面布置不当，临时工程多次迁移，建筑材料多次转运，不仅影响施工进度，造成很大浪费，有的还留下安全隐患。再如易爆易燃临时仓库及明火作业区、工地宿舍、厨房等定位及间距不当，可能酿成事故。只有把多种因素和各种不利条件，考虑周全，有对策措施，才能真正做到预防事故。但是，全面具体不等于罗列一般通常的操作工艺、施工方法以及日常安全工作制度、安全纪律等。这些制度性规定，安全技术措施中不需再作抄录，但必须严格执行。

（4）操作性。对大中型项目工程，结构复杂的重点工程除必须在施工组织总体设计中编制施工安全技术措施外，还应编制单位工程或分部分项工程安全技术措施，详细制定出有关安全方面的防护要求和措施，确保单位工程或分部分项工程的安全施工。对爆破、吊装、水下、井巷、支模、拆除等特殊工种作业，都要编制单项安全技术方案。此外，还应编制季节性施工安全技术措施。

2. 施工安全技术措施编制原则

项目部在编制施工组织设计时，应当根据建筑工程的特点制定相应的安全技术措施，对专业性较强的工程项目应当编制专项安全施工组织设计，并采取安全技术措施。

项目部应当在施工现场采取维护安全、防范危险、预防火灾等措施；有条件的，应当对施工现场实行封闭管理。

施工现场对毗邻的建筑物、构筑物和特殊作业环境可能造成损害的，建筑施工企业应当采取安全防护措施。

3. 施工项目安全技术措施的实施

经批准的安全技术措施具有技术法规的作用，必须认真贯彻执行。遇到因条件变化或考虑不周需变更安全技术措施内容时，应经原编制、审批人员办理变更手续，否则不能擅自变更。

1）工程开工前，应将工程概况、施工方法和安全技术措施，向参加施工的工地负责人、工班长进行安全技术措施交底，每个单项工程开工前，应重复进行单项工程的安全技术交底工作。使执行者了解其要求，为落实安全技术措施打下基础，安全交底应有书面材料，双方签字并保存记录。

2）安全技术措施中的各种安全设施的实施应列入施工任务计划单，责任落实到班组或个人，并实行验收制度。

3）加强安全技术措施实施情况的检查，技术负责人、安全技术人员应经常深入工地检查安全技术措施的实施情况，及时纠正违反安全技术措施的行为，各级安全管理部门应以施工安全技术措施为依据，以安全法规和各项安全规章制度为准则，经常性地对工地实施情况进行检查，并监督各项安全措施的落实。

4）对安全技术措施的执行情况，除认真监督检查外，还应建立起与经济挂钩的奖罚制度。

7.4.2 施工项目安全技术措施的主要内容

工程大致分为两种：一是结构共性较多的称为一般工程；二是结构比较复杂、技术含量高的称为特殊工程。由于施工条件、环境等不同，同类结构工程既有共性，也有不同之处。不同之处在共性措施中就无法解决。因此应根据工程施工特点不同危险因素，按照有关规程的规定，结合以往的施工经验与教训，编制安全技术措施。

1. 一般工程安全技术措施

（1）根据基坑、基槽、地下室等开挖深度、土质类别，选择开挖方法，确定边坡的坡度或采取何种护坡支撑和护地桩、以防塌方。

（2）脚手架、吊篮等选用及设计搭设方案和安全防护措施。

（3）高处作业的上下安全通道。

（4）安全网（平网、立网）的架设要求，范围（保护区域）、架设层次、段落。

（5）对施工电梯、井架（龙门架）等垂直运输设备的位置搭设要求，稳定性、安全装置等的要求。

（6）施工洞口的防护方法和主体交叉施工作业区的隔离措施。

（7）场内运输道路及人行通道的布置。

（8）编制临时用电的施工组织设计和绘制临时用电图纸。在建工程（包括脚手架）的外侧边缘与外电架空线路的间距达到最小安全距离采取的防护措施。

（9）防火、防毒、防爆、防雷等安全措施。

（10）在建工程与周围人行通道及民房的防护隔离设置。

2. 特殊工程施工安全技术措施

对于结构复杂、危险性大的特殊工程，应编制单项的安全技术措施。如：爆破、大型吊装、沉箱、沉井、烟囱、水塔、特殊架设作业，高层脚手架、井架和拆除工程必须编制单项的安全技术措施。并注明设计依据，做到有计算、有详图、有文字说明。

3. 季节性施工安全措施

季节性施工安全措施，就是考虑不同季节的气候，对施工生产带来的不安全因素，可能造成的各种突发性事故，从防护上、技术上、管理上采取的措施。一般建筑工程中在施工组织设计或施工方案的安全技术措施中，编制季节性施工安全措施；危险性大、高温期长的建筑工程，应单独编制季节性的施工安全措施。季节性主要指夏季、雨季和冬季。各季节性施工安全的主要内容是：

（1）夏季气候炎热，高温时间持续较长，主要是做好防暑降温工作。

（2）雨季进行作业，主要应做好防触电、防雷、防坍方与防台风和防洪的工作。

（3）冬季进行作业，主要应做好防风、防火、防冻、防滑、防煤气中毒、防亚硝酸钠中毒的工作。

7.4.3　施工项目安全技术措施交底

1. 安全技术措施交底的基本要求

（1）工程项目应坚持逐级安全技术交底制度。

（2）安全技术交底应具体、明确、针对性强。交底的内容应针对分部分项工程中施工给作业人员带来的危险因素。

（3）工程开工前，应将工程概况、施工方法、安全技术措施等情况，向工地负责人、工班长进行详细交底；必要时直至向参加施工的全体员工进行交底。

（4）两个以上施工队或工种配合施工时，应按工程进度定期或不定期地向有关施工单位和班组进行交叉作业的安全书面交底。

（5）工长安排班组长工作前，必须进行书面的安全技术交底，班组长应每天对工人进行施工要求、作业环境等书面安全交底。

（6）各级书面安全技术交底应有交底时间、内容及交底人和接受交底人的签字。并保存交底记录。

（7）应针对工程项目施工作业的特点和危险点。

（8）针对危险点的具体防范措施和应注意的安全事项。

（9）有关的安全操作规程和标准。

（10）一旦发生事故后应及时采取的避难和急救措施。

（11）出现下列情况时，项目经理、项目总工程师或安全员应及时对班组进行安全技术交底：

① 因故改变安全操作规程；

② 实施重大和季节性安全技术措施；

③ 推广使用新技术、新工艺、新材料、新设备；

④ 发生因工伤亡事故、机械损坏事故及重大未遂事故；

⑤ 出现其他不安全因素、安全生产环境发生较大变化。

2. 安全技术措施交底的内容

（1）安全生产六大纪律

① 进入现场应戴好安全帽，系好帽带；并正确使用个人劳动防护用品。

② 2m以上的高处、悬空作业、无安全设施的，必须系好安全带、扣好保险钩。

③ 高处作业时，不准往下或向上乱抛材料和工具等物件。

④ 各种电动机械设备应有可靠有效的安全接地和防雷装置，才可启动使用。

⑤ 不懂电气和机械的人员，严禁使用和摆弄机电设备。

⑥ 吊装区域非操作人员严禁入内，吊装机械性能应完好，把杆垂直下方不准站人。

(2) 安全技术操作规程一般规定

① 施工现场人员要求

参加施工的员工（包括学徒工、实习生、代培人员和民工）要熟知本工种的安全技术操作规程，在操作中应坚守工作岗位，严禁酒后操作；电工、焊工、司炉工、爆破工、起重机司机、打桩机司机和各种机动车司机，必须经过专门训练，考试合格发给岗位证，方可独立操作。

② 个人防护用品和防护设施要求

正确使用防护用品和安全防护措施，进入施工现场，应戴好安全帽，禁止穿拖鞋或光脚；在没有防护设施下高空悬崖和陡坡施工，应系好安全带；上下交叉作业有危险的出入口要有防护棚或其他隔离设施；距地面2m以上作业要有防护栏杆、挡板或安全网；安全帽、安全带、安全网要定期检查，不符合要求的，严禁使用；施工现场的脚手架、防护设施、安全标识和警告牌不得擅自拆动，需要拆动的，要经工地负责人同意。

③ 警示装置

施工现场的洞、坑、沟、升降口、漏斗等危险处，应有防护设施或明显标识；施工现场要有交通指示标识，交通频繁的交叉路口，应设指挥；火车道口两侧，应设落杆；危险地区，要悬挂“危险”或“禁止通行”牌，夜间设红灯示警。

④ 其他要求

工地行驶的斗车、小平车的轨道坡度不得大于3%，铁轨终点应有车挡，车辆的制动闸和挂钩要完好可靠；坑槽施工，应经常检查边壁土质稳固情况，发现有裂缝、疏松或支撑走动，要随时采取加固措施，根据土质、沟深、水位、机械设备重量等情况，确定堆放材料和机械距坑边距离。往坑槽运材料，先用信号联系；调配酸溶液，先将酸液缓慢地注入水中，搅拌均匀，严禁将水倒入酸液中。贮存酸液的容器应加盖并设有标识牌；做好女工在月经、怀孕、生育和哺乳期间的保护工作，女工在怀孕期间对原工作不能胜任时，根据医院的证明意见，应调换轻便工作。

⑤ 机电设备

机械操作时要束紧袖口，女工发辫要挽入帽内；机械和动力机械的基座应稳固，转动的危险部位要安装防护装置。

7.5 施工现场环境保护和文明施工

7.5.1 施工现场环境保护

1. 施工项目现场环境保护的意义

环境保护是按照法律法规。各级主管部门和企业的要求。保护和改善作业现场的环境，控制现场的各种粉尘、废水、废气、固体废弃物、噪声、震动等对环境的污染和危害；现场环境保护具有以下重要意义：

(1) 保护和改善施工环境是保证人类身体健康和社会文明的需要，采取专项措施防止粉尘、噪声和水源污染，保护好作业现场及其周围环境，是保证职工和相关人员身体健康、体现社会总体文明的一项利国利民的重要工作。

(2) 保护和改善施工现场环境是消除对外部干扰，保证施工顺利进行的需要。随着人们的法制观念和自我保护意识的增强，尤其在城市中，施工扰民问题反映突出，应及时采取防治措施。减少对环境的污染和对市民的干扰，也是施工生产顺利进行的基本条件。

(3) 保护和改善施工环境是现代化大生产的客观要求。现代化施工广泛应用新设备、新技术、新的生产工艺，对环境质量要求很高，如果粉尘、震动超标就可能损坏设备、影响其功能发挥，使设备难以发挥作用。

(4) 建设项目现场的环境保护是节约能源、保护人类环境、保证社会和企业可持续发展的需要。人类社会即将面临环境污染和能源危机的挑战，为了保护子孙后代赖以生存的环境条件，每个公民和企业都有责任和义务来保护环境。良好的环境和生存条件，也是企业发展的基础和动力。

2. 大气污染的防治

(1) 大气污染物的分类

大气污染物的种类有数千种，其中大部分是有机物，大气污染物常以气体状态和粒子状态存在于空气中。

① 气体状态污染物

气体状态污染物具有运动速度较大，扩散较快，在周围大气中分布比较均匀的特点。如燃料燃烧过程中产生的二氧化硫（SO_2）、氮氧化物（NOx）、一氧化碳（CO）等。还包含在常温常压下易挥发的物质，以蒸汽状态进入大气，如机动车尾气、沥青烟中含有的碳氢化合物、苯并芘等。

② 粒子状态污染物

粒子状态污染物又称固体颗粒污染物，是分散在大气中的微小液滴和固体颗粒，粒径在 0.01～100μm 之间，是一个复杂的非均匀体。施工工地的粒子状态污染物主要有锅炉、熔化炉、厨房烧煤产生的烟尘；还有建材破碎、筛分、碾磨、加料过程、装卸运输过程产生的粉尘等。

(2) 施工现场空气污染的防治措施

① 施工现场的主要道路必须进行硬化处理，应指定专人定期洒水清扫，防止道路扬尘；土方应集中堆放；裸露的场地和集中堆放的土方应采取覆盖、固化或绿化等措施。

② 拆除建筑物、构筑物时，应采用隔离、洒水等措施，并应在规定期限内将废弃物治理完毕。

③ 施工现场土方作业应采取防止扬尘措施。

④ 从事土方、渣土和施工垃圾运输时，应采用密闭式运输车辆或采取覆盖措施；施工现场出入口处应采取保证车辆清洁的措施；车辆开出工地要做到不带泥砂，基本做到不洒土、不扬尘，减少对周围环境污染。

⑤ 施工现场的材料和大模板等存放场地必须平整坚实；水泥和其他易飞扬的细颗粒建筑材料的运输、储存，应密闭存放或采取覆盖等措施；砂石等材料应堆放整齐并加以覆盖，定期洒水，运输和卸运时防止遗撒。

⑥ 施工现场混凝土、砂浆搅拌场所应采取封闭、降尘措施控制工地粉尘污染。

⑦ 施工现场的垃圾、渣土等要及时清理出现场。建筑物内施工垃圾的清运，必须采用相应容器或管道运输，严禁凌空抛掷，严禁利用电梯井或在楼层上向下抛洒建筑垃圾。

⑧ 施工现场应设置密闭式垃圾站，施工垃圾、生活垃圾应分类存放，并应及时洒水降尘和清运出场。

⑨ 城区、旅游景点、疗养区、重点文物保护地及人口密集区的施工现场，应使用清洁能源，加工地茶炉应尽量采用电热水器。若只能使用烧煤茶炉和锅炉时，应选用消烟防尘型茶炉和锅炉；大灶应选用消烟节能回风炉灶，使烟尘降至允许排放范围。

⑩ 施工现场的机械设备、车辆的尾气排放应符合国家环保排放标准。

⑪ 施工现场严禁焚烧油毡、橡胶、塑料、皮革、树叶、枯草、各种包装物等各类废弃物，以及其他会产生有毒、有害烟尘和恶臭气体的物质。

⑫ 建筑物外围立面采用密目安全网，降低楼层内风的流速，阻挡灰尘进入施工现场周围的环境。

3. 施工噪声污染的防治

（1）噪声的概念

声音是因物体振动产生的，当频率在20～20000Hz内时，作用于人的耳鼓膜产生的感觉称为声音。由声音构成的环境称为声环境。当环境中的声音对人类、动物及自然物没有产生不良影响时，就是一种正常的物理现象。相反，对人的生活和工作造成不良影响的声音就称之为噪声。

施工项目噪声具有普遍性。由于建筑工程施工的对象是城镇的各种场所及建筑物，城市任何位置都可能成为建筑施工现场，因此，城镇居民的生活、学习、工作场所等周围处处都可能受到施工带来的噪声干扰。

施工噪声具有突发性。建筑工程通常是按照人们建设、改造城市的要求而进行的一项活动，其噪声干扰是随着建筑作业活动的发生而出现的，对于周围城市居民来说，这是一种突发性的干扰。

（2）施工现场噪声的防治措施

噪声控制技术措施可从声源、传播途径、接收者等方面来考虑。

①声源控制

从声源上降低噪声是防止噪声污染的最根本的措施。施工现场应采用先进施工机械，改进施工工艺，维护施工设备。从声源上降低噪声，应按照《建筑施工场界噪声限值》GB 12523—2011的噪声限制的要求（如表7-3所示），制定降噪措施。

建筑施工场界噪声排放限值（dB） **表7-3**

昼间	夜间
70	55

施工现场的强噪声设备宜设置在远离居民区的一侧，生产作业尽量向现场外部发展，减少现场施工的作业员和作业内容。对于产生强噪声的成品加工、制作作业，应尽量放在工厂、车间完成，减少施工现场的加工制作产生的噪声；尽量选用低噪声或备有消声降噪设备的施工机械；尽量采用低噪声的施工工艺，如推广预拌混凝土、预拌砂浆、静力压桩、整体滑动模板等。

严格控制人为噪声。施工现场应严格执行《建筑工程施工现场管理规定》，提倡文明施工；建立健全控制人为噪声的管理制度，加强施工人员的素质培养，减少人为的大声喧哗；增强全体施工人员防噪声扰民的意识，进入施工现场不得高声喊叫、无故甩打模板、乱吹哨；限制高音喇叭的使用，运输材料的车辆进入施工现场严禁鸣笛；装卸材料应做到轻拿轻放。

②传播途径的控制

从传播途径方面控制噪声的方法主要有以下几种：

吸声：利用吸声材料（大多由多孔材料制成）或吸声结构形成的共振结构（金属或木质薄板钻孔制成的空腔体）吸收声能，降低噪声。

隔声：应用隔声结构，阻碍噪声向空间传播，将接收者与噪声声源分隔。隔声结构包括隔声室、隔声罩、隔声屏障、隔声墙等。工程施工时，外脚手架采用全封闭密目绿色安全网进行全封闭，不仅外观整洁，而且能有效地减少噪音，减少对周围环境及居民的影响；施工现场的强噪声机械（加搅拌机、电锯、电刨、砂轮机等）应设置封闭的机械棚，以减少强噪声的扩散。

消声：利用消声器阻止噪声传播。允许气流通过的消声降噪是防治空气动力性噪声的主要装置，如用于消除空气压缩机、内燃机产生的噪声等。

减振降噪：振动引起的噪声，可以通过降低机械振动减小噪声，或改变振动源与其他刚性结构的连接方式等。

③接收者的防护

处于噪声环境下的人员使用耳塞、耳罩等防护用品，减少相关人员在噪声环境中的暴露时间，以减轻噪声对人体的危害。

4. 水污染物的防治

（1）施工项目水污染的来源

施工现场废水和固体废物随水流流入水体部分，包括泥浆、水泥、油漆、各种油类、混凝土外加剂、重金属、酸碱盐、非金属无机毒物等。

（2）施工现场水污染的防治措施

①施工现场应统一规划排水管线，建立污水、雨水排水系统，设置排水沟及沉淀池，施工污水经沉淀后方可排入市政污水管网或河流。

②禁止将有毒有害废弃物做土方回填，以免污染地下水环境。

③施工现场搅拌站、混凝土泵的废水，现制水磨石的污水，电石（碳化钙）的污水等必须经沉淀池沉淀合格后再排放，最好将沉淀水用于工地洒水降尘或采取措施回收利用；沉淀池要经常清理。

④施工现场临时食堂的污水排放时，可设置简易有效的隔油池，定期清理，防止污染；不得将食物加工废料、食物残渣等废弃物排入下水道。

⑤中心城市施工现场的临时厕所可用水冲式厕所，并有防蝇、灭蛆措施，化粪池应采取防渗漏措施，防止污染水体和环境。现场厕所产生的污水经过分解、沉淀后，通过施工现场内的管线排入化粪池，与市政排污管网相接。

⑥食堂、盥洗室、淋浴间的下水管线应设置过滤网，并应与市政污水管线连接，保证排水通畅。

⑦现场存放油料和化学溶剂等物品应设有库房，且对库房地面进行防渗处理，如采用防渗混凝土地面、铺油毡等措施。使用时要采取防止油料跑、冒、滴、漏的措施，以免污

染水体；废弃的油料和化学溶剂应集中处理，不得随意倾倒。

5. 固体废物的防治

(1) 固体废弃物的概念

固体废物是生产、建设、日常生活和其他活动中产生的固态、半固态废弃物质。施工工地上常见的固体废弃物有：建筑渣土，包括砖瓦、碎石、渣土、混凝土碎块、废钢铁、碎玻璃、废屑、废弃装饰材料等；废弃的散装建筑材料，包括散装水泥、石灰等；生活垃圾，包括炊厨废物、丢弃食品、废纸、生活用具、玻璃、陶瓷碎片、废电池、废旧日用品、废塑料制品、煤灰渣、废交通工具等；设备、材料等的废弃包装材料及粪便等。

(2) 施工固体废物的处理措施

固体废物处理的基本思路是采取资源化、减量化和无害化的处理，对固体废物产生的全过程进行控制。建筑工地固体废物的主要处理方法有：

①回收利用

对固体废物进行资源化、减量化的重要手段之一。建筑渣土可视其情况加以利用；废钢可按需要用作金属原材料；废电池等废弃物应分散回收、集中处理。

②减量化处理

减量化是对已经产生的固体废物进行分选、破碎、压实浓缩、脱水等减少其最终处置量，降低处理成本，减少对环境的污染。在减量化处理的过程中，也包括与其他处理技术相关的工艺方法，如焚烧、热解、堆肥等。

③焚烧技术

焚烧用于不适合再利用且不宜直接予以填埋处理的废物。尤其是受到病菌、病毒污染的物品，可以用焚烧进行无害化处理。焚烧处理应使用符合环境要求的处理装置，避免对大气的再次污染。

④稳定和固化技术

利用水泥、沥青等胶结材料，将松散的废物包裹起来，减小废物的毒性和可迁移，使得污染减少。

⑤填埋

填埋是固体废物处理的最终技术，经过无害化、减量化处理的废物残渣集中到填埋场进行处置。填埋场应利用天然或人工屏障，尽量使需处置的废物与周围的生态环境隔离，并注意废物的稳定性和长期安全性。

6. 施工照明污染防治

(1) 施工照明污染的概念

随着城市建设的加快，人们的生活环境中出现了一种新的环境污染—光污染。光污染的危害日益严重，已成为危害人类的第五大污染。

光污染是一种新型的环境污染，泛指影响自然环境，对人类正常生活、工作、休息和娱乐带来不利影响，损害人们观察物体的能力，引起人体不适和损害人体健康的各种光。光污染具有极大的危害性、包括危害人体健康、生态破坏、增加交通事故、妨碍天文观测、给人们生活带来麻烦、浪费能源等。

国际上一般把光污染分为三类，即白亮污染、人工白昼和彩光污染。阳光照射强烈时，城市里建筑物的玻璃幕墙、釉面砖墙、磨光大理石和各种涂料等装饰反射光线，引起白亮污染。人为形成的大面积照亮光源导致的光污染即为人工白昼，各种灯具的灯光汇集是人工白昼的主要污染源。由激光灯、彩光灯构成的光污染称为彩光污染。家装中普遍采用的照明灯，户外闪烁的各色霓虹灯，广告灯和娱乐场所的各种彩色光源，电视、电脑等带屏幕的家用电器是彩光污染的主要污染源，彩光污染会严重影响人的心理健康。

从《中华人民共和国宪法》到《中华人民共和国环境保护法》和《中华人民共和国民法通则》，都有处理光污染案件的直接和间接法律依据。与国家的环境保护法律、法规不同的是，一些有关环境保护的地方性法规、规章中则明确提及了光污染的防治，如《山东省环境保护条例》、《珠海市环境保护条例》等。但是，我国现有关光污染的法律、法规仍存在不足，尚无法充分维护受侵害人的利益。在我国尚没有相关标准和规范的情况下，可参照国际照明委员会（ICE）和发达国家有关规定和标准来防治光污染。

光污染不能通过分解、转化、稀释来消除，只能加强预防。以防为主，防治结合，就需要弄清形成光污染的原因和条件，提出相应的防护措施和方法，并制定必要的法律和法规。

（2）施工照明污染的防治措施

施工项目照明污染也是光污染。为减少光污染，应采取下列措施：

①根据施工现场照明强度要求选用合理的灯具，"越亮越好"并不科学，要减少不必要的浪费。

②建筑工程施工中尽量采用高品质、遮光性能好的荧光灯。荧光灯的工作频率在20kHz以上时，其闪烁度大幅度下降，改善了视觉环境，有利于人体健康。尽量少采用黑光灯、激光灯、探照灯、空中玫瑰灯等不利光源。

③施工现场应采取遮蔽措施，限制电焊眩光、夜间施工照明光、具有强反光性建筑材料的反射光等污染光源外泄，使夜间照明只照射施工区域而不影响周围居民休息。

④施工现场大型照明灯应采用俯视角度，不应将直射光线射入空中；应利用挡光、遮光板，或利用减光方法将投射灯产生的溢散光和干扰光降到最低的限度。

⑤对紫外线和红外线等看不见的辐射源，必须采取必要的个人防护措施，如电焊工要佩戴防护眼睛和防护面罩。光污染的防护镜有反射型防护镜、吸收型防护镜、反射—吸收型防护镜、光电型防护镜、变色微晶玻璃型防护镜等，可依据防护对象选择相应的防护镜。

⑥对有红外线和紫外线污染以及应用激光的场所，应制定相应的卫生标准并采取必要的安全防护措施。

7.5.2　文明施工

《建筑施工安全检查标准》JGJ 59—2011制定了文明施工标准，包括现场围挡、封闭管理、材料管理、现场办公与住宿、现场防火。一般项目应包括：综合治理、公示标牌、生活设施、社区服务。

1. 文明施工的管理要求

（1）文明施工对建设单位的要求

在施工方案确定前，应会同设计、施工单位和市政、防汛、公用、房管、邮电、电力及其他有关部门，对可能造成周围建筑物、构筑物、防汛设施、地下管线损坏或堵塞的建设工程工地，进行现场检查，并制定相应的技术措施，在施工组织设计中必须要有文明施工的内容要求，以保证施工的安全进行。

(2) 文明施工对总包单位的要求

应将文明施工、环境卫生和安全防护设施要求纳入施工组织中，制定工地环境卫生制度及文明施工制度，并由项目经理组织实施。

(3) 文明施工对施工单位的要求

施工单位要积极采取措施，降低施工中产生的噪声。要加强对建筑材料、土方、混凝土、石灰膏、砂浆等在生产和运输中造成扬尘、滴漏的管理。施工单位对操作人员在明确任务、抓施工进度、质量、安全生产的同时必须向操作人员提出文明施工的要求，严禁野蛮施工。对施工危险区域，施工单位必须设立醒目的警示标识并采取警戒措施，还要利用各种有效方式，减少施工对市容、绿化和周边环境不良影响。

(4) 文明施工对施工作业人员要求

每道工序都应按文明施工规定进行作业，对施工产生的泥浆和其他浑浊废弃物，未经沉淀不得排放，对施工产生的各类垃圾应堆置在规定的地点，不得倒入河道和居民生活垃圾容器内，不得随意抛掷建筑材料、残土、废料和其他杂物。

2. 施工现场文明施工的总体要求

(1) 一般要求

①有整套完整的施工组织设计或施工方案。

②有健全的施工指挥系统和岗位责任制，工序衔接合理，交接责任明确。

③有严密的成品保护措施和制度，临时设施和各种材料、构件、半成品，按平面布置堆放整齐。

④施工现场平整，道路畅通，排水设施得当，水电线路整齐，机具设备状态良好，使用合理，施工作业符合消防和安全要求。

⑤实现文明施工，不仅抓好现场的场容管理工作，而且还要做好现场材料、机械、安全、技术、保卫、消防和生活卫生等各方面工作。文明施工是项目乃至企业各项管理工作水平的综合体现。

(2) 现场场容管理

①工地主要入口要设置规整的大门，门边应设立明显的标牌（八牌一图），标明工地名称、施工单位和工程负责人姓名等内容。

②建立文明施工责任制，划分区域，明确管理负责人，实行挂牌作业，做到现场清洁整齐。

③施工现场场地平整，道路畅通，有排水设施，基础、地下管道施工完成后要及时回填平整，清洁积土。

④施工现场的临水、临电有专人管理，不得长流水，长明灯。

⑤施工现场的临时设施，包括生产、办公、生活用房、仓库、料场、临时上下水管道以及照明、动力线路，要严格按施工组织设计确定的施工平面图布置、搭设或埋设整齐。

⑥施工现场清洁整齐，做到活完料清，工完场清，及时消除在楼梯、楼板上的砂浆、混凝土。

⑦砂浆、混凝土搅拌、运输、使用过程中，要做到不洒、不漏、不剩。盛放砂浆、水泥应有容器或垫板。

⑧要有严格的成品保护措施，严禁损坏污染成品，堵塞管道。高层建筑要设置临时便桶，严禁随地大小便。

⑨建筑物内清除的垃圾渣土，要通过临时搭设的竖井或用电梯等措施稳妥下卸，严禁从门窗口向外抛掷。

⑩施工现场不准乱堆垃圾及杂物。应在适当地点设置临时堆放点，并定期外运。清运渣土垃圾及流体物品，要采取遮盖防漏措施，运送途中不得遗撒。

⑪根据工程性质和所在地区的不同情况，采取必要的围护和遮挡措施，保护外观整洁。

⑫针对施工现场情况设置宣传标语、专栏，并适时更换内容，切实起到宣传、表扬先进、促进后进的作用。

⑬施工现场严禁居住家属，严禁居民、家属、小孩在施工现场穿行、玩耍。

3. 文明施工管理内容

（1）现场围挡

①建设工程开工前，必须按照规划审批的范围对施工现场进行整体规划，设立施工现场围挡。建造多层、高层建筑的还应设置安全防护措施。在市区主要路段设置的围挡其高度不得低于 2.5m，在其他路段设置的围挡其高度不得低于 1.8m。

②围挡要求稳固、整洁、美观，围挡应按地区分别使用金属板材、标准砌块材、有机物板材、石棉板材等，市政工程项目工地，可按工程进度分段设置围挡或按规定使用同一连续性护栏设施。施工单位不得在工地围挡外堆放建筑材料、垃圾和工程渣土。

③在有条件的工地，四周围墙、宿舍外墙等地方，必须张挂、书写反映企业精神、时代风貌的醒目宣传标语。

（2）封闭管理

①施工现场进出口应设置大门，大门和门柱应牢固、美观，门头按规定设置企业标志(具体要求按集团公司施工现场企业形象管理规定)。

②门口要设门卫并制定门卫制度。进入施工现场的人员应正确戴好安全帽、佩戴工作卡，不准袒胸露腹，不准赤膊作业。外部人员进入施工现场要做好登记，禁止外来人员随意出入，进出材料要有收发手续。

（3）施工场地

①施工现场应结合场地情况合理布置总平面图，主要划分为施工作业区、办公区、生活区、道路、厕所及排水系统等。

②施工现场内应有排水措施，做到排水通畅，无积水。施工过程产生的泥浆、污水、废水不得外流，不得堵塞原有的排水管道和排水河道。

③施工现场的主要道路及材料加工区地面应进行硬化处理，现场道路应畅通，路面应平整坚实。

④办公区和生活区应相对集中，分开设置在施工现场安全地带并有标识牌。建立卫生值日制度，有专人负责打扫。施工区域内不准住人，便于统一管理，裸露的土质区域，应有绿化布置。

⑤办公用房搭设应安全、牢固，并符合防火安全规范。可采用符合规定要求的钢结构、彩钢板和复合板材类轻型结构等活动房。地面应采用混凝土硬化或地砖铺砌。

⑥施工现场应设置吸烟处，有烟灰缸或水盆，禁止流动吸烟。

⑦施工现场应有防止扬尘措施；温暖季节应有绿化布置。

（4）材料管理

①应根据施工现场实际面积及安全消防要求，合理布置材料的存放位置，并码放整齐。

②建筑物内施工垃圾的清运，为防止造成人员伤亡和环境污染，必须要采用合理容器或管道运输，严禁凌空抛掷。

③现场存放的材料（如：钢筋、水泥等），为了达到质量和环境保护的要求，应有防雨水浸泡、防锈蚀和防止扬尘等措施。

④现场易燃易爆物品必须严格管理，在使用和储藏过程中，必须有防暴晒、防火等保护措施，并应间距合理、分类存放。

（5）现场办公与住宿

①施工作业、材料存放区与办公、生活区应划分清晰，并应采取相应的隔离措施。如因现场狭小，不能达到安全距离的要求，必须对办公区、生活区采取可靠的防护措施。

②在施工程、伙房、库房不得兼做宿舍，为了保证住宿人员的人身安全，在施工程、伙房、库房严禁兼做员工的宿舍。

③宿舍、办公用房的防火等级应符合规范要求。

④宿舍应设置可开启式窗户，宿舍内严禁使用通铺，床铺不应超过 2 层，为了达到安全和消防的要求，宿舍内应有必要的生活空间，居住人员不得超过 16 人，通道宽度不应小于 0.9m，人均使用面积不应小于 2.5m^2。

⑤冬季宿舍内应有采暖和防一氧化碳中毒措施；夏季宿舍内应有防暑降温和防蚊蝇措施。

⑥生活用品应摆放整齐，环境卫生应良好。

（6）现场防火

①施工现场应建立消防安全管理制度、制定消防措施。

②施工现场临时用房和作业场所的防火设计应符合规范要求；现场临时用房和设施，包括：办公用房、宿舍、厨房操作间、食堂、锅炉房、库房、变配电房、围挡、大门、材料堆场及其加工场、固定动火作业场、作业棚、机具棚等设施，在防火设计上，必须达到有关消防安全技术规范的要求。

③施工现场应设置消防通道、消防水源，并应符合规范要求；现场木料、保温材料、安全网等易燃材料必须实行入库、合理存放，并配备相应、有效、足够的消防器材。

④施工现场灭火器材应保证可靠有效，布局配置应符合规范要求。

⑤明火作业应履行动火审批手续，配备动火监护人员。为了保证现场防火安全，动火作业前必须履行动火审批程序，经监护和主管人员确认、同意，消防设施到位后，方可施工。

（7）生活设施

①应建立卫生责任制度并落实到人。

②食堂与厕所、垃圾站、有毒有害场所等污染源的距离应符合规范要求；食堂与厕所、垃圾站等污染及有毒有害场所的间距必须大于 15m，并应设置在上述场所的上风侧

（地区主导风向）。

③食堂必须经相关部门审批，颁发卫生许可证和炊事人员的身体健康证。

④食堂使用的燃气罐应单独设置存放间，存放间应通风良好，并严禁存放其他物品。

⑤食堂的卫生环境应良好，且应配备必要的排风、冷藏、消毒、防鼠、防蚊蝇等设施；食堂应设专人进行管理和消毒，门扇下方设防鼠挡板，操作间设清洗池、消毒池、隔油池、排风、防蚊蝇等设施，储藏间应配有冰柜等冷藏设施，防止食物变质。

⑥厕所必须符合卫生要求；厕所内的设施数量和布局应符合规范要求；厕所的蹲位和小便槽应满足现场人员数量的需求，高层建筑或作业面积大的场地应设置临时性厕所，并由专人及时进行清理。

⑦必须保证现场人员卫生饮水。

⑧应设置淋浴室，且能满足现场人员需求；现场的淋浴室应能满足作业人员的需求，淋浴室与人员的比例宜大于1∶20。

⑨生活垃圾应装入密闭式容器内，并应及时清理；现场应针对生活垃圾建立卫生责任制，使用合理、密封的容器，指定专人负责生活垃圾的清运工作。

（8）公示标牌

①大门口处应设置公示标牌，主要内容应包括：工程概况牌、消防保卫牌、安全生产牌、文明施工牌、管理人员名单及监督电话牌、施工现场总平面图；施工现场的进口处应有明显的公示标牌，如果认为内容还应增加，可结合本地区、本企业及本工程特点进行要求。

②标牌应规范、整齐、统一。

③施工现场应有安全标语。

④施工现场应有宣传栏、读报栏、黑板报。

（9）社区服务

①夜间施工前，必须经批准后方可进行施工。

②为了保护环境，施工现场严禁焚烧各类废弃物（包括：生活垃圾、废旧的建筑材料等），应进行及时的清运。

③施工现场应制定防粉尘、防噪音、防光污染等措施。

④应制定施工不扰民措施。

7.6 绿色施工导则简介

建筑业作为资源和能源的消耗大户，建立节约型的发展模式无疑是建设节约型社会十分重要的环节。而发展绿色建筑、发展循环经济是建筑业转变粗放式发展模式，在建筑活动以及建筑物全生命周期实现节能、节地、节水、节材，高效地利用资源，最低限度地影响环境，实现建筑事业可持续发展的有效途径。《绿色施工导则》（以下简称《导则》），对于在工程建设中推广绿色施工技术，实现施工过程的“四节一环保”意义重大。

7.6.1 编制背景

在我国经济快速发展的现阶段，建筑业大量消耗资源能源，也对环境有较大影响。建设部编制、出台《绿色施工导则》有其重要的社会背景和现实意义。

我国尚处于经济快速发展阶段，年建筑量世界排名第一，建筑规模已经占到世界的45%。建筑业每年消耗大量能源资源，我国已连续19年蝉联世界第一水泥生产大国，因水泥生产排放的二氧化碳高达5.5亿t，而美国仅为0.5亿t。同时我国却是散装水泥使用小国。目前我国水泥的散装率只有30%左右，同世界工业化发达国家水泥散装率90%以上的比例相差很大。袋装水泥需要消耗大量的包装材料，且由于包装破损和袋内残留等造成的损耗在3%以上，所以水泥生产和应用的高袋装率、低散装率造成了极大的资源浪费。

混凝土是我国建筑业用量最大的一种材料。目前年用量已超过20亿m^3。混凝土搅拌与养护用水基本上都是自来水。假设每立方米混凝土搅拌平均用水为185kg，即自来水达3.7亿t，而养护用水系搅拌用水的2～5倍，粗略估计，若全用自来水的估算，年用水10亿t。而国家每年缺水60亿t，所以混凝土用水也是绿色施工中一个显眼的问题。

建筑垃圾问题也相当严重。据北京、上海两地统计，施工1万m^2的建筑垃圾达500～600t，均是由新材料演变而生，属施工环节中明显的资源浪费、材料浪费。

这些高污染、高消耗的数字令人触目惊心。推广绿色建筑，有个全生命周期的概念，强调节能、节地、节水、节材。但从目前施工环节来看，存在着如上所述诸多“四不节”现象。为此，原建设部工程质量安全监督与行业发展司于2006年开展“绿色施工技术研究”工作，旨在开展绿色施工技术的基础性研究，探索实现绿色施工的方法和途径，为在建筑工程施工中推广绿色施工技术、推行绿色施工评价奠定基础，反映建筑领域可持续发展理念，积极引导、大力发展绿色施工，促进节能省地型住宅和公共建筑的发展。

7.6.2 相关概念和编制原则

要在工程建设中推广绿色施工技术，首先要明确何为绿色施工，以及绿色施工与绿色建筑的关系。

1. 绿色施工与绿色建筑

绿色施工不等同于绿色建筑。2006年6月1日起实施的国家标准《绿色建筑评价标准》对绿色建筑的概念给予明确和规范，即绿色建筑是指在建筑的全寿命周期内，最大限度地节约资源（节能、节地、节水、节材）、保护环境和减少污染，为人们提供健康、适用和高效的使用空间，与自然和谐共生的建筑。材料采购、在保证质量、安全等基本要求的前提下，通过科学管理和技术进步，最大限度地节约资源与减少对环境负面影响的施工活动，强调的是从施工到工程竣工验收全过程的“四节一环保”的绿色建筑核心理念。《绿色建筑评价标准》主要是从规划设计阶段对绿色建筑进行评价，对施工环节没有严格的要求，而《导则》则着手提出施工环节中的“四节一环保”。因此严格地说，绿色建筑应该包括绿色施工。

二者的关系需要明确，即绿色建筑不见得通过绿色施工才能完成，而绿色施工成果也不一定是绿色建筑。当然，绿色建筑能通过绿色施工完成最好。绿色建筑与绿色施工当前还是平行的两件事，即绿色建筑不一定通过绿色施工来实现，绿色施工的对象不一定是绿色建筑，二者只要满足各自的要求即可。当然绿色建筑能通过绿色施工来实现锦上添花，更加完美。绿色建筑可产生评价结果，即一星、二星、三星三个级别。绿色施工仅写明要点，阐述基本内容，还得不出是与否的结果，更谈不上最终的评价等级。

2. 绿色施工与文明施工的关系

文明施工在我国施工企业的实施有一定的历史，宗旨是“文明”，也有环境保护等内涵。绿色施工是在新的历史时期，为贯彻可持续发展，适应国际发展潮流而提出的新理念，核心是“四节一环保”，除了更严格的环境保护要求外，还要节材、节水、节地、节能，所以绿色施工高于文明施工，严于文明施工。

值得指出的是，在我国的建筑工地执行文明施工的制度已经有很多年了，涉及较多的是环保的内容，谈不上节材、节能、节水、节地，且都是表观的环保内容，与绿色施工关系不大。在中国建筑科学研究院开展我国第一个绿色施工课题研究时，曾委托十几个施工企业对上百个工程进行能耗的统计，以了解我国不同地区、不同功能的建筑建造中的基本情况，搜集到上万个数据进行归纳分析，不料离散度差到百倍（提供的数据系时间太久，准度大失水准），使课题研究无果而终。可见我国施工阶段资源消耗的基础数据是无章可循，无人过问，无据可查。我国的工程档案管理制度还是比较严谨的，全套工程图纸（包括修改设计资料）、工程审批资料、施工图审查报告、材料检测报告、隐蔽工程记录、质量验收报告等都有，唯独没有施工阶段的资源消耗报告，现在看来，这是一个欠缺。

3.《导则》编制原则

《导则》是“绿色施工技术研究”课题研究的主要成果之一。“绿色施工技术研究”课题的编制原则有四：一是重点突出环保与“四节”要求；二是结合我国国情，反映建筑领域可持续发展理念；三是体现过程控制；四是定性与定量相结合。

遵循上述原则，绿色施工原则有二：一是绿色施工是建筑全寿命周期中的一个重要阶段。实施绿色施工，应进行总体方案优化。在规划、设计阶段，应充分考虑绿色施工的总体要求，为绿色施工提供基础条件。二是实施绿色施工，应对施工策划、材料采购、现场施工、工程验收等各阶段进行控制，加强对整个施工过程的管理和监督。

7.6.3 核心内容

1. 绿色施工总体框架

《导则》作为绿色施工的指导性原则，共有六大块内容：①总则；②绿色施工原则；③绿色施工总体框架；④绿色施工要点；⑤发展绿色施工的新技术、新设备、新材料、新工艺；⑥绿色施工应用示范工程。在这六大块内容中，总则主要是考虑设计 、施工一体化问题。施工原则强调的是对整个施工过程的控制。紧扣“四节一环保”内涵，根据绿色施工原则，结合工程施工实际情况，《导则》提出了绿色施工的主要内容，根据其重要性，依次列为：施工管理、环境保护、节材与材料资源利用、节水与水资源利用、节能与能源利用、节地与施工用地保护六个方面。这六个方面构成了绿色施工总体框架，涵盖了绿色施工的基本指标，同时包含了施工策划、材料采购、现场施工、工程验收等各阶段的指标的子集。绿色施工总体框架与绿色建筑评价标准结构相同，明确这样的指标体系，是为将来制定“绿色建筑施工评价标准”打基础。

在绿色施工总体框架中，将施工管理放在第一位是有其深层次考虑的。我国工程建设发展的情况是体量越做越大，基础越做越深，所以施工方案是绿色施工中的重大问题。如地下工程的施工，是采用明挖法、盖挖法、暗挖法、沉管法还是冷冻法，会涉及工期、质量、安全、资金投入、装备配置、施工力量等一系列问题，是一个举足轻重的问题，对此《导则》在施工管理中，对施工方案确定均有具体规定。第四部分——绿色施工要点则是

《导则》真正核心的内容。

2. 绿色施工要点

绿色施工要点包括绿色施工管理、环境保护技术要点、节材与材料资源利用技术要点、节水与水资源利用的技术要点、节能与能源利用技术要点、节地与施工用地保护的技术要点六方面内容，每项内容又有若干项要求。

（1）施工管理要求。绿色施工管理主要包括组织管理、规划管理、实施管理、评价管理和人员安全与健康管理五个方面。如：组织管理要建立绿色施工管理体系，并制定相应的管理制度与目标；规划管理要编制绿色施工方案，该方案应在施工组织设计中独立成章，并按有关规定进行审批；绿色施工应对整个施工过程实施动态管理，加强对施工策划、施工准备、材料采购、现场施工、工程验收等各阶段的管理和监督。

（2）环境保护要求。环境保护是个很重要的问题。工程施工对环境的破坏很大。大气环境污染的主要污染源之一是大气中的总悬浮颗粒，粒径小于10μm的颗粒可以被人类吸入肺部，对健康十分有害。悬浮颗粒包括了道路尘、土壤尘、建筑材料尘等的贡献。《导则》（环境保护技术要点）对土方作业阶段、结构安装、装饰阶段作业区目测扬尘高度明确提出了量化指标；对噪声与振动控制、光污染控制、水污染控制、土壤保护、建筑垃圾控制、地下设施、文物和资源保护等也提出了定性或定量要求。

（3）节材与材料资源利用。绿色施工要点中关于节材与材料资源利用部分，是《导则》中很硬的一条，也是《导则》的特色之一。此条从节材措施、结构材料、围护材料、装饰装修材料到周转材料，都提出了明确要求。

模板与脚手架问题。受体制约束，我国工程建设中木模板的周转次数低得惊人，有的仅用一次，连外国专家都要抗议我国浪费木材资源的现状。绿色施工规定要优化模板及支撑体系方案。采用工具式模板、钢制大模板和早拆支撑体系，采用定型钢模、钢框竹模、竹胶板代替木模板。

钢筋专业化加工与配送要求。钢筋加工配送可以大量消化通尺钢材（非标准长度钢筋，价格比定尺原料钢筋低200～300元/t），降低原料浪费。

结构材料要求推广使用预拌混凝土和商品砂浆。准确计算采购数量、供应频率、施工速度等，在施工过程中动态控制。结构工程使用散装水泥。建筑工程所用水泥30%用在砌筑和抹灰。现场配制质量不稳定，浪费材料，破坏环境，出现开裂、渗漏、空鼓、脱落一系列问题。若采用商品砂浆后，不仅使用散装水泥，使工业废弃物的利用成为可能。

（4）节水与水资源利用技术，要求采取多种措施提高用水效率。如施工中采用先进的节水施工工艺；现场搅拌用水、养护用水应采取有效的节水措施，严禁无措施浇水养护混凝土；施工现场分别对生活用水与工程用水确定用水定额指标，并分别计量管理；大型工程的不同单项工程、不同标段、不同分包生活区，凡具备条件的应分别计量用水量；对混凝土搅拌站点等用水集中的区域和工艺点进行专项计量考核，施工现场建立雨水、中水或可再利用水的搜集利用系统。

其他技术要点也对节约能源、提高能源利用效率以及发展“四新”提出了具体要求。

3. 量化指标

制定任何标准规范都要强调其可操作性。《导则》虽然只是绿色施工的指导性原则，但确定量化指标对《导则》的实施很重要。为此，在制定《导则》的过程中，尽管定量数据不多，但我们还是努力提出了一些能够实现的定量数据。主要有：

在环境保护方面，要求土方作业区目测扬尘高度小于1.5m；结构施工、安装、装饰装修作业区目测扬尘高度小于0.5m；场界四周隔档高度位置测得的大气总悬浮颗粒物（TSP）月平均浓度与城市背景值的差值不大于0.08mg/m^3；现场噪音排放不得超过国家标准《建筑施工场界噪声限值》的规定；施工现场污水排放应达到国家标准《污水综合排放标准》的要求；住宅建筑每万平方米的建筑垃圾不宜超过400t；建筑垃圾的再利用和回收率达到30%，建筑物拆除产生的废弃物的再利用和回收率大于40%。

在节材与材料资源利用方面，要求材料损耗率比定额损耗率降低30%；施工现场500公里以内生产的建筑材料用量占建筑材料总重量的70%以上；工地临房、临时围挡材料的可重复使用率达到70%。

在节水与水资源利用方面，施工现场办公区、生活区的生活用水采用节水系统和节水器具，提高节水器具配置比率；施工中非传统水源和循环水的再利用量大于30%。

在节能与能源利用方面，施工临时用电采用声控、光控等节能照明灯具；照明设计以满足最低照度为原则，照度不应超过最低照度的20%。

在节地与施工用地保护方面，临时设施的占地面积应按用地指标所需的最低面积设计；临时设施占地面积有效利用率大于90%。

复习思考题

1. 施工项目安全的概念是什么？主要有哪些伤亡事故？
2. 施工项目的安全管理主要从那几方面开展？
3. 安全管理制度中哪些是政府部门的安全监督管理制度？哪些是企业的安全管理制度？你对这些制度是如何认识的？
4. 职业健康安全管理体系的要素有哪些？它们之间的关系是什么？
5. 施工项目的安全技术措施是如何制定的？
6. 施工项目主要污染源有哪些？环境保护的主要措施有哪些？
7. 文明施工的主要内容有哪些？
8. 绿色施工的概念是什么？

第8章　施工项目信息管理

8.1 概　　述

8.1.1 信息

1. 信息的含义

“信息”一词古已有之。在人类社会早期的日常生活中，人们对信息的认识是比较宽泛和模糊的，如把信息与消息等同看待。只是到了20世纪尤其是中期以后，由于现代信息技术的快速发展及其对人类社会的深刻影响，信息工作者和相关领域的研究人员才开始探讨信息的准确含义。

信息论奠基人申农认为“信息是用来消除不确定性的东西”，这一定义被人们看作是经典性定义而加以引用；控制论创始人维纳认为“信息是人们在适应外部世界，并使这种适应反作用于外部世界的过程中，同外部世界进行互相交换的内容的名称”，它也被作为经典性定义而加以引用。经济管理学家认为“信息是提供决策的有效数据”；物理学家认为“信息是熵”；电子学家、计算机科学家认为“信息是电子线路中传输的信号”。

美国信息管理专家霍顿（F. W. Horton）给信息下的定义是：信息是按照用户决策的需要经过加工处理的数据。简单地说，信息是经过加工的数据，或者说信息是数据处理的结果。

我国著名的信息学专家钟义信认为“信息是事物存在方式或运动状态，以及这种方式或状态直接或间接的表述”。

根据近年来人们对信息的研究成果，科学的信息概念可以概括为：信息是客观世界中各种事物的运动状态和变化的反映，是客观事物之间相互联系和相互作用的表征，表现的是客观事物运动状态和变化的实质内容。

2. 信息的性质

（1）客观性。信息是事物变化和运动状态的反映，反映了以客观存在为前提，其实质内容具有客观性。信息的客观性特征是由信息源的客观性决定的，信息一旦形成，其本身就具有客观实用性。

（2）普遍性。世界是物质的，物质是运动的，物质及其运动的普遍性决定了信息的普遍性。由于信息是事物运动的状态和方式，而宇宙万物又都在不停地运动着，因此信息无处不在、无时不有。

（3）依附性。由于信息本身是看不见、摸不着的，因此它必须依附于一定的载体而存在，并且这种载体可以变换。其载体有文字、图像、声波、光波等。人类通过视、听、嗅等感官感知、识别、利用信息。可以说，没有载体，信息就不会被人们感知，信息也就不存在，因此信息离不开载体。

（4）价值性。信息是经过加工并对生产经营活动产生影响的数据，是劳动创造的，是一种资源，因而是有价值的。信息的使用价值是指信息对人们的有用性，即特定的信息能够满足人类特定的需要，如索取一份经济情报，或者利用大型数据库查阅文献所付费用是信息价值的部分体现。信息的使用价值必须经过转换才能得到，体现出信息生产者和信息需求者之间的联系，也就是他们之间交换劳动的关系。

（5）时效性。信息的时效是指从信息源发送信息，经过采集、加工、传递和使用的时间间隔和效率。信息的使用价值与信息经历的时间间隔成反比；信息经历的时间越短，使用价值就越大；反之，经历的时间越长，使用价值就越小。“时间就是金钱”可以理解为及时获得有用的信息，信息资源就转换为物质财富。如果时过境迁，信息也就没有什么价值了。从某种意义上说，信息的时效性表现为滞后性，因为信息作为客观事实的反映，是对事物的运动状态和变化的历史记录，总是先有事实后产生信息。因此，只有加快传输，才能减少滞留时间。

（6）可传递性。任何信息都从信息源发出，经过传送、加工而被接收和利用。不能传输的信息是无用的，无法存在的。为了充分发挥信息的作用，必须将传输作为一项重要任务，通过传输而有效地发挥其作用，实现信息的使用价值。由此可见，信息的可传递性是由信息功能引发出来的。信息传输方式影响着传输的速率、传输的质量，这对信息的效用和价值是很重要的。

（7）可存储性。所谓存储，是指信息在时间上的传递。信息的客观性和可传递性决定了信息具有可存储性，信息的依附性使信息可以通过各种载体存储。信息的可存储性使信息可以积累，信息经过记忆、记录等存储起来，以便今后使用，因而信息可以被继承。

（8）可扩散性。所谓扩散，是指信息在空间上的传递。信息富有渗透性，它总是力求冲破自然的约束（如保密措施等），通过各种渠道和传输手段迅速扩散，扩大其影响。正是这种扩散性，使信息成为全人类共同的财富。

（9）共享性。由于信息可以在不同的载体间转换和传播，并且在转换和传播的过程中不会消失，所以谁拥有了某信息的载体谁就拥有了该信息。它与物质不同，物质从甲方传给乙方后，乙方得到了该物质，甲方就失去了该物质。而信息传递和使用过程中，允许多次和多方共享使用，原拥有者只会失去信息的独享价值，不会失去信息的使用价值和潜在价值。因此信息不会因为共享而消失，这是信息与物质和能量资源的本质区别。

（10）可加工性。信息可以通过各种手段和方法加工处理，被选择和提炼。排除无用的信息，使其具有更大的价值。信息是大量的、多种多样的、分散的，信息的可加工性使得信息资源能够被人们合理有效地利用。

（11）可增值性。信息具有确定性的价值，但是对不同的人、不同的时间、不同的地点，其意义也不同。并且这种意义还可引申、推导、衍生出更多的意义，从而使其增值。

3. 信息的分类

信息是对客观事物运动状态和变化的描述，它所涉及的客观事物是多种多样的，并普遍存在，因此信息的种类也是很多的。所谓信息分类就是把具有相同属性或特征的信息归并在一起，把不具有这种共同属性或特征的信息区别开来的过程。信息分类的产物是各式各样的分类或分类表，并建立起一定的分类系统和排列顺序，以便管理和使用信息。下面列出常见的几种分类：

(1) 按信息的特征，信息可分为自然信息和社会信息。自然信息是反映自然事物的，由自然界产生的信息，如遗传信息、气象信息等；社会信息是反映人类社会的有关信息，对整个社会可以分为政治信息、科技信息、文化信息、市场信息和经济信息等。而对于企业来讲，所关心的基本上是经济信息和市场信息。自然信息与社会信息的本质区别在于社会信息可以由人类进行各种加工处理，成为改造世界和发明创造的有用知识。

(2) 按管理层次，信息可分为战略级信息、战术级信息和作业（执行）级信息。战略级信息是高层管理人员制定组织长期战略的信息，如未来经济状况的预测信息；战术级信息为中层管理人员监督和控制业务活动、有效地分配资源提供所需的信息，如各种报表信息；作业级信息是反映组织具体业务情况的信息，如应付款信息、入库信息。战术级信息是建立在作业级信息基础上的信息，战略级信息则主要来自组织的外部环境。

(3) 按信息的加工程度，信息可分为原始信息和综合信息。从信息源直接收集的信息为原始信息；在原始信息的基础上，经过信息系统的综合、加工产生出来的新的信息称为综合信息。产生原始信息的信息源往往分布广且较分散，收集的工作量一般很大，而综合信息对管理决策更有用。

(4) 按信息来源，信息可分为内部信息和外部信息。凡是在系统内部产生的信息称为内部信息；在系统外部产生的信息称为外部信息（或称为环境信息）。对管理而言，一个组织系统的内、外信息都非常有用。

(5) 按信息稳定性，信息可分为固定信息和流动信息。固定信息是指在一定时期内具有相对稳定性，且可以重复利用的信息。如各种定额、标准、工艺流程、规章制度、国家政策法规等；而流动信息是指在生产经营活动中不断产生和变化的信息，它的时效性很强，如反映企业人、财、物、产、供、销状态及其他相关环境状况的各种原始记录、单据、报表、情报等。

(6) 按信息流向，按流向的不同，信息可分为输入信息、中间信息和输出信息。

(7) 按信息生成的时间，可分为历史信息、现时信息和预测信息。历史信息反映过去某一时段发生的信息；现时信息是指当前发生获取的信息；而预测信息是依据历史数据按一定的预测模型，经计算获取的未来发展趋势信息，是一种参考信息。

(8) 按载体不同，可分为文字信息、声像信息和实物信息。

8.1.2 信息资源

1. 信息资源的含义

控制论的创始人维纳指出：信息就是信息，不是物质也不是能量。也就是说，信息与物质、能量是有区别的。同时，信息与物质、能量之间也存在着密切的关系。物质、能量、信息一起是构成现实世界的三大要素。

美国哈佛大学的研究小组给出了著名的资源三角形，他们指出：没有物质，什么也不存在；没有能量，什么也不会发生；没有信息，任何事物都没有意义。作为资源，物质为人们提供各种各样的材料；能量提供各种各样的动力；信息提供无穷无尽的知识。

信息是普遍存在的，但并非所有信息都是资源。只有满足一定条件的信息才能构成资源。对于信息资源，有狭义和广义之分：狭义信息资源，指的是信息本身或信息内容。即经过加工处理，对决策有用的数据。开发利用信息资源的目的，就是为了充分发挥信息的效用，实现信息的价值。广义信息资源，指的是信息活动中各种要素的总称。“要素”包括信息、信息技术以及相应的设备、资金和人等。

狭义的观点突出了信息是信息资源的核心要素，但忽视了“系统”。事实上，如果只有核心要素，而没有“支持”部分（技术、设备等），就不能进行有机地配置，不能发挥信息作为资源的最大效用。

归纳起来，信息资源由信息生产者、信息、信息技术三大要素组成。

(1) 信息生产者是为某种目的生产信息的劳动者，包括原始信息生产者、信息加工者或信息再生产者。

(2) 信息既是信息生产的原料，也是产品。它是信息生产者的劳动成果，对社会各种活动直接产生效用，是信息资源的目标要素。

(3) 信息技术是能够延长或扩展人的信息能力的各种技术的总称，是对声音、图像、文字等数据和各种传感信号的信息进行收集、加工、存储、传递和利用的技术。信息技术作为生产工具，对信息收集、加工存储与传递提供支持与保障。

在信息资源中，信息生产者是关键的因素，因为信息和信息技术都离不开人的作用，信息是由人生产和消费的，信息技术也是由人创造和使用的。

2. 信息资源的特征

(1) 可共享性。由于信息对物质载体有相对独立性，信息资源可以多次反复地被不同的人利用，在利用过程中信息量不仅不会被消耗掉，反而会得到不断地扩充和升华。在理想条件下，信息资源可以反复交换、多次分配、共享使用。

(2) 无穷无尽性。由于信息资源是人类智慧的产物，它产生于人类的社会实践活动并作用于未来的社会实践，而人类的社会实践活动是一个永不停息的过程，因此信息资源的来源是永不枯竭的。

(3) 对象的选择性。信息资源的开发与利用是智力活动过程，它包括利用者的知识积累状况和逻辑思维能力。因此，信息资源的开发利用对使用对象有一定的选择性，同一内容的信息对于不同的使用者所产生的影响和效果将会大不相同。

(4) 驾驭性。信息资源的分布和利用非常广泛，几乎渗透到了人类社会的各个方面。而且，信息资源具有驾驭其他资源的能力。

8.1.3 信息技术

信息技术是关于信息的产生、发送、传输、接收、变换、识别和控制等应用技术的总称，是在信息科学的基本原理和方法的指导下扩展人类信息处理功能的技术。具体包括信息基础技术、信息处理技术、信息应用技术和信息安全技术等。

1. 信息基础技术

(1) 微电子技术。微电子技术是在半导体材料芯片上采用微米级加工工艺制造微小型化电子元器件和微型化电路的技术。主要包括超精细加工技术、薄膜生长和控制技术、高密度组装技术、过程检测和过程控制技术等。微电子技术是信息技术的基础和支柱。实现信息化的网络及其关键部件，不管是各种计算机，还是通信电子装备，甚至是家电，它们的基础都是集成电路。

(2) 光子技术和光电技术。光电技术是一门以光电子学为基础，综合利用光学、精密机械、电子学和计算机技术解决各种工程应用课题的技术学科。信息载体正在由电磁波段扩展到光波段，从而使光电科学与光机电一体化技术集中在光信息的获取、传输、处理、记录、存储、显示和传感等的光电信息产品的研究和利用上。光电技术是光子技术与电子技术的交叉技术。该技术利用光子与电子的相互作用和能量转换原理，制造光电产品。

2. 信息处理技术

（1）信息获取技术。信息的获取可以通过人的感官或技术设备进行。有些信息，虽然可以通过人的感官获取，但如果利用技术设备来完成，效率会更高，质量会更好。信息获取技术主要包括传感技术和遥感技术。

（2）信息传输技术。包括通信技术和广播技术，其中前者是主流。现代通信技术包括移动通信技术、数据通信技术、卫星通信技术、微波通信技术和光纤通信技术等。

（3）信息加工技术。它是利用计算机——硬件、软件、网络对信息进行存储、加工、输出和利用的技术。包括计算机硬件技术、软件技术、网络技术、存储技术等。

（4）信息控制技术。它是利用信息控制系统使信息能够顺利流通的技术。现代信息控制系统的主体为计算机控制系统。

3. 信息应用技术

信息应用技术大致可分为两类：一类是管理领域的信息应用技术，主要代表是管理信息系统（MIS）；另一类是生产领域的信息应用技术，主要代表是计算机集成制造系统（CIMS）。

（1）MIS。MIS是由人和计算机等组成的能进行信息收集、传输、加工、存储和利用的人工系统。其研究内容包括信息系统的分析、设计、实施和评价等。

（2）CIMS。CIMS是在通信技术、计算机技术、自动控制技术、制造技术基础上，将制造类企业中的全部生产活动（包括设计、制造、管理等）统一起来，形成一个优化的产品生产大系统。CIMS系统由管理信息系统、产品设计与制造工程设计自动化系统、制造自动化系统、质量保证系统等功能子系统组成。

CIMS的关键是将各功能子系统有机地集成在一起，而集成的重要基础是信息共享。

4. 信息安全技术　它主要有密码技术、防火墙技术、病毒防治技术、身份鉴别技术、访问控制技术、备份与恢复技术和数据库安全技术等。

（1）密码技术是指通过信息的变换或编码，使不知道密钥（如何解密的方法）的人不能解读所获信息，从而实现信息加密的技术。该技术包括两个方面：密码编码技术和密码分析技术。Internet中常用的数字签名、信息伪装、认证技术均属于密码技术范畴。

（2）防火墙技术。防火墙是保护企业等组织内部网络免受外部入侵的屏障，是内外网络隔离层硬件和软件的合称。防火墙技术主要包括过滤技术、代理技术、电路及网关技术等。

8.1.4 信息管理

1. 信息管理的定义

信息管理是人类为了有效地开发和利用信息资源，以现代信息技术为手段，对信息资源进行计划、组织、领导及控制的社会活动。简单地说，信息管理就是人对信息资源和信息活动的管理。对于上述定义，可从以下几个方面去理解：

（1）信息管理的对象是信息资源和信息活动。信息资源是信息生产者、信息、信息技术的有机体。信息管理的根本目的是控制信息流向，实现信息的效用与价值；信息活动是指人类社会围绕信息资源的形成、传递和利用而开展的管理活动与服务活动。信息资源的形成阶段以信息的产生、记录、收集、传递、存储、处理等活动为特征，目的是形成可以利用的信息资源。信息资源的开发利用阶段以信息资源的传递、检索、分析、选择、吸收、评价、利用等活动为特征，目的是实现信息资源的价值，达到信息管理的目的。

（2）信息管理是管理活动的一种。管理活动的基本职能（计划、组织、领导、控制）仍然是信息管理活动的基本职能，只不过信息管理的基本职能更有针对性。

（3）信息管理是一种社会规模的活动。这反映了信息管理活动的普遍性和社会性，是涉及广泛的社会个体、群体和国家参与的普遍性的信息获取、控制和利用的活动。

2. 信息管理的特征

（1）管理类型特征。信息管理是管理的一种，具有管理的一般性特征。例如，管理的基本职能是计划、组织、领导、控制；管理的对象是组织活动；管理的目的是为了实现组织的目标等，这些在信息管理中同样具备。但是，信息管理作为一个专门的管理类型，又有自己的独有特征：即管理的对象不是人、财、物，而是信息资源和信息活动；信息管理贯穿于整个管理过程之中。

（2）时代特征。随着经济全球化，地界各国和地区之间的政治、经济、文化交往日益频繁，组织与组织之间的联系越来越广泛，组织内部各部门之间的联系越来越多，以致信息量猛增；由于信息技术的快速发展，使得信息处理和传播的速度越来越快；随着管理工作要求的提高，信息处理的方法也就越来越复杂。不仅需要一般的数学方法，还要运用数理统计方法、运筹学方法等；信息管理所涉及的领域不断扩大，从知识范畴上看，信息管理涉及管理学、社会科学、行为科学、经济学、心理学、计算机科学等。从技术上看，信息管理涉及计算机技术、通信技术、办公自动化技术、测试技术、缩微技术等。

3. 信息管理的分类

（1）按管理层次分为宏观信息管理、中观信息管理、微观信息管理。

（2）按管理性质分为信息生产管理、信息组织管理、信息系统管理、信息市场管理等。

（3）按应用范围分为企业信息管理、政务信息管理、商务信息管理、公共事业信息管理等。

（4）按管理手段分为手工信息管理、信息技术管理、信息资源管理等。

（5）按信息内容分为经济信息管理、科技信息管理、教育信息管理、军事信息管理等。

4. 信息管理的职能

美国信息资源管理学家霍顿和国内学者在20世纪80年代初就指出：信息资源与人力、物力和财力等自然资源一样，都是企业的重要资源，因此，应该像管理其他资源那样管理信息资源。

（1）信息管理的计划职能。通过调查研究预测未来，根据战略规划所确定的总体目标分解出目标和阶段任务，并规定实现这些目标的途径和方法，制定出各种信息管理计划。信息管理计划包括：信息资源计划和信息系统建设计划。

信息资源计划是信息管理的主计划，包括组织信息资源管理的战略规划和常规管理计划。信息资源管理的战略规划是组织信息管理的行动纲领，规定组织信息管理的目标、方法和原则。常规管理计划是指信息管理的日常计划，包括信息收集计划、信息加工计划、信息存储计划、信息利用计划和信息维护计划等，是对信息资源管理的战略规划的具体落实。

信息系统是信息管理的重要方法和手段。信息系统建设计划是信息管理过程中一项至关重要的专项计划，是指组织关于信息系统建设的行动安排和纲领性文件，内容包括信息系统建设的工作范围、对人财物和信息等资源的需求、系统建设的成本估算、工作进度安排和相关的专题计划等。信息系统建设计划中的专题计划是信息系统建设过程中为保证某些细节工作能够顺利完成、保证工作质量而制定的，这些专题计划包括质量保证计划、配置管理计划、测试计划、培训计划、信息准备计划和系统切换计划等。

（2）信息管理的组织职能。随着经济全球化、网络化、知识化的发展与网络通信技术、计算机信息处理技术的发展，这些对人类活动的组织产生了深刻的影响，信息活动的组织也随之发展。计算机网络及信息处理技术被应用于组织中的各项工作，使组织能更好地收集情报，更快地做出决策，增强了组织的适应能力与竞争力。从而使组织信息资源管理的规模日益增大，信息管理对于组织更显重要，信息管理组织成为组织中的重要部门。信息管理部门不仅要承担信息系统组建、保障信息系统运行和对信息系统的维护更新工作，还要向信息资源使用者提供信息、技术支持和培训等。综合起来，信息管理的组织职能包括信息系统研发与管理、信息系统运行维护与管理、信息资源管理与服务、提高信息管理组织的有效性等四个方面。

（3）信息管理的领导职能。信息管理的领导职能指的是信息管理领导者对组织内所有成员的信息行为进行指导或引导和施加影响，使成员能够自觉自愿地为实现组织的信息管理目标而工作的过程。其主要作用，就是要使信息管理组织成员更有效、更协调地工作，发挥自己的潜力，从而实现信息管理组织的目标。信息管理的领导职能不是独立存在的，它贯穿信息管理的全过程，贯穿计划、组织和控制等职能之中。

（4）信息管理的控制职能。为了确保组织的信息管理目标，以及为此而制定的信息管理计划能够顺利实现，信息管理者根据事先确定的标准或因发展需要而重新确定的标准，对信息工作进行衡量、测量和评价，并在出现偏差时进行纠正，以防止偏差继续发展或今后再度发生；或者，根据组织内外环境的变化和组织发展的需要，在信息管理计划的执行过程中，对原计划进行修订或制定新的计划，并调整信息管理工作的部署。也就是说，控制工作一般分为两类，一类是纠正实际工作，减小实际工作结果与原有计划及标准的偏差，保证计划的顺利实施；另一种是纠正组织已经确定的目标及计划，使之适应组织内外环境的变化，从而纠正实际工作结果与目标和计划的偏差。

5. 信息管理的原则

信息管理的实践证明，在信息管理过程中，信息管理者必须具有相同的观察、处理问题的准绳，才可能获得满意的管理效果。信息管理原则是在任何信息管理活动的任何环节中都应该遵循的原则。

（1）系统原则。是以系统的观点和方法，从整体上、全局上、时空上认识管理客体，以求获得满意结果的管理思想。信息管理要坚持系统原则，这是因为管理客体不仅自身是一个系统，而且也是另一个大系统的组成部分，即子系统；其次，因为系统是信息流的通道，是信息功能得以实现的前提和基础，要管理信息资源和信息活动，就离不开对信息通道的管理；第三，系统是对信息资源和信息活动进行管理的重要工具，任何信息管理的意图最后都需要通过系统去实现。

（2）整序原则。是指对所获得的信息按照“关键字”进行排序。信息管理中的信息量极大，如果不排序，查找所需信息的速度会非常慢、非常困难，甚至找不到。其次，是因为未排序的信息只能反映单条信息的内容，不能定量地反映信息的整体在某方面的特征。整序之后，信息按类（按某一特征）归并，在此特征下信息总体内涵和外延容易显现，也便于发现信息中的冗余和漏缺，方便检索和利用。而且同一组信息，按不同的关键字排序所得到的序列也不相同。管理者可以根据自己的需要选择信息的特征进行整序，以便获得自己需要的信息序列。

（3）激活原则。是对所获得的信息进行分析和转换，使信息活化，体现为管理者服务的思想。信息并不都是资源，未经激活的信息没有任何用处，只有在被激活之后才会产生效用，使用激活原则就可以使信息为管理者服务，信息咨询企业是专门为用户作“激活”信息服务的。所有的管理者都应该学会自己激活信息，激活能力是管理者信息管理能力的核心。

（4）共享原则。是在信息管理活动中为获得信息潜在价值，力求最大限度地利用信息的管理思想。因为共享性是信息的基本特征，不仅组织需要信息共享，社会也需要信息共享，否则信息就不能发挥其潜在的价值。

（5）贡献原则。又称“集约原则”，贡献原则是实现信息共享的前提。它指的是信息管理者要善于最大限度地将组织拥有的信息，以及企业和组织成员所拥有的信息都贡献出来，供企业和组织及其全体成员使用。

（6）防范原则。正因为信息是可以共享的，企业的竞争对手也可以共享我们企业和国家的信息，由此产生了信息安全问题，要求信息管理者随时予以防范。这就是信息管理的防范原则，也叫安全原则。

（7）搜索原则。是信息管理者在管理过程中千方百计地寻求有用信息的管理思想，搜索就是查找有用信息。对于信息管理者来说，信息搜索应该是强烈的搜索意识、明确的搜索范围和有效的搜索方法。搜索意识对于信息管理者至关重要，它是管理者及时、有效地获取信息的前提。因为任何信息都不会自动地来到管理者的面前，管理者要能够时时、处处都有一种强烈的搜索欲望和搜索动机，这就是搜索意识，它是最重要的信息管理意识之一。

6. 信息管理的发展趋势

（1）信息管理从手工管理向自动化、网络化、数字化的方向发展，信息管理模式的改变和水平的提高，依赖于技术条件的支持。

（2）信息系统从分散、孤立、局部地解决问题，走向系统、整体、全局性地解决问题，这是社会发展的需要。人们的观念发生变化，普遍认识到只有实现资源共享才能真正解决社会对信息的需求，共同建设、共同享用是将来信息管理发展的必由之路。

（3）信息管理从以收集和保存信息为主向以传播和查找为主的方向转变。现代技术为收集和存储信息创造了良好的条件，然而更重要的问题是如何在信息的海洋中找到需要的信息，这是今后要解决的主要问题。

（4）信息管理从单纯管理信息本身向管理与信息活动有关资源的方向发展。信息管理不仅只是关注物质因素，而且还要关注人文因素、社会因素和经济因素的综合管理。

(5) 信息管理从辅助性配角地位向决策性主角地位转变，信息管理作用会逐渐显现，并将在经济繁荣和社会发展中发挥越来越大的作用。

8.1.5 施工项目信息

1. 施工项目信息的来源

施工项目信息来源广泛，通过各种正式和非正式的渠道获得的信息有其各自的特点和应用价值。具体可以将施工项目信息来源分为以下几类：

(1) 记录。记录得到的施工项目信息多为历史性的信息，如施工日志、文件报告、项目变更记录、会议记录、统计报告等未经加工的记录。

(2) 抽样调查。如果对积累来的所有信息都进行调查，可能会造成资金和时间的浪费，这将不利于项目的决策。所以，抽样调查就显示了其在效率方面的优势。常用的信息抽样调查包括机械抽样、随机抽样、分层分级抽样和整体抽样。

(3) 业务会议。这是指通过召开各种会议，用座谈的形式获得项目信息。这样可以进一步扩大信息来源，并对信息进行综合评价和修正。

(4) 直接观测。管理者直接到现场观测或测量项目的具体实施情况，可以收集到用于控制的信息。

(5) 个人交谈。组织个人交换意见的方式有利于消除顾虑，增进沟通。个人交谈获得的信息的可靠程度的大小取决于个人间的信赖程度。

2. 施工项目信息的分类

施工项目信息在组织之间或组织内部流通，从而形成各种信息流。按照信息流的不同流向，施工项目信息可分为以下几种：

(1) 自上而下的施工项目信息。这类信息从高级项目管理层流向中低层的项目管理层，从而将决策性信息通过信息流流向下级的决策执行者。通过诸如管理目标、规定、条例等此类信息的传递，使下级更加明确上级决策及其工作的目标。

(2) 自下而上的施工项目信息。由下级收集的关于目标进展程度、质量、成本、安全和消耗等各方面的信息反馈给上级，以帮助上级对目标实现进行控制，达到最终实现目标的目的。

(3) 横向流动的施工项目信息。横向流动的信息是指施工项目管理班子中同级的各部门或部门人员之间相互交流的信息。缺少了横向流动的施工项目信息，组织各部门之间相互封闭隔离是不能保证项目目标的实现的。各部门由于分工而产生，依靠相互的沟通协作而凝聚力量，保证横向流动的施工项目信息流通的顺畅是组织信息工作的重要内容。

(4) 以顾问室或盈利办公室等综合部门为集散中心的施工项目信息。以汇总分析传播信息为任务的顾问室或经理办公室时专门负责组织之间或者组织内部信息沟通的部门，由于其专业性使得信息的准确性、可靠性和及时性都得到了保证，也就更加有利于决策者做出正确决策。

(5) 施工项目管理班子与环境之间进行流动的信息。组织的生存与环境有着千丝万缕的联系，政府、建设单位、供应单位和银行等的活动都直接或间接地影响着组织的活动。所以，组织要及时地把握周围环境的变化，注重周围环境的协调，确保组织的生存有稳定的环境。

3. 施工项目信息的传递

施工项目信息的传递也是施工项目信息管理的重要内容，组织需要建立信息传递的渠道，同时完善信息传递的机制，以使施工项目信息可以在组织之间和组织内部及时地传递。信息传递还要确保信息在传递的过程中保持完整和准确。只有这样，施工项目信息才会发挥其应有的作用，这是施工项目信息管理的最终目的所在。

项目的组织形式决定了信息的流通路线。正如施工项目信息的来源有很多种，施工项目信息的传递也有自上而下、自下而上和横向流通等路线。信息传递的载体也有多种，在组织之间有很多日常需要的信息，一般都会有专人负责传递，在施工项目信息文件分发之前，首先要确定需要分发的文件、时间和发送的对象。另外，施工项目信息还可以通过通信和召开会议的方式传递，这样的方式有助于组织人员对信息的理解，但往往会延长信息流通的时间。

4. 施工项目信息的加工

组织收集到信息都视为未经过加工的原始信息，还需要经过一定的设备、技术、手段和方法对其进行处理后才能成为可供利用或存储的信息资料。对原始信息的加工主要包括分类整理、分析和计算等工作。在项目管理班子中，对自上而下的信息应进行逐层浓缩，而对自下而上的信息则进行逐层细化，同时应注意不同详略程度和不同类别的信息适合不同的管理层次。

5. 信息的存储与使用

信息具有时间价值，信息也会在不同的时段给决策者以帮助。信息的存储应该有专门的部门和人员并存储于一定的载体上，以供随时利用。为此应该对积累的信息作适当的处理和维护，以使信息处于准确、及时、安全和保密的状态。应用计算机对数据进行存储，大大方便了信息的处理与应用，日益被更多的信息管理部门所采用。

施工项目信息管理是一个连续的、动态的过程，特别是在竞争激烈的信息时代，组织要不断地发展，要融入于每时每刻都在变化的时代，就必须注重施工项目信息管理工作。

8.1.6　施工项目信息管理

1. 施工项目信息管理的原则

工程项目产生的信息数量巨大，种类繁多。为便于信息的搜集、处理、存储、传递和利用，施工项目信息管理应遵从以下基本原则。

（1）标准化原则

要求在建设项目的实施过程中对有关信息的分类进行统一，对信息流程进行规范，产生项目管理报表则力求做到格式化和标准化，通过建立健全的信息管理制度，从组织上保证信息生产过程的效率。

（2）有效性原则

施工项目的信息管理应针对不同层次管理者的要求进行适当的加工，针对不同管理层提供不同要求和浓缩程度的信息。例如对于项目的高层管理者而言，提供的决策信息应力求精练、直观，尽量采用形象的图表来表达，以满足其战略决策的信息需要。这一原则是为了保证信息产品对于决策支持的有效性。

（3）定量化原则

工程项目产生的信息不应是项目实施过程中产生数据的简单记录，应该经过信息处理人员的比较与分析。采用定量工具对有关信息进行分析和比较是十分必要的。

(4) 时效性原则

考虑工程项目决策过程的时效性，施工项目信息管理成果也应具有相应的时效性。施工项目的信息都有一定的生产周期，如月报表、季度报表和年度报表等，这都是为了保证信息产品能够及时地服务于决策。

(5) 高效处理原则

通过采用高性能的信息处理工具（如施工项目信息系统），尽量缩短信息在处理过程中的延迟，施工项目信息管理的主要精力应放在对处理结果的分析和控制措施的制定上。

(6) 可预见原则

施工项目产生的信息可以作为以后项目实施的历史参考数据，也可以用于预测外来的情况。施工项目信息管理应通过采用先进的方法和工具为决策者制定未来目标和行动规划提供必要的信息。

2. 施工项目信息管理的任务

工程项目一般具有周期较长、参与单位多、单件性和专业性强等特征，一个项目在实施的过程中，项目信息往往会数量巨大、变化多而且错综复杂，项目信息资源的组织与管理任务十分重大。具体来讲，应主要做好以下几方面的工作：

(1) 编制施工项目信息管理规划

在整个工程实施过程中，工程项目各参与方都有各自的信息资源组织与管理任务。为充分利用和发挥信息资源的价值，提高信息管理的效率以及实现有序的和科学的信息管理，各参与方都应编制各自的信息管理规划，以规范各自的工程项目信息管理工作。施工项目信息管理规划主要内容包括：

1) 信息管理的任务（信息管理任务目录）；

2) 信息管理的任务分工表和管理职能分工表；

3) 信息的分类；

4) 信息的编码体系和编码；

5) 信息输入输出模型；

6) 各项信息管理工作的工作流程图；

7) 信息流程图；

8) 信息处理的工作平台及其使用规定；

9) 各种报表和报告的各式以及报告周期；

10) 项目进展的月度报告、季度报告、年度报告和工程总报告的内容及其编制；

11) 工程档案管理制度；

12) 信息管理的保密制等等。

(2) 明确施工项目管理班子中信息管理部门的任务

施工项目管理班子中各个工作部门的管理工作都与信息处理有关，而信息管理部门的主要工作任务是：

1) 负责编制信息管理规划和更为详细具体的信息管理手册，在项目实施过程中进行信息管理规划和手册的必要的修改和补充，并检查和督促其执行；

2) 负责协调和组织项目管理班子中各个工作部门的信息处理工作；

3) 负责信息处理工作平台的建立和运行维护；

4）与其他工作部门系统组织收集信息、处理信息和形成各种反映项目进展和项目目标控制的报表和报告；

5）负责工程档案管理等。

（3）编制和确定信息管理的工作流程

信息管理的工作流程对整个项目管理的顺利实施有重要意义，其内容有：

1）信息管理规划、手册编制和修订的工作流程；

2）为形成各类报表和报告，收集信息、录入信息、审核信息、加工信息、信息传输和发布的工作流程；

3）工程档案管理的工作流程等。

（4）建立施工项目信息管理的处理平台

由于工程项目大量数据处理的需要，在当今的时代应重视利用信息技术的手段进行信息管理。其核心的手段是基于网络的信息处理平台。

在传统工程建设模式中普遍存在的信息交流和沟通障碍及问题，不但进一步加剧了已经支离破碎的建设生产过程，造成了项目建设过程中的信息孤岛现象及孤立生产状态，严重地破坏了组织的有效性，大大地降低了组织的工作效率，而且是造成项目建设过程中的变更、返工、拖延、浪费、争议、索赔甚至诉讼等问题的重要原因，其最终后果必然是导致工程建设成本增加，工期拖延，质量下降，甚至可能会造成整个工程项目建设的失败。

（5）建立施工项目信息中心

在国际上，许多工程项目都专门设立信息管理部门（或称为信息中心），以确保信息管理工作的顺利进行。也有一些大型项目专门委托咨询公司从事项目信息动态跟踪和分析，以信息流指导工程建设的物质流，从宏观上对项目的实施进行控制。

8.2 施工项目信息系统

8.2.1 系统、信息系统与施工项目信息系统

1. 系统的概念

在现实世界中，“系统”一词被广泛使用。自然界存在宇宙系统、生态系统、生物系统等；人体内部有呼吸系统、消化系统、神经系统等。这些系统是自然形成，属于自然系统。企业也是系统，企业利用人、资金、原料、设备等资源，达到赢利的目的。对企业对象实施管理的系统是企业管理系统，该系统是由销售、生产、财务、人事、后勤等相互联系、相互作用的部分结合成的有机整体，其目的是为了完成经营计划。在管理过程中使用的信息系统，是由人、计算机、软件、信息组成的，可进行信息的收集、存储、处理、检索和传输，目的是为有关人员提供服务的信息。

有关系统的定义有很多种。一般系统论的创立者 L. V. Bertalanffy 把系统定义为“相互作用的诸要素的复合体”。有学者认为，系统是处于一定的环境中，为达到某种目的由相互联系和相互作用的若干组成部分（元素）组成的有机整体。也有人认为，系统是由若干部分组成。比较经典的定义是：系统是一个由相互管理的多个要素，按照特定的规律集合起来，具有特定功能的有机整体，同时它又是另一个更大系统的一部分。根据系统的含义可以归纳出系统的如下特征：

（1）整体性。系统内各个要素集合在一起，共同协作，完成特定的任务。每个要素都是系统的一个子系统，完成系统分配给它的任务，在共同完成各自的任务基础上，达到整个系统目标的实现。每个子系统都必须服从系统总体目标，达到总体优化。

（2）相关性。系统的各个组成部分是既相互依赖，又相互独立、相互联系的，各自有自己的特定目标，目标的实现又必须依靠其他子系统提供支持。子系统在完成自己的目标过程中，又必须为其他子系统提供必要的支持和对其他子系统进行必要的制约。

（3）目的性。任何一个子系统都有自己的特定目标，也就是有特定的功能，为了完成特定的任务而存在的。

（4）层次性。一个系统有多个子系统，一个子系统又把目标分成自己的目标体系，由各个子系统独立完成其中的一部分目标。子系统为了完成自己的目标往往又再划分出更多的子系统，一个系统又是另一个更大系统的组成部分，形成必要的层次。

（5）环境适应性。任何一个系统都不是孤立存在于社会环境中，它与社会环境有密切的联系，既需要社会环境提供必要的支持，又必须为社会环境提供服务，受到周围环境的影响，也给社会环境带来影响，每个系统要抑制对社会环境的不利影响，产生有利影响，要学会适应环境。

2. 信息系统

信息系统是以加工处理信息为主的系统，它由人、硬件、软件和数据资源组成，目的是及时、正确地收集、处理、存储、传输和提供信息。广义上说，在系统中任何可进行信息加工处理的系统都可视为信息系统，如生命信息系统、企业信息系统、文献信息系统、地理信息系统等。狭义的信息系统是指基于计算机、通信技术等现代化技术手段且服务于管理领域的信息系统，即计算机信息管理系统。本章所指的信息系统是狭义的信息系统。

信息系统的功能是对信息进行采集、处理、存储、管理、检索和传输，并能向有关人员提供有用的信息。

（1）信息的采集。这是信息系统其他功能的基础，采集的作用是将分布在不同信息源的信息收集起来，在原始数据收集过程中，应坚持目的性、准确性、适用性、系统性、及时性和经济性等原则。信息的采集一般要经过明确采集目的、形成优化采集方案、制定采集计划、采集和分类汇总等环节。

（2）信息的处理。通过各种途径和方法收集到的原始数据，须经过综合加工处理，才能成为对企业有用的信息。信息处理一般须经过真伪识别、排错校验、分类整理、加工分析等4个环节。信息处理的方式包括排序、分类、归并、查询、统计、结算、预测、模拟以及进行各种数学运算。现代化的信息处理系统都是以计算机为基础来完成信息处理工作的，因而，其处理能力越来越强。

（3）信息的传输。从信息采集地采集的数据要传送到处理中心，经过加工处理后传送到使用者手中，这些都涉及信息的传输问题。信息通过传输形成信息流，而信息流则具有双向流特征，也就是信息传输包括正向传输和反馈两个方面。企业信息传输既有不同管理层之间的信息垂直传输，也有同一管理层各部门之间的信息横向传输。为了提高传输速度和速率，企业应合理设置组织机构，明确规定信息传输的级别、流程、时限以及接收方和传递方的职责。此外，还应尽可能采用先进的工具，如电话、传真、计算机网络通信等，尽量减少人工传递。

(4) 信息的存储。数据进入信息系统后，经过加工处理形成对管理有用的信息。由于不同的信息属性和时效不同，加工处理后的信息，有的立即利用，有的暂时不用；有的只有一次性利用价值，但绝大多数信息具有多次长期利用的价值。因此，必须将这些信息进行存储保管，以便随时调用。当组织相当庞大时，所需存储的信息量也非常大，这时就要依靠先进的信息存储技术。信息的存储包括物理存储和逻辑组织两个方面，物理存储是指将信息存储在适当的介质上；逻辑组织是指按信息的内在联系组织和使用数据，把大量的信息组织合成合理的结构。

(5) 信息的检索。信息存储的目的是为了信息的再利用，存储于各种介质上的庞大数据要让使用者便于检索，为用户提供方便的查询方式。信息检索和信息存储属于同一问题的两个方面，两者密切相关，迅速准确地检索应以先进科学的存储为前提。为此，必须对信息进行科学的分类、编码并采用先进的存储媒体和检索工具，信息检索一般要用到数据库技术和方法、数据库的处理方式和检索方式决定着检索速度的快慢。

(6) 信息的输出。信息管理的目的是按管理职能的要求，保质保量地输出信息。衡量信息管理有效性的关键不在于信息收集、加工、存储、传输等环节，而在于信息输出时效、精度、数量等能充分满足管理的要求。此外，信息输出还要根据信息的特点、选择合适的输出媒体、输出格式、输出方式，以确保信息传递便捷准确、使用方便以及保密需要等。

3. 施工项目信息系统

施工项目信息系统是为了达到对施工项目管理的目的，以计算机网络通信、数据库作为技术支持，对整个施工过程中产生的各种数据，及时、正确、高效地进行管理，为施工项目所涉及的各类人员提供必要的、高质量的、信息服务的系统。

施工项目信息系统的运行，可以达到设计信息沟通的渠道，建立信息管理的组织和制定有效的信息管理制度的目的。施工项目信息系统具有集中统一数据，有预测和控制能力，能从全局出发辅助决策的特点。计算机的发展大大推进了施工项目信息系统的发展。

8.2.2 施工项目信息系统的开发

施工项目信息系统的主要功能是使管理部门能够评价项目如何实现目标。它包括规划、分析、设计、控制和评价项目的各子系统。施工项目信息系统针对涉及项目成本、进度和实施方向等方面的信息进行加工工作，同时分析出有助于决策的有用信息，最后给出资源的利用或问题的解决有关的指令。

1. 施工项目信息系统开发面临的风险

施工项目信息系统在开发过程中存在多种风险。一是技术风险，包括系统的技术结构、系统的规模以及系统开发方的技术能力和经验。系统的技术结构设计过于复杂，施工项目的信息处理结构化程度过低，都会直接影响项目开发方对技术的把握，从而影响系统的质量，以及用户对技术的理解和消化。系统的规模过于庞大，则会造成资源配置和进度控制的困难。此外，项目开发方的技术能力直接决定项目开发的水平。二是管理风险。管理风险主要来自于系统相关人员组织的有效性，时间、资源计划的确定性和可控性，以及质量监控的力度和立场。系统开发各方如何有效组织、协调发挥积极因素是一个组织的课题，存在很多的不确定性，而系统开发进度的计划和预算是否具有确定性直接影响系统开发的可控程度。最后，系统开发监控的力度和立场在实际过程中会面临来自各方面的干扰与阻力。三是系统风险。系统在这里指的是由信息化相关要素组成的动态联系的有机体系，主要指的是用户自身的组织规范化、组织的观念转变、组织责任与控制体系的适应性等。一个信息化系统如果没有相适应的组织体系和观念体系作保障，就会使项目面临更大的风险。

2. 施工项目信息系统的总体规划

施工项目信息系统是一个开发周期长、工作复杂、技术含量高的工作，系统开发工作的好坏直接影响到整个施工项目信息系统的开发。所以，为了给今后的系统分析、系统设计和系统实施打下基础，必须从总体上把握系统的目标功能框架，提出实施方案，继而研究论证这个总体方案的可行性。这样就能给施工项目信息系统的设计打下一个好的基础。

（1）信息系统的总目标。应根据组织的战略目标和内外约束条件，确定信息系统的总目标和总体结构。为了更好地确定新系统的目标，需要调查的内容包括整个组织的状况，如历史系统、人力、物力、设备和技术条件等；组织内外的关系；现行系统的概况，如功能、人力、技术条件、工作效率等；各方面对现行系统的情况及新系统持怎样的态度等；新系统的条件，包括管理基础、原始数据的完整与准确性。

信息系统的目标是组织开发系统工作的方向，也是新系统建立后要求达到的目标。新系统开发初期也要提出目标，它是进行可行性研究、系统分析与设计以及系统评价的重要依据。信息系统的总目标规定其发展方向，发展战略规划提出衡量具体工作的标准，总体结构则提供系统开发的框架。

新系统开发的最终目标一般有提高工作效率和减轻劳动强度，提高信息处理速度和准确性，提高系统的安全性、可靠性和稳定性，提供各种新的信息处理功能和决策信息，对服务对象提供更多的方便条件，节省成本和日常费用开支等。随着新系统研发工作的进行，系统的目标要不断地具体化和定量化，使系统目标逐步明确。

（2）可行性研究。在现状分析的基础上，要从技术、经济和社会因素等各方面研究并论证系统开发的可行性。可行性研究是论证在当前具体的条件下，该信息系统的开发是否具备必要的资源等条件，它包括开发新系统的条件是否具备和是否有开发的必要两方面。可行性研究首先要衡量开发新系统所需要的技术是否具备，如硬件、软件、人员的技术水平等。其次，在经济方面要顾及新系统开发需要的投资费用及其来源，如人、材、机的费用，并估计系统的收益，如节约成本、提高工作效率、提高管理水平和广告效应等。再次，在组织管理方面要评价相应系统运行的可能性和运行以后所引起的各方面的变化，将对社会和人造成的影响，如劳动力的节约和重新安置。在方案与可行性报告方面，它既是上级部门的报告，又是供用户和管理人员参考的，还是写给系统研制组的，在科研性报告中要做出可行性研究的结论，同时若计划可行还要附有实现新系统能够的具体计划。

（3）组织流程重组。这一阶段的工作是对系统目前的流程现状，存在的问题和不足进行分析，使流程在新技术条件下重组。

（4）相关信息技术发展的预测。新的项目管理信息系统以计算机的应用为基础进行开发，所以在分析了组织现在的技术力量的基础上，要对系统所需要的软硬件技术、网络技术、数据处理技术和方法的发展及其对信息系统的影响做出应有的预测。

（5）资源分配计划。首先，为了更好地进行施工项目信息系统的开发，要制定系统开发的人力、物力、财力、技术等各种需要计划。其次，要进行系统分析。系统分析阶段解决系统“能做什么”的问题，其主要任务是设计出能满足系统条件的逻辑模型，即根据本组织的具体情况，规定出所设想的信息系统应该做什么，应该具有什么样的功能。把逻辑模型和物理模型分开处理是从实际中得到的一条经验。

系统分析是信息系统开发的重要环节，任务艰巨、复杂，常用“结构化分析”来支持这一过程，应用“分解”和“抽象”两种手段来解决现行系统的详细调查，组织结构与管理功能分析等一系列的问题。“自顶向下逐层分解”是结构化分析法解决问题的一种策略。

对系统详细调查的目的是全面地掌握现行系统，为系统分析和提出系统逻辑方案做准备。在这一阶段，要本着用户参与及真实性、全面性、规范性和启发性的原则，一般从定性调查与定量调查两方面进行。系统的定性调查包括组织结构的调查、管理功能的调查、工作流的调查等；定量调查的内容主要有收集各种原始凭证、收集各种报表、统计各类数据的特征等。

利用系统调查的资料将业务处理过程中的每一个步骤用一个完整的图形连接起来。数据流程分析是在原业务流程图的基础上，进一步区分主次要素，绘制系统数据流程图，对系统流程进行分析。数据流程分析主要包括对信息的流动、传递、处理、存储等的分析。

在系统分析的过程中要做好组织结构与管理功能分析、业务流程分析和数据流程分析。组织结构分析给出组织结构图，并据此分析组织各部门之间的内在联系，判断各部门的职能是否明确，是否发挥作用；组织与功能的关系分析可以将组织各部门的重要业务职能、所承担的工作和相互之间的业务联系反映出来，系统具有的功能经过归纳、整理后，形成各部门的功能结构图；业务流程分析是在管理功能分析的基础上将其细化。

3. 施工项目信息系统的设计

信息系统设计阶段的工作主要解决“怎么做”的问题，其目标是进一步实现系统分析阶段提出的系统模型，首先确定系统的总体结构，在此基础上，进行计算机模型、模块设计、数据库设计、输入输出设计、编写系统设计报告等工作。施工项目信息系统的设计首先要将系统分为各个子系统，划分子系统的方法主要有按功能划分和采用系统输入或输出图的方式划分。功能模块的设计主要是采用结构化的方法，该方法可适用于任何软件系统的软件结构设计。

（1）技术路线。互联网从形式上到内容上都在不断变化，在不能准确预测未来发展趋势的情况下，确定一段时间内先进的、具有发展空间的技术路线，将会有效地把握时机，以不变应万变。这个技术路线的基本轮廓是：采用 Web Application Server；采用三层的体系结构，尤其采用互联网自动发布信息流；拒绝任何封闭的专用开发工具，避免由此引起的系统不兼容等问题；跟随国际 IT 领先公司的技术发展路线。

（2）系统结构。系统结构主要可分为三种：终端/主机结构，适用于需要高度集中控制、高安全可靠、业务确定性大、使用者自由度小的场合；客户/服务结构，成本低，适用于客户自由度大的中小企业；浏览/服务结构，克服了客户/服务结构的一些弊端，使目前最先进、最开放、最灵活、使用最广、发展前途最大的系统结构。

（3）数据库设计。数据库是施工项目信息系统的核心，数据库的设计包括两部分：一是逻辑数据库的设计，即根据数据库系统应用环境的特点和用户的应用要求，确定整个数据库逻辑结构；二是物理数据库的设计，即确定其物理实现方法、数据存取方法和其他数据实现细节。比较流行的方法有基于 3NF 的方法和实体模型方法等。

(4) 功能模块设计。施工项目信息系统主要有九大子系统。一般按照这九大子系统进行系统的模块设计。

1) 造价管理子系统。该子系统的主要功能有：根据施工图编制工程量表，根据建筑工程、安装定额自动生成计价表，对各种费用和取费基数进行统计汇总，进而生成建筑、安装工程的单位工程造价和工料汇总表，最后编制该预算书；根据各单位的不同情况建立定额台账，对不同定额标准进行定额维护和管理；通过一系列综合该预算表等数据表的对比分析进行工程造价分析；进行取费定额维护和管理。

2) 进度管理子系统。该子系统的主要功能有：确定各工作之间的关系，创制单代号图；生成双代号图，进行各工作的最早开始时间、最早结束时间、最迟开始时间、最迟结束时间、自由时差和总时差的计算，从而确定总工期；生成年度网络图；生成横道图，横道图具有简单、易懂的特点，也是进行进度控制的一种比较传统的方法；根据进度图等进行资源的计划和优化配置，它也是进行控制的重要依据；统计汇总、打印报表以及提供各种辅助工具等，使得用户可以根据需要进行选择。

3) 设备管理子系统。该子系统主要以库存管理、计划管理和合同管理为主，辅以报表、计划等功能。该子系统的主要功能有：根据进度计划和实际的进展情况及时调整采购计划和管理对象，另外还可以生成设备报表和核算统计；计划管理主要是根据现有情况和计划，自动进行计划的变动，并在设备出库时，将设备的实际价格报送该预算，作为工程决算的依据；合同管理和报表管理等。

4) 材料管理子系统。该子系统也是以计划管理、库存管理和合同管理模块为中心，辅以报表、计划、合同的统计分析等各项功能。该子系统的主要功能为：库存管理是本系统的基础部分，其他部分从这里取得数据，结合项目的进度和计划来自动地修改或指定材料的采购计划，本系统通过各种材料单据完成材料的出入库管理；本系统的关键部分是计划管理模块，应用此模块可以根据日常库存的需要，减少盲目采购，尽量减少库存资金。

5) 合同管理子系统。该子系统的主要功能包括：合同通用文档资料管理，订立合同前的外部或内部信息采购信息的采集、归类、查询，本功能将国家、行业、地方指导经济合同签约的政策、法律、法规、标准或规定和企业内部、外部收集到的有关制度、规定及相关的资料信息建立文档数据库；全部经济合同及合同附件数据库用来建立和维护来自合同文本及有关信息、合同执行过程中产生的有关变更、合同执行过程汇总产生的变更以及补充查询资料；经济合同履行过程中的数据管理；经济合同终结、工程竣工价款结算、信息维护和管理；各类经济合同台账和附件资料的输出管理。

6) 财务管理子系统。该子系统的主要功能有：进行账套的初始化设置，包括设置科目、设置账簿、凭证分类、录入期初余额和设置部门等内容；根据日常事务填制记账凭证，并对记账凭证进行审核；根据填制、审核后的凭证，自动登记入账簿，对账簿中的数据，可以按照总账和明细两种方式随时进行对账；对于会计工作中的大量数据，可采用多种方式查询记账凭证、科目余额，还可以按部门查询部门明细账和部门汇总表；完成包括登记现金日记账、银行存款日记账等在内的日常的出纳业务；进行数据的远程发送和接收，生成外部凭证并接收外部凭证；进行操作的人员管理，分配人员的权限，设置财务人员的工作口令，为系统的安全性、保密性提供保障。

7) 投资控制子系统。该子系统的主要功能包括：编织各项预算批准的总预算，根据实际需要，记录各项预算的变更情况，对预算进行汇总，生成各项预算的月申请变更表；逐月逐项编制现金的流动计划，并对每月的现金流进行汇总，生产现金流年计划和现金流总计划，即截止到当年的现金流计划投资总量；根据现金流的实际发生情况，编制预算项目明细账，对明细账进行汇总，生成月投资情况和月总投资情况；根据对工程预算计划数据和实际数据的统计汇总，生成各种统计报表。

8）档案管理子系统。该子系统的主要功能有：在档案管理中，以某一工程为管理实体，在案卷编号时对案卷进行分工程分专业实行统一的编码；开工报告的功能用于记录开工工程的大体概况和计划进度情况，需要涉及处一个符合标准模板，该模板记录的内容包括原材料证书、设计变更、施工记录、质量评定、观察记录、事故处理、竣工验收等各个方面的内容；按照国家的档案局、国家计委关于国家重点项目档案进行登记的规定，实现远程登记和登记存档的功能；实现了本系统所形成的所有文档、图形、表格的智能化检索功能，本功能仅适用于本工程的用户，保证了数据的安全访问，并用于维护系统的各种设施；本系统数据备份和恢复以及接收数据的功能。

9）工程质量管理子系统。该子系统的主要功能有：可以新建或选择一个新的工程，并快速了解工程的名称、地理位置、设计容量、总工期等，可调阅工程发生时的照片图像等；记录、查看、管理之间中心总站下属的中心站几个工程的质检工作、质检人员和质量保证体系；可结合工程实际，应用于虽然与电力部标准的验评项目不同，但是与实际质检工作相结合的验评项目；以质量验评结果为基础，统计质量曲线，分析质量合格情况，为管理决策部门提供工程建设过程中的质量动态信息；用户在做日常记录的同时能快速地随时生成工程竣工时需要的竣工资料；另外，常见的打印设置、用户管理、数据备份和恢复都可以再次运行。

8.3　信息技术在项目管理中的应用

8.3.1　信息技术与工程建筑业

计算机技术发展日新月异，硬件的价格持续减低，使得人们能够以较低的成本获得功能强大的计算机技术。在建筑行业中以前从来没有通过使用计算机提高生产效率的领域也开始有机会使用比较先进的信息技术。尤其是现在规模很小的公司也开始能够采用以前只能被大公司采用的技术。计算机技术用于建筑业——特别是在进度安排和成本概预算方面的应用时间已经很长。计算机性能的提高、因特网的兴起、无线和移动计算技术的发展，为计算机技术在建筑行业的应用提供了更大的空间。

1. 应用信息技术的优势

现代人们普遍认为，随着信息技术应用的增加，劳动生产率也将会随之提高。但是建筑行业采用计算机技术的进展还是非常缓慢，主要原因如下：

（1）建筑业部分人士缺少对信息技术的了解和掌握。通常，建筑业人士多忙于项目管理工作，没有时间了解和掌握最新的信息技术。

（2）建筑行业高度分散，适用于大型项目的信息技术并不适用小项目。

（3）大的建筑承包商有雄厚的资金基础，因而愿意投资于复杂的信息技术，如门户网站，但这些对于小承包商来讲则过于复杂和昂贵，由于短期内很难见到效益而不愿意投资，造成了信息孤岛的存在。

实际上使用信息技术的优势是很难定量化进行测量的，然而最近几项研究已经证实了信息技术对工程项目确实有积极作用。Thomas 及其同事在 2004 年对运用 IT 的优势进行了深入广泛地定量研究，主要调查了业主和承包商运用设计工艺或信息技术的情况。该项调查衡量了企业运用集成数据库、电子数据交换、三维 CAD 和条形码这四种技术的水平，并将结果与成本、进度、安全、变更和返工这五项指标进行对比。通过对美国 297 个项目数据的分析，发现项目规模是确定项目信息技术应用水平的最重要的因素；项目规模越大，信息技术的应用水平就越高。研究还发现，业主和承包商都能从信息技术应用中获得很大收益；项目团队成员使用和学习新技术时，学习曲线（Learning Curve）的影响也非常明显。

2004 年，O'Conner & Yang 研究了 210 个工程项目的资料，在分析了项目产出之间的关系后发现，在工程项目中运用信息技术水平的高低与能否节约成本相关。也就是说，计算机技术运用水平较高的项目与运用水平有限的项目相比，成本超支的可能性更小。

2. 工程项目中应用信息技术的现状

在管理复杂项目上应用信息技术会有极大帮助，同时大型建筑工程公司中拥有应用复杂信息技术的资源，因此往往成为新技术的尝试者和使用者。通过对信息技术应用的调查，其结果表明，尽管许多小型建筑工程公司可以从信息技术的应用中获利，但是由于资金限制或者认为在应用新技术时会存在困难，他们还没有真正地应用信息技术。

由于建筑业的信息化水平差别显著，承包商应用计算机的能力也有着很大的不同：有的公司只能运用一些简单的技术，有的则使用基于网络系统和移动计算技术。

随着信息技术的持续发展，利用信息技术的成本逐渐减少，似乎会减小应用信息技术的障碍。研究表明利用计算机进行项目协调和移动计算技术的广泛使用才刚刚开始。

2004 年，Rivard 及其同事调查了加拿大建筑业信息技术的应用情况。他们主要研究了加拿大几个大型项目利用计算机技术进行设计和施工的状况。他们发现，门户网站、进度计划软件和二维/三维 CAD 的应用十分广泛，并且一些公司还为项目设立了专门的网站来存储内部信息。然而，却没有一个项目利用无线网络技术和移动计算技术。调查还发现，没有一个项目充分利用了标准数据格式来发挥软件之间的协作能力。另外，许多分包商应用信息技术的能力有限，充分利用信息系统需要有对信息技术熟悉的项目团队成员来输入分包数据。这也表明信息技术的应用与企业规模的大小有着直接的关系。

3. 信息技术在建筑公司内部应用的推动力

显然，一些建筑工程公司擅长采用新的信息技术。研究促使这些工程公司为什么采用信息技术的推动动力是十分重要的。Mitropoulos & Tatum 通过研究提出了建筑工程公司采用新技术主要的四个动力如下：

（1）寻求竞争优势。

（2）解决建设过程中出现问题的需要。

（3）采用新技术的外部要求。

（4）技术机会。

有时在投标时，业主会要求承包商使用某些信息技术。目前由于部分业主要求使用门户网站，许多承包商已经开始使用该技术。随着基于网络系统的持续发展，新技术机会的不断出现，会促进各种类型和规模的建筑工程公司采用新的信息技术。如果承包商在其同行们采用新的信息技术之前率先采用了此项新技术，就会拥有中标和提高生产效率上的优势，为企业的中标带来更多的机会。

Mitropoulos & Tatum 列举了几个促使建筑工程公司采用新技术的因素。其中两个重要因素是管理层对采用新技术的态度和公司内部可用于信息技术的资源。Whyte 及其同事主张，成功运用信息技术既需要企业高层的战略决策，也需要技术管理者的决策。首先，高层必须作出购买和使用新技术的战略决策。其次，工程公司的技术管理人员（项目经理和工程师）必须决定如何将技术运用到公司和项目管理的日常工作流程中。为了成功使用新技术，高级管理者必须向技术管理人员提供设备、培训等资源。

如果公司的高层管理者充分理解信息技术对工程建设的重要性，并且提倡技术进步，那么这些公司采用新技术时更易于取得成功，这也体现了信息系统开发与应用中的"一把手"原则。提供足够的资源，包括资金、人力和培训等，对于在公司的业务中能够成功运用新技术也是十分重要的。通常，应用新的信息技术失败的原因主要是因为人们重视程度不够，或是忙于其他工作，或是没有进行足够的培训，很难发挥新系统的优势。

Peansupap & Walkor 进行了一项关于信息技术在工程项目中的应用的有关文献研究，列举了在建筑工程项目中成功应用信息技术时必须重视的五个主要影响因素：

（1）自我激励。

（2）培训。

（3）新技术的特点。

（4）工作环境。

（5）共享环境。

在建筑工程公司中，充分的培训和对新信息系统的积极态度是决定信息系统成功运行的重要因素。

4. 信息技术在工程项目中的主要应用

建筑工程公司在决定是否运用信息技术时，必须考虑以下三个主要问题：

（1）建筑业中曾经使用过的信息技术有哪些？

（2）现在有什么新的技术可以应用在建筑业中？

（3）不久的将来建筑业会采用哪些计算机技术？

图 8-1 列出了一系列应用在建筑业中的信息技术。左边是传统信息技术，右边的新兴

传统技术	较新的技术	新兴技术
概预算软件	网络门户	知识管理
进度计划软件	网络日志	无线计算技术
财务软件	对等网	4D CAD
2D CAD	移动计算技术	5D CAD
	内容管理	协同工作
	3D CAD	
	软件间的数据交换	

图 8-1　建筑业应用信息技术的发展

的信息技术。计算机最初在建筑行业仅仅用于进度安排和项目计划，进行概预算以及产生会计报表。而现在有许多更先进的软件来完成这些工作。

随着互联网的兴起，万维网的应用逐渐增多。万维网的一个主要优势是有效发布并有效地管理具有跨平台能力的软件。尤其是通过使用基于网络的软件技术，很多复杂的电脑软件不再要求在每台电脑上逐个安装，从而减少了信息孤岛的存在。

移动计算技术在建筑业中的应用才刚刚起步，但是已经涌现出一些很好的案例。下一步是随着无线网络技术的发展，在偏远的施工现场的人员也可以通过无线网络使用因特网。

CAD 在建筑业中的应用十分广泛。三维 CAD 技术可用于碰撞检查，在设施安装之间进行模拟检视。利用四维 CAD 的成品软件已经出现。四维 CAD 技术利用三维空间来模拟设施如何随着时间发展而变化。这项技术将不断演化，在将来会有更大的用途。建筑施工设备自动化也有了一些独特的进展。一些施工设备制造商已经利用地理信息系统和计算机技术来控制平整和压实设备。这种趋势将继续发展演化。

建筑工程公司也可以根据自己的工作内容及性质来决定采用何种类型的信息技术。表 8-1 总结了建筑企业的主要工作内容以及可以运用的信息技术。公司的高层管理者对财务状况比较关心，通过追踪在建项目的进展情况来检查成本支出和进度状况。管理高层需要用财务软件来生成公司的财务报表，并监督在建项目的成本支出情况。高层管理者必须与现场人员进行沟通，并经常使用门户网站或者公司内部的内容管理系统。

企业职能部门运用的信息技术的方案 **表 8-1**

管理职能	高层管理	概预算	进度计划与规划	项目管理	操作管理
典型任务	1. 公司财务管理 2. 项目和客户之间的信息交换	1. 项目成本概预算 2. 投标	1. 项目进度安排 2. 冲突识别	1. 成本控制和进度控制 2. 信息交换 3. 现场数据收集	1. 施工操作控制 2. 技术规范指标检查
可应用的信息技术	会计软件	概预算软件	工程计划软件	工程计划软件	知识管理
	门户网站	自动工程量计算	蒙特卡罗模拟	财务软件	电子书
		与 CAD 文件的互操作性	三维 CAD	门户网站	便携式电脑
			四维 CAD	便携式电脑 文件管理 内容管理 无线计算技术	内容管理 无线计算技术

如上所述，概预算软件和网络进度计划软件是最早应用在工程项目中的信息技术，已经使用了很多年。大多数公司都有专门负责概预算和进度计划的人员，这方面的软件已经日渐复杂，诸如无纸化工程量计算之类的新技术已经成现实。

另外，许多进度计划和概预算软件之间能够进行信息交换，减少了输入数据所需的时间及数据错误。基于网络的项目门户网站能够实现项目通讯、文件管理和文件交换，对大型项目的管理产生了较大的影响。无线计算技术已经成为现实，在现场应用无线网络技术可以获得最新的项目信息。

5. 信息技术开发项目的计划和实施

对于大型建筑工程公司或设计机构而言，应用信息技术是一个复杂的过程。在很多行业里，未能成功运用信息技术或者其应用没有达到用户的目标的例子频繁出现。能够成功运用信息技术的项目必须要进行周密的计划。许多信息技术开发项目的成功需要建筑工程与设计公司的管理层与信息技术专家紧密配合。为了使信息系统适应项目经理的实际工作，需要将信息技术人员的工作和施工企业的需要与计划统一规划。信息技术的实施计划必须成为企业的战略规划的一部分。

公司的信息技术专家与管理者之间的良好沟通是计划信息技术开发项目的必要因素，并能够确保信息技术的成功运用。

8.3.2　信息技术在概预算中的应用

人们早已认识到利用计算机进行概预算工作有很多好处：减少计算错误和概预算所花费的时间。随着信息技术的不断发展，概预算软件计算的自动化程度逐渐得到了提高。

1. 概预算软件发展趋势

目前，用于工程项目概预算的软件包很多。有几种发展趋势比较引人注目。首先，当前比较流行的一个发展趋势是将概预算、财务和项目管理结合在一起的集成化软件。例如，最初用于概预算的 Timberline，现在被称为 Timberline Office，虽然主要核心功能仍然是概预算，但同时也集成了财务、文件管理和项目成本控制功能。

另一个发展趋势是实现各种概预算软件与其他不同用途的软件之间的数据交换与共享。例如，多种概预算程序都能够与其他常用的进度计划软件交换数据。此类集成软件不仅将成本单项和进度计划中的工作联系起来，而且只需要输入一次项目数据，不需要重复输入，从而减少了数据输入的时间和错误。

最令人可喜的是概预算计算过程的自动化。目前可以利用 CAD 文件的互操作性能够自动生成概预算数据。CAD 文件中可以通过编码的方式储存每一个项目构件的详细信息，可以直接将其转入到概预算程序包中。另外，一些程序可以利用电子表格的形式进行自动工程量计算。这样就实现了概预算过程“无纸化”，从而减少打印费用和手动输入数据的时间。

概预算软件程序包的种类很多，价格差异也很大。有许多软件包是为小型工程项目和小型公司开发的。通常，用于小项目的软件没有高级的数据转换能力，也无法与那些用于大型项目软件进行集成。另外，这些软件包可能无法生成大型项目中需要使用的复杂项目编码方案。但是，由于这些软件价格低廉、易学易用，适合用于小型项目，是小型项目公司选择的理想选择。

复杂项目上使用的软件也会因工程类型不同而不同。例如，功能强大的 Timberline Office 概预算软件常常用于商业建筑项目；而 HeavyBid 则更适用于基础设施工程，进行分项预算和单位成本报价。其他比较著名的用于大型项目的概预算软件有 Hard Dollar、MC2 和 Bid2Win。Bid2Win 和 Hard Dollar 多用于公路和基础设施项目，而 MC2 主要用于商业建筑。也有一些软件是专供政府机构和市政当局以及设计公司来为交通设施项目编制概预算的。Appia Estimator 就是此类软件，供政府机构和设计工程师编制工程概预算。

2. 概预算软件及其功能的探讨

目前所有软件都可以进行数据集成，通常都能够与 Microsoft Excel 交换数据。电子表格在概预算中的应用十分普遍。多数软件都能够利用企业现有的标准概预算数据表进行概预算。大多数软件都可以向 Primavera Project Planner 和 Microsoft Project 输出数据。由于 Timberline Estimating 和 Primavera 都能够与 IFC 协同工作规范兼容（International Alliance for Interoperability，国际协同工作联盟），因此可以在两个软件之间建立复杂的联系。Timberline Estimating 包含一个名为"进度计程器"（Scheduling Integrator）的模块，可以将 Timberline 的数据传入 Primavera 的进度计划软件，自动产生进度计划中的工作。由概预算数据可以自动计算工作的持续时间。可以采用不同的方式将生成的工作自动分组，如，可以根据工作分解结构、阶段或者位置等分组（Timberline Office 2004c）。

还有一些概预算软件，包含有能够从 CAD 文件中自动计算工程量的内置模块，能够实现工程量计算的无纸化。

8.3.3 信息技术在进度计划中的应用

进度计划软件是建筑行业应用最早的软件也是最基本的信息技术应用软件。随着个人电脑的问世，各个承包商都在使用进度计划软件。进度计划软件通常使用关键路径法（CPM）进行进度规划和管理。在小型项目上某些承包商有时也会利用电子数据表生成的简单的条形图进行进度管理。在建筑行业可以使用的 CPM 进度计划软件有很多，主要包括：

（1）Primavera；

（2）Microsoft Project（标准版和专业版）；

（3）Primavera Suretrak；

（4）Primavera Contractor。

1. 建筑行业对进度计划 CPM 软件的认可

建筑行业普遍认为利用计算机进行进度计划与管理十分重要。一项在 ENR 前 400 名承包商中进行的 CPM 软件应用情况的调查研究发现，这些大承包商都认为 CPM 对于他们企业的成功能够起到至关重要的作用。调查结果显示：

（1）在被调查的企业中有 98%的企业认为 CPM 软件是非常有效的管理工具。

（2）有 80%的企业认为该软件可以增进企业与员工之间、员工与员工之间的有效沟通。

（3）这些承包商在工程建设开始之间就利用 CPM 软件进行项目计划，在工程建设过程中利用 CPM 软件定期更新进度计划。

（4）在概预算和投标阶段，承包商对 CPM 软件的应用也在逐渐增加，用来加强他们对于将要实施的项目活动之间逻辑关系的理解。

2. 利用计算机进行关键路径进度计划

迄今为止，关键路径法（CPM）是在安排工程进度计划时最常用的工具。能够在个人计算机上使用的优秀的进度计划软件的出现促进了进度软件在建筑业中的广泛应用。

关键路径法（CPM）在建筑业中的应用十分普遍。CPM 方法在计算机上的实现使得对复杂项目进行有效的进度规划和管理成为可能。在计算机上使用CPM方法可以充分考虑活动之间的相互关系及如何安排有限的资源，可以在有限资源的情况下对施工活动进行优化。由于CPM可以在个人电脑上应用，并且价格低廉，因此，目前大多数的承包商都在使用进度规划和管理软件。

在计算机上应用CPM有很多优点。随着现代工程项目的复杂程度日益提高，仅仅依靠手工计算很难使用CPM方法制定项目进度计划。另外，复杂的项目更易于产生变更和延误，利用计算机可以迅速更改和更新CPM进度计划，并对项目的相关活动作出迅速调整。

现在的计算机进度计划软件有许多强大的功能，如自动生成横道图、网络图、关键路径和项目报告等。现有的进度计划软件都可以按日历天输出报表，并且在计算进度的时候可以选择性的扣除周末和节假日。

3. 工程项目使用关键路径法进行进度计划的原因

到目前为止，关于CPM以及其在项目施工管理中的应用的研究很多。CPM在施工中得以广泛应用的原因有许多。一些比较重要的原因如下：

（1）可以提高工程规划和进度计划的水平，在工程建设过程中加强对项目进展状态的控制，从而缩短整个项目的工期。

（2）使用计算机实现CPM，可以更好地进行项目管理，从而提高劳动生产率。

（3）利用CPM可以更好地安排项目进度和资源使用规划，在整个项目中统筹使用资源。

（4）为制定CPM进度计划收集数据时，承包商需要详细考虑和规划具体的项目实施方法，为项目后期的实施提供一定的基础。

（5）CPM软件可以为项目参与方提供关于工程进展的详细图表报告，并为其他参与方（如业主）提供承包商的各项活动安排等信息，从而加强了各参与方之间的沟通。

自20世纪50年代以来，关键路径法就开始在建筑业中使用。CPM的应用状况与计算机软硬件的发展紧密相关。CPM虽然不需要复杂的数学运算，但是由于相对的工程项目的复杂程度较高，如果没有计算机，应用CPM会很不方便。

如果想要正确地应用基于CPM的进度计划软件，需要对CPM有较好的了解和掌握。关键路径法是用一系列节点形成的网络来代表施工项目的相关活动，每个节点代表一项活动。通常CPM软件使用ANO（单代号网络图）方法绘制网络图。进度计划人员决定如何将工程分解成合适的作业活动，并绘制网络图。绘制网络图时计划人员必须清楚各种活动之间的逻辑关系，并且理解活动之间的从属关系，以及完成该项活动所需要投入的资源等。

确定各项活动的持续时间是制定CPM进度计划的一种重要任务。建筑工程公司常常根据以前类似项目的资料或者国家的相关要求以及自己的施工经验估计每项活动的持续时间。

利用关键路径法可以计算出整个项目的总工期。项目的总工期是整个网络中最长路径上所有活动的持续时间之和，该最长路径被称为关键路径。不在关键路径上的活动可能会有进度自由时差（有时也称为松弛或偏差）。

关键路径上的活动必须在其紧前工作完成之后马上开始，否则总工期将会延长。因此，关键路径上的活动被称为关键工作，关键工作没有进度时差。非关键工作被推迟时，对总工期可能没有影响，但如果将自由时差消耗掉后，可能非关键路径就会转为关键路径。虽然承包商可以自行决定非关键工作的开始时间，但也要注意非关键路径与关键路径之间的转换，以免造成工期的延误。通常，CPM 软件可以计算出非关键工作的最早开始时间和最迟开始时间。

4. CPM 软件的功能

CPM 软件的基本核心功能：CPM 软件的基本核心功能是计算项目工期、识别关键工作以及确定非关键工作的总时差。更重要的是，随着计算机制图和印刷技术的不断进步，CPM 软件能够输出不同类型的报表，提供更清晰的进度计划，更便于各种类型的用户使用，如横道图、网络图等。现在，多数进度计划软件都能够使用彩色横道图、时标网络图和表格报表形式输出进度信息。而且可以为不同类型的用户输出不同的信息，比如简单的横道图易于理解，通常送给现场施工人员查看，而向高层管理人员则需要提交工程进展报告。

CPM 软件的基本功能概括如下：

(1) 在表格中为活动命名和编码，输入活动的持续时间以及活动之间的关系。

(2) 计算项目总工期。CPM 软件可以计算出项目的完工日期。

(3) 确定关键工作并加以标示。通常用户在输出的报表中可以清晰地识别出关键工作。

(4) 计算非关键工作的时差。识别非关键工作。用户可以利用时差控制何时开始非关键工作（如最早开始或最迟开始）。

(5) 日程管理，包括扣除周末和节假日等工作间歇，以及使用多个日程表的功能。

(6) 生成高质量报表和图表来发布进度计划的相关信息，如条形图，以及其他类型的报表。这些软件通常还可以打印彩色的条形图以及其他高质量的项目网络图。

(7) 用户可以更新活动并重新计算进度计划。CPM 软件通常可以保留不同“版本”的进度计划，以便将原始的项目计划和实际的进度计划进行对比。

CPM 软件的扩展功能：进度计划软件可以提供许多高级功能。尤其是将成本信息和活动进度联系起来能够改善工程建设过程中的成本控制。另外，进度计划软件可以在计算进度时考虑资源限制，并进行资源平衡。

高水平功能的用户在使用进度计划软件时，可以利用以下的重要功能：

(1) 能够产生带有成本信息的进度计划，每项活动都有一个成本数额。

(2) 将施工预算和实际费用进行对比。

(3) 通常，CPM 软件可以生成项目支出 S 曲线。

(4) 可以将项目资源如人力和设备等与每一项活动的进度联系起来。

(5) 进度计划软件可以平衡多种资源的使用，并减少资源使用峰值的出现。

(6) 大型进度计划软件利用紧前工作关系来建立网络图（节点网络图），活动之间的关系可以有多种，而不仅限于结束—开始的关系。

(7) 活动之间可能存在各种关系，如开始—开始、结束—开始和开始—结束等。

(8) 可以定义超前和滞后。

(9) 在确定进度计划时能够利用不同的进度逻辑，从而增加了计划的灵活性，但是也可能使计划难于理解。

（10）可以给活动设定各种各样的编码从而将活动分组。

（11）通常情况下将活动按职责、区域、阶段等进行编码分类，用户也可以给活动设定其他附加代码。

（12）可以将与相关的项目合并到一个主项目中。

（13）此功能的用途有：将项目的不同阶段视为子项目来安排进度计划，也可以将工程中发生在不同地点的工作统一进行进度安排，每个地点的工作可以被视为独立的子项目。

（14）可以将所有资源集中管理，供同时在建的多个项目共同使用，这样就可以在制定进度计划时准确地表述资源限制状况。

（15）可以进行赢得值分析。赢得值分析通过分析预算支出、已完工工程量和工程的原始预算，来衡量项目的完成状况。

（16）可以和其他类型的软件尤其是概预算软件进行数据交换。这样在不需要二次输入信息的情况下，就可以从概预算软件中下载信息并直接载入进度计划中，避免重复输入数据。

8.3.4　适用于小型公司与小型项目使用的网络工具

目前在建筑业中使用的网络技术主要是用于大型项目的信息交换以及文件管理。小型承包商通常没有能力或者资源来有效地利用这些网络信息技术，如复杂的门户网站等。另外，许多工程项目的规模太小也没有必要投资使用门户网站系统。基于网络的软件和网络技术的最新发展使得工程管理人员有可能在工程管理中使用价格低廉的网络技术。

这些网络信息技术的不断发展会加速信息技术在建筑业的应用，而且 IT 的应用会进一步提高更多企业（包括那些缺乏 IT 经验的小型建筑工程公司）的效率。

1. 网络日志（Weblog）

网络日志具有简单易用，灵活性高的特点，因此在建筑业有许多的潜在用途。由于网络日志可以即时传递新闻和观点，近年来人们对它的应用也越来越广泛。

网络日志实际上是由简单的、按时间顺序排列的并且经常更新的帖子组成。在网络日志上发布信息不需要任何的编程知识或网页设计知识，同时也不需要特殊的软件，只需要接入网络和安装相关的网络浏览器即可。

由于网络日志简单易用的特点，因此比较适合于在建筑业中使用，因为建筑业中很多人不具备很多的计算机编程知识和网页设计知识。由于网络日志上的帖子通常是可以自动存档的，这样所有的人都可以随时查看这些信息。这也是网络日志与电子邮件相比而言，更具有优势的地方。

网络日志也是一种可以增进各方合作的方式。其实有很多方式使用网络日志系统提供的功能。第一种方式：由于很多网络日志系统都提供评论功能，由一个人或者实体发布所有的帖子，这样其他用户就可以对已发表的帖子进行评论，并添加到日志上。另外一种方式是设置多个发帖人，这样用户之间就可以随时发帖从而进行会话。

对于小型项目来说，门户网站要么不适用，要么过于昂贵，而网络日志简单易用，费用低廉，是实现小型项目上各方合作的比较理想的方式。在各种类型的项目中使用网络日志可以实现那些以前只能由复杂系统提供的合作功能。

网络日志的基本功能：网络日志的主要功能就是在网页上发布帖子。用户在输入信息时不需要任何网页设计知识和计算机编程知识。通常，网络日志上的帖子是按照时间顺序进行排列的，并标有时间和日期。换句话说，网络日志提供了一种创建网页的简便方式，不需要任何专业的技术知识，只需要利用浏览器即可将内容发布到网络上。

网络日志也可以成为增进合作的工具。许多网络日志系统都有评论功能。浏览帖子的人可以在帖子后面添加评论，让所有的用户都看到。该功能加强了用户之间的合作，使网络日志成为一个可以进行思想与信息交流的论坛。

网络日志上的帖子是不会自动清除的。相反，系统专门建立一个文件中心，用于保存以前的帖子，供所有用户使用。这类存档系统对于工程建设十分重要，可以用于记录项目上的突发事件和里程碑事件。

扩展的网络日志功能：随着时间推移，网络日志的功能不断进化，已经出现了很多功能强大的软件。其中最主要的功能之一是能够在帖子后添加附件，这样所有的用户都可以共享这些文件。另一个在工程中可以使用的功能是发布照片。可以使用该功能发布工程进度照片，这样出现问题时，相关的照片可以迅速传送给项目的团队成员，从而有利于信息的共享。

网络日志在工程项目上的应用：由于建筑业具有基于项目的特性，从而有利于在单个工程项目上使用网络日志进行信息和知识交流。

（1）更好地记载储存工程项目进展状况

①网络日志可以作为信息的储存库，也可以作为项目重要事件的档案库。

②网络日志上的帖子是永久保留的，不像电子邮件那样易丢失或者被删除。

③旧的帖子均加以存档并永久储存起来。

（2）增进项目参与方之间的合作

①工程项目的参与方可以通过帖子以及对帖子的评论交换意见。

②所有的参与方都可以看见这些讨论。

（3）在工程项目实施过程中，网络日志为知识和经验的积累提供存储空间。

（4）网络日志提供了一个讨论论坛，可以迅速解决在工程建设过程中出现的问题和疑问，因此可以缩短决策周期。

2. 维基（Wiki）

与网络日志（Weblog）相比，维基是另一个正在兴起的网络工具。即便没有任何关于网页设计的知识，利用它也可以建立复杂的网站。

维基能够为信息管理、知识管理和合作提供一个简单易用的环境。维基（“快速”之意，起源于夏威夷语）是一个可自由扩展的互联的网页集合。维基既可以作为超文本（Hypertext）系统来存储和修改信息，也可以作为存储网页的数据库。在此数据库中利用免费的网络浏览器就可以很容易编辑网页。用户不需要在电脑上安装任何特殊软件，只需要浏览器就可以利用维基在网站上创建和编辑任何网页。

维基软件有很多种，大多是开放源代码软件。软件装在网络服务器上，用户端不需要安装任何软件。大多数维基软件包需要在网络服务器上运行 PHP 和 MySQL 程序。也可以使用维基主机服务，SeedWiki 网站就是这样的例子，用户可以在网站上免费建立维基主页。

维基用户只需要使用有限的几个命令就可以在已有的网页上输入文本，也可以建立新的链接页。这就使那些没有网页设计知识或网页编程知识的用户也可以轻松编辑网页内容。维基的一个不足是大多数维基在运行时都只限于文本信息，而不能向维基网页中添加图表和照片。

维基的主要特点是运行方式非常简单。在维基网站中，用户利用网络浏览器就可以编辑网页或者建立新的网页。用户端不需要安装任何软件，用户可以向维基网页中输入或者粘贴文本，利用维基软件也可以自动建立新的链接页。通常维基软件都内置有搜索功能，可以搜索数据库中包含的任何词语。

在工程项目中，可以通过多种方式利用维基来传输知识和信息，包括：

（1）收集保存工程公司的书面文件。

（2）合作编写常见问题解答，工程专家可对现场工作人员提出的关于施工技术的问题进行回答。维基为不在现场的专家和现场上比较缺乏经验的工作人员提供了一种交流方式，使得信息更有效的共享。

（3）可以用来保存工程建设过程中的新知识。在工程项目中获得的经验教训可以传递给项目团队的其他成员，并存储维基网站上。即使将来项目团队解散或者重新组建新的团队也可以利用已经存储的知识。同时也能够鼓励相关领域的专家将他们的实践经验记录下来。

与网络日志（Weblog）软件一样，维基可以提供一个易于使用且成本低廉的合作性工作环境。现场工作人员可以利用手提电脑输入问题、更新进度状态，寻找工程施工的最优解决方法。工程管理人员和专家可以关注现场的情况，并回答已提出的咨询。维基网站甚至可以作为工程建设过程中出现事件的动态存储库。

3. 维基百科（Wikipedia）

维基百科是目前应用维基软件的最优秀的实例（www.wikipedia.com）。该网站的用户在这个维基网站上共同编写了一部百科全书。任何人只用利用网络浏览器就可以向已有的主题中增加新信息，也可以创建新的主题增加到百科全书中。该维基就是一个收集和重复利用知识和信息的例子。该网站已经发展成为一个大型的百科全书，充分说明了如何利用维基收集知识。同时也说明了简单的维基可以供任何人使用修改，但不能提供足够的安全保护。在工程环境下，使用有安全保护功能的维基防止未经授权的人员使用与修改是十分必要的。

4. 对等网（Peer to Peer）

对等网为小型项目的团队成员提供了一种相互联系的电子方式，而不需要那些在复杂的计算机系统中所必需的基础设施。对等网是一种不需要中心服务器或者应用服务供应商的数据交换方式（不同于客户机/服务器模式）。因此对于小型建筑工程公司来说是一种不错的选择。

目前来说，在工程项目的知识管理和信息管理中应用对等网系统具有较大的潜力。对等网是一种没有中心服务器、各台计算机之间可以直接交流的网络。由于对等网不需要客户机/服务器系统就可以建立网络，可以不用购买昂贵的服务器，因此在实现网络方式上可以减少资金的投入，对于小型建筑工程公司来说有着极强的吸引力。

与客户机/服务器网络相比，对等网是一种每台计算机都有平等的权利和责任的网络，因此对等网涉及一个权衡的问题。在客户机/服务器环境下，只需要网络浏览器就可以使用基于网络的软件；然而，必须要有一台计算机作为服务器，或者订购服务（如门户网站服务）来维护计算机基础设施。利用对等网时，用户不需要网络浏览器，但是通常必须购买对等网软件安装在对等网络中的每台计算机上，但是不需要花费任何其他设备费用（硬件）。对于需要使用小型网络的小型工程公司或者小型项目，对等网是非常不错的选择。

对等网系统的典型特点包括：系统中的计算机扮演了客户机和服务器双重角色，所用的软件容易使用和集成，系统提供可供用户创建内容的支持工具，并提供与其它的用户的连接。

8.3.5 适用于大型复杂项目的门户网站

在当今社会中，项目越来越复杂，项目规模也越来越大，往往在大型工程项目中，项目参与方之间可能会交换数以千计的文件。网络日志（Weblog）或维基（Wiki）方法不足以处理这样繁重的工作。因此业主、设计师、承包商和分包商就需要一种可以控制、规范和修改项目文件的新方法，门户网站应运而生。

1. 门户网站的定义

门户网站（有时被称为项目外部网）是一种能够在工程项目中实现多方合作和文件交换的网上服务。门户网站为工程项目提供了一个门户网页，用户可以通过它获得相关的项目文件，并通过门户网站传递消息，实现彼此之间项目信息的合作。

项目门户网站的基本原理就是运用基于网络的系统和适当的工程项目管理技术，通过更好的沟通和工作流程管理，实现在线适时合作。通过使用门户网站，可以有效地进行信息交换，从而有助于项目实施的成功，最后实现工程的顺利移交。

2. 使用门户网站的优点

使用门户网站的重要原因是能够增进项目参与各方之间的信息沟通。人们普遍认为在工程项目中没有良好有效的信息沟通会引起工期的延误和生产效率的低下，严重影响工程实施。通过使用门户网站可以使所有的项目参与各方都可以获得关键的项目信息；如果门户网站使用得当，同时可以为各个项目参与方提供项目进展状况的最新信息。

使用门户网站的另一个优点是减少所需的纸制计划和文件的数量。项目各参与方可以通过门户网站获得电子版的项目文件，而不需要全部打印出来，从而降低项目的沟通成本。

项目的门户网站提供了一个供所有的项目参与方使用的平台。项目的合同各方包括业主、设计师、总承包商、监理方和分包商都可以使用该门户网站。如果没有门户网站，项目的各参与方之间只能通过电话、电子邮件、信件和传真等传统地方式进行沟通和文件交换，这样的沟通十分混乱和零碎，同时沟通成本也将增加。门户网站为所有的项目文件提供了一个存储库，有利于项目各方及时获得相关的信息。

在典型的工程项目中，各种类型的文件都要进行交换。在大型项目中会产生数以千计乃至万计的各种类型文件。然而通过门户网站可以交换各种类型的文件，如：包含项目规划的 CAD 文件、变更令、会议记录、信息请求、检查报告和施工图等。

门户网站的另一个主要优点是能够跟踪文件。通常情况下，门户网站可以追踪出谁何时查看过、修改过文件。在复杂项目管理中，为了不影响项目的实施进度，能够快速及时地核实项目变更和问题的状况，有时有必要同时追踪上百个变更令和信息请求。

门户网站的另外一个优点是加强项目全寿命周期（包括项目规划、设计和工程建设过程）的集成化。在项目的设计阶段就可以建立项目门户网站，通过门户网站可以发布所有的项目信息。在工程建设过程中，可以通过门户网站对设计变更和问题进行有效追踪。这样可以增进设计师和承包商之间的沟通，比传统的以纸制文件沟通的方式快很多，有利于减少工期延误的可能性，也有利于提高项目的施工质量。

3. 提供门户网站服务的厂商

建筑工程公司使用门户网站可以有两种方式，可以购买或租用门户网站软件安装在公司自己的服务器上。然而，许多承包商采用租用门户网站公司提供的在线服务方式。这种情况下，承包商不需要投资昂贵的计算机基础设施（如服务器、服务器软件等）就可以在网络上使用高级的门户网站软件。鉴于在复杂项目中使用门户网站的多种好处，建设项目业主常常要求在工程中使用某一个特定的门户网站系统。值得注意的是，大型建筑承包商可能需要同时购买多个门户网站服务，因为在合同中业主可能要求在项目中使用某一特定的门户网站系统。

目前，提供门户网站服务的厂商有很多，包括 Primavera、Prolog、Constructware 和 Buzzsaw 等。在建筑业中的一些门户网站服务基本上是由一些著名公司提供的：Expedition 是由开发进度计划软件 Primavera Project Planner 的 Primavera 公司提供的；Buzzsaw 是由开发 AutoCAD 的 AutoDesk 公司提供的。

4. 使用门户网站时的注意事项

门户网站是建设项目在全寿命周期中能够为工程项目设计与施工提供集成化管理的强大工具。然而，使用门户网站时必须注意几个管理方面的问题。首先，使用门户网站的具体方法有很多种。由于对某一门户网站的熟悉和了解，建筑工程公司可能会决定在其所有的施工项目中都使用同一个门户网站软件。但通常由于业主在工程合同中可能会要求承包商使用某一特定的门户网站软件。因此很多建筑工程公司通常必须同时使用不同的门户网站来管理不同的项目。因此，为了更好的使用门户网站进行信息交流，工程公司必须具有经过培训的能够应用各种门户网站的职员，并考虑使用一种知识管理方法来培训其职员使他们熟悉每种门户网站系统的特性；还必须考虑建立一套标准程序使门户网站得到最有效的应用。

8.3.6 内容管理系统在项目管理中的应用

内容管理系统（CMS）是一种基于网络系统的合作方式。对于大型建筑工程公司来说，使用内容管理系统则意味着要建立专用的门户网站；对于小型建筑工程公司来说，则意味着建立比网络日志（Weblog）或维基（Wiki）具有更多功能的知识管理网站。

内容管理系统（CMS）的主要目的是将网站内容和网站设计区别开。内容管理系统软件的发展使那些对算机知识不多的用户也可以建设复杂的网站，用户利用内容管理系统可以创建一个动态网站，能够很容易地添加新的信息。最基本的内容管理系统（CMS）可以定义为用户编辑网站内容的计算机软件。

在建筑业中，CMS 的用途会很多。但目前可用于建筑业的内容管理系统（CMS）的软件也很多，他们既可以用于知识管理也可以用于信息管理。下面是内容管理系统（CMS）常见的一些用途：

（1）记录公司的知识以备将来之用，共享经验教训。

（2）为经验缺乏的管理者获取公司的知识提供了一种工具。

（3）为组织公司的知识和公司职员利用信息提供门户网站。

（4）基于网络系统的CMS能够为现场管理人员提供更多关于施工最优技术的信息。

（5）现场和总部的办公人员都可以利用CMS进行概预算和投标，同一个公司可以使用多个不同功能的内容管理系统。

（6）各种各样的CMS都可以用来存储工程公司的操作、最优实践、经验等知识和信息。

迄今为止，许多有用的软件工具和网络服务都可以用来创建内容管理系统，而不需要投资于额外的计算机设备。计算机软件和网络技术的结合，使小型企业开发使用内容管理系统也成为可能。

CMS更详细的定义是由两个重要元素组成的软件系统。第一个主要元素是用户可以在CMS网站上创建内容。用户在使用典型的CMS向网站上创建内容时不需要任何网页设计知识，也不需要通过网站管理员向网站添加信息。这样就可以建立一个可随时更新信息的动态网站。CMS的第二个主要元素是收集用户输入的信息并自动更新网站。

1. 内容管理系统的基本功能

内容管理系统可以将文本编辑文件和扫描的文件自动转换成可在网页上使用的HTML或PDF格式。大多数CMS都提供多种类型的修订控制功能。利用该功能可以将网站上的内容更新到最新的版本，也可以将其恢复到旧版本，版本控制功能有利于追踪文件的修改进程。修订控制还可以追踪个人对文件所作的修改，可以追踪修改的内容和修改时间。而且，CMS系统可以自动生成资料索引，并将系统中保存的所有文件通过列表方式显示出来。通常，CMS系统还可以利用文件的关键字来搜索文本。

文件管理和内容管理的关系十分密切，目前，大多数内容管理系统都有文件管理功能。文件管理包括从文件创建到保存和发送给最终用户的过程，同时还包括使用系统化的方法生成文件索引和检索文件。

2. 内容管理系统在项目中的可能应用

上一条我们讨论的门户网站就是用于工程项目的内容管理系统。这些系统中包含有预先设定好的、用于标准项目文件模板，如变更令和信息请求等。

其他的CMS应用软件可能具有工程项目门户网站所不具备的功能。其中最为显著的是能够使用专门的CMS创建、存储和发布公司的知识。项目门户网站的最主要的用途是交换信息和文件。因此，可以与项目门户网站同步开发使用能够包含公司的经验教训、最优实践和最优施工方法的CMS系统。另外，能够同时存储大量管理工程公司和单个项目所需的知识和信息的门户网站也很有发展前途。

3. 内容管理系统的优点

通用的CMS系统的很多功能都能在建筑业中应用。使用CMS的主要优点是建设项目相关各方可快速修改和更新网站内容，其他用户通过网络可以获得最新的信息。这对于处在不断变化的环境中的工程项目来说是非常重要的。另一个优点就是，网页的创建者不需要经过网络管理员的介入就可以对网页进行修改。这对于信息技术力量不强的小型建筑工程公司来说非常重要。在建筑业中，重要项目的参与者的计算机技能与水平都可能有限。而CMS不需要对网页设计或编程十分了解即可建立网页，这就使CMS拥有更多的用户群。另外，还可以在CMS内设置模板，通过使用模板用户就可以生成标准格式的文件。

4. 实现内容管理系统的方法

实现内容管理系统的方式有很多种，不同的实现方式在实现复杂性和成本方面差别很大。主要方式包括：

（1）购买商业软件，安装在公司内部的服务器上。可以安装在服务器上的软件有很多种，软件在价格上差别很大，有些软件十分便宜，而有些软件则非常昂贵。这种高档软件需要在计算机服务器设备上投入巨资，同时也需要非常专业的信息技术人员进行运营和维护。

（2）使用商业主机服务。许多商业化的内容管理系统可以按年或者按月付费的形式订购，这样可以根据公司内部情况进行选择不同的服务，不同的服务在价格上有很大的差别，同时也不需要专业的信息技术人员进行运营和维护。

（3）在网络主机服务上安装商业软件。这样可以设置一个主机服务账户，然后在主机服务器上安装商业软件。

（4）在自有的服务器上应用低成本的开放源代码软件。目前，这样的软件很多，较适用于小型和中型企业。

（5）在网络主机服务器上安装开放源代码软件。现在，许多网络主机服务公司都能够在他们的服务器上安装开放源代码CMS软件。这样企业就能够建立简单的CMS系统，而不需要投资于计算机服务器，但要付出租赁费用。

8.3.7　在线项目文件室与在线投标

通常情况下，承包商在考虑对一个工程投标决策时需要出差到项目文件室去查阅有关的项目文件。承包商也需要付费从有关方面购买相关的合同文件（比如从项目招标单位购买招标文件）。异地投标时，承包商需要到远离其工作所在地的现场进行投标。在投标书时，投标书也可能出现错误，这样就需要重新进行对标书进行更正。现在网络服务的发展使得承包商可以从网上下载合同文件及相关项目的图纸。承包商可在网上完成投标过程，减少了出差的辛苦，也减少了投标的相关费用，同时也会减少制作标书及投标过程中可能出现的错误。

1. 在线项目文件室

项目文件室是业主、设计师和总承包商用来向潜在的投标者和材料、设备供应商发布项目招投标信息的场所。现在，以网络服务的形式存在的在线项目文件室使潜在的投标单位不出自己的办公室就可以浏览到招标项目的相关信息。在线项目文件室的使用者包括总承包商、分包商和供应商，他们可以浏览、下载、打印所需要的投标项目文件。使用项目文件室的益处包括使得投标更经济、在整个项目生命周期中获得信息更便捷、更准确，在线项目文件室提供了一种获取项目信息的新来源，同时还具有通过电子邮件发布新项目通知的功能。因为有些承包商不习惯无纸化项目办公，仍旧喜欢阅读纸质文件。一些项目文件室还具有印刷提供项目图纸的功能。

有一些全国性的项目文件室服务提供商允许业主或设计师可以使用这些服务建立一个虚拟的项目文件室，使得感兴趣的承包商在投标之前了解项目概况。

2. 在线投标

在线投标就是指投标单位（可能是总承包商、分包商和供货商）通过网络方式递交电子标书。由于许多建设项目业主逐渐开始要求使用在线投标系统完成工程投标，促进了在线投标的发展。目前，在某些项目上一些业主现在只接收在线投标，不再接收纸质标书。因此对于工程界的人来说，学习在线投标系统的使用是非常重要的。

投标者可以使用在线投标系统接收和提交电子版工程图纸和并以电子方式投标。对于对标单位来说，在线投标系统的应用有非常重要的作用，因为不需要打印标书、图纸和其他相关资料，以及不需要派人送标书到业主办公室，因此可以减少投标费用。

3. 在线项目文件室与在线投标的发展前景

在线投标对承包商来说有许多益处，包括使得向异地业主投标更容易，软件的纠错系统可以帮助承包商填写标书及修改标书，同时通过网络承包商会更容易地获得项目图纸及附录。在各种类型的工程项目中在线投标系统的使用会越来越多。

随着信息技术的发展，促进了包括反向拍卖系统在内的新竞标形式的出现。承包商在参与这些新方式竞标前必须谨慎的评估它们的优缺点。新的信息技术虽然能够提高效率，但是正如反向拍卖系统的讨论表明，它也可能影响长久以来形成的投标程序。

8.3.8 三维、四维、五维 CAD 软件在工程中的应用

新的电脑信息技术的出现可能会给工程项目的规划和实施带来巨大的变革。目前为工程项目建立的复杂的三维视图模型可以与进度、费用信息相整合。四维、五维 CAD 模型在工程项目的设计、规划、进度安排等领域的应用得到了广泛关注。

计算机辅助设计（CAD）程序一般用于绘制二维视图。三维 CAD 软件可以生成三维视图。四维 CAD 软件可以将三维视图与进度时间信息相结合，对建筑过程进行全程模拟。五维 CAD 软件现在已经出现，它可以将工程的三维模型与进度、费用信息相整合。

1. 三维 CAD 软件

目前，有许多著名的公司开发的不同的 CAD 软件包可用于建筑和结构设计。现在最流行的 CAD 软件如 AutoCAD 和 MicroStation 一般用于绘制二维视图。承包商和设计师使用这些软件在计算机上绘制工程图纸。但二维视图有许多局限性，这也促进了三维 CAD 软件在工程中的应用。使用二维试图的局限性主要包括：

（1）二维视图形象不直观。

（2）二维视图要求使用者具备一定的专业知识才能阅读。

随着信息技术的发展，CAD 软件在近些年已经有了相当大的发展，目前已经可以提供强大的三维建模功能。

应用三维 CAD 软件可以生成三维图和效果图。从初步设计到建筑施工都可以使用三维视图。三维 CAD 软件可以帮助设计师和工程师使图纸形象化及识别设计冲突。三维视图在工程建设过程中也可以帮助承包商诠释复杂的设计。三维绘图的优点主要包括：

（1）检查净空及通路。

（2）从不同视角观察工程细部。

（3）在工程会议中作为参考模型使用。

（4）可建造性评价。

（5）减少冲突。

（6）减少返工。

碰撞检查在复杂的工业设计中已经得到了广泛的应用，可以克服二维视图很难识别管道网络冲突的缺点。三维视图模型通常主要用于工业设施以及复杂商业建筑的设计。但是现在三维视图的应用已经扩展到基础设施设计，比如公路和铁路。

2. 四维、五维 CAD 软件

四维、五维 CAD 软件的出现引起了建筑业中工程规划及进度计划技术的重大变革。四维 CAD 软件将工程的三维模型与进度计划信息相整合，其中一些软件已经可以在修改三维模型设计时，同时自动修改进度计划和二维设计图纸及文件。五维模型可将三维模型的修改直接反映到费用变化上。新的模型不仅提供了三维视图，还将许多独立的工程软件的功能集成起来，形成一个完整的建筑模型。另外，四维、五维 CAD 软件能够显示项目随时间推移而产生的变化，能够在项目实施前进行模拟施工，所以也给建筑工程公司进行项目规划提供了新的方法。

3. 四维和五维 CAD 软件优点

四维和五维 CAD 软件有许多优点，包括：

（1）可以加深项目各个参与方对设计及施工决策影响的理解。利用四维 CAD 模型的模拟功能，能增进项目各方对项目的理解，加强业主、设计者与承包商的合作。

（2）对项目的可建造性进行深入分析。

（3）发现只使用关键路径法无法明确发现的进度冲突。只使用关键路径法可能很难发现在特定地点的各工种之间的冲突。

（4）集成不同项目软件如三维 CAD、进度及预算软件的功能于一个模型中。

（5）可以在项目的整个寿命周期中使用，包括从设计规划到工程竣工整个项目周期都可以使用。在设计规划时设计者可以比较不同的设计方案对预算的影响。承包商在建设过程中可以对不同的建造顺序的可建造性进行评价。

4. 应用四维 CAD 软件的注意事项

由于四维 CAD 软件的复杂性，有些工程项目适合使用四维 CAD 软件，而有些则不适合。应用四维 CAD 软件需要考虑以下几个因素：

（1）使用四维 CAD 软件需要操作人员经过高水平的训练，以掌握构建模型和输入进度数据的方法。

（2）四维 CAD 软件的费用要比传统的二维、三维软件高出许多。要考虑项目的投入和产出，根据工程的类型及复杂程度进行选用。许多工程不需要使用四维模型，三维模型可能已经够用，有些甚至二维图纸就可以充分表示设计信息了。

8.3.9 工程财务管理与项目费用控制软件

由于建设项目的复杂性，建筑工程公司的财务管理是非常复杂的。即使是非常小的公司也可从使用计算机进行财务管理而使他们在项目财务管理中受益。大型工程公司对财务软件的功能要求非常多，应不但能显示公司所管理的大量工程项目的财务绩效，还能够监视整个公司的财务状况。利用计算机进行工程财务管理和项目费用控制已经非常广泛。建筑业是一个特殊的行业，它以项目为基础，在项目上，涉及不同的单位。因此建筑业需要特制的财务软件满足其特殊性质的需要。

由于在建筑行业中的建筑公司的规模有大有小，他们对财务软件的要求也不尽相同。住宅建造商与小型承包商可以采用比较简单的财务软件。相反，大型承包商需要根据他们的要求订制功能齐全的网络版财务软件。另外，在工程领域，很多大型承包商已经意识到软件集成的重要性，开始把财务系统与概预算软件、项目控制系统、项目进度软件相整合以及时了解公司财务状况和工程费用绩效。

工程财务软件通常有两个不同的管理目标，即：

（1）能够确定单个工程项目的利润率以及控制单个工程项目的成本（从项目角度）。

（2）能够评估整个公司的财务状况，计算利润率，并且能够生成所要求的财务报告，比如资产负债表和损益表等（从公司角度）。

无论要完成工程财务软件哪个功能都离不开从现场收集数据。大部分工程财务软件都只需要一次性输入现场数据，这些数据就可通用于财务管理和费用控制两个功能模块。通过输入项目费用信息，费用控制系统就可以得到项目的预算支出计划。费用控制系统的主要功能是计算单个工程项目的利润率，识别哪个分项工程发生了费用偏差，马上采取纠偏措施，以避免整个项目亏损，从而避免公司的损失。财务管理模块的主要功能是评估公司整体的财务状况，管理公司的现金流。建筑工程公司通常需要财务软件具备以下几项基本的财务管理功能：

（1）能够生成基本的财务报表，比如资产负债表和损益表。

（2）能够建立并管理一整套会计系统，包括应收账款、应付账款等。

（3）在项目结束时进行成本结算。

（4）计算项目预收款与预付款情况。因为工程以项目为基础，一个项目有可能不是刚好在会计期末完成，项目有可能会有预收或者预付款，这时要进行核算以确保反映正确的财务信息。

（5）控制单个项目成本。

（6）分析不同项目的利润率。

（7）制定上级管理费用预算，并随时跟踪。

（8）分析公司不同部门的利润率。

（9）控制施工设备费用与贬值。

（10）管理工程公司的现金流，以确保其能满足新上项目和支付到期债务的需要。

8.3.10 移动与无线计算技术在工程项目中的应用

近些年，无线计算技术的应用发展非常快。据统计，在2004年美国已经有50%的商业企业开始使用无线网络技术。随着电脑和PDA的便携程度的提高，计算机开始在工程现场也得以广泛应用。

1. 在施工现场使用计算机

以前，工程项目的承包商通常在施工现场的办公室里使用个人计算机。一项关于移动计算机技术的应用调查显示，工程公司已经开始在项目上使用个人计算机并接入互联网。在58家被调查的企业中，有95%在施工现场使用计算机，有91%在现场可以接入互联网。通过使用电子邮件进行沟通以及门户网站的广泛应用也使在现场接入互联网成为必要和可能。调查研究还发现有35%的被访问者在现场使用无线网络，几乎所有的被访问者都对无线网络技术的发展非常看好。以前没有无线网络，便携式计算机在现场起初只应用在收集数据资料方面。现在，无线网络技术使得现场的计算机不但可以通过网络互联还可以接入因特网。使用者可以在现场使用各类工程软件，还可以向门户网站和知识管理系统实时地上传数据。现场施工人员还可以通过研究网站上关于如何施工的案例直接获得知识和经验，有利于指导如何进行更好的施工。

2. 移动计算技术的优点

移动计算技术最大的优点就是在现场与办公室之间传递项目信息和文件成为可能。另外在施工现场利用移动计算技术使得施工现场的数据和信息可以更及时地输入到计算机系统中，管理者可以根据这些数据准确及时地确定何处发生了问题。英国大型承包商Laing O' Rourke测算出如果在项目中广泛使用移动无线技术可以提高项目生产率的20％～30％。

3. 移动计算技术的硬件

随着计算机硬件技术的发展，在现场使用的具有移动计算功能的硬件种类越来越多，目前主要有：

（1）笔记本电脑，随着笔记本电脑的性价比的逐渐提高，其在工程现场应用越来越普遍。

（2）平板电脑，由于平板电脑可以通过触摸屏进行手写输入，从而可以有效快速地收集现场数据。

（3）PDA，随着PDA价钱越来越便宜，但功能越来越强大。它的体积小，重量轻，很适合在现场使用。PDA与PC机相比功能少一些，但是它小巧的体积和低廉的价格使它很有竞争力。

由于施工现场的复杂性和环境的恶劣性，为了适应施工现场使用的需要而购买的移动计算设备必须坚固耐用。移动计算设备可以使项目人员将项目资料文件轻松地带入到施工现场。管理人员还可以以电子格式分类组织整理资料，以便于快速查找。由于移动计算设备可以运行各种工程软件，还可以接入因特网收发电子邮件，因此在工程项目上使用便携式计算机和PDA的潜力非常巨大。

4. 无线网络

无线网络是通过无线电波进行数据的传输和接收。无线网络在建筑业具有广阔的发展前景。现场工作人员可以通过无线网络与便携式计算机在现场使用基于网络的软件。无线网络的存在使得现场与办公室之间传递项目信息和文件成为可能，使得现场的管理人员可以花费更多的时间在现场从事管理工作。

8.3.11 自动化与机器人技术在项目中的应用

交通市政工程的施工方法（使用与运输建筑材料）和一些在房建工程中常见的劳动力密集的工序相比比较容易实现自动化操作，而要在房屋工程建设过程中实现自动化则需要非常先进的机器人才能完成。因此目前自动化技术在建筑领域中应用最多的主要是交通市政工程。

1. 自动化技术

自动化有许多不同的定义。以下是几种比较适用于建筑业的定义：

（1）是使机械及工作过程可以自动进行的思想——也就是增加各种机器设备、工作流程的自动化程度的方法。

(2) 是使工作过程能够自动进行而不需要人的干预。

(3) 是利用机器、自行装置或电子计算机取代人工劳动的技术。

随着自动化技术的发展，不同的发展阶段可以实现不同程度的自动化。在初始阶段，可以在建筑机械上加载一种装置，提供给机械操作人员相关信息。第二阶段，使用电脑装置可以自动操控建筑机械设备，不需要或很少需要机械操作人员的干预。最后，使用机器人实现完全自动化操作。

2. 机器人技术

正如自动化技术一样，机器人技术也没有统一的定义。但机器人应当具备如下特征：

(1) 机器人必须具备一定程度的移动能力。

(2) 可以通过编制程序使机器人完成各种不同的工作。

(3) 程序编制完成以后机器人就可以自动操作。

3. 在工程项目中使用自动化技术的动因

推动建筑领域自动化的动因有：

(1) 竞争的需要。

(2) 缺少熟练工人，降低人工成本。

(3) 减少人身伤害的风险。

(4) 技术进步。

(5) 提高工程项目质量。

4. 应用自动化技术的优点

目前自动化在许多领域得到了应用，特别是在制造业中应用得最成功，如果能够在建筑业中实现工程建设过程自动化，就可以：

(1) 缩短操作周期，提高生产率。

(2) 提高质量。

(3) 提高安全性。

(4) 降低施工成本。

5. 在工程项目中实现自动化的障碍

尽管在建筑领域使用自动化有很多潜在的收益，但仍有许多障碍阻碍着自动化的广泛应用。包括：

(1) 一些自动化技术不适用于大型建筑工程。

(2) 建筑行业的产品数量和其他领域相比较少（工程项目的单件性）。

(3) 传统设计方案及材料不利于使用自动化设备操控。

(4) 自动化设备非常昂贵。

6. 自动化在交通市政工程中的应用

与在房建工程中常见的劳动力密集的工序相比，很多自动化技术已经在交通市政工程中得到了应用，使施工设备可以自动化操作，从而大大减轻了操作人员的工作强度。实践证明，自动化在交通市政工程领域的发展进程超过了在房建工程施工中的发展。这是因为，在房屋施工中建筑工人需要使用各种工具以及技术在建筑物中安装零碎的部件，而在土方工程中搬运大量建筑材料之类的活动中实现自动化要比在房屋建设工程中的很多活动要容易得多。自动化在交通市政工程中的应用主要包括地面找平、挖掘以及铺砌。

7. 机器人技术在工程施工中的应用

由于建筑业与制造业存在着本质的区别。机器人在制造业中的应用已经非常广泛，主要是制造业使用的机器人可以长期安装在流水线上不用移动。而在建筑业中，每个工程时间相对较短，机器人必须被移动到各个工程项目地点，并且在项目现场也需要移动（比如在高层建筑的楼层间移动）。同时机器人的高成本及其技术复杂性也成为了其在建筑领域应用的最大障碍。但研究人员已经开始对在建筑领域内使用机器人进行试验，并且在建筑领域已经存在机器人的商务应用。

Warszawki 和 Navon 曾经指出在房建工程施工领域内的传统工作类型适宜由手工完成。人类可以从事各类复杂动作（寻找、收集、安置、连接），而适用各种不同工具对机器人来说难度太大。他们建议，在项目设计时就应考虑适用机器人可以操作的简单的建筑材料及结构系统，同时在设计建筑物结构时必须要考虑方便机器人在内部和外部移动，这样会有利于机器人技术在项目中的应用。

在最近 15 年中出现了各种样式机器人原型。早期机器人的应用可以归纳为以下两个方面：

（1）起重——可以使用机器人移动重物。

（2）内部装修机器人——机器人可以用来完成比如在建筑物内外部喷漆，混凝土表面处理等工作。

日本建筑工程公司一直热衷于使用机器人技术。日本公司适用机器人的主要原因是一方面劳动力短缺；另一方面是为了保持其在国际上的竞争力，以及向潜在客户展示他们的先进技术。和美国公司相比，大型的日本承包商更愿意投资机器人技术的研究开发。自动化和机器人技术在日本建筑施工领域的具体应用的一个例子就是 SMART 系统。该系统可用于高层建筑自动作业，系统包括自动运输、自动焊接、安放房屋楼板以及综合信息管理系统。为了方便机器人和自动化的应用，项目上大量使用了预制部件和简化的连接。

随着 20 世纪 90 年代机器人技术在日本建筑领域的应用实践，美国建筑研究组织也开始对机器人技术产生了极大的兴趣。也研制出了很多的机器人系统原型，但很少实现商业应用。20 世纪 90 年代后期日本的经济萧条同样也减少了其在机器人建筑施工领域的研究。然而研究还未中断，随着信息技术硬件和软件成本的降低以及计算机性能的增强，机器人终会越来越普遍。

一些最新的关于机器人技术的研究包括：

（1）美国国家标准技术研究所（NIST）正在开发一个试验平台，该平台用于研究钢结构的自动化技术。NIST 测试了一台装有三维激光定位测量系统的机器人起重机，该系统具备自动路径选择及定向移动功能。

（2）最近的一项研究讨论了把机器人技术从制造业领域向建筑领域转移的可能性。Koshnevis 探讨了如何使用轮廓工艺，一种自动分层制造技术，一次性建造整个房屋及其子部件。

8. 电子标签与传感器设备

随着电子技术的发展，现在可以将非常小的装置安装在建筑材料上以追踪其位置及状况。除此之外，还可以将感应装置安装在施工现场周围和工程设备上。和机器人技术不同的是，这些技术更加容易实施，在不久的将来就可能得到广泛的应用。

（1）RFID电子标签

RFID即无线电频率识别。RFID标签是一个电子小标签，可以用来标记建筑材料，对建筑材料进行追踪、分类和识别。RFID标签现已广泛用于一些组织的供应链管理，如沃尔玛、美国国防部等。

一个RFID系统包括三个组成部分：

① 标签。

② 读取器。

③ 处理和翻译接收数据的软件。

RFID标签时附着在材料上的独特识别装置。标签读取器发出无线电信号，标签回复一个自我识别的无线电信号。读取器将收到的无线电信号转化为数据，然后把这些数据传到计算机系统中，对标志信息进行分析归类，最终采取相应的行动。识别标签由一个集成块，一根天线和外包装组成，非常的小并且可以根据实际需要做成不同的形状。

RFID标签可以应用于很多领域，包括：

① 库存管理。

② 材料追踪和发送。

③ 质量控制和检查。

在建筑领域使用RFID标签有许多优势，包括：

① 使用RFID标签有利于更好的计划决策。可以从制造到运送至现场持续追踪可能影响工程关键路径的重要建筑材料。

② 通过追踪材料可以保证施工现场的工人及时收到所需的材料，从而提高生产率。

（2）传感器

电子传感器在建筑和工程领域中有多种用途。当前传感器主要用于建筑物中测量结构性能。通常情况下，传感器主要用来测量建筑物的长期性能和老化进程。也有一些传感器是专用于整个设施生命周期的施工阶段的。传感器的最新发展趋势是用于测量建筑材料的质量。

传感器技术与无线网络技术的合并使用已成为在施工现场自动收集信息的一种新方法。目前在工程设备上及建筑工地周围安装使用小型的、成本低廉的传感器已经成为可能。

使用传感器可以实现各种不同的功能，包括：

① 温度和湿度测量。

② 加速度追踪。

③ 移动物体监控。

无线电通信技术的发展会使传感器网络的安装和使用变得更为容易。可以相信在不久的将来将会出现许多传感器的新用途。

（3）网络摄像机

如今，因特网可以使不在现场的用户也能看到现场图片以及流媒体录像。使用这一技术有很多优点，主要包括：

① 项目管理者可以利用这一技术在现场之外的任何地点掌握工程正在实施的项目和

进度信息。

② 可以以直观方式记录工程进度、工程活动以及重要事件。

③ 向业主、设计方、承包商以及公众展示工程图片和视频以促进工程参与方间的交流。

④ 网络照相机不仅可以作为工程参与人员交流的工具，而且还是公众了解工程进展的途径。

⑤ 网络照相机可以作为营销的工具为潜在的客户展示以前的工程绩效。

要使用这项技术，承包商必须拥有一部摄像机和高速的网络连接。用户可以控制摄像机，观看现场图片，并且可以旋转、移动、放大用户们感兴趣的区域。

9. 其他关于自动化的信息

自动化技术发展日新月异。许多网站可以提供关于自动化技术在建筑领域的发展与应用的信息。值得一提的是 FLATECH 联盟（www. flatech. com）。FLATECH 联盟是一个非营利性组织，其资金主要用于多种建筑信息化和自动化技术的研究。

复习思考题

1. 什么是信息？信息有哪些特征？
2. 信息如何分类？
3. 信息资源的含义？信息资源的特征？
4. 什么是信息技术？
5. 信息管理的含义？信息管理的职能及原则是什么？
6. 施工项目信息的来源？施工项目信息管理的原则和施工项目信息管理的任务有哪些？
7. 施工项目信息系统的内涵是什么？
8. 施工项目信息系统的主要功能有哪些？
9. 概预算软件的发展趋势？
10. CPM 软件的核心功能和拓展功能有哪些？
11. 适于小型公司和小型项目的网络工具有哪些，各自的特点有哪些？
12. 什么是门户网站？使用门户网站的好处有哪些？
13. 什么是内容管理系统？内容管理系统的用途有哪些？
14. 什么是在线投标？
15. 使用四维、五维 CAD 软件的优点有哪些？
16. 工程财务管理软件的管理目标有哪些？

第9章　施工项目风险管理

9.1　概　　述

9.1.1　风险及其相关概念

1. 风险

风险是指在给定情况和特定时间内，可能发生的结果之间的差异，差异越大则风险越大。风险也可以表述为：风险是不期望发生事件的客观不确定性。对于项目来说，项目风险是指由于项目所处环境和条件的不确定性，项目的最终结果与项目干系人的期望产生背离，并给项目干系人带来损失的可能性。从上述定义可以看出，风险要具备两方面的条件，即不确定性和产生损失后果。

2. 风险的相关概念

(1) 风险因素

风险因素是指能产生或增加损失概率和损失程度的条件或因素，它是风险事件发生的潜在原因，是造成损失的内在或间接原因。通常可分为三种：

1) 自然风险因素。它是指有形的，并能直接导致某种风险的事物。如冰雪路面可能导致交通事故发生的可能性加大。

2) 道德风险因素。它是指无形的，与人的品德修养有关的能导致某种风险的因素。如建筑施工中用不合格材料导致质量安全事故发生的可能性加大。

3) 心理风险因素。它是指无形的，与人的心理状态有关的能导致某种风险的因素。如心理过分紧张导致做事时更容易出错。

(2) 风险事件

风险事件是指造成损失的偶发事件，是造成损失的外在原因或直接原因，如失火、地震、建筑安全事故等事件。

(3) 风险损失

风险损失是指非故意的、非计划的和非预期的经济价值的减少，通常以货币单位来衡量。可分为直接损失和间接损失两种。风险损失强调非计划性。如保险公司在衡量风险损失时从赔付额中扣出计划支出的赔付额。

(4) 损失机会

损失机会是指损失出现的概率。概率越大，意味着风险也越大。概率分为客观概率和主观概率两种。客观概率是指某事件在长时期内发生的频率，而主观概率是指个人对某事件发生可能性的估计。

3. 风险发生的机理

风险因素、风险事件、损失和风险四者之间的关系如图9-1所示。

从图9-1中可以看出，正是由于风险因素的存在，使得出现风险事件或使得出现风险

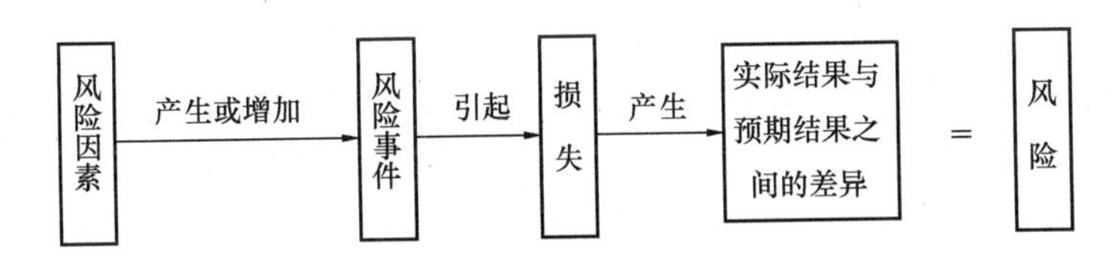

图9-1　风险因素、风险事件、损失和风险四者之间的关系

事件的可能性加大，而一旦发生了风险事件，就会引起风险损失，从而导致实际结果与预期结果的差异，即风险。

9.1.2　风险分类

1. 按风险的后果分类

按照风险所造成的不同后果，可以将风险分为纯风险和投机风险两种。

（1）纯风险。它是指只会造成损失而不会带来收益的风险。如自然灾害，建筑安全事故。

（2）投机风险。它是指既可能造成损失也可能创造额外收益的风险。如一项投资决策可能带来巨大的投资收益也可能由于决策失误造成经济损失。实践中，大量的风险是投机风险，此时机会与风险并存。

2. 按风险产生的原因分类

按照风险产生的原因的性质不同，可将风险分为自然风险、政治风险、社会风险、经济风险、技术风险和其他风险。

（1）自然风险。它是指自然因素带来的风险。如工程实施过程中出现地震、洪水等造成损失。

（2）政治风险。它是指工程项目所在地的政治背景及其变化可能带来的风险。不稳定的政治环境可能给各市场主体带来风险。如政局不稳，导致投资方撤资，使得正在施工的项目不再继续进行而导致的风险。

（3）社会风险。它是指宗教信仰、社会治安、文化素质、公众态度等方面所带来的风险。如国际工程项目中文化差异所导致的风险。

（4）经济风险。它是指国家或社会一些大的经济因素的变化带来的风险。如通货膨胀导致材料价格上涨、汇率变化带来的损失等。

（5）技术风险。它是指一些技术的不确定性可能带来的风险。如设计文件的失误，采用新技术不稳定等导致的风险。

（6）其他风险。它是指在上述六个方面未包括的风险。如施工项目在管理方面发生错误决策而导致的风险。

3. 按风险的影响范围分类

按照风险的影响范围大小可以将风险分为基本风险和特殊风险。

（1）基本风险。基本风险是指作用于整个经济或大多数人群的风险。这种风险具有普遍性，影响范围大。如自然灾害、通货膨胀带来的风险。

（2）特殊风险。它是指仅作用于某一个特定单体（个人或企业）的风险。这种风险不具有普遍性。如施工机械故障只是施工企业要承担的风险。

4. 按风险损害的对象分类

按风险损害的对象可以将风险分为财产风险、人身风险、责任风险和信用风险。

（1）财产风险。它是指导致财产发生毁损、灭失和贬值的风险。

（2）人身风险。它是指因生、老、病、死、残而导致的风险。

（3）责任风险。它是指依法对他人造成过失人身伤害或财产损失应负的法律赔偿责任或无法履行契约所致对方受损应负的合同赔偿责任。

（4）信用风险。它是指权利人因义务人违约而遭受经济损失的风险。如建设工程中，合同一方的业务能力、管理能力、财务能力等有缺陷或者没有圆满履行合同而给合同另一方带来的风险。

5. 按风险管理与项目管理目标的一致性分类

对于项目来说，项目管理的目标与风险管理的目标是相一致的，风险管理是为目标控制服务的。项目管理的目标主要是费用、进度和质量，因此，按目标的不同将风险分为：

（1）费用风险。它是指由于物价上涨、损耗过大等各种原因导致项目实际费用超出计划费用的风险。

（2）进度风险。它是指由于施工效率降低、计划安排不合理、材料供应不及时等各种原因导致实际进度拖后而使得实际工期超过计划工期的风险。

（3）质量风险。它是指由于出现质量缺陷、质量事故等问题，而导致实际质量达不到预期质量要求的风险。

9.1.3 风险的属性

（1）客观性

风险是客观存在的，它不以人的意志为转移。只要风险的诱因存在，一旦条件形成时，风险就会导致损失。因此，风险是可以通过一定的方式来事先识别出来，从而采取措施来控制风险。

（2）相对性

不同的主体对于风险的承受能力是不一样的。不同主体对风险的承受能力会因为不同的活动、时间而异。因此，风险可以通过合理的分配机制来管理。

（3）可变性

风险的可变性主要表现在三个方面：一是随着时间的进程发生了变化，原来的风险事件或因素可能已经不再成其为风险。二是随着对风险的认识、预测和防范水平的变化，风险事件发生的概率和造成的损失也会发生变化。三是随着管理水平的提高、技术的进步以及项目风险控制措施的采取，某些风险因素可能会消除，也可能会导致新的风险因素产生。正是因为风险的可变性，人们可以通过采取合理的对策，降低其发生的概率或者减小其风险的损失大小。

（4）不确定性

风险的不确定性主要体现在风险是否发生不确定，发生的时间不确定，产生的结果不确定。因此，要管理风险必须确定风险的不确定性大小。

（5）普遍性

自有人类出现后，就面临各种风险。风险无处不在，这就是风险的普遍性。因此，任何个人和单位都会面临风险，也都要管理风险。

（6）可测性

风险的可测性是指利用概率论和数理统计等方法，可以反映风险的发生规律和损失的程度。

9.1.4　风险管理

1. 概念

(1) 风险管理

风险管理是社会组织或者个人用以降低风险的消极结果的决策过程。它是对风险从认识、分析乃至采取防范和处理措施等一系列过程。

风险管理含义的具体内容：

1) 风险管理的对象是风险。

2) 风险管理的主体是个人和任何组织。

3) 风险管理的过程是风险识别、风险估测、风险评价、选择风险管理技术、评估风险管理效果。

4) 基本目标：最小的成本获得最大的安全保障。

5) 风险管理是一门独立的管理系统，一门新兴的学科。

(2) 建设工程风险管理

建设工程风险管理是指参与工程项目建设的各方、承包方和勘察、设计、监理等单位在工程项目的筹划、勘察设计、工程施工各阶段采取的辨识、评估、处理工程项目风险的管理过程。

由于建设工程风险大，参与工程建设的各方均有风险，但各方的风险不尽相同。因此，在对建设工程风险进行具体分析时，必须首先明确从哪一方角度进行分析。同时，由于特定的工程项目风险，各方预防和处理的难易程度不同，通过平衡、分配，由最适合的当事人进行风险管理，可大大降低发生风险的可能和风险带来的损失。由于业主在工程建设的过程中处于主导地位，因此，业主可以通过合理选择承发包模式、合同类型和合同条款，进行风险的合理分配。

(3) 施工项目风险管理

施工项目风险管理是指施工单位在承担施工项目的施工准备、施工和竣工验收过程中采取的识别风险、评估风险、确定和实施风险管理对策来处理风险的管理过程。

2. 风险管理过程

风险管理就是一个识别、确定和度量风险，并制定、选择和实施风险处理方案的过程，通常包括风险识别、风险评价、风险对策决策、实施决策、检查五个环节性内容，它是一个不断循环的过程。

3. 施工项目风险管理的目标

项目管理和风险管理的目的相同但着眼点不同，它们都是要保证项目的成本、时间、质量、安全和环境等目标的完整实现，但是项目管理着眼于现实效果，风险管理着眼于不确定性。同时，二者所依赖的分析技术有所不同。

在确定风险管理的目标时，必须考虑风险管理目标与风险管理主体的总体目标相一致；要使目标具有实现的客观可能性；同时目标必须明确，以便于正确选择和实施各种方案，并对其实施效果进行客观评价；同时，目标必须具有层次性，以利于区分目标的主次，提高风险管理的综合效果。

从风险管理目标与风险管理主体总体目标相一致的角度出发，施工项目风险管理的主体是施工单位，由于施工中安全问题非常突出，安全管理目标是施工项目目标管理的重要内容，因此，施工项目风险管理的目标可具体地表述为：

（1）实际成本不超过计划成本；

（2）实际工期不超过计划工期；

（3）实际质量满足预期的质量要求；

（4）施工过程安全。

9.2 施工项目风险识别

9.2.1 施工项目风险识别的过程

风险识别是风险管理的第一步，从风险初始清单入手，通过风险分解，不断找出新的风险，最终形成建设工程风险清单，作为风险识别过程的结束。

1. 风险分解

风险分解是指根据工程风险的相互关系将其分解成若干个子系统。分解的程序要足以使人们容易地识别出工程风险，使风险识别具有较好的准确性、完整性和系统性。

通常可以采用以下途径进行施工项目风险分解：

（1）目标维。它是指按照所确定的施工项目目标进行分解，即考虑影响成本、进度、质量和安全目标实现的各种风险。

（2）时间维。它是指按照基本建设程序中施工项目所涉及的各个阶段进行分解，也就是分别考虑施工准备阶段、施工阶段、竣工验收阶段等各个阶段的风险。

（3）结构维。即按建设工程组成内容进行分解，如按照不同的单位工程例如对于一个住宅施工项目，可以分为一般土建工程风险、给水排水工程风险、采暖通风工程风险、电器照明工程风险分别进行风险识别。

（4）因素维。它是指按照工程风险因素的分类进行分解，如政治、经济、自然、技术和信用等方面的风险。

在风险识别过程中，往往需要将几种分解方式组合起来使用，才能达至目的。

2. 施工项目风险识别过程图

施工项目风险识别过程如图 9-2 所示。其核心工作为风险分解和识别风险因素、风险事件及后果。

9.2.2 施工项目风险识别的方法

施工项目风险识别的方法主要有专家调查法、财务报表法、流程图法、初始清单法、经验数据法和风险调查法。

1. 专家调查法

专家调查法是指向有关专家提出问题，了解相关风险因素，并获得各种信息。调查的方式通常有两种：一种头脑风暴法。组织专家开会，让专家充分发表意见，起到集思广益的作用；这种会议要禁止参会人员相互之间发表对任何意见的非难，避免用词上的武断和无限上纲，要鼓励思想的活跃，思想的数量越大，出现有价值设想的概率就越大。另一种方法是德尔菲法。采用问卷式调查，各专家根据自己的看法单独填写问卷。在设计调查问

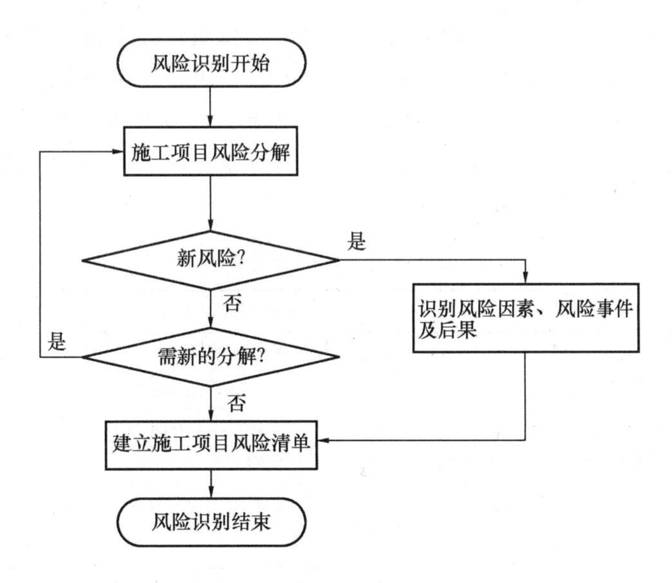

图 9-2 建设工程风险识别过程

卷时，要注意四个问题，一是问题要集中，用词要确切，排列要合理，问句的内容要具体，以引起专家回答问题的兴趣；二是问卷要简化，问题的数量要适当，问题太少起不到调查的目的，太多则容易引起人们厌倦，一般以 20～30 个为宜；三是避免把两个以上的问题放在一起来提问；四是若问题涉及某些可能的数据时，需要给出预测的范围，让专家容易选择。

在采用专家调查法时，应注意所提出的问题应当具有指导性和代表性，并具有一定的深度，问题要提得尽量具体一些。同时，还应注意专家的面应尽可能广泛。最后，这种方法还需要由风险管理人员归纳、整理和分析专家意见。

2. 财务报表法

财务报表法是指通过分析财务报表来识别风险的方法。财务报表法中记录着一个特定企业或特定的建设工程曾经遭受哪些损失以及在何种情况下遭受这些损失，因此通过分析资产负债表、现金流量表、营业报表及有关补充资料，可以识别企业当前的所有资产、责任及人身损失风险。将这些报表与财务预测、预算结合起来，可以发现企业或建设工程未来的风险。

采用财务报表法进行风险识别时，要对财务报表中所列的各项会计科目作深入的分析研究，并提出分析研究报告，以确定可能产生的损失。同时，还应通过一些实地调查以及其他信息资料来补充财务记录。

3. 流程图法

流程图法是施工项目所涉及的各项活动按步骤或阶段顺序以若干个模块形式组成一个流程图系列，在每个模块中都标出各种潜在的风险因素或风险事件，从而给决策者一个清晰的总体印象。对于施工项目可以按时间维划分各个阶段，再按照因素维识别各阶段的风险因素或风险事件。

4. 初始清单法

由于工程项目面临的风险有些是共同的，因此，对于每一个建设工程风险的识别不必要均从头做起。只要采取适当的风险分解方式就可以找出建设工程中经常发生的典型的风险因素和相应的风险事件，从而形成初始风险清单。在风险识别时就可以从初始风险清单入手，这样做既可以提高风险识别的效率，又可以降低风险识别的主观性。

施工单位选择可以采用适当的风险分解方式结合企业所完成的各个施工项目的资料来识别风险建立企业的初始风险清单。某施工单位编制的施工项目初始清单如表 9-1 所示。

施工项目初始风险清单 **表 9-1**

风险类型	风险因素与风险事件
自然风险	洪水、地震等自然灾害、不明的水文气象条件、复杂的地质条件、恶劣气候
政治风险	政策法规的变化、政府权力部门的不当干预、战争或动乱
社会风险	社会治安不好、工人的文化素质低、社会公众对项目的不支持
经济风险	通货膨胀或紧缩、汇率的变动、市场的动荡等
技术风险	施工工艺落后、施工方案不合理、施工安全措施不当、应用新技术失败、现场条件考虑不周、技术措施不合理
其他风险	合同方面：合同条款表述错误、合同类型选择不当、合同纠纷处理不利 材料设备供应：材料和设备供货不及时、质量差、设备不配套等。 管理方面：管理体系不完善、管理制度不健全、协调管理不当等

在使用初始清单法时必须明确一点，那就是初始清单并不是风险识别的最终结论，它必须结合特定建设工程的具体情况进一步识别风险，修正初始清单。因此，这种方法必须与其他方法结合起来使用。

5. 经验数据法

经验数据法又称为统计资料法。它是根据已建各类施工与风险有关的统计资料来识别拟建工程的风险。

统计资料的来源主要是参与项目建设的各方主体，如房地产开发商、施工单位、设计单位、监理单位以及从事建设工程咨询的咨询单位等。虽然不同的风险管理主体从各自的角度保存着相应数据资料，其各自的初始风险清单一般会有所差异，但是，当统计资料足够多时，借此进行开列初始风险清单基本可以满足对建设工程风险识别的需要，因此这种方法一般与初始清单法结合使用。

6. 风险调查法

风险调查法就是从分析具体建设工程的特点入手，一方面对通过其他方法已经识别出的风险进行鉴别和确认，另外，通过风险调查有可能发现此前尚未识别出的特殊的工程风险。风险调查可以采用现场直接考察并向有关行业或专家咨询等形式，如工程投标报价前施工单位进行现场踏勘，可以取得现场及周围环境的第一手资料。风险调查可以从组织、技术、自然及环境、经济、合同等方面分析拟建建设工程的特点以及相应的潜在风险。

应当注意，风险调查不是一次性的行为，而应当在建设工程施工全过程中不断地进行，这样才能随时了解不断变化的条件对工程风险状态的影响。当然，随着工程的进展，风险调查的内容和重点会有所不同。

综上所述，风险识别的方法有很多，但是在识别建设工程风险时，不能仅仅依靠一种方法，必须将若干种方法综合运用，才能取得较为满意的结果。而且不论采用何种风险识别的方法，风险调查法都是必不可少的风险识别方法。

9.3 施工项目风险分析与评价

系统而全面地识别施工项目风险只是风险管理的第一步，衡量出风险的大小，并对风险进行进一步的分析，即风险评价，是风险管理的重要一环，再对风险有一个确切的风险评价，才有可能做出正确的风险决策。

9.3.1 风险衡量

损失发生的概率和这些损失的严重性是影响风险大小的两个基本因素。因此，在评价建设工程风险时，首要工作是将各种风险的发生概率及其潜在损失定量化，即风险衡量。

1. 风险量函数

风险量是指各种风险的量化结果，其数值大小取决于各种风险的发生概率及其潜在损失。因此，以 R 代表风险量，以 p 表示风险的发生概率，以 q 表示潜在损失，则 R 可以表示为 p 和 q 的函数，即：

$$R = f(p, q) \tag{9-1}$$

式（9-1）反映了风险量的基本原理，具有一定的通用性。其应用前提是能通过适当的方式建立关于 p 和 q 的连续性函数。但是，这一点很难做到。在大多数情况下以离散形式来定量表示风险的发生概率和潜在损失，此时，风险量函数可用式（9-2）表示。

$$R = \sum_{i=1}^{n} p_i \cdot q_i \tag{9-2}$$

式中，$i = 1, 2, \cdots\cdots, n$，表示风险事件的数量。

如果用横坐标表示潜在损失 q，用纵坐标表示风险发生的概率 p，根据风险量函数，在坐标上标出各种风险事件的风险量的点，将风险量相同的点连接而成的曲线，称为等风险量曲线。当然，离原点越近的等风险量曲线上的风险越小，反之越大。由此就可以将各种风险根据风险量排出大小顺序，作为风险决策的依据。

2. 风险损失的衡量

风险损失的衡量就是定量确定风险损失值的大小。对于施工项目风险损失来说，通常包括以下几个方面的损失：

（1）成本风险损失。它通常是由于法规、价格、汇率和利率等的变化或资金使用安排不当、工程款拖期支付等风险事件所引起的实际成本超出计划成本的数额。因此，可以直接用损失的货币形式来表现，即损失额。

（2）进度风险损失。它通常是由于进度的拖延而导致的风险损失，虽然表现形式上属于时间范畴，但损失的实质是经济损失。具体由以下几个部分内容组成：

1）货币的时间价值。进度风险的发生可能会对现金流动造成影响，在利率的作用下，引起经济损失。

2）为赶上计划进度所需的额外费用，即通常所说的赶工费。通常包括加班的人工费、机械使用费、管理费、夜间施工照明费等一切因赶工而发生的非计划费用；如果赶工的原因是施工单位的原因，或非施工单位原因但无法获得建设单位补偿时，就会发生此项费用损失。

3）由于进度控制不利，导致拖延工期所支付误期损害赔偿费的损失。由施工单位承担责任或风险所造成的拖延工期，就会导致支付误期损害赔偿费。

(3) 质量风险损失。质量风险导致的损失通常包括事故引起的直接经济损失，以及修复和补救等措施发生的费用，以及第三者责任损失等以下几个方面：

1) 建筑物、构筑物或其他结构倒塌所造成的直接经济损失；

2) 复位纠偏、加固补强等补救措施和返工的费用；

3) 造成的工期延误的损失；

4) 永久性缺陷对于建设工程使用造成的损失；

5) 第三者责任的损失。

(4) 安全风险损失。安全风险是由于安全事故所造成人身财产损失、工程停工等遭受的损失，还可能包括法律责任。具体包括以下几个部分：

1) 受伤人员的医疗费用和补偿费用；

2) 财产损失，包括材料、设备等财产的损失或被盗；

3) 引起工期延误而带来的损失；

4) 为恢复建设工程正常实施所发生的费用；

5) 第三者责任损失。

综上所述，不论是成本风险损失，还是进度风险损失、质量风险损失，或者是安全风险损失，最终都可以归结为经济损失。因此，损失的计量就是计算经济损失额。

3. 风险概率的衡量

在衡量建设工程风险概率时，通常有两种方法，一种是主要依据主观概率的相对比较法，一种是接近于客观概率的概率分布法。

(1) 相对比较法。它是由美国的风险管理专家 Richard Prouty 提出的方法。这种方法是估计各种风险事件发生的概率，将其分为以下四种情况：

1) "几乎为 0"：这种风险事件可认为不会发生；

2) "很小的"：这种风险事件虽然有可能发生，但现在没有发生并且将来发生的可能性也不大；

3) "中等的"：即这种风险事件偶尔会发生，并且能预期将来有时会发生；

4) "一定的"：即这种风险事件一直在有规律地发生，并且能够预期未来也是有规律地发生。因此可以认为风险事件发生的概率较大。

(2) 概率分布法。概率分布表明每一可能结果发生的概率。由于在构成概率分布所相应的时间内，每一项目的潜在损失的概率分布仅有一个结果能够发生，因此，各项目中的损失概率之和必然等于1。这样就可以通过潜在损失的概率分布，较为全面地衡量建设工程风险。

概率分布法的常见形式是建立概率分布表。通常参考相关的历史资料，依据理论上的概率分布，并借鉴其他的经验对所作的判断进行调整和补充。历史资料可以是外界资料，也可以是本企业历史资料。外界资料主要来自于保险公司、行业协会、统计部门等。利用外界资料时应注意这些资料通常反映的是平均数字，且综合了众多企业或众多建设工程的损失经历，因而在许多方面不一定与本企业或本施工项目的情况相吻合，使用时必须作客观分析进行调整。本企业的历史资料比较有针对性，但可能资料的数量偏少，甚至缺乏连续性，不能满足概率分析的需要。另外，在使用历史资料时还应当注意资料的背景。同时，应注意必须结合拟建施工项目的特点来建立概率分布表。

9.3.2　风险分析与评价

风险分析与评价是指运用各种风险分析技术，用定量、定性或两者相结合的方式处理不确定的过程，其目的是评价风险的可能影响。

1. 风险分析与评价的主要内容

通常对风险应从以下几个方面进行分析与评价：

（1）风险存在和发生的时间分析。主要是分析各种风险可能在建设工程的哪个阶段发生，具体在哪个环节发生。

（2）风险的影响和损失分析。主要是分析风险的影响面和造成的损失大小。如通货膨胀引起物价上涨，就不仅会影响后期采购的材料设备费支出，可能还会影响工人的工资，最终影响整个工程费用。

（3）风险发生的可能性分析。也就是分析各种风险发生的概率情况。

（4）风险级别分析。施工项目有许多风险，风险管理者不可能对所有风险采取同样的重视程度进行风险控制。这么做，既不经济，也不可能办到。因此，在实际中必须将各种风险进行严重性排序，只对比较严重的风险实施控制。

（5）风险起因和可控性分析。风险的起因是为预测、对策和责任分析服务的。而可控性分析主要是对人们对风险影响进行控制的可能性和控制的成本进行的分析。如果是人力无法控制的风险，或控制成本十分巨大的风险是不能采取控制的手段来进行风险管理的。

2. 风险分析与评价的主要方法

（1）专家打分法。专家打分法是向专家发放风险调查表，由专家根据经验对风险因素的重要性评价，并对每个风险因素的等级值进行打分，最终确定风险因素总分的方法。步骤如下：

1）识别出某一特定建设工程项目可能会遇到的所有风险，列出风险调查表；

2）选择专家，利用专家经验，对可能的风险因素的重要性 W 进行评价，确定每个风险因素的权重，以表征其对项目风险的影响程度；

3）确定每个风险因素发生可能性 C 的等级值，即可能性很大、比较大、中等、不大、较小五个等级，对应的分数为 1.0、0.8、0.6、0.4、0.2。由专家给出各个风险因素的分值。

4）将每项风险因素的权数与等级值相乘，求出该项风险因素的得分，即风险度 $W\times C$。再求出此工程项目风险因素的总分 $\sum W\times C$。总分越高，则风险越大。利用这种方法可以对建设工程所面临的风险按照总分从大到小进行排对，从而找出风险管理的重点。表 9-2 是一个风险调查表的简单示例。

风险调查表　　　　**表 9-2**

可能发生的风险因素	权数（W）	风险因素发生的可能性（C）					$W\times C$
		很大 1.0	比较大 0.8	中等 0.6	不大 0.4	较小 0.2	
物价上涨	0.25	✓					0.25
恶劣气候	0.10	✓					0.10
新技术不成熟	0.15			✓			0.09
工期紧迫	0.20		✓				0.16
汇率浮动	0.30				✓		0.12
总分 $\sum W\times C$							0.72

（2）蒙特卡罗模拟技术。又称为随机抽样技术或统计试验方法。应用蒙特卡罗技术可以直接处理每一个风险因素的不确定性，并把这种不确定性在成本方面的影响以概率分布

的形式表示出来。蒙特卡罗模拟技术的分析步骤如下：

1）通过结构化方式，把已识别出来的影响建设工程项目目标的重要风险因素构造成一份标准化的风险清单。此清单应能充分反映出风险分类的结构和层次性。

2）采用专家调查法确定风险的影响程序和发生概率，进一步可编制出风险评价表。

3）采用模拟技术，确定风险组合。即对上一步专家的评价结果加以定量化。

4）通过模拟技术得到项目总风险的概率分布曲线。从曲线上可看出项目总风险的变化规律，据此可确定应急费用的大小。

（3）风险量函数。根据风险量函数，可以在坐标图上划出许多等风险量曲线，离坐标原点位置越近，则风险量越小。据此，将风险发生概率和潜在损失分别分为小（L）、中（M）、大（H）三个区间，由于风险量是发生概率与潜在损失两个参数的函数，因此，两两结合，就将等风险量图划分为 LL、ML、HL、LM、MM、HM、LH、MH、HH 九个区域。在这九个不同的区域中，有些区域的风险量是大致相等的，因此将风险量的大小分为五个等级，如图 9-3 所示，分别为：

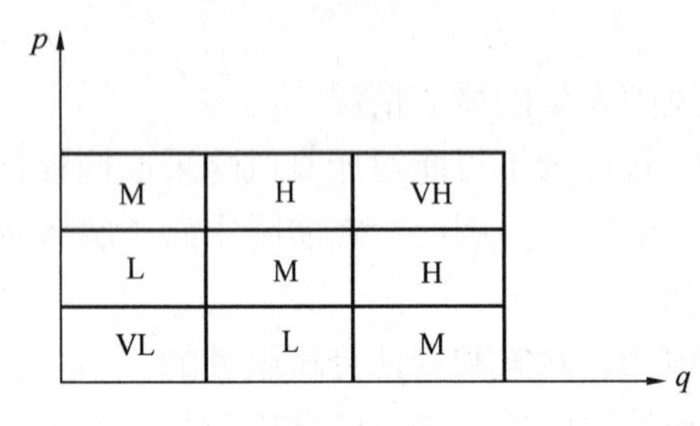

图 9-3 风险等级图

1）很小（VL）。即发生概率和潜在损失均为小（LL）。

2）小（L）。即发生概率为中，但潜在损失为小（ML）；或发生概率为小，但潜在损失为中（LM）。

3）中等（M）。即发生概率和潜在损失均为中（MM）；或发生概率为大，但潜在损失为小（HL）；或发生概率为小，但潜在损失为大（LH）。

4）大（H）。即发生概率为中，但潜在损失为大（MH）；或发生概率为大，但潜在损失为中（HM）。

5）很大（VH）。即发生概率和潜在损失均为大（HH）。

9.4 施工项目风险控制

9.4.1 施工项目风险管理的对策

施工项目风险管理的对策分为风险回避、风险减轻、风险自留和风险转移四种。

9.4.1.1 风险回避

风险回避是指以一定的方式中断风险源，使其不发生或不再发生或不再发展，从而避免可能产生的潜在损失。

风险回避的途径通常有两种：一是拒绝承担风险，如了解到某种新设备性能不够稳定，则决定不购置此种设备。二是放弃以前所承担的风险，如施工过程中，由于业主方付款拖延严重，经多次催款，仍然没有付款的希望，则依据合同向业主方提出中止合同以避免后续的风险。

因为风险是广泛存在的，要想回避所有的风险是绝无可能的。何况，许多风险是投机风险，采用风险回避的对策，在避免损失的同时，也意味着失去了获利的机会。同时，当回避一种风险的同时，也可能会产生另一种新的风险。例如在施工招标时，施工单位害怕价报低了会亏损，于是决定回避这种风险，采用高价投标的策略。但高价投标的策略，虽然回避了亏损的风险，它又会面临中不了标的风险。此外，在许多情况下，风险回避是不可能或不实际的。因为，工程建设过程中会面临着许多风险，无论是业主还是施工单位，都必须承担某些风险，因此，除了风险回避对策之外，各方都需要适当运用其他的风险对策。

9.4.1.2　风险减轻

风险减轻是一种积极主动的风险处理对策，实现的途径有两种，即预防损失和减少损失。预防损失措施的主要作用是降低或消除损失发生的概率，而减少损失措施的作用在于降低损失的严重性或遏制损失的进一步发展，使损失最小化。

在采用风险减轻的对策时，应当注意两个方面的问题。一个是必须以定量风险评价的结果作为依据，因为只有这样才能确保风险减轻措施具有针对性，也才能衡量取得的效果。在采用这种对策时，必须要考虑采取措施的代价，如果实施损失预防和损失减少的措施所需花费时间和成本高于风险发生的损失时，就不应当采取此种对策。因此，在选择控制措施时应当进行多方案的技术经济分析和比较，尽可能选择代价小且效果好的预防损失和减少损失的措施。

在采用风险减轻的对策时，所制定的措施应当形成一个周密的损失控制计划系统。在施工阶段，该系统应当由预防计划、灾难计划和应急计划三部分组成。

1. 预防计划

预防计划是指为预防风险损失的发生而有针对性地制定的各种措施。它包括组织措施、技术措施、合同措施和管理措施。

组织措施是指建立预防损失和减小损失的责任制度，明确各部门和人员在损失控制方面的职责分工和协调方式，以使各方人员都能为实施预防计划而认真工作和有效配合。同时建立相应的工作制度和会议制度；并可能包括必要的人员培训等。

管理措施，包括风险分离和风险分散。所谓风险分离是指将各风险单位间隔开，以避免发生连锁反应或互相牵连。这种处理方式可以将风险局限在一定范围内，从而达到减少损失的目的。例如，在进行设备采购时，为尽量减少因汇率波动而导致的汇率风险，在若干个不同的国家采购设备，就属于风险分离的措施。所谓风险分散是指通过增加风险单位以减轻总体风险压力，达到共同分摊集体风险的目的。如施工承包时，对于规模大，施工复杂的项目采取联合承包的方式就是一种分散承包风险的方式。

合同措施，包括选择合适的合同结构，每一合同的条款严密，且作出特定风险的相应规定，如要求业主方提供支付担保。

技术措施是在建设工程施工过程中常用的预防措施，如在深基础施工时，作好切实的深基础支护措施，以防出现边坡塌方的风险。

2. 灾难计划

灾难计划是指预先制订的一组应对各种严重的、恶性的紧急事件发生时，现场人员应当采取的工作程序和具体措施。有了灾难计划，现场人员在紧急事件发生后，就有了明确的行动指南，从而不至于惊慌失措，也不需要临时讨论研究应对措施，也就可以及时、妥善地进行事故处理，减少人员伤亡以及财产损失。如施工现场所制定的现场火灾应急预案。

灾难计划是针对严重风险事件制定的，其内容应当满足以下要求：

（1）安全撤离现场人员；

（2）援救及处理伤亡人员；

（3）控制事故的进一步发展，最大限度地减少资产和环境损害；

（4）保证受影响区域的安全尽快恢复正常。

灾难计划通常是在严重风险事件发生时或即将发生时付诸实施。

3. 应急计划

应急计划是在风险损失基本确定后的处理计划。其目的是要使因严重风险事件而中断的工程实施过程尽快全面恢复，并减少进一步的损失，将事故的影响降低到最小。

应急计划中不仅要制定所要采取的措施，而且还要规定不同工作部门的工作职责。其内容一般应包括：

（1）调整整个建设工程的进度计划，并要求各承包商相应调整各自的进度计划；

（2）调整材料、设备的采购计划，并及时与供应商联系，必要时，签订补充协议；

（3）准备保险索赔依据，确定保险索赔额，起草保险索赔报告；

（4）全面审查可使用资金的情况，必要时需调整筹资计划等。

9.4.1.3 风险自留

风险自留作为一种风险管理对策，它是指经过风险分析后，有选择的将风险留给自己方承担，并制定相应应对措施的一种风险控制对策。风险自留有时是无意识的，即由于管理人员缺乏风险意识、风险识别失误或评价失误，也可能是决策延误，甚至是决策实施延误等各种原因，都会导致没有采取有效措施防范风险，以致风险事件发生时，只好承受。这种无意识的风险自留不是一种风险管理对策。风险自留作为一种风险管理对策，一定是有计划的风险自留，它是整个建设工程风险对策计划的一个组成部分。施工单位如果决定采取这种对策，通常应已做好了处理风险的准备。

有计划的风险自留，至少应当符合以下条件之一：

（1）自留费用低于保险公司所收取的保险费用；

（2）企业的期望损失低于保险人的估计；

（3）企业的最大潜在或期望损失较小；

（4）短期内企业有承受最大潜在或期望损失的经济能力；

（5）投资机会很好；

（6）内部服务或非保险人服务优良；

（7）损失可以准确地预测。

计划性风险自留的计划性主要体现在风险自留水平和损失支付方式两个方面。所谓风险自留水平是指选择哪些风险事件作为风险自留的对象。可以从风险量数值大小的角度进行考虑，选择风险量比较小的风险事件作为自留的对象。而且还应当从费用、期望损失、机会成本、服务质量和税收等方面与工程保险比较后再做出决定。所谓损失支付方式，就是指在风险事件发生后，对所造成的损失通过什么方式或渠道来支付。有计划的风险自留通常应预先制定损失支付计划。损失支付方式通常有以下几种：

（1）设立风险准备金。风险准备金是从财务角度为风险作准备，在计划（或合同价）中另外增加一笔费用，专门用于自留风险的损失支付。

（2）建立非基金储备。这种方式是指设立一定数量的备用金，但其用途不是专门用于支付自留风险损失的，而是将所有额外费用均包括在内的备用金。

（3）从现金净收入中支出。这种方式是指在财务上并不对自留风险作任何特别的安排，在损失发生后从现金净收入中支出，或将损失费用记入当期成本。

前两种方式是计划性风险自留进行损失支付的方式，而第三种方式是非计划性风险自留进行损失支付的方式。

9.4.1.4　风险转移

建设工程风险应当由各有关方分担，而风险分担的原则就是：任何一种风险都应由最适宜承担该风险或最有能力进行损失控制的一方承担。因此，风险转移成为建设工程风险管理中非常重要的并得到广泛应用的一项对策。其转移的方法有两种：保险转移和非保险转移。

1. 保险转移

保险转移就是保险，它是指建设工程业主、施工或监理单位通过购买保险将本应由自己承担的工程风险转移给保险公司，从而使自己免受风险损失。保险这种风险转移方式之所以得到越来越广泛的运用，原因在于保险人较投保人更适宜承担有关的风险。对于投保人来说，某些风险的不确定性很大，因此，风险很大；但对于保险人来说，这种风险的发生则趋近于客观概率，不确定性大大降低，因此，风险降低。

当然，保险转移这种方式受到保险险种的限制。如果保险公司没有此种保险业务，则无法采用保险转移的方式。在工程建设方面，目前我国已实行了人身保险中的意外伤害保险、财产保险中的建筑工程一切险和安装工程一切险。

保险转移这种方式虽然有很多优点，但是缺点也是很明显的。第一，无论是否发生风险，投保方都需要支付保险费。再就是工程保险合同的内容较复杂，保险费没有统一固定的费率，需要根据特定建设工程的类型、建设地点的自然条件、保险范围、免赔额等加以综合考虑，因而保险谈判常耗费较多的时间和精力。第三，在进行工程投保以后，投保人可能麻痹大意而疏于损失控制计划，以致增加实际损失和未投保损失。第四，保险这种方式一般都设定免赔额，也就是在这个额度内的损失，保险公司是不进行赔偿的。

2. 非保险转移

非保险转移通常也称为合同转移。一般通过签订合同的方式将工程风险转移给非保险人的对方当事人。在实际中常见的非保险转移有以下三种：

（1）在承发包合同中将合同责任和风险转移给对方当事人。这种情况下，一般是业主将风险转移给施工承包单位。如签订固定总价合同将涨价风险转移给施工承包单位。此时，施工承包单位就要注意如何处理这种风险。

（2）工程分包。工程分包是施工总承包企业转移风险的重要方式。但采用此方式时，施工总承包企业应当考虑将工程中专业技术要求高而自己缺乏相应技术的工程内容分包给专业分包企业，从而以更低的成本、更好的质量完成工程，此时，专业分包企业的选择成为一个至关重要的工作。

（3）工程担保。它是指合同当事人的一方要求另一方为其履约行为提供第三方担保。担保方所承担的风险仅限于合同责任，即由于委托方不履行或不适当履行合同以及违约所产生的责任。工程担保方一般为银行或担保公司。目前，工程担保主要有投标保证担保、履约担保和预付款担保、支付担保四种，其中前三种是承包单位向业主方提供的担保，后一种是业主方向承包单位提供的担保。

1）投标保证担保，或称投标保证金，它是指投标人向招标人出具的，以一定金额表示的投标责任担保。常见的形式有银行保函和投标保证书两种。

2）履约担保是指招标人在招标文件中规定的要求中标人提交的保证履行合同义务的担保。常见的形式有银行保函、履约保证书和保留金三种。

3）预付款担保是指在合同签订以后，业主给承包人一定比例的预付款，但需由承包商的开户银行向业主出具的预付款担保。其目的是保证承包商能按合同规定施工，偿还业主已支付的全部预付款。

4）支付担保是指中标人（施工承包单位）要求招标人（业主方）提供的保证履行合同中约定的工程款支付义务的担保。其作用在于，通过业主资信状况进行严格审查并落实各项担保措施，确保工程费用及时支付；一旦业主违约，付款担保人将代为履约。

非保险转移的优点主要体现在可以转移某些不可保险的潜在损失，如物价上涨风险；其次体现在被转移者能更好地进行损失控制，如施工承包单位能较业主更好地把握施工技术风险。

9.4.2 风险决策过程

选择风险对策，要根据建设工程自身的特点，从整体考虑风险管理的思路和步骤，制定出一个和建设工程总体目标相一致的风险管理对策。风险对策决策过程如图 9-4 所示。

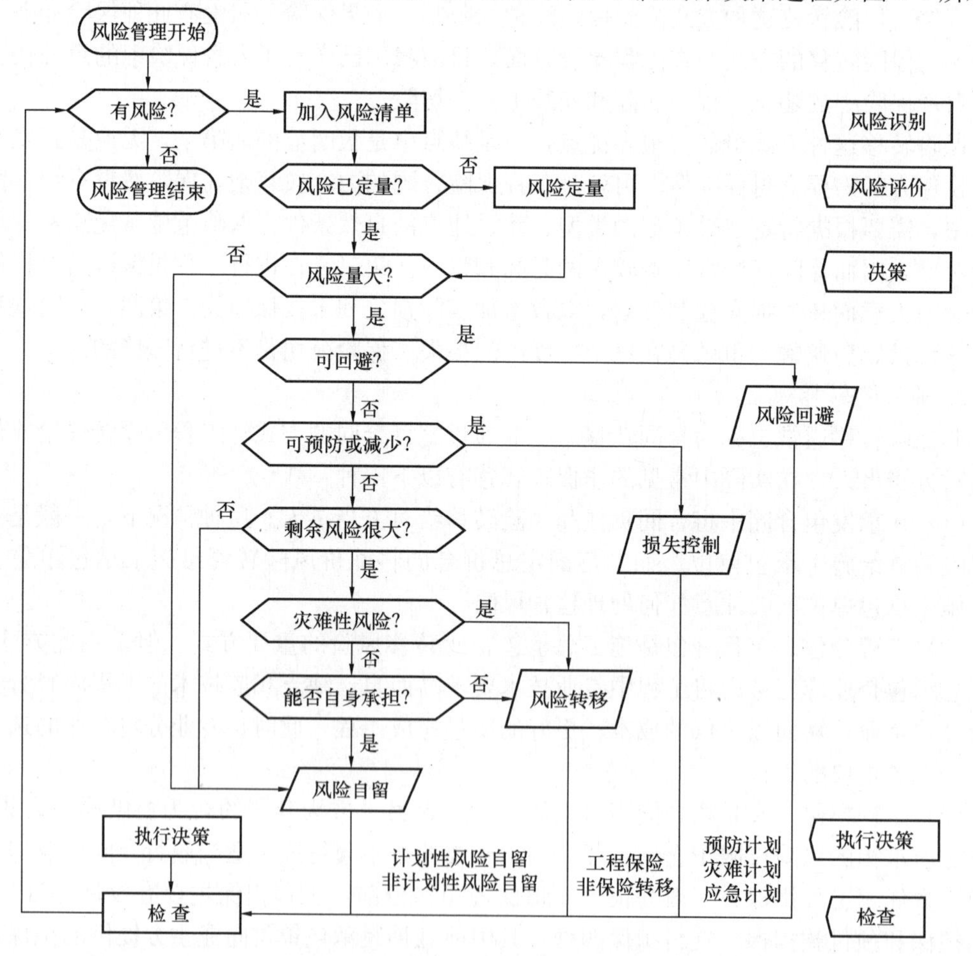

图 9-4 风险对策决策过程

9.5 工程保险

9.5.1 工程保险的概念

工程保险是对以工程建设过程中所涉及的财产、人身和建设各方当事人之间权利义务关系为对象的保险的总称；它是对建筑工程项目、安装工程项目及工程中的施工机具、设备所面临的各种风险提供的经济保障；是业主和承包单位为了工程项目的顺利实施，以建设工程项目，包括建设工程本身、工程设备和施工机具以及与之有关联的人作为保险对象，向保险人支付保险费，由保险人根据合同约定对建设过程中遭受自然灾害或意外事故所造成的财产和人身伤害承担赔偿保险金责任的一种保险形式。投保人将威胁自己的工程风险通过按约缴纳保险费的办法转移给保险公司。当风险事件发生时，投保人可以通过保险公司获得损失赔偿，以保证自身免受或少受损失。

9.5.2 工程保险的种类

常见的工程保险主要有工程一切险、第三者责任险、人身意外伤害险和承包人设备保险等。

1. 工程一切险

按照我国保险制度，工程一切险包括建筑工程一切险和安装工程一切险两类。在施工过程中如果发生保险责任事件使工程本体受到损害，已支付进度款部分的工程属于项目法人的财产，尚未获得支付但已完成部分的工程属于承包方的财产，因此要求投保人办理保险时应以双方名义共同投保。国内工程通常由项目法人办理保险，国际工程一般要求承包单位办理保险。

2. 第三者责任险

第三者责任险是指由于施工的原因导致项目法人和承包人以外的第三人受到财产损失或人身伤害的赔偿。该险种一般附加在工程一切险中。发生这种涉及第三方损失的责任时，保险公司将对承包商由此遭受的赔款和发生诉讼等费用进行赔偿。但应注意，属于承包商或业主在工地的财产损失，或其公司和其他承包商在现场从事与工作有关的职工的伤亡不属于第三者责任险的赔偿范围，而属于工程一切险和人身意外伤害险的范围。

3. 人身意外伤害险

为了将参与项目建设人员由于施工原因受到人身意外伤害的损失转移给保险公司，应对从事危险作业的工人和职员办理意外伤害保险。此项保险分别由发包单位和承包单位人员对本方参与现场施工的人员投保。

4. 承包人设备保险

承包人设备保险的范围包括承包单位运抵施工现场的施工机具和准备用于永久工程的材料及设备。在我国，工程一切险中已包括此项内容。

复习思考题

1. 风险是如何分类的?
2. 风险的主要属性有哪些?
3. 什么是施工项目风险管理?

4. 风险识别的主要方法有哪些?
5. 如何进行风险衡量?
6. 风险分析与评价的方法有哪些?
7. 风险管理的对策有几种? 各种对策如何运用?
8. 简述风险的决策过程。

第 10 章　施工项目合同与索赔管理

10.1　概　　述

承包商是施工项目工程承包合同的执行者，完成承包合同所确定的工程范围的施工、竣工和保修任务，为完成这些工程提供劳动力、施工设备、材料和管理人员。所以承包商有自己复杂的合同关系，见图 10-1 所示。

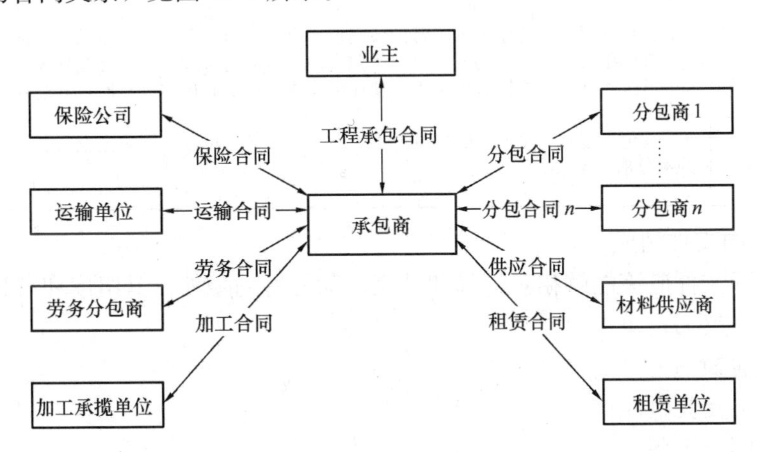

图 10-1　承包商的合同关系图

这些合同之间存在复杂的内部联系。为了保证完成工程项目总目标，承包商要加强合同管理工作，在实现合同要求的质量和进度目标的前提下，实现企业预期的经济效益和社会效益。

10.1.1　施工合同概述

建设工程施工合同是发包人与承包人之间为完成商定的建设工程项目，确定双方权利和义务的协议。

1. 施工合同分类

按工程承包付款方式施工合同分为如表 10-1 所示几类。

施工合同分类表　　表 10-1

合同名称	说　明
固定总价合同（又称总包干合同）	. 承包企业与业主通过招投标确定合同总价，中标者按合同总价签约包干、业主按合同总价结算 . 合同总价应为项目的材料费、人工费、设备费、运输费、分包费、税费、利润、保险费、保函费、管理费、不可预见费等费用总和 . 当工程条件变化不超过合同规定范围时，总价不能有任何增加 . 无论承包商获利多少，业主都必须按合同规定分期付款 . 承包商承担工程量、单价双重风险、风险较大，因而总价较高，但投资有保证，手续简单

续表

合同名称	说明
单价合同（又称固定单价合同、工程量清单合同）	. 承包企业与业主根据招投标或协商共同确认的工作内容及其单价（每平方米造价、每立方米造价、每延长米造价等），按实际完成工程量计算费用、签订合同 . 合同总价应为详列的工程量清单和确定的单价，再加上各项间接费用和临时费用的总和 . 一般情况下，单价不予调整，但有些合同规定当工程量增加或减少到一定限度，原单价不合理时，承包商有权提出调价 . 这类合同引起合同纠纷较多，索赔官司较多
成本加酬金合同	. 承包企业与业主按工程实际发生的成本，加上确定的酬金来确定工程造价而签订的合同 . 其中成本包括：人工费、材料费、机械费、其他直接费、施工管理费，而不含企业管理费和所得税 . 酬金为施工企业的总管理费、利润、奖金和应纳税费
最高限价担保合同	. 在招标过程中确定了该工程的最高成本金额，以避免工程成本无限增长 . 合同中规定了按节约额支付给承包人的相应固定金或按比例提取分成 . 承包人在施工中因管理不善，使实际成本超过最高成本金额时，其超过部分全部由承包人承担 . 承包人在施工中的实际成本低于最高成本金额，可按合同规定获得相应固定金，或获节约额分成

2. 施工合同文件构成

各施工合同文件应该能够相互解释和补充。除另有约定外，其组成和解释顺序如下：

（1）合同协议书；

（2）中标通知书；

（3）投标书及其附件；

（4）本合同专用条款；

（5）本合同通用条款；

（6）标准、规范及有关技术文件；

（7）图纸；

（8）已标价工程量清单；

（9）其他合同文件。

3. 施工合同内容

施工合同的正式成立是以双方共同签署《建设工程施工合同协议条款》为标志的，其主要内容有：

（1）工程概况。

（2）合同文件组成及解释顺序。

（3）合同文件使用的语言文字，运用的法律、法规、标准和规范。

（4）合同双方的一般责任。

（5）施工组织设计和工期。

（6）质量与验收。

（7）合同价款与其支付。

（8）材料设备供应。

（9）设计变更。

(10) 竣工验收、结算和保修。

(11) 争议、违约和索赔。

(12) 安全、保险和其他。

(13) 缔约双方当事人。

10.1.2　合同管理的目标

工程项目的建设过程实质上是一系列工程合同的签订和履行的过程。业主经过项目结构分解，将一个完整的工程项目分解为许多专业实施和管理的活动，通过合同将这些活动委托出去。承包商通过分包合同，采购合同和劳务供应合同委托工程分包和材料供应工作任务，形成项目的实施过程。在这个过程中，合同确定了工程实施和管理的主要目标，是合同各方在工程中各种活动的依据。在工程实施前签订的合同确定了工程所要达到的目标，主要包括三方面的内容：

(1) 工程范围和质量。如项目的功能要求、项目规模、建筑材料、施工质量标准等内容，通过合同条件、规范、图纸、工程量表和供应单等定义下来。

(2) 工期。合同协议书、总工期计划以及双方一致同意的详细进度计划等确定了工程的总工期、工程交付后的保修期、工程开始的日期以及工程中的一些主要活动的持续时间。

(3) 价格。中标函、合同协议书和工程量报价单等确定了工程总价格、各分项工程的单价和总价等内容，这是承包商按合同要求完成工程责任所应得的报酬。

业主和承包商之间通过合同联接起来，通过合同调整他们之间的经济和法律关系。签订和执行合同是工程承包的市场行为。一个合法的合同一经签订，就成为一个法律文件。双方按合同内容承担相应的法律责任，享有相应的法律权利。承包商的目标是希望尽可能多地取得工程利润、增加收益。业主的目标是希望以尽可能少的费用完成尽可能多的质量尽可能高的工程。工程完成过程中，一切活动都必须按合同要求办事，双方的行为主要靠合同来约束，所以，工程管理是以合同为核心的。当双方在工程施工过程中产生争执和矛盾的时候，要以合同为依据解决争端。工程承包商的合同管理从参加投标开始，经过承包合同所确定的工程范围完成施工过程，竣工交付使用，直到合同所规定的保修期结束为止。

工程合同管理是对工程项目中相关的策划、签订、履行、变更、索赔和争议解决的管理，是工程项目管理的重要组成部分。合同管理是为项目总目标和企业总目标服务的，保证项目总目标和企业总目标的实现。

(1) 使整个工程项目在预定的成本、预定的工期范围内完成，达到预定的质量和功能要求，实现工程项目的三大目标。

(2) 使项目的实施过程顺利，合同争执减少，合同各方面能互相协调，圆满地履行合同责任。

(3) 保证整个工程合同的签订和实施过程符合法律的要求。

(4) 在工程结束时使双方满意，业主能够按计划获得一个合格的工程，达到投资目的，承包商可以获得合理的价格和利润，赢得信誉，双方建立良好的合作关系。

10.1.3　施工合同管理的特点

施工项目与其他项目有明显的不同，因此施工项目的合同管理也与其他产业不同，主要特征有：

（1）在工程项目的合同体系中处于主导地位。施工合同对整个合同体系中的各种合同的内容都有很大的影响，是整个工程项目合同管理的重点。

（2）施工项目合同管理任务艰巨。业主在施工合同中要求承包商承担更多的风险，要求工期短、质量高、成本低，这些要求有时甚至会超过承包商所能承受的能力。此外，施工项目任务繁多、参加工程的队伍和人员多、资源投入量大、投入品种多、受外界影响大、实施时间长，这些特殊性都给施工项目及其管理带来极大的挑战。

（3）受建筑企业的战略影响大。建筑企业每年都签订若干份合同，承接若干个工程。由于各个工程项目规模不一，实施难度不同，因而对建筑企业的战略贡献不同。企业需要在各项目之间进行资源优化平衡，以实现企业的利益最大化。

（4）施工项目合同管理工作最细致、最复杂、最困难，也最重要，对整个工程项目影响最大。施工项目合同管理工作几乎涉及施工项目管理的所有工作内容，涉及到施工项目整个过程。施工项目合同复杂、合同管理工作多、合同文件及合同信息多，这都给施工项目合同管理带来许多困难。

（5）对承包商的利润影响较大。施工合同条件及施工合同风险分配、施工合同的计价条款等都将严重影响承包商的收入。

（6）施工合同风险多，风险大。这是由施工项目工期长，受外界环境影响大，工程实施过程投入大，加上施工合同条件的限制等因素产生的必然结果。

10.1.4 施工合同管理的任务与主要工作

1. 招标投标阶段承包商合同管理的主要工作内容

（1）投标以及合同签订的高层决策工作。例如投标方向的选择，投标策略的制定，合同谈判策略的确定，合同签订的最后决策等。

（2）合同谈判工作。承包商应选择熟悉合同、有合同管理和合同谈判方面知识、经验和能力的人作为主谈者进行相关的谈判工作。

（3）招标文件分析、合同评审工作。通过这些分析和评审为工程估价、制定报价策略、报价、合同谈判和合同签订提供决策的信息、建议、意见、甚至警告。

（4）进行工程承包项目的分包（工程分包、劳务分包、采购等）策划、分包合同的选择、风险分配策划，解决各分包合同之间的协调问题、起草分包合同等，进行分包合同的招标。

2. 工程实施阶段承包商合同管理的主要工作内容

（1）进行合同分析。包括：合同总体分析、合同详细分析、特殊问题的合同扩展分析。

（2）进行合同交底。把合同责任具体地落实到各责任人和合同实施的具体工作上。

（3）建立合同实施管理体系，以保证合同实施过程中的一切日常事务性工作有秩序地进行，使工程项目的全部合同事件处于控制中，保证合同目标的实现。

（4）对项目经理和项目管理职能人员、各工程小组、所属分包商在合同关系上予以帮助，给各级管理人员进行指导，如经常性地解释合同，对来往信件、会谈纪要等进行合同法律审查。

（5）作为工程实施的“漏洞工程师”，及时预见和防止合同问题，以及由此引起的各种责任，防止合同争执和避免合同争执造成的损失。

（6）监督承包的工作小组和分包商按合同施工，并做好各分包合同的协调和管理工作，同时也应督促和协助业主和工程师完成他们的合同责任，保证工程顺利进行。

（7）对合同实施情况进行跟踪，收集合同实施的信息，收集各种工程资料，并作出相应的信息处理，将合同实施情况与合同分析资料进行对比分析，找出其中的偏离。

（8）对合同履行情况作出诊断，向项目经理及时通报合同实施情况及问题，提出合同实施方面的意见、建议、甚至预警、警告。

（9）对来往的各种信件、指令、会议纪要等进行合同方面的审查。

（10）进行合同变更管理。

3. 承包商的施工索赔管理工作

（1）从投标阶段开始就认真分析合同条件，进行索赔风险分析，识别索赔机会。

（2）对由于非自身原因的干扰事件引起的损失，向对方（业主或分包商等）提出索赔要求；收集索赔证据和理由，分析干扰事件的影响，计算索赔值，起草并提出索赔报告。

（3）对业主的索赔报告进行审查分析，收集反驳理由和证据，复核索赔值，起草并提出反索赔报告。

（4）参加索赔谈判，对索赔（反索赔）中所涉及的问题进行处理。

10.1.5 合同管理的流程与组织

1. 合同管理的流程

作为项目管理的一个重要职能，合同管理有自己的工作任务与过程。合同管理工作贯穿工程项目的决策、计划、实施，一直到工程结束的全过程。从项目的前期策划，到工程项目的招标、投标及签约过程、项目的实施控制，一直到项目的合同后评估，都离不开合同管理工作。施工单位的合同管理工作主要是在招投标与签约管理以及施工阶段的合同管理。工程项目合同管理流程见图10-2所示。

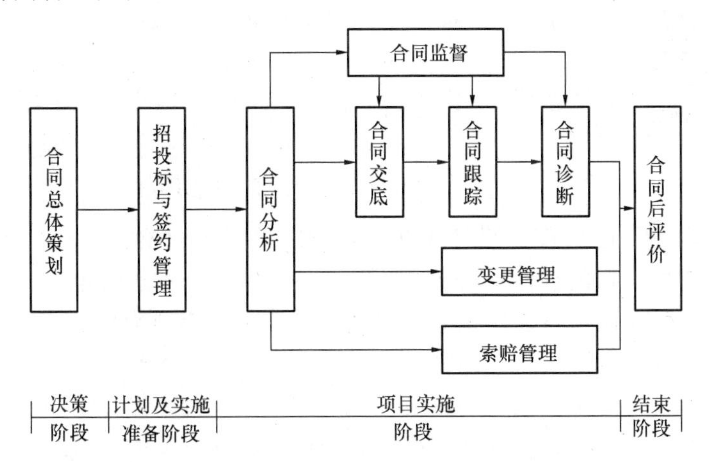

图10-2 工程项目合同管理流程图

合同管理的任务必须由一定的组织机构和人员来完成。要提高合同管理水平，必须使合同管理工作专门化，在工程项目组织和工程承包企业中应设立专门的机构和人员负责合同管理工作。对不同的企业组织和工程项目组织形式，合同管理组织的形式不一样，通常有如下几种情况：

（1）对于大型的施工项目，设立合同管理部门，专门负责与该项目有关的合同管理工作。对一些特大型的，合同关系复杂、风险大、争执多的项目，还可向合同管理专家咨询甚至将合同管理工作委托给咨询公司。例如长江委三峡（一期）工程中的组织结构就采用了矩阵组织结构的模式，在组织机构中设置了专门的合同管理部门，见图 10-3 所示。

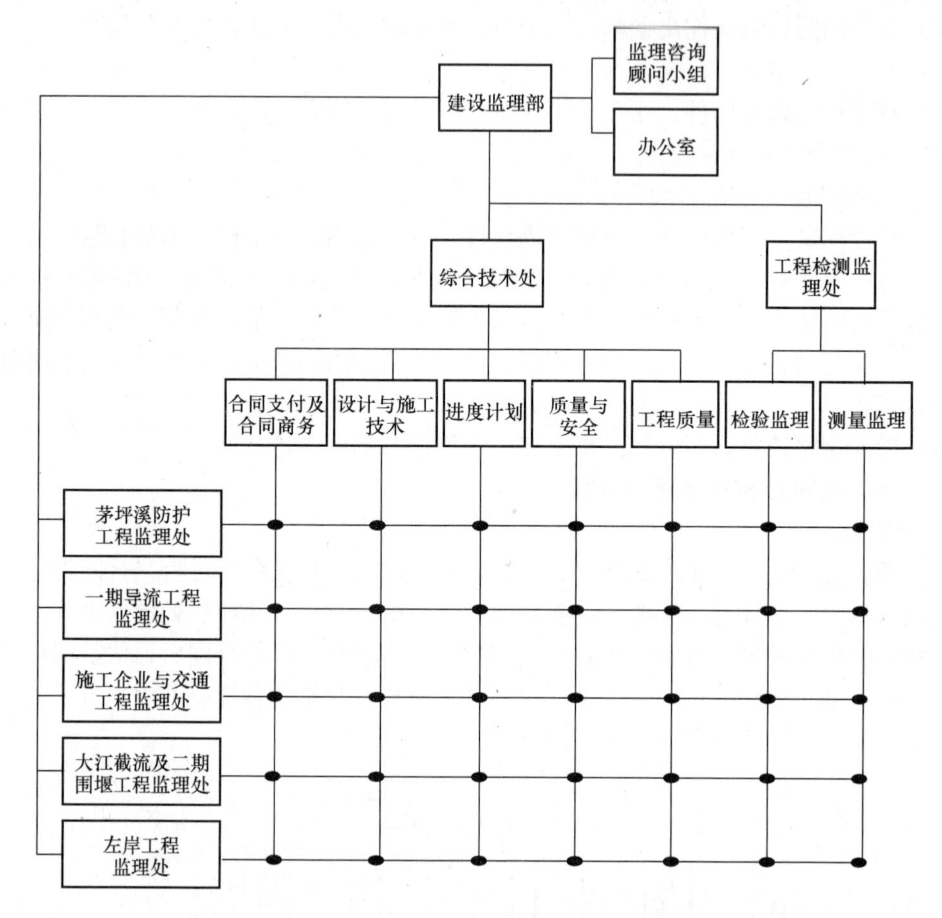

图 10-3　长江三峡（一期）工程矩阵式组织结构图

（2）工程承包企业应设置合同管理部门，专门负责企业所有工程合同的总体管理工作。主要参与大中型项目的投标报价，对招标文件、合同条件进行审查和分析；收集市场和工程信息；对工程合同进行总体策划；参与合同谈判与合同的签订，为报价、合同谈判和签订提出意见、建议甚至警告；向施工项目派遣合同管理人员；对施工项目的合同履行情况进行汇总、分析，对施工项目的进度、成本和质量进行总体计划和控制；协调项目各个合同的实施；处理与业主，与其他方面重大的合同关系；具体地组织重大的索赔；对合同实施进行总的指导，分析和诊断。

（3）在施工项目组织中设立合同经理、合同工程师或合同管理员。

（4）对于一般较小的工程项目，可设合同管理员，在项目经理领导下进行施工现场的合同管理工作。

（5）承担工作量不大，工程不复杂的承包商或分包商，可不在工地设置专门的合同管理人员，可以将合同管理工作分解下达给相应职能人员，由施工项目经理进行总体协调。

10.2 施工投标与合同签订

在招标投标阶段，承包商作为投标人，他的总体目标是通过投标竞争，在众多的投标人中被业主选中，签订一个有利的合同。对承包商来说，有利的合同主要表现在如下几方面：

（1）合同条款比较优惠或有利；

（2）合同价格较高或适中；

（3）合同风险较小；

（4）合同双方责权利关系比较平衡；

（5）没有苛刻的、单方面的约束性条款等。

10.2.1 招标文件分析

1. 承包商对招标文件的理解负责

招标文件是业主对投标人的要约邀请文件，它几乎包括了全部合同文件。它所确定的招标条件和方式、合同条件、工程范围和工程的各种技术文件是承包商制定实施方案和报价的依据，也是双方商谈的基础。承包商对招标文件承担如下责任：

（1）一般合同都规定，承包商对招标文件的理解负责，必须按照招标文件的各项要求投标、报价、工程施工，必须全面分析和正确理解招标文件，了解清楚业主的意图和要求，由于对招标文件理解错误造成实施方案和报价失误由承包商自己承担责任。

业主对承包商就招标文件作出的推论、解释和结论概不负责，对向投标人提供的参考资料和数据，业主并不保证它们是否准确地反映现场实际状况。

（2）投标人在递交投标书前被视为已对规范、图纸进行了检查和审阅，并对其中可能的错误、矛盾或缺陷做了注明，应在标前会议上公开向业主提出，或以书面的形式询问。对其中明显的错误，如果承包商没有提出，则可能要承担相应的责任。按照招标规则和诚实信用原则，业主（工程师）应作出公开明确的答复。这些答复（应该是书面答复）作为对这些问题的解释，具有法律约束力。承包商不可随意理解或解释招标文件，这可能导致盲目投标。

在国际工程投标过程中，许多承包商由于外语水平限制，投标期短，语言文字翻译不准确，引起对招标文件理解不透、不全面或理解错误，发现问题又不向业主或工程师提问，自以为是地解释合同，造成许多重大失误。这方面教训是极为深刻的。

2. 招标文件分析工作

投标人取得招标文件后，通常首先进行总体检查，重点是检查招标文件的完备性。一般要对照招标文件目录检查文件是否齐全，是否有缺页，对照图纸目录检查图纸是否齐全。然后分三部分进行全面分析：

（1）分析投标人须知。通过分析不仅掌握招标条件、招标过程、评标的规则和各项要求，对投标报价工作进行具体安排，而且要了解投标风险，以确定投标策略。

（2）分析工程技术文件，进行图纸会审、工程量复核、图纸和规范中的问题分析。从中了解承包商具体的工程范围、技术要求、质量标准。在此基础上作施工项目管理规划，确定劳动力的安排，进行材料、设备的分析，编制实施方案，进行询价。

（3）合同评审。分析对象是合同协议书和合同条件，这是合同管理的主要任务。合同评审是一项综合性的、复杂的、技术性很强的工作，要求合同管理者必须熟悉合同相关的法律、法规，精通合同条款，对工程环境有全面的了解，有合同管理的实际工作经验和经历。

3. 承包商对环境调查的责任

（1）工程合同是在一定的环境条件下实施的，工程环境对工程实施方案、合同工期和费用有直接的影响。环境又是工程风险的主要来源。承包商必须收集、整理、保存一切可能对实施方案、工期和费用有影响的工程环境资料。这不仅是工程预算和报价的需要，也是编制施工方案、施工组织、合同控制、索赔（反索赔）的需要。

（2）承包商应充分重视和仔细地进行现场考察和环境调查，以获取那些应由投标人自己负责的有关编制投标书、报价和签署合同所需的所有资料，并对环境调查的正确性负责。

（3）合同规定，只有当出现一个有经验的承包商不能预见和防范的任何自然力的作用，才属于业主风险。

环境调查的内容极其广泛，包括工程项目所在国、所在地以及现场环境的政治、法律、经济、自然条件，参加投标的竞争对手情况，过去同类工程的资料以及其他方面资料，例如当地的风俗习惯、商业习惯、工作效率等。

环境调查应保证真实性，反映实际情况。要进行全面性调查，应包括对工程的实施方案、价格和工期，对承包商顺利的完成合同责任，承担合同风险有重大影响的各种信息，不能遗漏。要建立文档保存环境调查的资料，还需对其变化趋势和将来发展有合理的预测。

10.2.2 施工合同评审

1. 承包合同的合法性分析

工程合同必须在合同的法律基础范围内签订和实施，否则会导致合同全部或部分无效。这是最严重的，影响最大的问题。在不同的国家，对不同的工程（如公共工程或私营工程），合同合法性的具体内容可能不同。承包商必须按照合法合同的要求进行逐一审查。承包合同的合法性通常由律师完成。

在国际工程中，有些国家的政府工程，在合同签订后，或业主向承包商发出授标意向书（甚至通知书）后，还得经政府批准，合同才能正式生效。这通常会在招标文件中有特别说明。承包商分析时应特别予以注意。

2. 承包合同的完备性审查

一个工程承包合同是要在一定的环境条件下完成一个确定范围的工程施工，则该承包合同所应包含的项目范围，工程管理的各种说明，工程实施过程中所涉及到的以及可能出现的各种问题的处理，以及双方责任和权益等，应有一定的范围。

工程合同的完备性包括相关的合同文件的完备性和合同条款的完备性。

（1）合同文件的完备性是指属于该合同的各种文件（特别是环境、水文地质等方面的说明文件和技术设计文件，如图纸、规范等）齐全。

（2）合同条款的完备性是指合同条款齐全，对各种问题都有规定，不漏项。合同条件的缺陷会导致计划的缺陷，双方对合同解释不一致，工作不协调和合同争执。

例如缺少工期拖延违约金的最高限额的条款；缺少工期提前的奖励条款；缺少业主拖欠工程款的处罚条款；缺少对承包商权益的保护条款，如没有明确定义在工程受到外界干扰情况下承包商的工期和费用的索赔权等。这些方面如果没有具体规定，一旦发生相关情况，业主完全可以以“合同中没有明确规定”为理由，推卸自己的合同责任，使承包商受到损失。

合同条件完整性审查方法通常与使用的合同文本有关。

1）采用标准的合同文本时，一般可以不作合同的完整性分析。但有些业主有时会对标准合同作适当补充或对某些条款进行修改，因而承包商在分析合同时一定要将其与标准合同文本仔细对照，重点分析补充或修改之处的完备性和适宜性。

2）未使用标准文本时，需要将所签订的合同与可参照的标准文本的对应条款一一对照，可以发现该合同缺少哪些必需条款。

3）未使用标准文本，又无标准文本可参照，则应尽可能多地收集实际工程中的同类合同文本，进行对比分析和互相补充，同时借鉴长期以来积累的合同经验，可以方便地分析出该合同是否缺少，或缺少哪些必需条款。

3. 合同双方责任与权益及其关系分析

合同双方的权益和责任有的是由合同条款明示的，有的是隐含的，或由合同条款合理推导出来的。

(1) 在承包合同中合同双方责任和权利互相制约，互为前提条件。

1）业主的一项合同权利，则必是承包商的一项合同责任；反之，承包商的一项权利，又必是业主的一项合同责任。

2）合同一方有一项权利，则必然有与此相关的一项责任；有一项责任，则必然有与此相关的一项权利，这个权利可能是他完成这个责任所必需的，或由这个责任引申的。

例如承包商对实施方案的安全、稳定承担责任，则在不妨碍合同总目标，或为了更好地完成合同的前提下，应有变更或选择更为科学、合理、经济的实施方案的权利。投标人对环境调查、实施方案和报价承担责任，但同时招标文件中要规定合理的投标准备期，提供投标人进入现场调查，提出质询和获得信息的权利。

3）如果合同规定业主有一项权利，则要分析该项权利的行使可能对承包商产生的影响；该项权利是否需要制约，业主有无滥用这个权利的可能；业主使用该权利应承担什么责任，这个责任常常就是承包商的权益。这样可以提出对这项权利的反制约。

例如业主和工程师对承包商的工程和工作有检查权、认可权、满意权、指令权。工程师有权对已经隐蔽的工程要求剥露检查，如果检查结果表明材料、工程设备和工艺符合合同规定的质量标准，则业主应承担相应的损失（包括工期和费用赔偿）。这就是对业主和工程师检查权的限制，以及由这个权利导致的合同责任，以防止工程师滥用检查权。

4）如果合同规定承包商有一项责任，则应分析完成这项合同责任有什么前提条件。如果这些前提条件应由业主提供，则应作为业主的一项责任，在合同中作明确规定，进行反制约。

通常的合同条件都要求承包商按规定的日期开工，同时也规定业主必须按合同约定日期提供场地、图纸、道路、接通水电等项责任。这是按时开工的前提条件，必须提出作为对业主的反制约。

5）如果合同所定义的事件或工程活动之间有一定的联系，使合同双方的有些责任是相互关联、互为条件的，则双方的责任之间又必然存在一定的逻辑关系。

如果工程的部分设计是由承包商负责完成的，在设计和施工之间就形成了连环责任。合同中要具体定义这些活动的责任、完成时间和完成质量。明确合同双方的权利和义务在索赔和反索赔中是十分重要的，索赔方要论证自己的索赔权，最重要的就是确定干扰事件的责任。当出现这种连环责任时，合同中的相关规定就非常重要。

（2）合同双方的责任和权益应尽可能具体、详细，并注意其范围的限定。在许多合同条件中都对允许调整合同价的情形做出了具体的规定。常用的描述方法有两种。第一种描述例如：当出现 A 种情况时允许按实际情况调整合同价款。第二种描述例如：当非 A 的情况出现时，允许按实际情况调整合同价款。这两种描述方式所划定的风险范围会相差很大。例如，某合同条件规定，“如果出现岩石地质情况，则应根据商定的价格调整合同价”。实际施工时如果出现“普通砂土地质”和“岩石地质”之间的其他地质情况，如出现建筑垃圾和淤泥，也会造成承包商费用的增加和工期的延长，而按本合同条件规定，属于承包商的风险。如果将合同中“岩石地质”换成“与标书规定的普通地质不符合的情况”，则索赔范围就扩大了。

（3）承包商权益的保护条款。一个完备的合同应对双方的权益都能形成保护，对双方的行为都有制约。这样才能保证项目的顺利进行。承包商应对合同中对其设置的保护性条款进行分析。

承包商的权益，应包括业主风险的定义、工期延误罚款的最高限额的规定、承包商的索赔权（合同价调整和工期顺延）、仲裁条款、业主不支付工程款时承包商采取措施的权利、在业主严重违约情况下中止合同的权利等。

如果合同中这方面条款不完备，或者有对业主的免责条款或开脱性条款，承包商应有充分的应对措施。

4. 合同条款之间的联系分析

通常合同审查还应注意合同条款之间的内在联系。在不同的合同环境中，在不同的语言环境下，同样的表达方式可能有不同的风险。由于合同条款所定义的合同事件和合同问题具有一定的逻辑关系，所以合同条款之间有一定的内在联系，形成一个有机的整体。

例如施工合同有关工程质量管理方面规定包括，承包商完美的施工，全面执行工程师的指令，工程师对承包商质量保证体系的检查权，材料、设备、工艺使用前的认可权，进场时的检查权，隐蔽工程的检查权，工程的验收权，竣工检验，签发各种证书的权利，对不符合合同规定的材料、设备、工程的拒收和处理的权利，在承包商不执行工程师指令的情况下业主行使处罚的权利等。

有关合同价格方面的规定涉及合同计价方法、工程量计量程序、进度款结算和支付、保留金、预付款、外汇比例、竣工结算和最终结算、合同价格的调整条件、程序、方法等。

工程变更问题涉及工程范围，变更的权利和程序，有关价格的确定，索赔条件、程序、有效期等。

质量检查、合同价款、工程变更之间是相互联系的。首先工程师下达变更指令，承包商按指令施工，工程师质量检查合格，签发质量合格证书，然后才能进入工程量计量程序，计量有效就可进入工程款结算程序等。

通过内在联系分析可以看出合同中条款之间的缺陷、矛盾、不足之处和逻辑上的问题等。

5. 承包商合同风险分析

承包商在招标投标阶段和合同实施阶段要承担很大的风险，必须在投标阶段对风险作全面分析和预测。

(1) 投标阶段承包商进行风险分析和预测要考虑的问题主要有以下几方面内容。

1) 工程实施中可能出现的风险的类型、种类，风险发生的规律，如发生的可能性、发生的时间及分布规律。上面分析的合同条件中出现的问题，如合法性不足、完备性不足、责权利不平衡等都属于承包商的风险。

2) 风险的影响，即风险如果发生，对承包商的施工过程，对工期和成本（费用）所造成的影响。如果自己完不成合同责任，应承担的经济和法律责任等等。

3) 对分析出来的风险进行有效的对策和计划，即考虑如何规避风险。如果风险发生应采取什么措施予以防止，或降低它的不利影响，为风险做组织、技术、经济等方面的准备。

(2) 承包商合同风险的总评价。风险很大的合同往往存在以下问题：

1) 工程规模大，工期长，而业主要求总承包采用固定总价合同形式。

2) 投标时，图纸不详细、不完备，工程量不准确、范围不清楚，或合同中的工程变更赔偿条款对承包商很不利，但业主要求采用固定总价合同。

3) 编制投标书的时间很短，承包商没有时间详细分析招标文件。

4) 招标文件不采用标准合同条件，采用承包商不熟悉的技术规范、合同条件。

5) 工程环境不确定性大。如物价和汇率大幅度波动、水文地质条件不清楚，而业主要求采用固定价格合同。

6) 业主有明显的非理性思维。如招标程序不规范、要求最低价中标等。

上述合同风险一旦单个甚至同时在工程中出现，都有可能导致承包失败，甚至有可能将整个承包企业拖垮。这些风险造成的损失的规模，在签订合同时常常是难以想象的。承包商如果参加有类似这样合同要求的投标，应做好抵御风险的足够的思想准备和措施准备。

(3) 合同条件中的风险分析。合同条件中一般都明确规定承包商应承担的风险条款和一些明显的或隐含的对承包商不利的条款。一般从以下几个方面进行分析：

1) 工程变更的补偿范围和补偿条件。

2) 合同价格的调整条件。如对通货膨胀、汇率变化、税收增加等，合同规定不予调整，则承包商必须承担全部风险；如果在一定范围内可以调整，则承担部分风险。

3) 工程范围确定，特别是对于固定总价合同。如果采用固定总价合同的工程，对工程范围的变化不予补偿，那么一旦工程范围发生变化，可能导致承包商的巨大损失。

4) 业主和工程师对设计、施工、材料供应的认可权和各种检查权。但应防止类似于“严格遵守工程师对本工程任何事项（不论合同是否提出）所作的指示和指导”这样的规定。这类的规定可能使业主利用“认可权”和“满意权”提高工程的标准而不对承包商进行补偿，从而导致承包商必须承担这方面的变更风险。

5）业主为了转嫁风险提出单方面约束性的、过于苛刻的、责权利不平衡的合同条款。这在合同中经常表现为："业主对……不负任何责任"。这样将许多属于业主责任的风险推给承包商。相类似条款的表达形式还有："在……情况下不得调整合同价格"，或"在……情况下，一切损失由承包商负责"，以及"合同……仅对……情况予以补偿"。例如：业主对任何潜在的问题如工期拖延、施工缺陷、付款不及时等所引起的损失不负责任。类似这样的条款可能导致承包商的风险。

6）其他形式的风险型条款，如要承包商大量垫资承包，工期要求太紧且远低于正常工期，过于苛刻的质量要求等。

（4）影响承包商风险分析效果的因素。

1）承包商对环境状况的了解程度。要精确地分析风险必须做详细的环境调查，大量占有第一手资料。

2）招标文件的完备程度和承包商对招标文件分析的全面程度、详细程度和正确性。

3）对业主和工程师资信和意图了解的深度和准确性。承包商对业主的项目总目标和项目的立项过程的了解是十分重要的。虽然通常业主是在工程设计完成后招标，但承包商应尽可能提前介入项目，与业主联系。

4）对引起风险的各种因素的合理预测及预测的准确性。

5）做标期的长短。即承包商是否在投标阶段有足够的时间进行风险分析和研究。

10.2.3　合同谈判与签约

1. 标后谈判的必要性

标后谈判应在投标人合同审查和业主投标文件分析的基础上进行，是对合同状态进一步优化和平衡的过程。在这过程中，承包商应利用机会进行认真的合同谈判。尽管按照招标文件要求，承包商在投标书中已明确表示对招标文件中的投标条件与合同条件的完全认可，并接受它的约束，合同价格和合同条件不作调整和修改。但对招标文件分析中发现的合同问题和风险，如不利的、单方面约束性的、风险型的条款，可以在这个阶段争取修改。承包商可以通过向业主提出更为优惠的条件，如进一步降低报价，缩短工期，延长保修期，提出更好更先进的实施方案、技术措施，提供新的服务项目，扩大服务范围等。通过这些优惠条件来换取业主对合同条件的修改。

2. 标后谈判的注意事项

由于这时已经确定承包商中标，其他的投标人已被排斥在外，所以承包商应积极主动争取对自己有利的妥协方案。对标后谈判进行事先策划和准备时，必须要注意如下问题：

（1）确定自己的目标。对准备谈什么，要达到什么样的目标和结果有充分的准备；合同谈判策略的制定等。

（2）研究对方的目标和兴趣所在，对于标后谈判，承包商应事先做好策划和准备。在此基础上准备让步方案、平衡方案。由于标后谈判是双方对合同条件的进一步完善，双方必须都作出适当让步才有可能被双方接受，所以要考虑到多方案的妥协条件，争取主动。

（3）合同谈判应在投标人审查和分析招标文件的基础上进行。合同谈判的内容一般集中在：工程内容和范围的确认；技术要求、技术规范和施工技术方案的确认；合同价格条款、关于价格调整条款、合同款支付方式的条款的商榷；工期和维修期的认定标准；合同条件的进一步完善。

（4）争取一个合理的施工准备期。

（5）以真诚合作的态度进行谈判。由于合同已经成立，准备工作必须紧锣密鼓地进行。千万不能让对方认为承包商在找借口不开工，或中标了，又要提高价格。即使对方不让步，也不要争执（注意，这构不成争执，任何一方对对方任何新方案、新要约的拒绝都是合理的，有理由的）。否则会造成一个很不好的气氛，紧张的开端，影响整个工程的实施。

（6）按照合同原则，标后谈判不能产生对合同的任何否定。承包商不能借标后谈判推卸合同责任，向业主施压，推迟履行合同责任（如现场不开工），否则属于严重的违约行为。在整个标后谈判中避免自己违约，防止业主找到理由扣留承包商的投标保函。

因为招标文件中一般都规定不允许进行标后谈判，所以它仅是双方在合同签订前的一次善后努力。标后谈判的最终主动权在业主。如果经标后谈判，双方仍达不成一致，则还要按照原投标书和中标函内容签订合同。

3. 合同签订前的注意事项

（1）符合承包商的基本目标。承包商的基本目标是取得工程利润，所以合同谈判和签订应服从企业的整体经营战略。即使丧失工程承包资格，失去合同，也不能接受责权利不平衡，明显导致亏损的合同，这应作为基本方针。

承包商在签订承包合同中常常会犯这样的错误：

1）由于长期承接不到工程而急于求战，急于使工程成交，而盲目签订合同。

2）初到一个地方，急于打开局面，承接工程，而草率签订合同。

3）由于竞争激烈，怕丧失承包资格而接受条件苛刻的合同。

4）由于许多企业盲目追求高的合同额，以承接到工程为目标，而忽视对工程利润的考察，所以希望并要求多承接工程，而忽视承接到工程的后果。

上述这些情况很少有不失败的。“利益原则”不仅是合同谈判和签订的基本原则，而且是整个合同管理和索赔管理的基本原则。

（2）积极地争取自己的正当权益。合同法和其他经济法规赋予合同双方以平等的法律地位和权力。但在实际经济活动中，这个地位和权力还要靠承包商自己争取。

承包商在合同谈判中应积极地争取自己的正当权益，争取主动。如有可能，应争取合同文本的拟稿权。对业主提出的合同文本，应进行全面的分析研究。在合同谈判中，双方应对每个条款作具体的商讨，争取修改对自己不利的苛刻条款，增加承包商权益的保护条款。对重大问题不能客气和让步，针锋相对。承包商切不可在观念上把自己放在被动地位上，有处处“依附于人”的感觉。

（3）重视合同的法律性质。分析国际和国内承包工程的许多案例可以看出，许多承包合同失误是由于承包商不了解或忽视合同的法律性质，没有合同意识造成的。合同一经签订，即成为双方必须遵守的规则。合同中的每一条款都与双方利害相关，影响到双方的成本、费用和收入。所以，在合同谈判和签订中要注意如下几点：

1）对各种可能发生的情况和各个细节问题都要考虑到，并作明确的规定。在合同签订时要多考虑合同中存在的不利因素、风险及对策措施，不能仅考虑有利因素，不要高估事态的优势。

2）一切都应明确、具体、详细地规定。“原则上同意”，“双方有这个意向”常常是不算数的。在合同文件中一般只有确定性、肯定性语言才有法律约束力，而商讨性、意向性用语很难具有约束力。

3）在合同的签订和实施过程中，不要轻易相信任何口头承诺和保证，少说多写。双方商讨的结果、作出的决定或对方的承诺，只有写入合同或经双方文字签署才算确定。

4）对在标前会议上和合同签订前的澄清会议上的说明、允诺、解释和一些合同外要求，都应以书面的形式确认。如签署附加协议、会谈纪要、备忘录，或直接写入合同中。这些书面文件也作为合同的一部分，具有法律效力，常常可以作为索赔的理由。

（4）在合同的签订和执行中既要讲究诚实信用，又要在合作中有所戒备，防止被欺诈。在工程中，许多欺诈行为属于对手钻空子、设圈套，而自己疏忽大意，盲目相信对方或对方提供的信息（口头的，小道的或作为“参考”的消息）造成的。这些都无法责难对方。

（5）重视合同的审查和风险分析。在合同签订前，承包商应委派有丰富合同工作经验的专家认真全面地进行合同审查和风险分析，弄清楚自己的权益和责任，以及完不成合同责任的法律后果。对每一条款的利弊得失都应清楚了解。合同风险分析和对策一定要在报价和合同谈判前进行，以作为投标报价和合同谈判的依据。在合同谈判中，双方应对各合同条款和分析出来的风险进行认真商讨。在谈判结束、合同签约前，还必须对合同作再一次的全面分析和审查。其重点为：

1）前面合同审查所发现的问题是否都已经落实，得到解决，或都已处理；不利的、苛刻的、风险型条款，是否都已作了修改。通常通过合同谈判修改合同条款是十分困难的，在许多问题上业主常常不作让步，但承包商对此必须作出努力。

2）新确定的经过修改或补充的合同条文是否有可能带来新的问题和风险，与原来合同条款之间是否有矛盾或不一致，是否仍可能存在漏洞和不确定性。在合同谈判中，投标书及合同条件的任何修改，签署任何新的附加协议、补充协议，都必须经过合同审查并备案。

3）对仍然存在的问题和风险，是否都已分析出来，承包商是否都十分明确或已认可，已有精神准备或有相应的对策。

4）合同双方是否对合同条款的理解有一致性。业主是否认可承包商对合同的分析和解释。对合同中仍存在着的不清楚、未理解的条款，承包商应请业主作书面说明和解释。

最终将合同检查的结果以简洁的形式和精练的语言表达出来，交给承包商，由承包商对合同的签约作最后决策。

（6）加强沟通和了解。在招标投标阶段，双方应本着真诚合作的精神多沟通，达到互相了解和理解。

从战略角度出发，业主还是欢迎进行标后谈判的，因为可以利用这个机会获得更合理的报价和更优惠的服务，对双方和整个工程都有利。这已为许多工程实践所证明。按照合同原则，标后谈判不能产生对合同的任何否定。

双方谈判的结果一般以合同补遗的形式，或以合同谈判纪要形式形成书面文件。这一文件将成为合同文件中极为重要的组成部分，在合同解释中优先于其他合同文件。它一般是由发包人或其监理工程师起草。合同补遗或合同谈判纪要会涉及合同的技术、经济、法律等所有方面，承包商要核实其是否忠实于合同谈判过程中双方达成的一致意见及其文字的准确性。对于经过谈判更改了招标文件中条款的部分，应说明已就某条款进行修正，合同实施按照合同补遗某条款执行。

10.3　施工合同分析

合同分析作为项目管理的起点，同时贯穿合同实施全过程。承包商在合同实施过程中的基本任务是圆满完成合同责任，所以承包商的各职能人员和各工程小组都必须熟练掌握合同，以合同作为行为准则指导工程实施和工作。

合同分析的实质是对合同执行的计划，在分析过程中应该落实合同实施的具体工作。经常性的合同分析对工程项目管理有许多好处，可以及时发现合同实施过程中出现的问题，迅速反馈信息，及时采取措施降低损失。

在合同实施过程中，合同双方会有许多争执和矛盾，这些争执、矛盾常常起因于合同双方对合同条款理解的不同。要解决争执，双方必须就合同条文的理解达成一致。所以，必须作合同分析，按合同条文的表达方法来分析它的意思，来判定争执的性质。在索赔时，也必须要依据合同的相应规定来进行，所以，也要通过合同分析为索赔提供理由和依据。

合同分析，与招标文件分析和合同审查的内容和侧重点略有不同。合同分析是解决“如何做”的问题，是从执行的角度解释合同。它是将合同目标和合同规定落实到合同实施的具体问题和具体事件上，用以指导具体工作，使合同能符合日常施工项目管理的需要，使工程按合同施工。

合同分析时应注意遵守：合同分析的结果应符合准确性、客观性与简易性、合同双方理解的一致性、合同分析的全面性几个方面的原则。

合同分析的内容包括：合同总体分析、合同详细分析、特殊问题分析。

10.3.1　施工合同总体分析

1. 基本概念

合同总体分析主要是分析合同协议书和合同条件。通过合同总体分析，将合同条款和合同规定落实到全局性的具体问题上。

（1）合同签订前实施后，合同总体分析的重点包括承包商的主要合同责任、工程范围，业主（包括工程师）的主要责任和权利，合同价格、计价方法和价格补偿条件，工期要求和顺延条件，工程受干扰的法律后果，合同双方的违约责任，合同变更方式、程序和工程验收方法，争执的解决等。

合同总体分析应对合同中的风险，执行中应注意的问题作出特别的说明和提示。合同总体分析的结果是工程施工总的指导性文件，应以最简单的形式和最简洁的语言对项目经理、各职能人员进行交底。

（2）当合同实施中出现重大争执时，必须首先应进行合同总体分析。分析的重点是合同文本中与索赔有关的条款。这种分析可以为索赔（反索赔）提供理由和根据；作为索赔事件责任分析的依据；提供索赔值计算方式和计算基础的规定。合同总体分析的结果可直接作为索赔报告的一部分。

2. 合同总体分析的内容

合同总体分析针对不同的阶段和不同的目的，有不同的分析内容。主要有以下几方面的内容。

（1）合同法律基础。通过分析，使承包商了解适用于合同的基础法律，用来指导整个合同实施的索赔工作。

（2）合同类型。不同类型的合同，其性质、特点、履行方式不一样，双方的责权利关系和风险分配也不一样。这直接影响合同双方责任和权利的划分，影响工程施工中的合同管理和索赔管理。

（3）合同文件和合同语言。主要分析合同文件的优先顺序及采用的语言。

（4）承包商的主要任务。主要分析承包商的总任务，即合同标的；工作范围；关于工程变更的规定，包括工程变更程序、工程变更的补偿范围、工程变更的索赔有效期等。

（5）业主责任。主要分析业主的权利和合同责任。

（6）合同价格。应重点分析合同所采用的计价方法及合同价格所包括的范围；工程量计量程序；工程款结算（包括进度付款、竣工结算、最终结算）方法和程序；合同价格的调整规定（包括费用索赔的规定）、计价依据；索赔有效期规定；拖欠工程款的合同责任等。

（7）施工工期。重点分析合同规定的开工、竣工日期，主要工程活动的工期，工期的影响因素，获得工期补偿的条件和可能性等，列出可能进行工期索赔的所有条款。

（8）违约责任。主要分析承包商不能按合同规定工期完成工程的违约金或承担业主损失的条款；由于管理上的疏忽造成对方人员和财产损失的赔偿条款；由于预谋或故意行为造成对方损失的处罚和赔偿条款等；由于承包商不履行或不能正确履行合同责任，或出现严重违约时的处理规定；由于业主不履行或不能正确的履行合同责任，或出现严重违约时的处理规定，特别是对业主不及时支付工程款的处理规定。

（9）验收、移交和保修。应对重要的验收要求、时间、程序以及验收所带来的法律后果作说明；重点分析工程移交的程序；在工程使用中出现问题的责任划分。

（10）索赔程序和争执的解决。主要分析索赔的程序；争执的解决方式和程序；仲裁条款，包括仲裁所依据的法律、仲裁地点、方式和程序、仲裁结果的约束力等。

10.3.2 施工合同详细分析

施工合同详细分析就是为了使工程有计划、有秩序地按合同实施，将承包合同目标、要求和合同双方的责权利关系分解落实到具体的工程活动上。对一个确定的工程合同，承包商的工程范围、合同责任是一定的，相关的合同事件和工程活动也是一定的，合同事件之间存在一定的技术、时间和空间上的逻辑关系，它们形成网络，所以又被称为合同事件网络。

合同详细分析的对象是合同协议书、合同条件、规范、图纸和工作量表，它主要通过合同事件表、网络图、横道图等定义各工程活动。合同详细分析的最重要结果是合同实施工作表。它从各个方面定义了合同事件，见表 10-2。合同详细分析是承包商的合同执行计划，包含了工程施工前的整个计划工作：

（1）工程项目的结构分解，即工程活动的分解和工程活动逻辑关系的安排。

（2）技术会审工作。

（3）工程实施方案，总体计划和施工组织计划。

（4）工程的成本计划。

合同详细分析不仅针对承包合同，而且包括与承包合同同级的各个合同的协调，包括各个分合同的工作安排和各分合同之间的协调。

合同详细分析是整个项目组的工作，应由合同管理人员、工程技术人员、计划师、预算人员共同完成。合同实施工作表对项目的目标分解，任务的委托（分包），合同交底，落实责任，安排工作，进行合同监督、跟踪、分析，处理索赔（反索赔）起着非常重要的作用。

合同实施工作表 **表 10-2**

<table>
<tr><td colspan="3">合同实施工作表</td></tr>
<tr><td>子项目：</td><td>编码：</td><td>日　　期：
变更次数：</td></tr>
<tr><td colspan="3">工作名称和简要说明：</td></tr>
<tr><td colspan="3">工作内容说明：</td></tr>
<tr><td colspan="3">前提条件：</td></tr>
<tr><td colspan="3">本工作的主要过程：</td></tr>
<tr><td colspan="3">负责人（单位）</td></tr>
<tr><td>费用：
计划：
实际：</td><td>其他参加者：
1.
2.</td><td>工期：
计划：
实际：</td></tr>
</table>

10.3.3 特殊问题的合同分析和解释

1. 合同中出现错误、矛盾、二义性的解释

当合同文件及合同条款中出现错误或不同理解上的偏差时，一般从以下几个方面进行分析：

（1）字面解释为准。如果某些条款或词语含义不清晰时，其解释又有如下规定：如果合同文件具有多种语言的文本，不同语言的翻译文本之间出现不一致的解释，则以合同条款所定义的“主导语言”的文本解释为准，同时要顾及某些合同用语或工程用语在本行业中的专门含义和习惯用语。

（2）通常认为，在投标过程中，以及在具体的工程施工前，承包商有责任对合同中自己不理解的，或明显的意义含糊，或矛盾错误之处向业主提出征询意见。因为承包商对正确理解招标文件承担责任。如果业主未积极地答复，则承包商可以按照对自己有利的解释理解合同。而如果承包商对合同问题未作询问，有时会承担责任，即按业主解释为准。

（3）顾及合同签订前后双方的书面文字及行为。虽然对合同的不同解释常常是在施工过程中才暴露出来的，但问题在合同签订前已经存在。对此有如下几种处理：

1）如果在合同签订前双方对此有过解释或说明，例如承包商分析招标文件后，在标前会议上提出了疑问，业主作了书面解释，则这个解释有效。

2）尽管合同中存在含糊之处，但当事人双方在合同实施中已有共同意向的行为，则

应按共同的意向解释合同，即事实决定对合同的解释。

3）推定变更。当事人一方对另一方的行为和提议在规定的时间内未提出异议或表示赞同时，对合同的修改或放弃权益的事实已经成立。所以对对方行为的沉默常常被认为是同意，是双方一致的意向，形成对合同新的解释。这种在规定时间内未作出回应即被认为是默认的意思表示，可以从一些合同条款中推断出来，如关于工程变更的条款，有明确的时间规定，按照我国现行《建设工程施工合同（示范文本）》通用条款规定，如果承包商在双方确定变更后14天内不向工程师提出变更工程价款报告时，视为该项变更不涉及合同价款的变更。

（4）整体地解释合同。不能只抓住合同的某一条、某一个文件来片面理解合同，而要将合同作为一个有机的整体。

（5）二义性的解决。如果经过上面的分析仍没得到一个统一的解释，则可采用如下原则：

1）优先次序原则。当矛盾和含糊出现在不同文件之间时，则可适用优先次序原则。

2）对起草者不利的原则。按照责权利平衡的原则，合同起草者应承担相应的责任。如果合同中出现二义性，即一个表达有两种不同的解释，可以认为二义性是起草者的失误，或是有意设置的陷阱，则结果以对起草者不利的解释为准。

2. 合同中没有明确规定的处理

在合同实施过程中经常会出现的一些合同中未明确规定的特殊细节问题，它们会影响工程施工、双方合同责任界限的划分。由于在合同中没有明确规定，所以很容易引起争执。对它们的分析通常仍在合同范围内进行，通过合同意义的拓展，整体地理解合同，再通过推理得到问题的合理解释。其分析的依据通常有3个：

（1）按照工程惯例解释。如果合同中没有明示对问题的处理规定，则双方都清楚的行业惯例能作为合同的解释。

（2）按照公平原则和诚实信用原则解释合同。例如当规范和图纸规定不清楚，双方对本工程的材料和工艺质量发生争议时，则承包商应采用与工程目的和标准相符合的良好材料和工艺。

（3）按照合同目的解释合同。合同中出现矛盾、错误或双方对合同的解释不一致时，不能导致违背，或放弃，或损害合同目标的解决结果。这是合同解释的一个重要原则。

由于实际工程非常复杂，这类问题涉及面广，发生量大，稍有不慎就会导致经济损失。特殊问题的合同分析一般采用问答的形式进行。

10.4 施工合同实施管理

合同管理是施工项目管理的重要工作。由合同定义的成本、质量和工期目标，是承包商要保证完成的任务。在保证质量要求和进度计划的同时，承包商还必须对实施方案的安全负责，对工程现场和工程保护负责等等一系列问题和情形负责。这一切都必须通过合同控制来实施。在合同实施阶段，合同管理人员的工作主要有以下几个方面。

10.4.1　建立合同实施管理体系

由于现代工程的特点，使得施工中的合同管理极为困难和复杂，日常的事务性工作极多。为了使工作有秩序、有计划地进行，必须建立工程承包合同实施管理体系。

1. 进行合同交底，落实合同责任，实行目标管理

（1）合同交底，就是组织大家学习合同总体分析结果，对合同的主要内容做出解释和说明，使施工人员熟悉合同中的主要内容、各种规定、管理程序，了解承包商的合同责任和工程范围，各种行为的法律后果等。使大家都树立全局观念，工作协调一致，避免在执行中的违约行为。

合同交底又是一个向项目经理部介绍合同签订步骤和其中各种情况的过程，是合同签订的资料和信息的移交过程。合同交底还是对人员的培训过程和沟通过程。通过合同交底，使项目经理部对本工程的项目管理规则、运行机制有清楚的了解。同时加强项目经理部与企业的各个部门的联系，加强承包商与分包商、业主、设计单位、咨询单位（项目管理公司和监理单位）、供应商的联系。

（2）将各种合同事件的责任分解落实到各工程小组或分包商，使他们对合同实施工作表（任务单，分包合同），施工图纸，设备安装图纸，详细的施工说明等，有十分详细的了解。并对工程实施技术和法律问题进行解释和说明，如工程质量、技术要求和实施中的注意点、工期要求、消耗标准、相关事件之间的搭接关系、各工程小组（分包商）责任界限的划分、完不成责任的影响和法律后果等。

（3）在合同实施前与其他相关的各方面，如业主、监理工程师、供应商、分包商沟通，召开内部协调会议，落实各种安排。

2. 建立合同管理工作程序

在工程实施过程中，合同管理的日常事务性工作很多。为了协调好各方面的工作，使合同管理工作程序化、规范化，应订立如下几个方面的工作程序：

（1）定期和不定期的协商会议制度。在工程实施过程中，与业主、工程师和其他承包商、分包商以及施工项目管理职能人员和各工程小组负责人之间都应定期召开协商会议，共同商讨解决合同实施进度和各种计划落实情况、各方面工作的协调、后期工作的安排、目前已经发生的和以后可能发生的各种问题的讨论和解决、合同变更问题的讨论等相关问题。

承包商与业主，总包和分包之间会谈中的重大议题和决议，应以会谈纪要的形式确定下来并请参会各方签署。经各方签署的会谈纪要，作为有约束力的合同变更，是合同的一部分。合同管理人员负责会议资料的准备，提出会议的议题，起草各种文件，提出对问题解决的意见或建议，组织会议，会后起草会谈纪要，对会谈纪要进行合同方面的检查。

对工程中出现的特殊问题可不定期地召开特别会议讨论解决方法。

（2）建立合同实施工作程序。一些经常性工作应订立工作程序，如图纸批准程序，工程变更程序，承（分）包商的索赔程序，承（分）包商的账单审查程序，材料、设备、隐蔽工程、已完工程的检查验收程序，工程进度付款账单的审查批准程序，工程问题的请示报告程序等。使大家有章可循，合同管理人员就不需要进行经常性的解释和指导了。

3. 建立文档系统

（1）建立合同文档系统的重要性。在合同实施过程中，业主、承包商、工程师、其他

承包商之间有大量的信息交往，承包商的项目经理部内部的各个职能部门（或人员）之间也有大量的信息交往。这些信息都是重要的合同文件。承包商如果忽视合同文档工作，将会妨碍索赔和争执的有利解决。最常见的问题有：额外工作未得到书面确认，变更指令不符合规定，错误的工程计量、现场记录、会谈纪要未及时签署，重要的资料未能保存，业主违约未能用文字或信函确认等。

（2）注重工程原始资料的收集与整理。工程原始资料在合同实施过程中形成，它必须由各职能人员、工程小组负责人、分包商提供。因而在实际工程中应保证这些资料的建立和收集便于分析和查询。

1）各种数据、资料的标准化，如各种文件、报表、单据等应有规定格式和规定数据结构要求。

2）将原始资料收集整理责任落实到人，资料收集工作要落实到工程现场，应对工程小组负责人和分包商提出具体的要求。

3）对各种资料的提供时间应有明确要求。

4）对资料记载及分析准确性应有明确要求。

5）建立工程资料的文档系统等。

4. 工程实施过程中严格的检查验收制度

合同管理人员应主动地抓好工程质量和工作质量，协助做好全面质量管理工作，建立一整套质量检查和验收制度。例如：每道工序结束应有严格的检查和验收，工序之间、工程小组之间应有交接制度，材料进场和使用应有一定的检验措施，隐蔽工程的检查制度等，防止由于承包商自己的工程质量问题造成被工程师检查验收不合格，试生产失败而承担违约责任。

5. 建立报告和行文制度

施工项目部和业主、监理工程师、分包商之间的沟通都应以书面形式进行，或以书面形式作为最终依据。报告和行文制度包括如下几方面内容：

（1）定期的工程实施情况报告，如日报、周报、旬报、月报等。报告内容、格式、报告方式、时间以及负责人应有具体规定。

（2）工程实施过程中发生的特殊情况及其处理的书面文件，如特殊的气候条件，工程环境的变化等，应有书面记录，并由监理工程师签署。对在工程中合同双方的任何协商、意见、请示、指示等都应落实在纸质文件上，应养成书面文字交往的习惯。针对工程中出现的问题承包商应经常向工程师请示、汇报。

（3）工程中所有涉及双方的工程活动，如材料、设备、工程的检查验收，场地、图纸的交接，各种文件（如会议纪要、索赔和反索赔报告、账单）的交接，都应有相应的手续，应有签收证据。

10.4.2 施工合同实施监督

为了保证按照合同完成自己的合同责任，施工项目部应对合同实施过程进行监督，其主要工作有：

（1）为各工程小组、分包商的工作提供必要的组织支持和资源供应保证。

（2）在合同范围内协调业主、工程师、项目管理各职能人员、所属的各工程小组和分包商之间的工作关系，解决合同实施中出现的责任界面问题。

（3）对各工程小组和分包商进行工作指导，作经常性的合同解释，对工程中发现的问题提出意见、建议或警告。

（4）会同项目管理的有关职能人员检查、监督各工程小组和分包商的合同实施情况，保证自己全面履行合同责任。合同实施情况检查、监督的内容有以下几个方面：

1）合同所确定的工程范围。应做到既不漏项，也不多余。

2）施工项目进度。保证工程进度符合合同规定工期和工程师批准的施工项目进度实施性计划的要求。

3）自行采购的材料和设备。应按照合同要求采购并使用材料、设备和工艺，而且要保证其适宜业主所要求的工程使用目的。

4）工程质量。做好工程验收准备，会同业主及工程师等进行工程验收，如材料和机械设备的现场验收、隐蔽工程验收、单项工程验收、全部工程竣工验收等。对未完成的工程或有缺陷的工程指令限期采取补救措施。

5）施工工艺。必须采用可靠、符合规范与专业要求、安全稳定的方法完成工程施工。

6）业主负责提供的设计文件、材料、设备及指令等，承包商应有早期预警责任，以便使控制更有效。

7）按业主提供的时间、数量、质量要求及时提供材料和设备。如果不按时提供，承包商有责任事先提出要求提供的通知；如果材料和设备质量、数量存在问题，应及时向业主提出申诉。

8）业主的变更指令。承包商按业主的变更指令对工程实施进行调整，可能引起的施工成本、进度、使用功能等方面的问题和缺陷，应在规定时间内及时向业主预警。

（5）会同工程预算人员，对向业主提出的工程款账单和分包商提交来的收款账单进行审查和确认。

（6）施工项目部提出关于合同的任何变更，都应由合同管理人员负责；对向分包商发出的任何指令，向业主发出的任何文字答复、请示，都须经合同管理人员审查，并记录在案；业主和工程师的指令、会谈纪要、备忘录、修正案、附加协议等也须接受合同审查；施工项目部与业主、与总（分）包商任何争议的协商和解决都必须有合同管理人员参与，并对解决结果进行合同和法律方面的审查、分析和评价。这样不仅保证工程施工一直处于严格的合同控制中，而且使施工项目管理各项工作更有预见性，更能及早地预计行为的法律后果。

（7）施工项目部对环境的监控责任。对施工现场遇到的异常情况必须作出记录，如在施工中发现影响施工的地下障碍物，发现古墓、古建筑遗址、钱币等文物及化石或其他有考古、地质研究等价值的物品时，施工项目管理人员应立即保护好现场及时以书面形式通知工程师；施工项目部对后期可能出现的影响工程施工，造成合同价格上升，工期延长的环境情况进行预警，并在规定时间内及时通知业主。

10.4.3 合同跟踪

合同跟踪的对象及其内容通常有如下几个方面：

（1）具体的合同事件。对照合同事件表的具体内容，分析该事件的实际完成情况，如施工质量、工程数量及范围、工期、成本等，主要分析它们与合同状态相比有无变化，是否出现工期延长、质量要求提高、工程数量增加、成本增加等情况，并分析这些情况产生的原因和责任，及时发现索赔机会。

（2）工程小组或分包商合同实施情况。应对他们各自可能承担的所有专业工程实施总体情况进行检查分析。合同管理人员应在他们影响整体工程实施时给他们提供帮助和建议。例如协调他们之间的工作；对工程缺陷提出意见、建议或警告；责成他们在一定时间内提高质量、加快工程进度等。

（3）业主和工程师的工作。检查业主和工程师是否正确地、在规定时间内及时地履行合同责任、提供各种工程实施条件，如按时发布图纸、提供场地、下达指令、答复承包商的请示、支付工程款等。合同管理人员通过这一跟踪可寻找对方合同执行中的漏洞，便于己方及时提出索赔要求。施工项目部应积极主动地提醒他们及时提供近期合同实施的必要条件。这样不仅可以让业主和工程师提早准备，保证工程顺利实施，而且可以推卸自己的责任。

（4）工程总的实施状况。包括：工程整体施工秩序状况、工程实施质量、施工项目实施进度、施工项目实际成本。

10.4.4 合同诊断

合同诊断是对合同执行情况的评价、判断和趋向分析、预测。在合同跟踪的基础上可以进行合同诊断。它包括如下内容：

（1）合同实施出现差异的原因分析。

（2）合同差异责任分析。

（3）合同实施趋向预测。当工程实施产生差异后（不利影响），针对不同的合同责任，比较不采取调控措施和采取调控措施，以及采取不同的调控措施情况下，合同的最终执行的可能结果。如果是业主方的责任或业主应该承担的风险，承包商要在规定时间内及时提出索赔要求。如果是承包商的责任或应该由承包商承担的风险造成工程最终状况变差，如总工期的延误、总成本的超支，质量不符标准等，承包商将承担的后果，如被罚款，被清算，甚至被起诉，对承包商资信、企业形象、经营战略的影响等；最终影响工程经济效益。承包商有义务对工程可能的风险、问题和缺陷向业主及工程师提出预警。

（4）如果通过合同诊断，承包商已经发现业主有恶意，或自己已经坠入合同陷阱中，或已经发现合同亏损，而且估计亏损会越来越大，则要及早确定合同执行战略，采取措施。必要时可以考虑及早撕毁合同，降低损失；争取道义索赔，取得部分补偿；采用以守为攻的办法，拖延工程进度，消极怠工等。

10.4.5 合同变更管理

1. 基本概念

合同变更实质上是对合同的修改和补充，是双方新的要约和承诺。这种修改通常不能免除或改变承包商的合同责任，但对合同实施影响很大，造成原“合同状态”的变化，如工程范围、工程量、工程质量、合同价格、合同工期等方面出现变化，必须对原合同规定的内容作相应的调整。合同变更产生的原因主要有：工程环境的变化、业主产生新的要求、因设计的错误而对设计图纸所作的修改、采用更合理的施工方案、业主要求合同条款的变化等。

2. 合同变更责任分析

（1）合同变更责任分析的基本逻辑关系

1）环境变化可能导致业主要求、设计、施工组织和方法、项目范围和实施过程的变化。

2）业主要求的变更可能会导致设计、合同条款、施工组织和方法、项目范围和实施过程的变化。

3）设计和合同条款的变化会直接导致施工组织和方法、项目范围和实施过程的变更。

4）工程施工组织和方法的变更会导致项目范围和实施过程的变更。

以上变更最终都会导致成本和工期的变更。在一般情况下，反向引起的可能性不大。

（2）合同变更责任分析

在合同变更中，最频繁和数量最大的是工程变更（包括设计变更、施工组织和方法变更、项目范围和实施过程变更等）。工程变更的责任分析是工程变更起因与工程变更问题处理的桥梁，通过合同分析确定工程价款调整赔偿问题。

1）设计变更的责任分析

① 由于业主要求、政府城建环保部门的要求、环境变化（如地质条件变化）、不可抗力、原设计错误等原因导致设计的修改，必须由业主承担责任。

② 由于承包商施工过程、施工方案出现错误、疏忽而导致设计的修改，必须由承包商负责。

③ 合同规定由承包商承担的永久工程设计没有得到工程师的批准，需进行重新修改。这种修改不属于工程变更。

2）施工方案的变更责任

① 如果招标文件中业主对施工方法做了详细的规定，承包商必须按照业主要求的施工方法投标。如果承包商的施工方法与规范不同，工程师指令要求承包商按照规范进行修改不属于工程变更。

② 如果招标文件没有规定施工方法，承包商在投标时以及在进场之前提出施工方案供审查。一旦确定中标后，施工方案对双方具有约束力。承包商通常应对所有现场作业和施工方法的完备性、安全性、稳定性负全部责任。在工程实施过程中，由于承包商自身原因（如失误或风险）修改施工方案所造成的损失由承包商负责；在投标书中的施工方法被证明不可行的，承包商改变施工方法不能构成工程变更；承包商为保证工程质量，保证实施方案的安全和稳定所增加的工程量，如扩大工程边界，不属于工程变更。

③ 施工合同赋予承包商对决定和修改施工方案具有相应的权利，业主不能随便干预承包商的施工方案；为了更好地完成合同目标（如缩短工期），或在不影响合同目标的前提下，承包商有权采用更为科学和经济合理的施工方案，即承包商可以进行中间调整，不属违约。尽管合同规定必须经过工程师的批准，但工程师（业主）一般也不得随便干预。当然承包商承担重新选择施工方案的风险和机会收益。

④ 工程师指示承包商应该完成合同内的工作不属于工程变更。如承包商工程出现问题，或承包商违约，工程师为保证工程质量和避免延误，在合同范围内督促其完成工程责任发出的指令，或者由于承包商责任导致工期延误，工程师下达加速施工的指令，不属于变更指令。

如果工程师的指示是为了帮助承包商摆脱困境、更好地履行合同，承包商因此所进行的工作属于其合同责任或风险范围，则不属于变更。

当工程师有证据证明承包商的施工方案不能保证按时完成他的合同责任，工程实施不安全，造成环境污染或损害健康，工程没有达到合同要求（如质量不合格，工期拖延），则工程师有权指令承包商变更施工方案。工程师所发出的纠正指令都不能构成工程变更。

⑤ 工程师的指令如果越权干预承包商的施工过程，将导致工程变更。

⑥ 对不利的地质条件所引起的施工方案的变更，一般作为业主的责任。

⑦ 如果业主不能按照进度计划完成按合同规定应由业主完成的责任，如不能及时提供图纸、施工场地、水电等，由此引起的施工进度改变，属于合同变更。

3. 合同变更中承包商应注意的问题

（1）对业主（工程师）的口头变更指令，按施工合同规定，承包商也必须遵照执行，但应根据合同规定的相关程序向工程师提交口头变更指令确认函，要求工程师书面确认。当工程师下达口头指令时，为了防止拖延和遗忘，承包商的合同管理人员可以立刻起草一份书面确认信让工程师签字。

（2）工程师所做的工程变更不能免去承包商的合同责任，所以承包商对已收到的变更指令，特别对重大的变更指令或在图纸上作出的修改意见，应予以核实。对涉及双方责权利关系的重大变更，或超过合同范围的变更，必须有业主的书面指令、认可或双方签署的变更协议。工程变更如果超过合同所规定的工程范围，承包商有权不执行变更或坚持先商定价格后再进行变更。

（3）应注意工程变更的实施、价格谈判和业主批准三者之间在时间上的矛盾性。如果工程变更已成为事实，工程师再发出价格和费率的调整通知，随后的价格谈判迟迟达不成协议，或业主对承包商的补偿要求不批准，承包商往往处于十分被动的地位。对此可采取如下措施：

1）控制（即拖延）施工进度，等待变更谈判结果。这样不仅损失较小，而且谈判回旋余地较大；

2）争取以计时工或按承包商的实际费用支出计算费用补偿，如采取成本加酬金方法，这样避免价格谈判中的争执；

3）应有完整的变更实施的记录和照片，请业主、工程师签字，为索赔准备相应证据材料。

（4）在工程中，承包商不能擅自进行工程变更。施工中发现图纸错误或其他问题需要进行变更，应首先及时通知工程师，经工程师同意或通过变更程序再进行变更。否则，可能不仅得不到应有的补偿，而且会带来麻烦。

（5）在合同实施中，合同内容的任何变更都必须经过合同管理人员或由他们提出。与业主、与总（分）包之间的任何书面信件、报告、指令等都应经合同管理人员进行技术和法律方面的审查。这样才能保证任何变更都在控制中，不会出现合同问题。

（6）在商讨变更、签订变更协议过程中，承包商必须提出变更补偿（即索赔）问题。最好在变更执行前就应明确补偿范围、补偿方法、索赔值的计算方法、索赔款的支付时间等，双方应就这些问题达成一致。

（7）在工程变更中，特别应注意因变更造成返工、停工、窝工、修改计划等引起的损失，建立严格的书面文档记录、收发和资料收集、整理、保管制度。除合同文件、来往书面文件外，应针对具体索赔情形主动收集、整理相关资料。在变更谈判中应对此进行商谈，保留索赔权。

10.4.6 设计变更、洽商记录与现场签证

设计变更、洽商记录与现场签证，都应该属于合同变更管理中的内容，在国内的工程项目施工中经常遇到，而且是国内的工程项目常用的处理方法，有些工程上不做索赔报告等的提交，而是通过办理洽商函或者现场签证等方式进行一些合同变更的处理，所以本书把这部分内容单独列出来，作为对合同变更管理方法的一个补充。

1. 设计变更

（1）设计变更的原因。设计变更的原因主要有以下几类：

1）图纸会审后，设计单位根据图纸会审纪要与施工单位提出的图纸错误、建议、要求，对设计进行变更修正；

2）在施工过程中，发现图纸错误，通过工作联系单，由建设单位转交设计单位，设计单位对设计进行修正；

3）建设单位在施工前或施工中，根据情况对设计提出新的要求，如增加建筑面积、提高建筑和装修标准、改变房间使用功能等，设计单位按照这些新要求，对设计予以修改；

4）因施工本身原因，如施工设备问题、施工工艺、工程质量问题等，需设计单位协助解决问题，设计单位在条件允许的情况下，对设计进行变更；

5）施工中发现某些设计条件与实际不符，此时必须根据实际情况对设计进行修正。如某些基础施工常出现这种实际地质条件与地质勘测报告中不符，因而需要修改设计的情形。

（2）设计变更的办理程序。所有设计变更均须由设计单位或设计单位代表签字（或盖章），通过建设单位提交给施工单位。施工单位直接接受设计变更是不合适的。设计变更的处理办法如下：

1）对于变更较少的设计，设计单位可以通过变更通知单，由施工单位自行修改，在修改的地方加盖图章，注明设计变更编号。若变更较大，则需设计单位附加变更图纸，或由设计单位另行设计图纸。

2）设计变更若与以前洽商记录有关，要进行对照，看是否存在矛盾或不符之处。

3）若施工中的设计变更对施工产生直接影响，如施工方案、施工机具、施工工期、进度安排、施工材料，或提高建筑标准，增加建筑面积等，均涉及工程造价的调整，应及时与建设单位联系，根据承包合同和国家有关规定，商讨解决办法。

4）设计变更与分包单位有关时，应及时将设计变更有关文件交给分包施工单位。

5）设计变更的有关内容应在施工日志上记录清楚，设计变更的文本应登记、复印后存入技术档案。

2. 洽商记录

在施工中，建设、施工、设计三方应经常举行会晤，解决施工中出现的各种问题，对于会晤洽谈的内容应以洽商记录方式记录下来。

（1）洽商记录应填写工程名称，洽商日期、地点、参加人数、各方参加者的姓名；

（2）在洽商记录中，应详细记述洽谈协商的内容及达成的协议或结论；

（3）若洽商与分包商有关，应及时通知分包商参加会议，并参加洽商会签；

（4）凡涉及其他专业时，应请有关专业技术人员会签，并发给该专业技术人员洽商单，注意专业之间的影响。

(5) 原洽商条文在施工中因情况变化需再次修改时，必须另行办理洽商变更手续。

(6) 洽商中凡涉及增加施工费用，应追加相关费用的内容，建设单位应给予承认；

(7) 洽商记录均应由施工现场技术人员负责保管，作为竣工验收的技术档案资料。

3. 现场签证

现场签证是指在工程预算、工期和工程合同（协议）中未包括，而在实际施工中发生的，由各方（尤其是建设单位）会签认可的一种凭证，属于工程合同的延伸。施工过程中，由于设计及其他原因，经常会发生一些意外的事件而造成人力、物力和时间的消耗，给施工单位造成额外的损失。施工单位在现场向建设单位办理签证手续，使建设单位认可这些损失，从而可以此为凭证，要求建设单位对施工单位的损失给予补偿。

现场签证关系到企业的切身经济利益和重大责任，因此，施工现场技术与管理人员对此一定要严肃认真对待，切不可掉以轻心。

现场签证涉及的内容很多，常见的有变更签证、工料签证、工期签证等。

(1) 变更签证。施工现场由于客观条件变化，使施工难于按照施工图纸或工程合同规定的内容进行。若变动较小，不会对工程产生大的影响，此时无须修改设计和合同，而是由建设单位（或其驻工地代表）签发变更签证，认可变更，并以此作为施工变更的依据。需办理变更签证的项目一般有以下几种：

1) 设计上出现的小错误或对设计进行小的改动，若此改动不对工程产生大的影响，此时无须修改设计和合同，而是由建设单位直接签发变更签证而不必进行设计变更；

2) 不同种类、规格的材料代换，在保证强度、刚度等的前提下，仍要取得建设单位的签证认可；

3) 由于施工条件变化，施工单位必须对经建设单位审核同意的施工方案，进度安排进行调整，制订新的计划，这也需要建设单位签证认可；

4) 凡非施工单位原因而造成的现场停工、窝工、返工，质量、安全等事故，都要由建设单位现场签发证明，以作为追究原因、补偿损失的依据。

变更签证常常是工料签证和工期签证的基础。

(2) 工料签证。凡非施工原因而额外发生的一切涉及人工、材料和机具的问题，均需办理签证手续。需办签证项目一般有以下几种：

1) 建设单位供水、供电发生故障，致使施工现场断电停水的损失费；

2) 因设计原因而造成的施工单位停工、返工损失费及由此而产生的相关费用；

3) 因建设单位提供的设备、材料不及时，或因规格和质量不符合设计要求而发生的调换、试验加工等所造成的损失费用；

4) 材料代换和材料价差的增加费用；

5) 由于设计原因，未预留孔洞而造成的凿洞及修补的工料费用；

6) 因建设单位调整工程项目，或未按合同规定时间创造施工条件而造成的施工准备和停工、窝工的损失费；

7) 非施工单位原因造成的二次搬运费、现场临时设施搬迁损失费；

8) 其他。

工料签证在施工中应及时办理，作为追加预算决算的依据。工料签证单可参考表10-3。

工料签证单　　　　**表 10-3**

工程名称：　　　　　　　　　　　　　　　　年　月　日

<table>
<tr><td rowspan="6">签证内容</td><td colspan="2">发生日期</td><td rowspan="2">工作内容</td><td colspan="4">人　工</td><td colspan="6">材料（机械）</td></tr>
<tr><td>月</td><td>日</td><td>等级</td><td>工日数</td><td>日工资</td><td>金额</td><td>名 称</td><td>规格</td><td>单位</td><td>数量</td><td>单价</td><td>金额</td></tr>
<tr><td></td><td></td><td></td><td></td><td></td><td></td><td></td><td></td><td></td><td></td><td></td><td></td><td></td></tr>
<tr><td></td><td></td><td></td><td></td><td></td><td></td><td></td><td></td><td></td><td></td><td></td><td></td><td></td></tr>
<tr><td></td><td></td><td></td><td></td><td></td><td></td><td></td><td></td><td></td><td></td><td></td><td></td><td></td></tr>
<tr><td colspan="13">施工单位：　　　　　　　　　　　　　　　　经办人：</td></tr>
<tr><td rowspan="2">核准意见</td><td colspan="13"></td></tr>
<tr><td colspan="8">建设单位意见：</td><td colspan="5">经办人：</td></tr>
</table>

（3）工期签证。工程合同中都规定有合同工期，并且有些合同中明确规定了工期提前或拖后的奖罚条款。在施工中，对于来自外部的各种因素所造成的工期延长，必须通过工期签证予以扣除。工期签证常常也涉及工料问题，故也需要办理工料签证。通常需办理工期签证的有以下情形：

1）由于不可抗拒的自然灾害（地震、洪水、台风等自然现象）和社会政治原因（战争、骚乱、罢工等），使工程难以进行的时间；

2）建设单位不按合同规定日期供应施工图纸、材料、设备等，造成停工、窝工的时间；

3）由于设计变更或设备变更的返工时间；

4）基础施工中，遇到不可预见的障碍物后停止施工、进行处理的时间；

5）由于建设单位所提供的水源、电源中断而造成的停工时间；

6）由建设单位调整工程项目而造成的中途停工时间；

7）其他。

10.5　施工索赔管理

10.5.1　概述

1. 施工索赔的概念

施工索赔是当事人在合同实施过程中，根据法律、合同规定及惯例，对并非由于自己的过错，而是属于应由合同对方承担责任的情况造成，而且实际已经发生了损失，向对方提出给予补偿的要求。索赔事件的发生，可以是一定行为造成，也可以由不可抗力引起，可以是合同当事人一方引起，也可以是任何第三方行为引起。索赔的性质属于经济补偿行为，是合同一方的一种“权利”要求，而不是惩罚。在土木工程建设中，索赔经常发生，它是维护施工合同签约者合法利益的一项措施。索赔原因主要有合同缺陷、合同理解差异、业主或承包商违约、风险分担不均、工程变更、施工条件变化、工程拖期、工程所在国法令法规变化、土木工程特殊的技术经济特点、物价波动等。

2. 施工索赔的分类

施工索赔的分类见表10-4。

施工索赔的分类 表10-4

分类标准	索赔类别	说明
按索赔的目的分	工期延长索赔	•非承包商原因造成工程延期，承包商向业主提出的推迟竣工的索赔
	费用损失索赔	•承包商向业主提出的，要求补偿因索赔事件发生而引起的额外开支和费用损失的索赔
按索赔的合同依据分	条款明示的索赔	•索赔依据可在合同条款找到明文规定的索赔 •这类索赔争议少，监理工程师即可全权处理
	条款默示的索赔	•索赔权利在合同条款内很难找到直接依据，但可来自普通法律或道义，承包商须有丰富的索赔经验方能实现 •索赔多为违约或违反担保造成 •此项索赔由业主决定是否成立、监理工程师无权决定
按索赔处理方式分	单项索赔	•在一项索赔事件发生时或发生后的有效期间内，立即进行的索赔 •索赔原因单一、责任单一、处理容易
	总索赔（又称一揽子索赔）	•承包商在竣工之前，就施工中未解决的单项索赔，综合起来提出的总索赔 •总索赔中的各单项索赔常常是因为较复杂而遗留下来的，加之各单项索赔事件和互影响，使总索赔处理难度大，金额也大

3. 施工索赔的依据

为了达到成功索赔的目的，承包商必须进行大量的索赔论证工作，以大量的证据来证明自己拥有索赔的权利和应得的索赔款额。索赔依据如表10-5所示。

索赔依据表 表10-5

来自合同的依据	来自施工记录	来自财务记载
（1）政策法规文件 （2）招标文件、合同文本及附件 （3）施工合同协议书及附属文件	（1）施工日志 （2）施工检查员报告 （3）逐月分项施工纪要 （4）施工工长日报 （5）每日工时记录 （6）同业主代表的往来信函及文件 （7）施工进度及特殊问题的照片或录像带 （8）会议记录或纪要 （9）施工图纸 （10）业主或其代表的电话记录 （11）投标时的施工进度表 （12）修正后的施工进度表 （13）施工质量检查记录 （14）施工设备使用记录 （15）施工材料使用记录 （16）气象报告 （17）验收报告和技术鉴定报告	（1）施工进度款支付申请单 （2）工人劳动计时卡 （3）工人分布记录 （4）材料、设备、配件等的采购单 （5）工人工资单 （6）付款收据 （7）收款单据 （8）标书中财务部分的章节 （9）工程施工预算 （10）工程开支报告 （11）会计日报表 （12）会计总账 （13）批准的财务报告 （14）会计往来信函及文件 （15）通用货币汇率变化表 （16）官方的物价指数、工资指数

10.5.2　工程索赔的程序

1. 提出索赔意向通知

按照我国《建设工程施工合同（示范文本）》的规定，在索赔事件发生后28天之内，向工程师发出索赔意向通知书。索赔通知书要指明合同依据；说明索赔事件发生的时间、地点，事件发生的原因、性质，责任；承包商在事件发生后所采取的控制事件进一步发展的措施；说明索赔事件的发生已经给承包商带来的后果，如工期的延长，费用的增加；并申明保留索赔的权利。

2. 报送索赔资料和索赔报告

按照规定，发出索赔意向通知书后28天内，向工程师提出延长工期和（或）补偿经济损失的索赔报告及有关资料，工程师在收到承包人送交的索赔报告和有关资料后，于28天内给予答复或要求承包人进一步补充索赔理由和证据，当该索赔事件持续进行时，承包商人应当阶段性向工程师发出索赔报告，在索赔事件终了后28天内，向工程师送交索赔的有关资料和最终索赔报告。

3. 协商解决索赔问题

工程师在收到承包人送交的索赔报告和有关资料后28天内未予答复或未对承包人作进一步要求，视为该项索赔已经认可。如果不能直接解决，需要将未解决的索赔问题列为会议协商的专题，提交会议协商解决。

4. 第三方调解

如果合同双方不能通过协商解决索赔问题，则可以由第三方进行调解。按照我国《建设工程施工合同（示范文本）》的规定，发包人承包人在履行合同时发生争议，可以和解或者要求有关主管部门调解。

5. 仲裁或诉讼

按照规定，对于索赔事件当事人不愿和解、调解或者和解、调解不成的，双方可以在专用条款内约定仲裁或诉讼的方式解决索赔争端。

10.5.3　索赔分析

1. 索赔责任分析

施工索赔是允许承包商获得不是由于承包商的原因而造成的损失补偿。所以，要通过合同分析确定索赔事项的发生是否是承包商的责任或风险。索赔责任分析是确定索赔权的重要工作，排除自己的责任及风险，才能够进一步提出索赔要求。

2. 经济索赔分析

经济索赔是承包商向业主要求补偿不应该由承包商自己承担的经济损失或额外开支，取得合理的经济补偿。

（1）合同分析。承包商要论证自己的经济索赔要求，最重要的就是要在合同条件中寻找相应的合同依据，并据此判断承包商有索赔权。

1）条款明示的索赔。条款明示的索赔是指承包商所提出的索赔要求，在该工程项目的合同文件中有明确的文字依据，承包商可以据此提出索赔要求，取得经济补偿。这些合同条款称为“明示条款”或“明文条款”，是承包商进行索赔的最直接的依据。

2）条款隐含的索赔。条款隐含的索赔是指承包商的索赔要求虽然在工程项目的合同条件中没有专门的文字叙述，但可以根据该合同条件的某些条款的含义推论出承包商有索赔权，有权得到相应的经济补偿。这种有经济补偿含义的合同条款称为“默示条款”或者“隐含条款”。

3）工程所在国的法律或规定。由于工程项目的合同文件适用于工程所在国的法律，所以该国的法律、命令、规定中有关承包商索赔的条文都可以引用来证明自己的索赔权。所以承包商必须熟悉工程所在国的有关法律规定，善于利用它来确定自己的索赔权。

（2）常见费用索赔分析如表 10-6 所示。

常见费用索赔表 **表 10-6**

索赔费用	简要描述
工程变更	承包人按照工程师发出的变更通知及有关要求进行下列需要的变更： ① 更改工程有关部分的标高、基线、位置和尺寸 ② 增减合同中约定的工程量 ③ 改变有关工程的施工时间和顺序 ④ 其他有关工程变更需要的附加工作
施工条件变化	如果在施工过程中，承包商遇到了“不可预见的物质条件”，承包商为完成合同规定的工作要用超出原定的时间和花费计划外的额外开支，有权提出索赔要求
加速施工	当工程项目的施工计划进度受到非承包商原因的干扰而导致进度拖延，业主要求加速施工，承包商可提出索赔要求
可补偿延误	如果是由于业主方面的原因引起的工期延长，就属于可原谅和应予补偿的拖期
不可抗力与业主风险	一般不可抗力造成的影响是属于雇主承担的风险
物价变化	由于工程所在国物价变化，对于工期在一年以上的工程项目，就应该在合同条件中考虑物价变化的价格调整问题
业主拖期付款	发包人超过约定支付时间不支付工程款，承包人可向发包人要求付款并支付拖期付款的利息
由承包商暂停和终止	如果工程师未能按照合同规定确认并签发付款证书，雇主未能按合同规定的付款时间进行付款，承包商有权暂停施工和终止合同
政府法令变更	从递交投标书截止日期前 28 天开始以后工程所在国的法律或对此类法律的司法或政府解释有改变，使承包商履行合同规定的义务产生影响的，合同价格应考虑上述改变导致的任何费用增减，进行调整
施工效率降低	在施工过程中，尤其是土建工程施工过程中，因为受到施工特点的影响，经常会受到各种意外的干扰因素的影响，使施工效率降低，并引起工程成本的增加，承包商可以提出索赔

3. 工期索赔分析

承包商进行工期索赔的目的，一个是弥补工期拖延造成的费用损失，另一个是免去自己对已经形成的工期延长的合同责任，使自己不必支付或尽可能少支付工期延长的违约金（误期损害赔偿金）。按照工期拖延的原因不同，通常可以把工期延误分成如下两大类。

(1) 可原谅的拖期。对于承包商来说，可原谅的拖期是指不是由于承包商的责任造成的工期延误。下列情况一般是属于可原谅的拖期：

1) 业主未能按照合同规定的时间向承包商提供施工现场或施工道路。

2) 工程师未能按照合同规定的施工进度提供施工图纸或发出必要的指令。

3) 施工中遇到了不可预见的自然条件。

4) 业主要求暂停施工或由于业主的原因造成被迫的暂停施工。

5) 业主和工程师发出工程变更指令，而该指令所述的工程是超出合同范围的工作。

6) 由于业主风险或者不可抗力引起工期延误或工程损害。

7) 由于业主过多干涉施工进展，使施工受到了干扰或阻碍等。

对于可原谅的拖期，如果责任者是业主或工程师，则承包商不仅可以得到工期延长，还可以得到相应的经济补偿；如果拖期的责任者不是业主或工程师，而是由于客观原因造成的，则承包商可以得到工期延长，但不能得到经济补偿。

(2) 不可原谅的拖期。如果工期拖延的责任者是承包商，而不是业主方面或客观的原因，则承包商不但不能得到工期的延长，还要进行经济补偿。

10.5.4 索赔的计算

1. 工期索赔计算

施工过程中，很多因素都能导致工期拖延，工期索赔的目的就是从中找出可以索赔的事件，从而取得业主对于合理延长工期的合法性的确认。常用的计算索赔工期的方法有以下几种：

(1) 网络分析法。网络分析法是通过分析索赔事件发生前后网络计划工期的差异计算索赔的工期，这种方法用于各类工期索赔。

(2) 对比分析法。对比分析法比较简单，适用于索赔事件仅影响单位工程或分部分项工程的工期，由此而计算出对总工期的影响。计算公式是：

$$\text{总工期索赔} = \text{原合同总工期} \times \frac{\text{额外或新增工程价格}}{\text{原合同总价}} \tag{10-1}$$

(3) 劳动生产率降低计算法。在索赔事件干扰正常施工导致劳动生产率降低，使工期拖延时，可按下式计算：

$$\text{索赔工期} = \text{计划工期} \times \left(\frac{\text{预期劳动生产率} - \text{实际劳动生产率}}{\text{预期劳动生产率}}\right) \tag{10-2}$$

(4) 列举汇总法。在工程施工过程中，因恶劣气候、停水、停电及意外风险等因素连成全面停工而导致工期拖延时，可一一列举各种原因引起的停工天数，累计汇总成总的索赔工期。

2. 经济索赔计算

(1) 费用索赔及其构成。费用索赔是施工索赔的主要内容。承包商通过费用索赔要求业主对索赔事件引起的直接和间接损失给予合理的经济补偿。计算索赔额时，一般是先计算与事件有关的直接费，然后计算应分摊到的管理费。表10-7中列出了各种类型索赔事件的费用损失项目的构成及其示例。

索赔事件的费用项目构成示例 **表 10-7**

索赔事件	可能的费用损失项目	示例
工期延长	(1) 人工费增加 (2) 材料费增加 (3) 施工机械设备停置费 (4) 现场管理费增加 (5) 因工期延长和通货膨胀使原工程成本增加 (6) 相应保险费、保函费用增加 (7) 分包商索赔 (8) 总部管理费分摊 (9) 推迟支付引起的兑换率损失 (10) 银行手续费和利息支出	包括工资上涨，现场停工、窝工、生产效率降低，不合理使用劳动力的损失 因工期延长，材料价格上涨 设备因延期所引起的折旧费、保养费或租赁费等 包括现场管理人员的工资及其附加支出，生活补贴，现场办公设施支出，交通费用等 分包商因延期向承包商提出的费用索赔 因延期造成公司总部管理费增加 工程延期引起支付延迟
业主指令工程加速	(1) 人工费增加 (2) 材料费增加 (3) 机械使用费增加 (4) 因加速增加现场管理人员的费用 (5) 总部管理费增加 (6) 资金成本增加	因业主指令工程加速造成增加劳动力投入，不经济地使用劳动力，生产率降低和损失等 不经济地使用材料，材料提前交货的费用补偿，材料运输费增加 增加机械投入，不经济地使用机械 费用增加和支出提前引起负现金流量所支付的利息
工程中断	(1) 人工费 (2) 机械使用费 (3) 保函、保险费、银行手续费 (4) 货款利息 (5) 总部管理费 (6) 其他额外费用	如留守人员工资、人员的遣返和重新招雇费，对工人的赔偿金等 如设备停置费，额外的进出场费，租赁机械的费用损失等 如停工、复工所产生的额外费用，工地重新整理费用等
工程量增加或附加工程	(1) 工程量增加所引起的索赔额，其构成与合同报价组成相似 (2) 附加工程的索赔额，其构成与合同报价组成相似	工程量增加小于合同总额的5%，为合同规定的承包商应承担的风险，不予补偿 工程量增加超过合同规定的范围，承包商可要求调整单价，否则合同单价不变

(2) 费用索赔额的计算。

1) 总索赔额的计算方法。

① 总费用法。总费用法基本上是在采用总索赔的情况下才采用的索赔款的计算方法。也就是说当发生多次索赔事项以后，这些索赔事项的影响相互纠缠，无法区分，则重新计

算出该工程项目的实际总费用，再从这个实际的总费用中减去中标合同价中的估算总费用，即得到了要求补偿的索赔总款额。即：

$$索赔款额=实际总费用-合同价中估算费用 \tag{10-3}$$

这里要明确，只有当无法采用分项计算法时，才使用总费用法。采用总费用法需要有以下几个条件：

a. 在合同实施过程中所发生的总费用是准确的，工程成本核算符合普遍认可的会计原则；实际总成本与合同价中的总成本的内容项目是一致的。

b. 承包商对工程项目的报价是合理的，能反映实际情况。如果报价计算不合理，索赔款额是不能用这种方法计算的，因为这里会包括了承包商为了中标压低报价的成分，而承包商在报价中压低报价，是应该由承包商承担的风险。

c. 费用损失的责任，或者干扰事件的责任是属于非承包商的责任，也不是应该由承包商承担的风险。

d. 由于该项索赔事件，或者是几项索赔事件在施工时的特殊性质，不可能逐项精确计算出承包商损失的款额。

② 分项法。分项法是对每个引起损失的索赔事件和各费用项目单独分析计算，并最终求和。这种方法能反映实际情况，虽然计算复杂，但仍被广泛采用。

2）人工费索赔额的计算方法。计算各项索赔费用的方法与工程报价时计算方法基本相同，其中人工费索赔额计算有两种情况，分述如下：

① 由增加或损失工时计算：

$$额外劳务人员雇用、加班人工费索赔额=增加工时\times投标时人工单价 \tag{10-4}$$

$$闲置人员人工费索赔额=闲置工时\times投标时人工单价\times折扣系数（一般为0.75） \tag{10-5}$$

② 由劳动生产率降低额外支出人工费的索赔计算。

实际成本和预算成本比较法是受干扰后的实际成本与合同中的预算成本比较，计算出由于劳动效率降低造成的损失金额。计算时需要详细的施工记录和合理的估价体系，只要两种成本的计算准确，而且成本增加确系业主原因时，索赔成功的把握性很大。

正常施工期与受影响施工期比较法是分别计算出正常施工期内和受干扰时施工期内的平均劳动生产率，求出劳动生产率降低值，而后求出索赔额：

$$人工费索赔额=\frac{计划工时\times劳动生产率降低值}{正常情况下平均劳动生产率}\times相应人工单价 \tag{10-6}$$

3）材料费索赔额的计算。要计算索赔的材料费，同样要知道增加的材料用量和相应材料的单价。

材料单价的计算，首先要明确材料价格的构成。材料的价格一般包括材料供应价、包装费、运输费、运输损耗费、采购保管费几部分。如果不涉及材料价格的上涨，可以直接按照投标报价中的材料的价格进行计算。如果涉及材料价格的上涨，则要按照材料价格的构成，按照可靠的订货单、采购单，或者官方公布的材料价格涨价指数，重新计算材料的市场价格。

$$\begin{aligned}材料价格=&（供应价+包装费+运输费+运输损耗费）\times（1+采购保管费率）\\&-包装品回收值\end{aligned} \tag{10-7}$$

增加材料用量的计算，要依据增加的工程量，根据相应材料消耗定额规定的材料消耗量指标确定实际增加的材料用量。

$$材料费=材料价格\times工程量\times每单位工程量材料消耗量标准 \tag{10-8}$$

4）机械费索赔额的计算。施工机械使用费的计价，按照具体机械的情况，有不同的处理方法。

① 如果是工程量增加，可以按照报价单中的机械台班费用单价，和相应工程增加的台班数量，计算增加的施工机械使用费。如果因工程量的变化双方协议对合同价进行了调整，则按照调整以后的新单价进行机械使用费的计算。

② 如果是由于非承包商的原因导致施工机械窝工闲置，窝工费的计算要区别是承包商自有机械还是租赁机械分别进行计算。

对于承包商自有机械设备，窝工机械费仅按照折旧台班费计算。如果使用租赁的设备，如果租赁价格合理，又有可靠的租赁收据，就可以按租赁价格计算窝工的机械台班使用费。

③ 施工机械降效。如果实际施工中因为受到非承包商的原因导致的施工效率降低，承包将不能按照原定计划完成施工任务。工程拖期后，会增加相应的施工机械费用。确定机械降低效率导致的机械费的增加，可以考虑按以下公式计算增加的机械台班数量

$$实际台班数量=计划台班数量\times\left(1+\frac{原定效率-实际效率}{原定效率}\right) \tag{10-9}$$

其中的原定效率是合同报价中所报的施工效率，实际效率是受到干扰以后现场的实际施工效率。知道了实际所需的机械台班数量，可以按下式计算出施工机械降效导致增加的机械台班数量：

$$增加机械台班数量=实际台班数量-计划台班数量 \tag{10-10}$$

则机械降效增加的机械费为：

$$机械降效增加机械费=机械台班单价\times增加机械台班数量 \tag{10-11}$$

5）费用索赔中管理费的计算．

①工地管理费。工地管理费是按照人工费、材料费、施工机械使用费之和的一定百分比计算确定的，所以当承包商完成额外工程或者附加工程时，索赔的工地管理费也是按照同样的比例计取。但是如果是其他非承包商原因导致现场施工工期延长，由此增加的工地管理费，可以按原报价中的工地管理费平均计取，如下式：

$$索赔的工地管理费总额=\frac{合同价中工地管理费总额}{合同总工期}\times工程延期的天数 \tag{10-12}$$

②总部管理费。总部管理费的计算，一般可以有以下几种计算方法：

按照投标书中总部管理费的比例计算，即：

$$总部管理费=合同中总部管理费率\times(直接费索赔款+工地管理费索赔款) \tag{10-13}$$

按照原合同价中的总部管理费平均计取，即：

$$总部管理费=\frac{合同价中总部管理费总额}{合同总工期}\times工程延期的天数 \tag{10-14}$$

6）利润的计算。索赔利润款额的计算通常是与原中标合同价中的利润率保持一致，即：

利润索赔额 = 合同价中的利润率 ×（直接费索赔额 + 工地管理费索赔额 + 总部管理费索赔额）（10-15）

7）利息的计算。无论是业主拖付工程款和索赔款，或者是工程变更和工期延误引起的承包商的投资增加，还是业主的错误扣款，都会引起承包商的融资成本增加。承包商对利息索赔额可以采用以下方法计算：

① 按当时的银行贷款利率计算。

② 按当时的银行透支利率计算。

③ 按合同双方协议的利率计算。

无论采用哪一种具体利率，都应在合同文件的专用条款或者投标书附录中加以明确。

复习思考题

1. 施工合同管理的目标是什么？
2. 施工合同管理的任务与主要工作有哪些？
3. 如何建立合同管理的组织？
4. 从合同管理的角度如何分析招标文件？
5. 投标阶段施工企业要进行哪些方面的施工合同评审工作？
6. 中标后的签订合同前的谈判有什么重要性？
7. 合同签订前的注意事项有哪些？
8. 谈判结束后，合同签约前，对合同作全面分析和审查的内容是什么？
9. 什么是合同总体分析和合同详细分析？各有哪些内容？
10. 合同管理工作的程序有哪几个步骤？
11. 合同诊断有哪些内容？
12. 合同变更责任分析的内容有哪些？
13. 设计变更的程序是如何？
14. 如何进行现场的洽商？
15. 如何办理工程签证？
16. 索赔的依据有哪些？
17. 索赔的程序如何进行？
18. 哪些情况下属于可原谅的拖期？
19. 工期索赔的计算有哪几种方法？各是什么？
20. 索赔人工费、材料费、机械费如何计算？
21. 索赔管理费如何计算？
22. 索赔利息如何计算？

第 11 章　施工项目管理规划

11.1　施工项目管理规划概述

11.1.1　施工项目管理规划的概念

按照管理学对规划的定义，规划实质上就是计划，但与传统的计划不同的是，规划的范围更大、综合性更强。规划是指一个综合的、完整的、全面的总体计划。它包含目标、政策、程序、任务的分配、采取的步骤、使用的资源以及为完成既定行动所需要的其他因素。

项目管理规划是在项目管理目标的实现和管理的全过程中，对建筑工程项目管理的全过程中的各种管理职能、各种管理过程以及各种管理要素进行综合的、完整的、全面的总体计划，是指导项目管理工作的纲领性文件。项目管理规划包括两类文件：项目管理规划大纲和项目管理实施规划。项目管理规划大纲是由企业管理层在投标之前编制的，旨在作为投标的依据，以中标和经济效益为目标，带有规划性的，满足招标文件要求及签订合同要求的文件；项目管理实施规划是在开工之前由项目经理主持编制的，旨在指导自施工准备、开工、施工直至竣工验收的全过程，以提高施工效率和效益，带有作业性的项目管理的文件。项目管理规划大纲和项目管理实施规划之间关系密切，前者是后者的编制依据，而后者贯彻前者的相关精神，对前者确定的目标和决策，做出更具体的安排，以指导实施阶段的项目管理。它们的服务范围及主要特征见表 11-1。

两类项目管理规划文件的区别　　表 11-1

种　类	编制者	编制时间	服务范围	主要特征	主要目标
项目管理规划大纲	经营管理层	投标书编制前	投标与签约	规划性	中标和经济效益
项目管理实施计划	项目管理层	签约后开工前	施工准备至验收	作业性	施工效率和效益

11.1.2　施工项目管理规划的作用

工程项目管理规划就是在项目管理目标的实现和管理的全过程中，对项目管理的全过程事先的安排和规划。它的作用主要有：

（1）研究和制定项目管理目标，项目目标确定后，论证和分析目标能否实现以及对项目的工期、所需费用、功能要求进行规划，以达到综合平衡。

（2）项目管理规划是对整个项目总目标进行分解的过程。规划结果又是那些更细、更具体目标的组合，是各个组织在各个阶段承担的责任及其进行中间决策的依据。

（3）项目管理规划是相应项目实施的管理规范，也是对相应项目实施控制的依据。通过项目管理规划，可以对整个项目管理的实施过程进行监督和诊断，以及评价和检验项目管理实施的成果。项目管理规划也是考核各层次项目管理人员业绩的依据。

（4）项目管理规划为业主和项目的其他方（如投资者）提供需要了解和利用的项目管理规划的信息。

在现代工程项目中，没有周密的项目管理规划，或项目管理规划得不到贯彻和保证，就不可能取得项目的成功。

11.1.3　施工项目管理规划的基本要求

施工项目管理规划是对工程项目管理的各项工作进行综合性的、完整的、全面的总体规划，由于项目的特殊性和项目管理规划的独特的作用，其基本要求有：

1. 目标的分解与研究

项目管理规划是为保证实现项目管理总目标而做的各种安排，因此目标是规划的灵魂，必须研究项目总目标，弄清总任务，并与相关各方就总目标达成共识。如果对目标和任务理解有误，或不完全，必然会导致项目管理规划的失误，这是工程项目管理的最基本要求。

2. 符合实际

项目管理规划要有可行性，所以其在制定和执行过程中应对环境进行充分的调查研究，以保证规划的科学性和实用性。

（1）规划应符合环境条件。制定规划，应进行大量的环境调查并充分利用调查结果。

（2）规划应反映项目本身的客观规律。根据工程规模、质量要求、复杂程度、工程项目自身的逻辑性和规律性制定规划，不能过于强调压缩工期、降低费用和提高质量。

（3）规划应反映项目管理相关各方的实际情况。其中包括业主的支付能力、设备供应能力、管理和协调能力；承包商的施工能力、劳动力供应能力、设备装备水平，生产效率和管理水平，过去同类工程的经验；承包商现有在手工程的数量，对本工程能够投入的资源数量；设计单位、供应商、分包商等完成相关项目任务的能力和组织能力等。

3. 应着眼于项目的全过程

项目管理规划必须包括项目管理的各个方面和各种要素，必须对项目管理的各个方面做出安排，提供各种保证，形成一个非常周密的多维的系统。特别要考虑项目的设计和运行维护，考虑项目的组织及项目管理的各个方面。与过去的工程项目计划和项目的规划不同，项目管理规划更多地考虑项目管理的组织、项目管理系统、项目的技术定位、功能策划、运行准备和运行维护，以使项目目标能够顺利实现。

4. 内容的完备性和系统性

由于项目管理对项目实施和运营的重要作用，项目管理规划的内容十分广泛，涉及项目管理的各个方面。通常包括项目管理的目标分解、环境调查、项目范围管理和结构分解、项目实施策略、项目组织和项目管理组织设计，以及对项目相关工作的总体安排（如功能策划、技术设计、实施方案和组织、建设、融资、交付、运行的全部）等。

5. 集成化

项目管理规划所涉及的各项工作之间应有很好的衔接。项目管理规划体系应反映规划编制的基础工作，规划包括的各项工作，以及规划编制完成后的相关工作之间的系统联系，主要包括：

（1）各个相关计划的先后次序和工作过程关系；

（2）各相关计划之间的信息流程关系；

(3) 计划相关各个职能部门之间的协调关系；

(4) 项目各参加者（如业主、承包商、供应商、设计单位等）之间的协调关系。

11.1.4 施工项目管理规划的内容

虽然在一个工程项目建设中，不同的人（单位）进行不同内容、范围、层次和对象的项目管理工作，所以不同人（单位）的项目管理规划的内容会有一定的差别。但他们都是针对项目管理工作过程的，所以主要内容有许多共同点，在性质上是一致的，都应该包括相应的建设工程项目管理的目标、项目实施的策略、管理组织策略、项目管理模式、项目管理的组织规划和实施项目范围内的工作涉及的各个方面的问题。

1. 项目管理目标的分析

项目管理目标分析的目的是为了确定适合建设项目特点和要求的项目目标体系。项目管理规划是为了保证项目管理目标的实现，所以目标是项目管理规划的灵魂。

项目立项后，项目的总目标已经确定。通过对总目标的研究和分解即可确定阶段性的项目管理目标。在这个阶段还应确定编制项目管理规划的指导思想或策略，使各方面的人员在计划的编制和执行过程中有总的指导方针。

2. 项目实施环境分析

项目环境分析是项目管理规划的基础性工作。在规划工作中，掌握相应的项目环境信息，是开展各个工作的前提和重要依据。通过环境调查，确定项目管理规划的环境因素和制约条件，收集影响项目实施和项目管理规划执行的宏观和微观的环境因素的资料，特别要注意尽可能利用以前同类工程项目的总结和反馈信息。

3. 项目范围的划定和工作结构分解（WBS）

(1) 根据项目管理目标分析划定项目的范围。

(2) 对项目范围内的工作进行研究和分解，即项目的系统结构分解。

工作结构分解在国外称为 WBS（Work Breakdown Structure），指把工作对象（工程、项目、管理等过程）作为一个系统，将它们分解为相互独立、相互影响（制约）和相互联系的活动（或过程）。通过分解，有助于项目管理人员更精确地把握工程项目的系统组成，并为建立项目组织、进行项目管理目标的分解、安排各种职能管理工作提供依据。

进行工程施工和项目管理（包括编制计划、计算造价、工程结算等），应进行工作结构分解；进行施工项目目标管理，也必须进行工作结构分解。编制施工项目管理规划的前提就是项目结构分解。

4. 项目实施方针和组织策略的制定

项目实施方针和组织策略的制定就是确定项目实施和管理模式总的指导思想和总体安排，具体内容包括：

(1) 如何实施该项目，业主如何管理项目，控制到什么程度。

(2) 采用的发包方式，采取的材料和设备供应方式。

(3) 由自己组织内部完成的管理工作，由承包商或委托管理公司完成的管理工作，准备投入的管理力量。

5. 工程项目实施总规划

工程项目实施总规划包括：

（1）工程项目总体的时间安排，重要的里程碑事件安排。

（2）工程项目总体的实施顺序。

（3）工程项目总体的实施方案，如施工工艺、设备、模板方案，给（排）水方案等；各种安全和质量的保证措施；采购方案；现场运输和平面布置方案；各种组织措施等。

6. 工程项目组织设计

工程项目组织设计的主要内容是确定项目的管理模式和项目实施的组织模式，建立建设期项目组织的基本架构和责权利关系的基本思路。

（1）项目实施组织策略。包括：采用的分标方式、采用的工程承包方式、项目可采用的管理模式。

（2）项目分标策划。即对项目结构分解得到的项目活动进行分类、打包和发包，考虑哪些工作由项目管理组织内部完成，哪些工作需要委托出去。

（3）招标和合同策划工作。这里包括两方面的工作，包括招标策划和合同策划两部分。

（4）项目管理模式的确定。即业主所采用的项目管理模式，如设计管理模式，施工管理模式是否采用监理制度等。

（5）项目管理组织设置。主要包括：

1）按照项目管理的组织策略、分标方式、管理模式等构建项目管理组织体系。

2）部门设置。管理组织中的部门，是指承担一定管理职能的组织单位，是某些具有紧密联系的管理工作和人员所组成的集合，它分布在项目管理组织的各个层次上。部门设计的过程，实质就是进行管理工作的组合过程，即按照一定的方式，遵循一定的策略和原则，将项目管理组织的各种管理工作加以科学的分类、合理组合，进而设置相应的部门来承担、同时授予该部门从事这些管理业务所必需的各种职权。

3）部门职责分工。绘制项目管理责任矩阵，针对项目组织中某个管理部门，规定其基本职责、工作范围、拥有权限、协调关系等，并配备具有相应能力的人员适应项目管理的需要。

4）管理规范的设计。为了保证项目组织机构能够按照设计要求正常地运行，需要项目管理规范，这是项目组织设计制度化和规范化的过程。管理规范包含内容较多，在大型建设项目管理规划阶段，管理规范设计主要着眼于项目管理组织中各部门的责任分工以及项目管理主要工作的流程设计。

5）主要管理工作的流程设计。项目中的工作流程，按照其涉及的范围大小可以划分为不同层次。在项目管理规划中，主要研究部门之间在具体管理活动中的流程关系。

6）项目管理信息系统的规划。对新的大型的项目必须对项目管理信息系统做出总体规划。

7）其他。根据需要，项目管理规划还会有许多内容，但它们因不同对象而异。

建设工程项目管理规划的各种基础资料和规划结果应形成文件，并具有可追溯性，以便沟通。

11.1.5　施工项目管理规划与施工组织设计的关系

施工项目管理规划与施工组织设计之间关系密切，但并不完全相同。项目管理规划类似施工组织设计，并融进了施工组织设计的内容。《建设工程项目管理规范》（GB/T

50326—2006）第 4.1.5 条规定："大中型项目应单独编制项目管理实施规划；承包人的项目管理实施规划可以用施工组织设计或质量计划代替，但应能够满足项目管理实施规划的要求。"施工项目管理规划与施工组织设计的区别具体可表现在以下几个方面：

1. 文件的性质不同

施工组织设计是一种技术经济文件，旨在用于施工准备和施工活动，要求产生技术管理效果和经济效果；而项目管理规划是一种管理文件，服务于项目管理，产生管理职能。

2. 文件的范围不同

施工组织设计涉及的范围只是施工准备和施工阶段；而项目管理规划所涉及的范围是施工项目管理的全过程，即从招投标开始至售后服务结束的全过程。

3. 文件产生的基础不同

施工组织设计是在计划经济条件下，为了组织施工，以技术、时间、空间的合理利用为中心，使施工正常进行而编制的；而项目管理规划是在市场经济条件下，旨在提高施工项目的整体经济效益，以目标控制为目的而编制的。

4. 文件的实施方式不同

施工组织设计是以技术交底和制度约束的方式实施，没有考核的严格要求和标准；而项目管理规划是以目标管理的方式实施，是以目标指导行动，实行自我控制，具有考核的严格标准。

由于施工组织设计的服务范围是项目管理的最重要阶段，而且施工组织设计是我国几十年来一直使用的技术管理制度和方法，有着丰富的管理经验，发挥了巨大的作用，所以在编制和实施项目管理规划时有必要吸收施工组织设计的成功做法。也就是说，应对施工组织设计进行改革、扩展，形成项目管理规划，充分发挥文件的经营管理作用，否定并取消施工组织设计的做法是错误的，以施工组织设计替代项目管理规划的做法也是不正确的，应在项目管理规划中融进施工组织设计的全部内容。

11.1.6 施工项目管理规划的编制

1. 编制原则

项目管理规划的编制都应以实施目标管理为原则。项目管理规划大纲根据招标文件的要求，确定造价、工期、质量、三材用量等主要目标以参与竞争。签订合同的关键是在上述目标上双方达成一致。工程项目管理规划大纲的目的是实现合同目标，故以合同目标来规划施工项目管理班子的控制目标。施工项目管理实施规划是在项目总目标的约束下，规划子项目的目标并提出实施的规划。综上所述，编制施工项目管理规划的过程，实际上就是各类目标制定和目标分解的过程，也是提出项目目标实现的办法的规划过程，这样就必须遵循目标管理的原则，使目标分解得当，决策科学，实施有法。

2. 编制要求

项目管理规划作为工程项目管理的一项重要工作，在项目立项后（如对建设项目在可行性研究批准后）进行编制。由于项目的特殊性和项目管理规划独特的作用，它的编制应符合如下要求：

（1）管理规划是为保证实现项目管理总目标，弄清总任务。如果对目标和任务理解有误，或不完全，必然会导致项目管理规划的失误。

（2）符合实际。管理规划要有可行性，不能纸上谈兵。符合实际主要体现在如下方面：

1）符合环境条件。大量的环境调查和充分利用调查结果，是制定正确计划的前提条件。

2）反映项目本身的客观规律性。按工程规模、复杂程度、质量水平、工程项目自身的逻辑性和规律性作计划，不能过于强调压缩工期和降低费用。

3）反映项目管理相关各方面的实际情况。包括：业主的支付能力、设备供应能力、管理和协调能力、资金供应能力；承包商的施工能力、劳动力供应能力、设备装备水平、生产效率和管理水平，过去同类工程的经验等；承包商现有工程的数量，对本工程能够投入的资源数量；所属的设计单位、供应商、分包商等完成相关的项目任务的能力和组织能力等。

所以，在编制项目管理规划时必须经常与业主商讨，必须向生产者（承包商、工程小组、供应商、分包商等）作调查，征求意见，一起安排工作过程，确定工作持续时间，切不可闭门造车。

（3）全面性要求。项目管理规划必须包括项目管理的各个方面和各种要素，作出安排，提供各种保证，形成一个非常周密的多维的系统。

由于规划过程又是资源分配的过程，为了保证规划的可行性，人们还必须注意项目管理规划与项目规划和企业计划的协调。

（4）管理规划要有弹性，必须留有余地。项目管理规划在执行中可能会由于受到许多方面的干扰而需要改变：

1）由于市场变化、环境变化、气候影响，原目标和规划内容可能不符合实际，必须作调整。

2）投资者的情况变化，有了新的主意、新的要求。

3）其他方面的干扰，如政府部门的干预，新的法律的颁布。

4）可能存在计划和设计考虑不周、错误或矛盾，造成工程量的增加、减少和方案的变更，以及由于工程质量不合格而引起返工。

5）规划中必须包括相应的风险分析的内容。对可能发生的困难、问题和干扰作出预计，并提出预防措施。

3. 编制程序

项目管理规划都大致按施工组织设计的编制程序进行编制。具体说来大致是：施工项目组织规划—施工准备规划—施工部署—施工方案—施工进度计划—各类资源计划—技术组织措施规划—施工平面图设计—指标计算与分析。违背上述程序，将会给施工项目管理规划工作造成困难，甚至很难开展工作。

4. 编制对象

在一个工程项目中，不同的对象有不同层次、内容、角度的项目管理，在项目的具体实施中，对工程项目的实施和管理最重要和影响最大的是业主、承包商、监理工程师三个方面，他们都需要做相应的项目管理规划。

（1）业主的项目管理规划。业主的任务是对整个工程项目进行总体的控制，在工程项目被批准立项后，业主应根据工程项目的任务书对项目进行规划，以保证全面完成工程项目任务书规定的各项任务。

业主的项目管理规划的内容、详细程度、范围，与业主所采用的管理模式有关。如果业主采用“设计—施工—供应”总承包模式，则业主的项目管理规划就是比较宏观的、粗略的。如果业主采用分专业分阶段平行发包模式，业主必须做详细、具体、全面的项目管理规划。通常业主的项目管理规划是大纲性质的，对整个项目管理有规定性。业主的项目管理规划可以由咨询公司协助编制。

（2）工程承包商的项目管理规划。承包商与业主签订工程承包合同，承接业主的工程施工任务，则承包商就必须承担该合同范围内的工程施工项目的管理工作。按照《建设工程项目管理规范》，项目管理规划应包括两类文件：

1）施工项目管理规划大纲。施工项目管理规划大纲必须在施工项目投标前由投标人进行编制，用以指导投标人进行施工项目投标和签订施工合同。

当承包人以编制施工组织设计代替项目管理规划时，施工组织设计应满足项目管理规划的要求。

2）施工项目管理实施规划。施工项目管理实施规划必须由施工项目经理组织施工项目经理部在工程开工之前编制完成，用以策划施工项目目标、管理措施和实施方案，以确保施工项目合同目标的实现。

（3）监理单位（或项目管理公司）的项目管理规划。监理单位（项目管理公司）为业主提供项目的咨询和管理工作。他们经过投标，与业主签订合同，承接业主的监理（项目管理）任务。按照我国《建设工程监理规范》，监理单位在投标文件中必须提出本工程的监理大纲，在中标后必须按照监理规划大纲和监理合同的要求编制监理实施规划。由于监理单位是为业主进行工程项目管理，因此它所编制的监理大纲就是相关工程项目的管理大纲，监理实施规划就是项目管理的实施规划。

5. 编制责任

一般说来，项目管理规划大纲由企业经营管理层编制，项目管理实施规划都应由项目经理主持编制。然而，由于项目管理规划内容繁多，难以靠一个人或一个部门完成，需要进行责任分工。具体说来应按以下要求进行分工：由项目经理亲自主持项目组织和施工部署的规划；由技术部门（人员）负责施工方案的编制；由生产计划部门（人员）或工程部门（人员）负责施工进度计划的编制和施工平面图的规划；由各相关部门（人员）分别负责施工技术组织措施和资源计划中相关的内容；由项目经理负责协调各部门并使之相互创造条件，提供支持；指标的计算与分析亦由各部门分别进行。

11.1.7 施工项目管理规划的管理与执行

1. 施工项目管理规划的管理

（1）项目管理实施策划应经会审后，由项目经理签字并报企业主管领导人审批。

（2）项目管理规划应经总监理工程师认可，如有不同意见，经协商后可由项目经理主持修改。

2. 施工项目管理规划的执行

（1）项目管理规划执行的目标管理主要是：

1）设置管理点，即施工项目管理规划的关键环节。要把每项规划内容的管理点都找出来，制定保证实现的办法。

2）落实执行责任，原则上是谁制定的规划内容，由谁来组织实施。

3）实施施工项目管理规划是个系统工程，各部门有主要责任也有次要责任；明确责任以后，还要定出检查标准和检查方法，必要的资源保证必须及时提出。

（2）执行施工项目管理规划要贯彻全面履行的原则，但它的关键是目标控制，因此要围绕质量、进度、成本、安全、施工现场五大目标，实现规划中所确定的技术组织措施，加强合同管理、信息管理和组织协调，确保目标实现。

（3）在执行施工项目管理规划时要进行检查与调整，否则便无法进行控制。检查与调整的重点是质量体系、施工进度计划、施工项目成本责任制、安全保证体系和施工平面图。

（4）施工项目管理规划执行的结果要进行总结分析，其目的是找出经验与教训，为提高以后的规划工作和目标控制水平服务，并整理档案资料。

11.2　施工项目管理规划大纲

11.2.1　施工项目管理规划大纲的性质和特点

1. 施工项目管理规划大纲的性质

项目管理规划大纲是项目管理工作中具有战略性、全局性和宏观性的指导文件。战略性主要是指其内容高屋建瓴，具有原则、长期、长效的指导作用。全局性是指它所要考虑的是项目管理的全过程，而不是某个阶段；是项目管理的整体，而不是局部或某一部分。宏观性是指规划设计客观环境、内部管理、相关组织的关系、项目实施等，都是关键的、重要的、宏观的，而不是微观的。

2. 施工项目管理大纲的特点

（1）为投标签约提供依据。建设工程施工企业为了取得施工项目在进行投标之前，应根据施工项目管理规划大纲认真规划投标方案。根据施工项目管理规划大纲编制投标文件，既可使投标文件具有竞争力，又可满足招标文件对施工组织设计的要求，还可为签订合同进行谈判提前做出筹划和提供资料。

（2）内容具有纲领性。施工项目管理规划大纲，实际上是投标之前对项目管理的全过程所进行的规划。这既是准备中标后实现对发包人承诺的管理纲领，又是预期未来项目管理可实现的计划目标，影响建设工程项目管理的全寿命。因为是中标之前规划的，只能是纲领性的。

（3）追求经济效益。施工项目管理规划大纲首先有利于中标，其次有利于全过程的项目管理，所以它是一份经营性文件，追求的是经济效益。主导这份文件的主线是投标报价和工程成本，是企业通过承揽该项目所期望的经济成果。

11.2.2　施工项目管理规划大纲的编制

1. 编制依据

施工项目管理规划大纲应由企业管理层依据下列资料编制：

（1）可行性研究报告。

（2）招标文件以及发包人对招标文件的分析研究结果。

（3）企业管理层对招标文件的分析研究结果。

（4）工程现场环境情况的调查结果。编制施工项目管理规划大纲前，主要应调查对施工方案、合同执行、实施合同成本有重大影响的因素。

(5) 发包人提供的工程信息和资料。

(6) 有关本工程投标的竞争信息。如参加投标竞争的承包人的数量及其投标人的情况，本企业与这些投标人在本项目上的竞争力分析与比较等。

(7) 企业法定代表人的投标决策意见。因为施工项目管理规划大纲必须体现承包人的发展战略和总的经营方针及策略，故企业法定代表人应按下列因素考虑决策：企业在项目所在地所涉及的领域的发展战略；项目在企业经营中的地位，项目的成败对未来经营的影响（如牌子工程、形象工程等）；发包人的基本情况（如信用程度、管理水平、发包人的后续工程的可能性）。

2. 编制程序

施工项目管理规划大纲的编制应遵循下列程序：

(1) 明确项目目标。

(2) 分析项目环境和条件。

(3) 收集项目的有关资料和信息。

(4) 确定项目管理组织模式、结构和职责。

(5) 明确项目管理内容。

(6) 编制项目目标计划和资源计划。

(7) 汇总整理，报送审批。

11.2.3 施工项目管理规划大纲的内容

1. 项目概况

(1) 施工项目基本情况描述。项目的规模可以用一些数据指标描述。

(2) 施工项目的承包范围描述。包括承包人的主要合同责任、承包工程范围的主要数据指标、主要工程量等。

在建设工程项目管理规划大纲的编制阶段可以作一个粗略的施工项目工作分解结构图，并进行相应说明。

2. 项目实施条件分析

项目实施条件分析包括：发包人条件，相关市场条件，自然条件，政治、法律和社会条件，现场条件，招标条件。主要是应针对招标文件的要求分析上述条件对竞争及项目管理的影响。

3. 项目投标活动及签订施工合同的策略

4. 项目管理目标

施工项目管理目标是指施工项目实施过程中预期达到的成果或效果。施工项目管理目标是多方面、多层次的，它是由许多个目标构成的一个完整的目标体系，同时又是企业目标体系的重要组成部分。施工项目管理目标包括：施工合同要求的目标，如合同规定的使用功能要求，合同工期、造价、质量标准，合同或法律规定的环境保护标准和安全标准；企业对施工项目的要求，如成本目标、企业形象、对合同目标的调整要求等。

5. 项目组织结构

从管理学的定义理解，组织结构描述的是组织框架体系。在一个项目开始之前，企业必须要先确定采取何种组织结构，以便能将该项目与其企业的经营活动紧密联系。项目管理组织的人员来源于企业本身，项目管理组织解体后，其人员仍回原企业。施工项目的组织结构形式与企业的组织结构形式有关，而且要根据各种项目的具体特点来选定项目组织结构形式。一般常见的施工项目组织形式有：混合工作队制、部门控制式、矩阵制和事业部制。

6. 质量目标和施工总进度计划

质量目标包括：招标文件（或发包人）要求的总体质量目标，分解质量目标，保证质量目标实现的技术组织措施。

施工总进度计划是施工现场各项施工活动在时间上的体现。施工总进度计划是根据施工部署的要求，合理确定工程项目施工的先后顺序、开工和竣工日期、施工期限和它们之间的搭接关系。据此，可确定劳动力、材料、成品、半成品、机具等的需要量及其供应计划；确定各附属企业的生产能力；临时房屋和仓库的面积；临时供水、供电、供热、供气的要求等。

7. 施工方案

施工方案描述，如施工程序、重点单位工程或重点分部工程施工方案、保证质量目标实现的主要技术组织措施、拟采用的新技术和新工艺、拟选用的主要施工机械设备等。

8. 成本目标

成本目标包括项目的总成本目标，成本目标分解，保证成本目标实现的技术组织措施等。

9. 项目风险预测和安全目标

包括：主要风险因素预测，风险对策措施；总体安全目标责任，施工中的主要不安全因素，保证安全的主要技术组织措施等。

10. 项目现场管理和施工平面图

包括：施工现场情况和特点，施工现场平面布置的原则；现场管理目标，现场管理原则；施工总平面图及其说明；施工现场管理的主要技术组织措施等。

11. 投标和签订施工合同

12. 文明施工及环境保护

包括：文明施工和环境保护特点、组织体系、内容及其技术组织措施等。

11.3 施工项目管理实施规划

11.3.1 施工项目管理实施规划的性质和特点

1. 项目管理实施规划的性质

项目管理实施规划与项目管理规划大纲不同，它是在项目实施前编制，旨在为指导项目的顺利实施。因此，项目管理实施规划是项目管理规划大纲的细化，应具有操作性。它以项目管理规划大纲的总体构想和决策意图为指导，具体规定各项管理业务的目标要求、职责分工和管理方法，为履行合同和项目管理目标责任书的任务作出精细的安排。它可以以整个项目为对象，也可以以某一阶段或某一部分为对象。项目管理实施规划是项目管理的执行规划，也是项目管理的“规范”。

2. 项目管理实施规划的特点

(1) 是项目实施过程的管理依据。施工项目管理实施规划在签订合同之后编制，是指导从施工准备到竣工验收全过程的项目管理。它既为这个过程提出管理目标，又为实现目标做出管理规划，故是项目实施过程的管理依据，对项目管理取得成功具有决定意义。

(2) 其内容具有实施性。实施性是指它可以作为实施阶段项目管理实际操作的依据和工作目标。因为它是项目经理组织或参与编制的，是依据项目情况、现实具体情况编制而成，所以它具有实施性。

(3) 追求管理效率和良好效果。施工项目管理实施规划可以起到提高管理效率的作用。因为管理过程中，事先有策划，过程中有办法及制度，目标明确，安排得当，措施得力必然会产生效率，取得理想的效果。

11.3.2 施工项目管理规划的编制

1. 施工项目管理实施规划的要求

施工项目管理实施规划必须由项目经理组织项目经理部在工程开工之前编制完成。

(1) 项目经理签字后报组织管理层审批。

(2) 与各相关组织的工作协调一致。

(3) 进行跟踪检查和必要的调整。

(4) 项目结束后形成总结文件。

2. 施工项目管理实施规划的编制依据

施工项目管理实施规划应按下列依据编制：

(1) 项目管理规划大纲。

(2) 项目管理目标责任书。

项目管理目标责任书是由企业法定代表人根据施工合同和经营管理目标要求，明确规定项目经理部应达到的成本、质量、进度和安全等控制目标的文件。

(3) 施工合同等。

施工合同中规定建设单位和施工企业双方权利、义务、经济责任、经济关系的协议，是建设单位和施工企业共同向国家投资建设任务的书面保证。施工合同的内容包括：工程名称、工程范围、建设工期、工程开工和竣工日期、工程质量要求、工程造价、技术资料交付日期、材料设备供应责任、工程价款结算办法、交工验收及双方协作事项等。

3. 施工项目管理实施规划的编制程序

施工项目管理实施规划应按下列程序进行编制：

(1) 对施工合同和施工条件进行分析。

(2) 对项目管理目标责任书进行分析。

(3) 编写目录及框架。

(4) 分工编写。

(5) 汇总、协调。

(6) 统一审稿。

(7) 修改定稿。

(8) 报批。

11.3.3　施工项目管理规划的内容

施工项目管理实施规划的主要内容包括：

（1）工程概况。

（2）施工部署。

（3）施工方案。

（4）施工进度计划。

（5）资源供应计划。

（6）施工准备工作计划。

（7）施工平面图。

（8）技术组织措施计划。

（9）项目风险管理。

（10）信息管理。

（11）技术经济指标分析。

1. 工程概况

工程概况应包括下列内容：

（1）工程特点。主要反映工程建设概况，建筑设计概况，结构设计特点，设备安装设计特点和工程施工特点。并针对工程特点，结合调查资料，进行分析研究，找出关键性问题加以说明。对新材料、新技术、新结构、新工艺及施工的难点应着重说明。

（2）建设地点及环境特征。主要反映拟建工程的位置、地形、地质（不同深度的土质分析、结冰期及冰层厚）、地下水位、水质、气温、冬雨期时间、主导风向、风力和地震烈度等特征。

（3）施工条件。主要说明：水、电、道路及场地平整的“三通一平”情况。施工现场及周围环境情况，当地的交通运输条件，预测构件生产及供应情况，施工单位机械、设备、劳动力的落实情况，内部承包方式，劳动组织形式及施工管理水平，现场临时设施、供水供电问题的解决等。

（4）项目管理特点及总体要求。

2. 施工部署

施工部署是对整个建设项目从全局上作出的统筹规划和全面安排，它主要解决影响建设项目全局的重大战略问题。施工部署的内容和侧重点根据建设项目的性质、规模和客观条件不同而有所不同。施工部署应包括下列内容：

（1）项目的质量、进度、成本及安全目标。

（2）拟投入的最高人数和平均人数。

（3）分包计划，劳动力使用计划，材料供应计划，机械设备供应计划。

（4）施工程序。施工程序是指单位工程中各分部工程或施工阶段的先后顺序及其制约关系，主要是解决时间搭接上的问题。

（5）项目管理总体安排。

3. 施工方案

施工方案选择与确定是施工组织设计中的核心。施工方案拟定时，须对几种可能采取的方案分析比较，确定最适宜的方案作为安排施工进度计划和设计施工平面图的依据。施工方案包括下列内容：

（1）施工流向和施工顺序。

施工流向是指单位工程在平面或空间上的流动方向。一般来说，单层建筑需按工段、跨间分区确定平面上的施工流向；多层建筑除了确定每层平面上的施工流向外，还要确定其层间或单元空间上的施工流向。

施工顺序是指单位工程内部各施工工序之间的互相联系和先后顺序。施工顺序的确定不仅有技术和工艺方面的要求，也有组织安排和资源调配方面的考虑。

（2）施工阶段划分。

（3）施工方法和施工机械选择。

正确选择施工方法和施工机械是制订施工方案的关键。单位工程各主要施工过程的施工，一般有几种不同的施工方法和机械可供选择。这时，应根据建筑结构特点，平面形状、尺寸和高度，工程量大小及工期长短，劳动力及资源供应情况，气候及地质情况，现场及周围环境，施工单位技术、管理水平和施工习惯等，进行综合分析，选择合理的、切实可行的施工方法和施工机械。

（4）安全施工设计。

（5）环境保护内容及方法。

4. 施工进度计划

施工进度计划是施工组织设计的重要内容，是在确定的施工方案和施工方法基础上，根据规定工期和技术物资供应条件，遵循工程的施工顺序，用图表形式表示各施工项目（各分部分项工程）搭接关系及工程开竣工时间的一种计划安排。

施工进度计划一般可用横道图或网络图表示。前者具有直观、简单、方便等特点；后者具有逻辑严密、便于科学地统筹规划，并可通过时间参数的计算找出关键路线等特点。

施工进度计划应包括：施工总进度计划和工程施工进度计划。

5. 资源需求计划

施工进度计划确定之后，可根据各工序及持续期间所需资源编制出材料、劳动力、构件、半成品，施工机具等资源需要量计划，作为有关职能部门按计划调配的依据，以利于及时组织劳动力和物资的供应，确定工地临时设施，以保证施工顺利地进行。

资源需求计划应包括的内容：

（1）劳动力需求计划。将各施工过程所需要的主要工种劳动力，根据施工进度的安排进行统计，就可编制出主要工种劳动力需要计划，如表11-2所示。它的作用是为施工现场的劳动力调配提供依据。

劳动力需求量计划 **表11-2**

序号	工种名称	总劳动量/工日	每月需要量/工日					
			1	2	3	4	5	6

（2）主要材料和周转材料需求计划。主要材料需要计划主要为组织备料、确定仓库或堆场面积及组织运输之用。其编制方法是将施工预算中工料分析表或进度表中各项过程所

需用材料，按材料名称、规格、使用时间并考虑到各种材料消耗进行计算汇总而得，如表 11-3 所示。周转材料需求计划主要指建筑结构构件、配件和其他加工半成品的需要计划主要用于落实加工订货单位，并按照所需规格、数量、时间，组织加工、运输和确定仓库或堆场，可根据施工图和施工进度计划编制，其表格形式如表 11-4 所示。

主要材料需求计划 **表 11-3**

序号	材料名称	规格	需求量		供应时间	备　注
			单位	数量		

周转材料需求计划 **表 11-4**

序号	周转材料名称	规格	图号	需求量		使用部位	加工单位	供应日期	备注
				单位	数量				

（3）机械设备需求计划。根据施工方案和施工进度计划确定施工机械的类型、数量、进场时间。其编制方法是将施工进度计划表中每个施工过程、每天所需的机械类型、数量和施工工期进行汇总，以得出施工机械的需要计划，如表 11-5 所示。

机械设备需求计划 **表 11-5**

序号	机械名称	类型、型号	需求量		货源	使用起止时间	备注
			单位	数量			

（4）预制品订货和需求计划。

（5）大型工具、器具需求计划。

6. 施工准备工作计划

施工准备工作既是单位工程开工的条件，也是施工中的一项重要内容，开工之前必须为开工创造条件，开工后必须为作业创造条件，因此，它贯穿于施工过程的始终。所以，在施工组织设计中必须进行规划，且拟在施工进度计划编制完成后进行。

施工准备工作计划应包括下列内容：

（1）施工准备工作组织及时间安排。

（2）技术准备及编制质量计划。

（3）施工现场准备。

（4）作业队伍和管理人员的准备。

（5）物质准备。

（6）资产准备。

7. 施工平面图

施工平面图包括下列内容：

（1）施工平面图说明。

（2）施工平面图。

（3）施工平面图管理计划。

施工平面图应按现行制图标准和制度要求进行绘制。

8. 技术组织措施计划

技术组织措施计划是施工企业为了更好地完成施工任务，加快施工进度，提高工程质量，节约原材料，改善劳动条件和组织革新技术手段，提高机械化程度和机械使用率，保证安全施工等方面，在技术上、组织上采取和确定的各种有效方法和措施，能在施工中有效地应用而制订的计划。施工技术组织措施计划包括下列内容：

（1）保证进度目标的措施。

（2）保证质量目标的措施。

（3）保证安全目标的措施。

（4）保证成本目标的措施。

（5）保证季节施工的措施。

（6）保证环境的措施。

（7）文明施工的措施。

各项措施应包括技术措施，组织措施，经济措施及合同措施。

9. 项目风险管理

项目风险管理是指识别和度量项目风险因素，确定风险的重点，制定、选择和管理风险处理方案的过程。风险管理的目的是使造价、工期、质量、安全目标得到控制。项目风险管理规划应包括以下内容：

（1）风险因素识别一览表。

（2）风险可能出现的概率及损失值估计。

（3）风险管理重点。

（4）风险防范对策。

（5）风险管理责任。

10. 信息管理

信息管理是指对信息的收集、整理、处理、存储、传递与运用等一系列工作的总称。信息管理应包括下列内容：

（1）与项目组织相适应的信息流通系统。

（2）项目中心的建立规划。

（3）项目管理软件的选择与使用规划。

（4）信息管理实施规划。

11. 技术经济指标分析

技术经济指标的计算与分析应包括下列内容：

（1）规划的指标。包括总工期、质量标准、成本指标、资源消耗指标、其他指标（如施工的机械化水平）等。

（2）规划指标水平高低的分析和评价。

（3）实施难点和对策。

11.3.4　施工项目实施规划的管理

施工项目管理实施规划的管理应符合下列内容：

（1）项目管理实施规划应经会审后，由项目经理签字并报企业主管领导人审批。

（2）当监理机构对项目管理实施规划应按专业和子项目进行交底，落实执行责任。

（3）当监理机构对项目管理实施规划有异议时，经协商后可由项目经理主持修改。

（4）执行项目管理实施规划过程中应进行检查和调整。

（5）项目结束后，必须对项目管理实施规划的编制、执行的经验和问题进行总结分析，并归档保存。

11.4　施工项目管理规划简例

某中心大楼工程项目管理实施规划

11.4.1　工程概况

1. 工程基本概况

工程基本概况　　**表11-6**

工程名称	XX中心大楼发展项目
发包方	XX房地产开发有限公司
设计单位	XX市建筑设计研究院
监理单位	XX建设监理公司
工料测量师	XX建筑工料测量师有限公司
合同工期	803天
合同质量标准	合格
工程地点	XX市XX区东三环路京广桥西南角

2. 建筑设计概况

建设设计概况　　**表11-7**

建筑占地面积	21 653m^2	总建筑面积	252 098m^2
地上建筑面积	191 380m^2	地下建筑面积	60 718m^2
地上层数	22层	檐高	98.8m
地下层数	3层	标准层面积	4200m^2
±0.00标高	40.400m	室内外高差	0.15m
建筑耐火等级	一级	防火类别	一类
抗震设防烈度	8度	建筑抗震设防类别	丙级

3. 结构设计概况（土建部分）

结构设计概况　　表 11-8

结构形式	现浇框架剪力墙核心筒结构体系	
基础结构形式	主楼部分采用钻孔灌注桩基础；纯地下室部分采用天然地基上的柱下独立基础，墙下条形基础加抗水板	
持力层	持力层土质为第四纪沉积之卵石；承载力 360kPa	
混凝土强度等级	基础底板、桩承台	C35（S10）
	基础垫层	CQ5
	桩	C40
	地下室外墙，纯地下部分混凝土墙	C40（地下室外墙、水池侧墙抗渗等级 S10）
	柱、主楼剪力墙、剪力墙间连梁	C60（地下三层至地上八层）
		C50（地上九层至地上十八层）
		C40（地上十九层至屋顶）
	梁板，含楼梯板	C40（人防顶板及覆土区纯地下室顶板抗渗等级 S10）
	隔墙构造柱及混凝土带	C20
钢筋	采用 HPB235 级钢筋、HRB335 级钢筋和 HRB400 钢筋	

11.4.2　施工部署

1. 施工部署总原则

(1) 满足合同要求的原则：以合同约定的质量要求、工期目标为主线，合理组织人力、物力、财力，以最优化的资源确保总目标的实现。施工前，各级管理人员要认真研究合同，从技术、经济、工程管理等方面下功夫，面对现代化高层工程的施工。

(2) 符合工序逻辑关系的原则：本工程施工顺序既要遵循先地下，后地上；先结构，后围护；先主体，后装修；先土建，后专业的常规施工顺序，使其符合逻辑关系的原则，又要灵活运用交叉作业原理，在各区域的流水上，组织立体交叉施工，充分衔接和搭接，保证总工期的实现。

(3) 符合主控工期的原则：为确保合同工期，在主体及装修各阶段根据各单位建筑的工程量及工作内容，工期主控线路施工优先，集中人、机、料，确保主控线路工期。

(4) 进度与效益平衡的原则：在确保整体进度的情况下，尽可能组织小流水，减少模板等物资投入。

(5) 符合季节性施工的原则：针对本工程将跨越两个冬期和一个雨期的实际情况，在进行总体施工部署时，要充分考虑不利气候的影响，尽量安排装修等室外或湿作业工程避开冬季，同时对于无法避开的项目，如土方、护坡工程等，提前采取必要的季节性施工措施，确保在特殊气候条件下，工程的施工质量和进度按计划实现。

(6) 科技先导的原则：在施工中积极推广应用新技术、新工艺、新材料、新设备。以科技推动施工质量、施工进度的提高。

(7) 争创"长城杯"的原则：围绕将本工程整体创建成"结构长城杯"的质量目标，严格控制好分项、分部工程质量。在模板的选型、劳务与分包队伍选择、施工管理等方面为创出品牌工程打好基础。

2. 项目组织机构

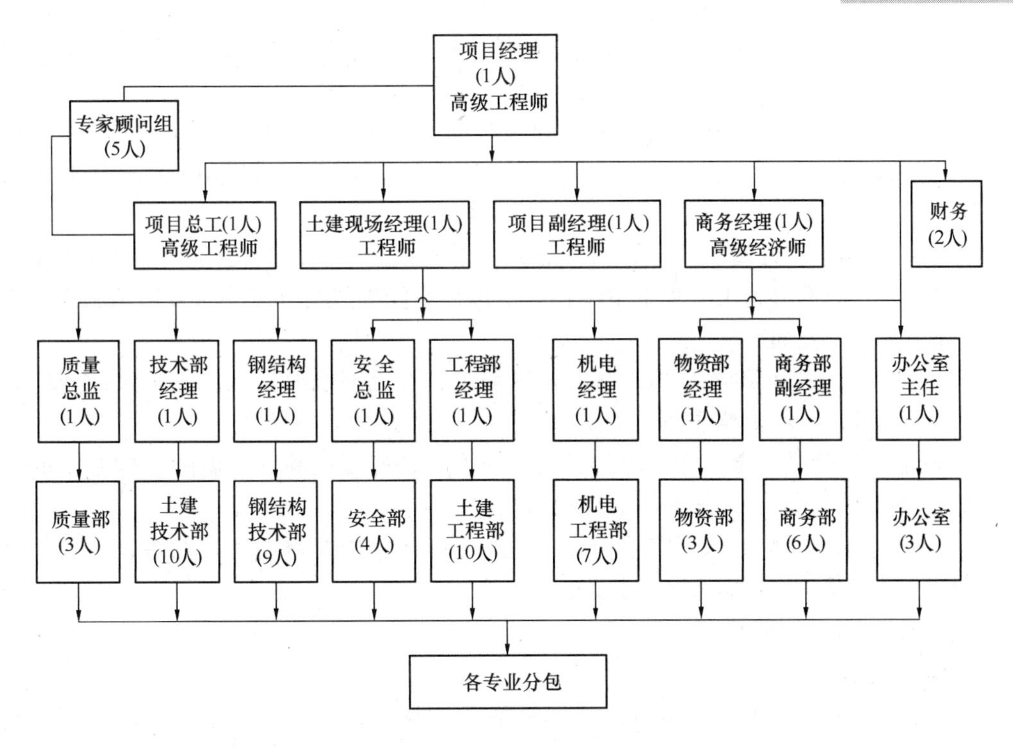

图 11-1　项目组织管理机构图

3. 任务划分

（1） 总包合同范围

1） 给水排水系统：包括给水系统，生活热水系统，中水系统（设备安装除外），雨水系统，污废水系统，有压排水系统及卫生洁具安装。

2） 机电预埋和防雷接地系统工程包括：各层楼板、结构墙、混凝土墙和梁上机电套管，各层楼板、结构墙、混凝土墙内的电线管，所有楼板、结构墙、混凝土墙和梁上机电预留空洞，所有混凝土水箱/水池安装防水套管，供应安装人防工程的机电预埋件，配合其他承包单位的土建工作。

其他各系统均由业主指定分包，由总包和分包签订合同，纳入总包管理。有防雷和接地系统。

3） 土建部分：降水、护坡，土方工程，工程桩工程，结构施工，地下室防水及室内外防水工程，装修工程，钢结构工程。

（2） 总分包管理方式及要求

建立总承包的组织管理模式，严格按照合同文件的要求，根据合同文件规定的范围、权利、责任和义务，集中调动优秀、精干、专业配备合理的管理人才进行总承包管理和组织施工，确保项目各项目标的实现。

工程项目总承包中的总分包关系可以由业主指定分包商，总包与其签订施工合同；也可以由总包自选分包商，与其签订合同；灵活组织施工。

11.4.3　施工方案

1. 总体施工安排

1） 底板施工：结构施工分三个区域，垫层及防水分小流水施工，每段底板混凝土一次性连续浇注。底板混凝土局部属于大体积混凝土，采用综合蓄热法控制混凝土内外温差。

2）塔吊安拆及垂直运输：地下部分施工安装 7 台塔吊，6 台 H3/36B，1 台 F0/23B（现场西侧纯地下室专用），其中 1 台 F0/23B 在底板施工以前完成塔吊基础施工和安装工作，以便工程桩施工使用。地上部分施工使用其余 6 台塔吊。

3）土建施工：土建施工划分为四大部分，工程桩施工、西侧纯地下室部分施工、西塔部分施工和东塔部分施工。地下室结构完成以后，随即进行外墙防水及回填施工，为地上部分施工创造作业面。

4）钢结构施工：钢结构柱施工从底板钢筋工程开始时及时插入施工，按照竖向结构施工顺序组织吊装，不影响主体结构工期。

5）机电主干管线安装：管井内的竖向管线安装、打压试验和保温随结构施工的进度及时插入，随每层验收、砌筑完毕后穿插进行。

6）装修施工：西侧纯地下室结构施工完毕后插入室内装修施工，西塔、东塔部分视主体结构施工情况，逐步插入室内装修施工。

2. 施工流水段的划分

（1）施工区段划分

土建部分考虑 4 大块施工重点：工程桩施工、西侧纯地下室部分施工、西塔部分施工、东塔部分施工。

1）工程桩施工划分为两流水段进行，考虑土方及护坡施工影响因素，首先插入西塔地下室工程桩施工，在此过程中进行东塔土方开挖施工，西塔工程桩施工完成后及时插入东塔工程桩施工。

2）西侧纯地下室部分在西塔工程桩施工期间用做西塔工程桩施工的钢筋加工场地，在西塔工程桩施工进入桩间土清除和剔除桩头混凝土期间插入基础垫层、底板防水施工。该区域结构施工分为 3 个流水段，进行小流水施工。

3）西塔结构分两大块独立施工，核心筒部分分 2 个流水段进行施工，劳动力独立安排。地下部分和地上外围框架部分，分 4 个流水段进行流水施工，在西塔工程桩施工完毕后立即插入垫层、底板防水施工。

4）东塔结构施工总体思路类似西塔地下结构施工，同样分两大块独立施工，核心筒部分分 2 个流水段进行施工，劳动力独立安排。地下部分以及地上外围框架部分，分 4 个流水段进行流水施工，在东塔工程桩施工完毕后立即插入垫层、底板防水施工。

（2）流水组织

按照总进度要求及地下室流水划分情况，工程桩选择专业队伍进行施工，结构劳务选择两家进行独立施工。

西侧纯地下室部分按 3 段在段内进行小流水施工，钢筋、模板各分为两个专业小组，分别负责竖向结构和梁、板结构。1 段竖向钢筋绑扎完成后立即进行竖向模板支设，1 段钢筋队伍进行 2 段竖向绑扎，2 段竖向钢筋完成后，1 段的竖向模板队伍插入；同理梁、板结构施工时 1 段梁、板模板由梁、板模板支设队伍完成后，插入梁、板钢筋绑扎小组，从而实现小流水，避免各工种造成窝工情况。图 11-2 所示为地上结构梁板施工流水段的划分。

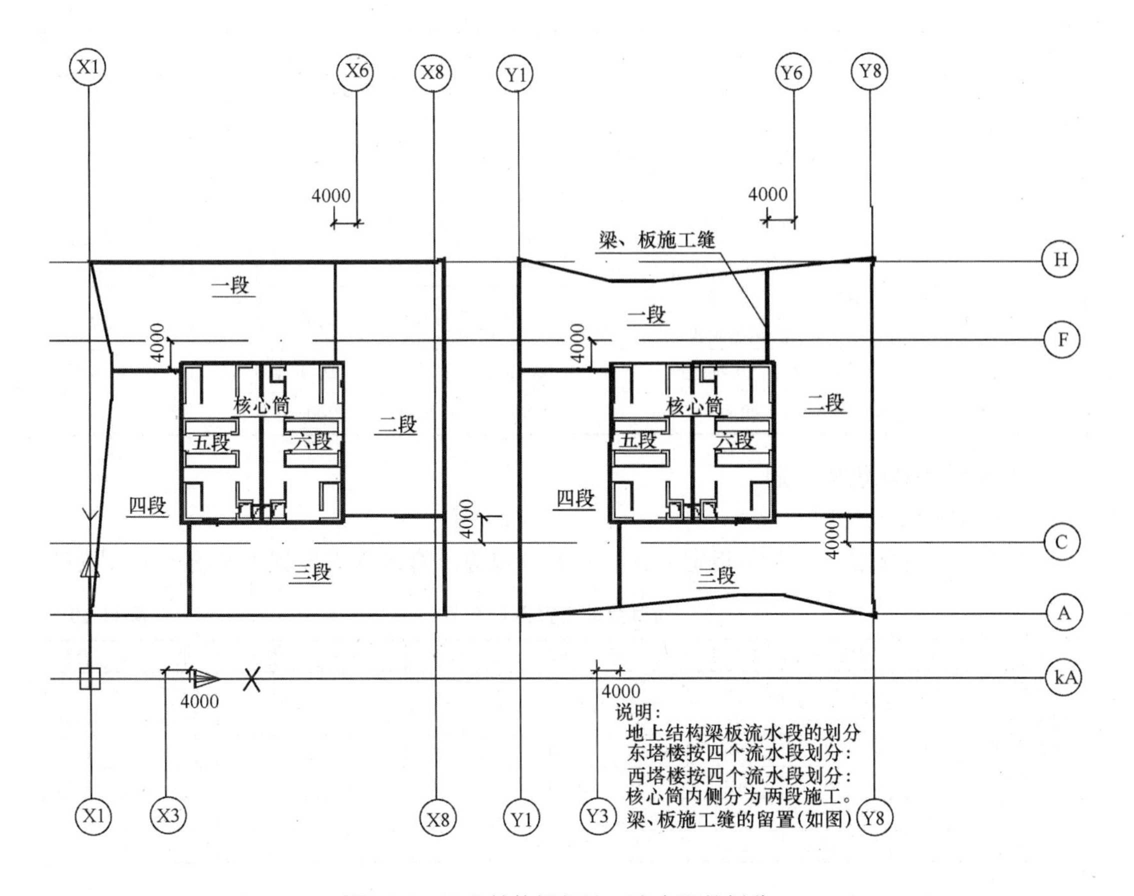

图 11-2 地上结构梁板施工流水段的划分

11.4.4 施工进度计划

本工程计划工期 803 天，2006 年 4 月 21 日工程开工，2008 年 6 月 30 日竣工。表 11-9 所示为整个工程施工工期的汇总，图 11-3 所示为从土建工程开始直至工程竣工验收的施工总控进度计划的甘特图。

施工工期汇总表 **表 11-9**

施工阶段	施工内容	开始时间	完成时间	工期
工程总工期		2006 年 4 月 21 日	2008 年 6 月 30 日	803
施工准备	临水临电工程	2006 年 4 月 28 日	2006 年 7 月 24 日	120
	临时道路临建准备	2006 年 4 月 21 日	2006 年 5 月 11 日	20
土方	土方降水护坡工程	2006 年 5 月 18 日	2006 年 9 月 7 日	113
桩基础工程	西塔桩基础施工	2006 年 6 月 18 日	2006 年 9 月 25 日	100
	东塔桩基础施工	2006 年 8 月 15 日	2006 年 11 月 13 日	91
结构工程	西侧纯地下室结构	2006 年 8 月 30 日	2007 年 3 月 18 日	179
	西塔结构施工	2006 年 6 月 18 日	2007 年 9 月 28 日	446
	东塔结构施工	2006 年 8 月 15 日	2007 年 10 月 28 日	418

续表

施工阶段	施工内容	开始时间	完成时间	工期
装修工程	室外装修工程	2006年11月15日	2007年11月26日	355
	室内装修工程	2007年3月25日	2008年5月31日	405
	精装修工程	2007年10月27日	2008年5月31日	189
工程验收	内部验收	2008年5月17日	2008年6月10日	25
	人防验收	2008年6月11日	2008年6月15日	5
	消防、规划、防雷、室内空气监测等验收	2008年6月6日	2008年6月15日	10
	竣工清理、尾项整改	2008年6月11日	2008年6月25日	15
	竣工验收	2008年6月26日	2008年6月30日	5

11.4.5 资源供应计划

1. 劳动力投入计划

本计划中包含总包、业主指定分包、专业分包等所有进入工地施工的施工工人数量。

项目劳动力投入计划表 **表 11-10**

阶段	木工	混凝土工	钢筋工	起重工	焊工	力工	装修工	电工	管工	合计
地下结构	1000	400	800	30	50	50	20	120	40	2510
地上结构	300	160	360	80	90	50	0	100	30	1170
初装幕墙	40	40	60	20	100	30	400	450	320	1460
装修	20	10	10	10	60	30	800	40	10	990
室外工程	60	40	60	10	50	300	100	50	100	780
竣工验收	10	10	10	2	10	10	50	20	20	142

2. 物资配置计划

物资配置计划 **表 11-11**

序号	材料名称	规格	单位	数量	进场时间	租赁/购置/调拨
1	脚手管	3.5×48	t	2200	2006.9	租赁
2	木脚手板	50×250×4000	块	3000	2006.9	自购
3	安全密目网	1.5m×6m	m^2	70000	2006.6	自购
4	安全大眼网	3m×6m	块	1000	2006.6	自购
5	扣件		个	380000	2006.6	租赁
6	多层板	18厚	m^2	55965	2006.9	自购
7	木方		m^3	2800	2006.6	自购
8	U型托		个	50000	2006.6	租赁
9	墙体大钢模		m^2	3817	2006.9	自购
10	定型柱模板		套	8	2006.9	自购
11	止水对拉螺栓		个	20000	2006.9	自购
12	对拉螺栓	Φ18	根	8000	2006.9	自购
13	钢板止水带		m	5800	2006.6	自购
14	BW止水条		m	1200	2006.6	自购
15	塑料布		m^2	18000	2006.6	自购
16	阻燃纤维棉保温毡		m^2	25000	2006.10	自购

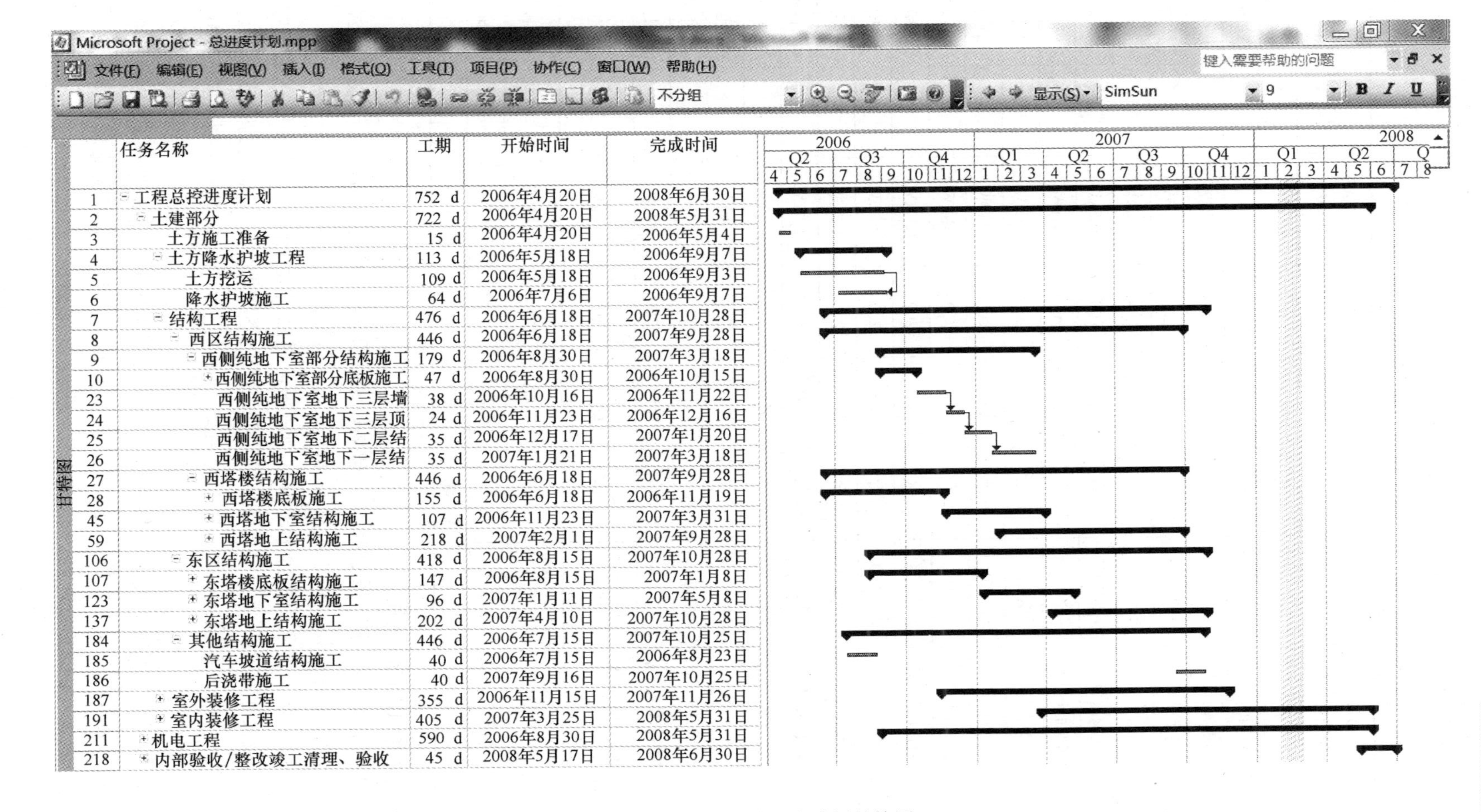

	任务名称	工期	开始时间	完成时间
1	工程总控进度计划	752 d	2006年4月20日	2008年6月30日
2	土建部分	722 d	2006年4月20日	2008年5月31日
3	土方施工准备	15 d	2006年4月20日	2006年5月4日
4	土方降水护坡工程	113 d	2006年5月18日	2006年9月7日
5	土方挖运	109 d	2006年5月18日	2006年9月3日
6	降水护坡施工	64 d	2006年7月6日	2006年9月7日
7	结构工程	476 d	2006年6月18日	2007年10月28日
8	西区结构施工	446 d	2006年6月18日	2007年9月28日
9	西侧纯地下室部分结构施工	179 d	2006年8月30日	2007年3月18日
10	西侧纯地下室部分底板施工	47 d	2006年8月30日	2006年10月15日
23	西侧纯地下室地下三层墙	38 d	2006年10月16日	2006年11月22日
24	西侧纯地下室地下三层顶	24 d	2006年11月23日	2006年12月16日
25	西侧纯地下室地下二层结	35 d	2006年12月17日	2007年1月20日
26	西侧纯地下室地下一层结	35 d	2007年1月21日	2007年3月18日
27	西塔楼结构施工	446 d	2006年6月18日	2007年9月28日
28	西塔楼底板施工	155 d	2006年6月18日	2006年11月19日
45	西塔地下室结构施工	107 d	2006年11月23日	2007年3月31日
59	西塔地上结构施工	218 d	2007年2月1日	2007年9月28日
106	东区结构施工	418 d	2006年8月15日	2007年10月28日
107	东塔楼底板结构施工	147 d	2006年8月15日	2007年1月8日
123	东塔地下室结构施工	96 d	2007年1月11日	2007年5月8日
137	东塔地上结构施工	202 d	2007年4月10日	2007年10月28日
184	其他结构施工	446 d	2006年7月15日	2007年10月25日
185	汽车坡道结构施工	40 d	2006年7月15日	2006年8月23日
186	后浇带施工	40 d	2007年9月16日	2007年10月25日
187	室外装修工程	355 d	2006年11月15日	2007年11月26日
191	室内装修工程	405 d	2007年3月25日	2008年5月31日
211	机电工程	590 d	2006年8月30日	2008年5月31日
218	内部验收/整改竣工清理、验收	45 d	2008年5月17日	2008年6月30日

图 11-3 项目总控进度计划甘特图

3. 施工机械配置

拟投入的施工机械　　表 11-12

序号	机械或设备名称	型号规格	数量	国别产地	制造年份	额定功率（kW）	生产能力	用于施工部位
1	潜水泵	$3m^3/h$	40 台	国产	2003	0.75W	$3m^3/h$	结构施工
2	空压机	W-9/7	6 台	国产	2003			结构施工
3	振捣棒		30 台	国产	2004	5kW		结构施工
4	塔吊	FO/23B	1 台	国产	2000	75kW	2.3T	结构施工
5	塔吊	H3/36B	6 台	国产	2000	100kW	5.0T/40m	结构施工
6	混凝土输送泵	HBT80C	4 台	国产	2002	132kW		结构施工
7	钢筋弯曲机	GW40	8 台	国产	2003	3kW		结构施工
8	电焊机	BX-300	10 台	国产	2002	22kW		结构施工
9	直螺纹套丝机	GY-40C	16 台	国产	2003	3kW		结构施工
10	钢筋切割机	GQ50	8 台	国产	2003	40kW		结构施工
11	钢筋调直切断机	GT4/14	4 台	国产	2002	9.5kW		结构施工
12	混凝土布料机	HG28D	3 台	国产	2003	11kW		结构施工
13	万能圆盘锯	MJ224	4 台	国产	2003	4.5kW		结构施工
14	木工平刨	MB504	4 台	国产	2004	2.8kW		结构施工
15	木工压刨	MB104D	4 台	国产	2004	3.0kW		结构施工
16	电动套丝机	2 寸、3 寸	8 台	国产	2004	1kW		机电安装
17	砂轮切割机	SJ21	4 台	国产	2004	2.2kW		机电安装
18	热熔工具		10 套	国产	2004	600W		机电安装
19	钢塑复合管沟槽专用工具		2 套	国产	2004	2.2kW		机电安装
20	交流电焊机	0.5-1.6mm TK-16	20 台	国产	2003	3.5kW		机电安装
21	空气压缩机	2.5HP	2 台	国产	2004	1kW		机电
22	电动试压泵		4 台	国产	2004	500W		机电

4. 大型施工机械的选用

根据本工程施工要求，通过计算、布局，考虑租赁厂家及价格，进行效益的经济比较，选用最佳性能的机械，确定进场最佳时间和租赁期限，满足施工生产需要。

（1）塔吊：本工程选用六台 H3/36B 型塔吊，塔吊最大工作幅度为 40m，相应幅度下起重量 6t，最大起重量 1.2t。一台 F0/23B 型塔吊，塔吊最大工作幅度为 50m，相应幅度下起重量 2.3t，最大起重量 10t。塔基立在基础底板上，立塔时间计划在 2006 年 6 月下旬。

（2）地泵：本工程现场设置 4 台地泵，型号为 HBT80C，理论泵送量为每小时 $80m^3$ 混凝土，基础底板施工及外墙施工过程因混凝土量过大再按要求增设地泵、汽车泵。

11.4.6　施工准备工作计划

1. 技术准备

（1）图纸及资料准备

1）本工程施工具有体量大、工期短、技术含量高等特点，承包商必须在开工前就各项施工技术做好充分准备。项目技术管理组，拟定本工程新技术、新工艺、新材料实施计划，指导现场技术系统各项工作。

2）项目技术部根据设计图纸要求及施工需求，准备工程所需的图集、规范、标准、法规、资料等，并按照公司总部的有关要求，购置有效版本满足施工使用要求。

3）针对工程的特点、重点、难点，在工程开工初期进行合理安排，做好各项技术培训、技术交底、质量交底，并做好入场工人的各项教育及学习工作。

（2）技术工作安排

1）单项施工方案的编制计划

拟编制施工方案一览表　　表11-13

序号	方案名称	完成时间	备注
01	临水、临电施工方案	2006.4	由项目经理部机电部编制
02	施工组织设计	2006.4	由项目经理部技术部编制
03	土方工程施工方案	2006.4	由项目经理部技术部编制
04	测量方案	2006.4	由项目经理部测量部编制
05	沉降观测方案	2006.4	由有资质的测量单位编制
06	质量计划	2006.4	由项目经理部质量部编制
07	试验计划	2006.4	由项目经理部技术部编制
08	地下防水工程施工方案	2006.4	由项目经理部技术部编制
09	塔吊安装方案（含拆除）	2006.5	由机械安装公司编制
10	雨季施工方案	2006.5	由项目经理部技术部编制
11	钢筋工程施工方案	2006.5	由项目经理部技术部编制
12	大体积混凝土施工方案	2006.6	由项目经理部技术部编制
13	模板工程施工方案	2006.6	由项目经理部技术部编制
14	混凝土工程施工方案	2006.6	由项目经理部技术部编制
15	成品保护方案	2006.6	由项目经理部技术部编制
16	环境与职业健康安全管理方案	2006.6	由项目经理部技术部编制
17	机电工程施工方案	2006.6	由项目经理部机电部编制
18	卸料平台施工方案	2006.6	由项目经理部技术部编制
19	钢结构施工方案	2006.7	由项目经理部钢结构部编制
20	装修施工方案	2006.10	由项目经理部技术部编制
21	砌筑工程施工方案	2006.10	由项目经理部技术部编制
22	冬季施工方案	2006.10	由项目经理部技术部编制
23	屋面施工方案	2007.9	由项目经理部技术部编制

2）新技术推广计划

新技术推广计划　　表 11-14

序号	“十新”技术项目	应用时间	责任人
1	锚钉墙护坡	2006.4	
2	钢骨混凝土柱、梁	2006.6	
3	钢筋直螺纹连接	2006.6	
4	液压自爬模	2006.6	
5	大钢模板	2006.6	
6	多层板模板	2006.6	
7	大体积混凝土	2006.6	
8	混凝土膨胀剂	2006.6	
9	防水卷材	2006.6	
10	防水卷材软保护	2006.6	
11	计算机应用	2006.4	
12	组合结构	2006.6	

2. 施工试验工作准备

在现场东北侧建 35m² 的试验室，分标准养护室和操作间。标养室经项目部验收，合格后投入使用。专职试验员持证上岗。现场试验工作由项目技术部领导。试验条件：标准养护室条件：20±3℃，相对湿度 95%；操作间：室内温度≥20℃，自然湿度。试验室用电从二级电箱引入，水从现场临时用水系统接入。

3. 生产准备

（1）临时给水系统：本工程现场用水源由两部分构成，一部分是市政管网供水，该部分水属饮用水，主要用于办公和生活区，入口供水管管径为 Φ100mm。第二部分供水是由地下水降水工程的水供应，在现场东南角设 25 立方米蓄水池一个，用于收集地下水，水池旁设气压供水设备一套。

（2）临时用电：根据现场实际情况，基坑东面及北面东侧电缆采用直埋式敷设，北面西侧、西面因受地域条件限制电缆将敷设在砖混电缆槽内，基坑南侧因市政五号路施工，电缆敷设于坑底挡土墙内侧，南侧一级柜先设于基坑下，局部保护，待地下三层架子拆除后将一级柜移至地下三层室内。

各阶段用电总量　　表 11-15

序号	施工阶段	用电负荷	备　注
1	结构施工阶段	2240kVA	
2	机电安装及初装修阶段	607.11 kVA	
结论：业主提供 315kVA 的变压器 4 台			

11.4.7　施工平面图

本工程现场可利用面积很小。要保证工程能安全、优质、高速地完成，关键在于合理严密地进行总平面布置和科学地进行总平面的管理。施工现场总平面布置规划如图 11-4 所示。

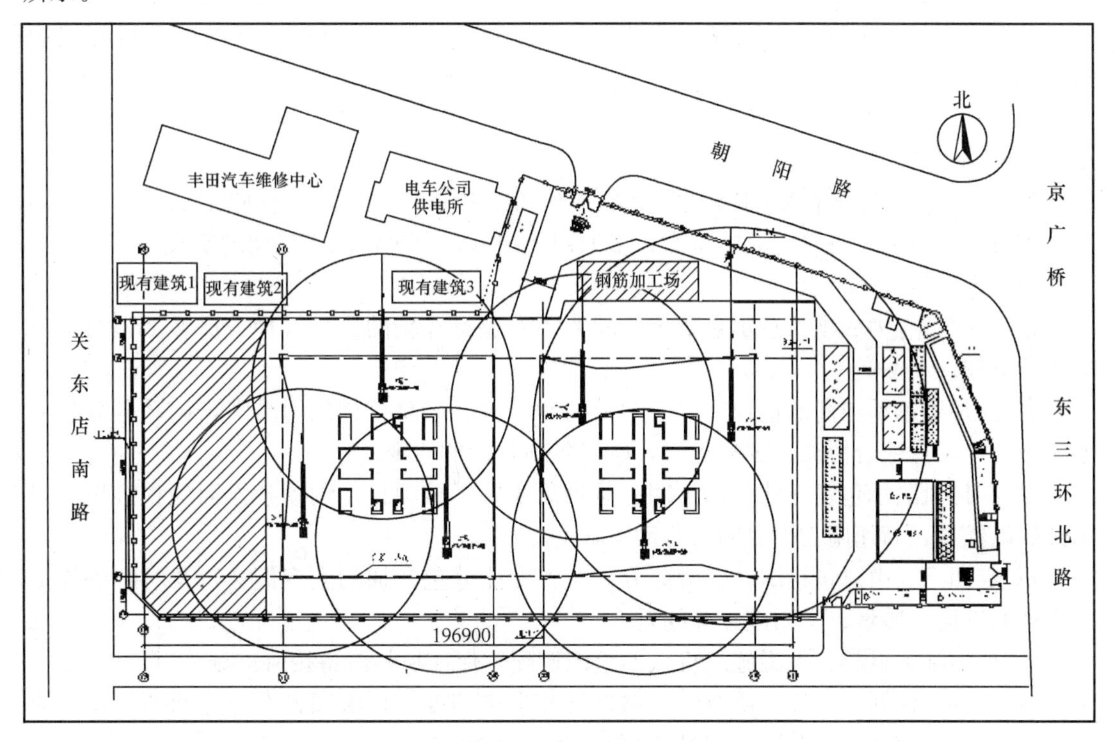

图 11-4　施工现场平面布置图

(1) 因现场施工场地十分狭小，仅能布置临时办公室，经各方协助，在东北角建约 1000m^2 业主及管理人员临时办公室。考虑现场可使用场地少及工期进度要求，现场原则上不设钢筋加工场地，仅设一临时加工场地，作为现场钢筋临时加工调整使用。模板加工场地及材料、半成品堆场布置在北侧及东侧局部场地。

(2) 西塔部分工程桩施工期间，考虑在西侧纯地下室基础坑面上作为桩施工的钢筋加工场地，东塔部分工程桩施工期间为了尽早插入西侧纯地下室结构施工，工程桩加工场地移到现场基坑西南侧边坡挡土墙回填土上。

(3) 所有围墙面上严格按建设单位、施工单位的 CI 标准做好 CI 规划。现场出入口的布置在现场北侧，大门出口道路为朝阳路；现场东南侧设置一应急大门，大门出口道路为东三环辅路。

(4) 现场施工区域主要道路及材料堆场均进行硬化处理，在地下结构完成、土方回填之前，现场主要道路为东、北两侧的直线形道路。

(5) 所有现场机械、设备用地均进行硬化，其中钢筋加工车间及其材料堆放场地和木工车间、模板堆放场地布置在场地东侧及北侧空地。

(6) 办公区布置在现场东侧，为 3 层轻钢结构，管理人员和工人生活区布置在场外。临建设施已考虑消防要求。管理人员的厕所与工人的分开，厕所设置三级化粪池，所有污水必须经过沉淀处理。

（7）所有材料堆场按照“就近堆放”的原则，既布置在塔吊覆盖范围内，同时考虑到交通运输的便利。地下结构施工阶段，搭设临时下人斜道，作为临时通道。基坑设置围挡，并满挂密目安全网，周边砌筑排水沟，根据排污口位置设置沉淀池，进行有组织排水。

11.4.8 技术组织措施计划

1. 保证工期措施

本工程工期803天，期间历经两个雨季和两个冬季。针对本工程施工面大、作业面窄、平行作业量大、砌筑量大的特点，采取以下措施，以确保承诺工期的实现。

（1）组织措施

1）组织强有力的项目总承包班子，配齐各专业有经验的项目管理人员，加强对项目的协调管理。

2）立足于总承包商的地位，以合约为控制手段，以总控计划为准绳，调动各分包商的积极性，发挥综合协调管理的优势，确保各项目标的实现。

3）签订风险承包责任状，以工期、质量为主要考核项目，调动各方面的积极性，组织开展以优质、高速施工为目的的劳动竞赛。

4）定期召开由总包组织，各劳务分包及各专业分包参加的生产例会，及时解决施工中出现的进度、质量、文明施工等问题。

5）加强施工材料、大型施工机械的组织调配，保证材料设备按时进场。

6）除日常计划、统计、协调外，每月召开生产调度会，协调各专业之间的关系，落实施工准备，创造施工条件，及时排除影响生产的障碍。

7）选择具有丰富施工经验的、管理能力强的整建制劳务施工队伍，根据施工总进度计划的安排，在工序科学合理的基础上，将进度计划落实到作业班组。

8）充分尊重监理单位的意见。

9）建立成品保护管理程序，并逐级落实，避免返工引起工期的延误。

10）注意各工种的交叉配合措施。

（2）技术措施

合理划分施工区域，分段分区组织流水施工；采用机械设备，提高施工效率；采用先进的施工技术；加强进度计划管理；加强图纸深化设计工作。

（3）经济措施

引进竞争机制，采取经济奖罚手段，加大合同管理力度等经济措施，确保工期目标的实现。

2. 保证质量措施

（1）组织措施

在项目质量管理中，首先明确部门及人员的质量管理职责，做到分工明确，各司其职。

（2）技术措施

1）采用先进的施工技术，如流水施工技术、先进的模板体系、直螺纹套筒的钢筋连接方式等。

2）通过招投标选择过硬的专业施工队伍；而劳务施工队伍选择具有长城杯施工经验

的、整建制管理强的，以保证工程的施工质量。

3）为了最大限度地消除和避免成品在施工过程中的污染和损坏，提高产品一次合格率，达到一次成优的目的，制定一系列的成品保护措施。

（3）经济措施

1）及时回收进度款，做好工程洽商及索赔工作，保证资金运转正常，推动质量措施的执行，确保施工质量安全和施工资源的正常供应。

2）建立奖罚制度，强化质量意识，控制分项工程施工质量，从而从经济上保证质量计划的实施。

3）通过样板制度来调动各分包方工作的积极主动性，样板符合设计与规范要求，达到“长城杯”要求，从而达到对工程质量的促进。

（4）合同措施

由项目经理指导商务经理加强合同的管理，在正式施工前对项目部全体工作人员进行合同交底，将成本和质量意识灌输到每个施工人员，同时在施工过程中确保对合同的学习和理解，从而加大合同执行力度，全面履行工程承包合同。

3. 降低成本措施

施工过程中，对整个工程实施全过程、全方位技术创新，在建设部推广的十项新技术的基础上，结合我公司以往施工经验，努力探索新的施工管理技术，总结新的施工工艺，应用新的绿色环保建筑材料，把本工程建设成为公司科技示范工程，并通过降低工程造价让业主的投资获得更高的回报。

本工程采用以下新技术来降低成本：

1）结构施工综合技术

在结构施工时，采用流水施工技术及定型大钢模、粗直径钢筋连接、混凝土泵送等综合施工技术，以较小的投入和先进的施工技术来争取缩短施工工期，从而达到降低成本的目的。

2）计算机应用

在项目上实现计算机的局域联网，使技术、工程、材料、经营、财务等部门的资源共享，保证资源的统一性，使项目施工管理科学、系统、规范。同时推广使用建筑施工企业管理软件，运用高科技的手段加强工程管理；通过互联网技术加强与外界的沟通，及时掌握建筑行业新信息、新动态。

3）钢筋工程

粗直径钢筋采用滚轧直螺纹套筒连接，增加工效，钢筋下料前应做好计划，做到长料长用，短料短用，在结构施工时用剩的短钢筋在仓库中储存好，以备二次结构中尽量利用。

4）模板工程

地下结构所有的梁板模板用18mm厚、柱模板采用18mm厚双面覆膜多层板配置，以提高模板表面强度和增加模板周转，电梯井筒和剪力墙使用大钢模，既方便施工同时又提高混凝土的观感质量。

5）混凝土工程

①采用泵送商品混凝土，大量应用高性能混凝土施工技术，底板、地下室外墙采用抗

渗混凝土，通过掺粉煤灰、高效减水剂以改善混凝土性能，降低成本；通过掺混凝土膨胀剂以提高混凝土的抗裂性能；通过掺高效泵送剂，以便混凝土泵送。

②在可以做混凝土一次压光的部位，尽量采用一次压光技术。同时使用混凝土养护剂，保证混凝土外观为清水混凝土，减少抹灰量。

4. 保证安全、消防措施

（1）安全管理

坚持“绿色建筑，健康人生；规范管理，持续改进”的理念，高水准进行CI规划设计，做好现场硬化、绿化、美化，实施花园式工地管理。

杜绝重大伤亡及火灾、机械事故，轻伤频率控制在3‰以下。

项目经理部严格执行公司安全生产管理目标，确保工程项目职业健康安全管理达标；建立和完善工程项目安全组织管理保证体系；定期召开工程项目安全生产会议，认真研究分析当前工程项目安全生产动态、特点，并对存在的隐患采取有效措施进行整改；项目部成立后，必须建立健全安全生产管理制度，管理及施工人员进场前必须进行安全教育，施工过程中进行日常性安全检查。

（2）消防管理

消防保卫工作是施工顺利进行的必要保证，在施工中，必须严格遵守《市建设工程施工现场保卫消防标准》，贯彻“预防为主，防消结合”的方针，逐级落实消防责任制。

建立现场消防、保卫管理领导小组；制定实施消防保卫制度和灭火、应急疏散预案；现场成立义务消防队，消防队将定期进行教育训练，熟悉掌握防火、灭火知识和消防器材的使用方法；现场要有明显的防火宣传标志，加强对施工人员的治安、防火教育；严禁在施工现场吸烟；施工材料的存放、保管要符合防火安全要求，库房应用非燃材料支搭。

5. 保证环境措施

由于本工程地处城市聚集区，为了保护施工现场及周边的环境，防止由于建筑施工造成的作业污染和扰民，保障建筑工地附近人员的身体健康，必须做好施工现场环境保护工作。

现场成立环保小组，定期对其进行教育，熟悉掌握环保常识，对环保工作进行监督检查和管理。

（1）防止建筑材料的污染措施

采用经国家或本市认证的绿色环保材料，严格现场材料验收制度：技术人员和操作人员要熟悉材料性能，对混合后会发生反应，生成有毒害物质的材料应分开存放，并严禁混合使用。

（2）防治大气污染措施

现场工地进行园林式绿化管理，对于裸露的空地全部进行硬化或绿化，每天设专人进行清理，做好文明施工；垃圾分类堆放在指定地点；在施工前做好施工道路的规划和设置；施工现场要制定洒水降尘制度；设专人对现场的车辆进行清理；施工现场土方应集中堆放，并应采取覆盖等措施。

（3）防治水污染措施

运输车清洗处设置沉淀池；未经处理的泥浆水，严禁直接排入周围场地；现场厕所产生的生活污水，设置化粪池进行定期抽排处理；氧气瓶不得曝晒、倒置、平使，禁止沾油，氧气瓶和乙炔瓶（罐）工作间距不小于 5 米；设置专用的油漆油料库；禁止将有毒有害废弃物用作土方回填。

（4）建筑施工现场防噪音污染的各项措施

人为噪声的控制措施：现场提倡文明施工，建立健全控制人为噪声的管理制度；强噪声机械的降噪措施：选用低噪声或备有消声降噪设备的施工机械，施工现场的强噪声机械（如：搅拌机、电锯、电刨、砂轮机等）要设置封闭的机械棚；加强施工现场的噪声监测：采取专人监测、专人管理的原则，根据测量结果填写建筑施工场地噪声测量记录表，及时对施工现场噪声超标的有关因素进行调整。

6. 保证季节施工措施

（1）雨期施工措施

1）雨季施工应有专人负责发布天气预报，通报全体施工人员。

2）各项目总工程师（技术负责人）根据工程进度和雨季施工总体方案的要求，制定详细的雨季施工措施，提出需用的防雨材料、设备计划。

3）混凝土浇捣期间随时注意气象台预报，尽量避开雨天施工混凝土。防水工程也应避免在雨天进行施工。

4）注意做好对施工现场的排水措施和防雷措施。

（2）冬季施工措施

1）冬季施工时要提前做好办公室、宿舍区的采暖工作。

2）冬季施工期间要加强天气预报工作，防止寒流突然袭击，合理安排每日的工作，同时加强防寒、保温、防火、防煤气中毒等工作。

3）钢筋工程、混凝土工程的施工要严格按照冬季施工要求进行。

7. 文明施工措施

做好文明施工工作，不仅关系到工程能否顺利进行，更重要的是反映企业的素质。

项目经理部设立文明施工管理小组，负责文明施工管理工作，检查内容包括：安全防护、临时用电、机械安全、保卫消防、现场管理、环境保护、料具管理、环卫卫生等八个方面。

（1）施工现场场容：施工现场场容严格按照总公司 CI 形象标准实施。在现场入口显著位置设立“一图六版”，即现场施工总平面图、总平面管理、安全生产、文明施工、环境保护、质量控制、材料管理、消防保卫制度等均按总公司有关规定制作、标识。施工现场的大门和门柱应牢固美观，高度不得低于 2 米，大门上应标有企业标识，围墙坚固、严密，高度不得低于 1.8 米。

（2）进入现场的施工人员全部佩戴胸卡，对工人实行半军事化管理，并对其进行现场教育，要求工人举止文明，各施工队伍之间团结合作，施工管理人员对工人应平等尊重。

11.4.9　项目风险管理

施工项目风险主要包括：政治风险、经济风险、技术风险、公共关系风险和管理风险。

（1）项目经理部首先要做好项目风险管理计划，及时采取防范施工项目风险的措施。

（2）建立项目风险预警机制，及时监控各类风险的发生，实现编制风险应急与预案。

（3）加强对项目管理人员的培训，挑选合格的人员。

（4）广泛调查，合理安排工期，采取科学的方案应对各种自然条件。

（5）与业主、监理工程师、设计单位、分包商等保持良好的公共关系，确保各方面友好沟通。

11.4.10 信息管理

信息管理主要是文件资料管理。

（1）项目经理负责对重要的文件资料进行审阅和批准。

（2）各职能部门负责对有关文件的起草和审核、资料的日常管理，如使用与归档等。

（3）办公室负责文件的组织起草、审定、修改、批准、分发与回收，文件资料的归档与销毁处理等。

（4）项目的受控资料包括：标准、规范；图样；总承包、监理指令；技术核定单；工程联系单；质量指令；图纸修改通知单纠正和预防措施表。

11.4.11 技术经济指标分析

（1）质量目标。达到市“结构长城杯”质量要求。

（2）工期目标。确保合同工期：2006年4月21日开工，2008年4月20日竣工。

（3）成本目标。合理控制工程造价，实现合同造价。

（4）文明、消防。杜绝重大安全事故，工亡事故为零，负伤率4‰以下。杜绝发生特大、重大火灾事故，一般火灾事故为零。

（5）环保目标。严格按照ISO14000标准制定并实施环保制度和措施，并严格过程控制，确保环境管理按该标准达标。

（6）CI目标。现场场容场貌整洁美观，CI形象符合总公司要求。

（7）文明施工目标。达到市安全文明工地要求。

复习思考题

1. 什么是施工项目管理规划？
2. 施工项目管理规划可以分为哪两类文件以及它们之间的区别是什么？
3. 施工项目管理规划的基本要求是什么？
4. 施工项目管理规划的编制原则、编制要求、编制程序分别是什么？
5. 施工项目管理规划主要包含哪些内容？
6. 施工项目管理规划大纲的内容包含哪些方面？
7. 施工项目管理实施规划的内容包含哪些方面？

参 考 文 献

[1] 邓淑文．建筑工程项目管理(应用新规范)[M]．北京：机械工业出版社，2009. 01.

[2] 皮振毅．建筑工程项目管理便携手册[M]．武汉：华中科技大学出版社，2008.01.

[3] 王延树．建筑工程项目管理[M]．北京：中国建筑工业出版社，2007.03.

[4] 丛培经．工程项目管理[M]．北京：中国建筑工业出版社，2006.09.

[5] 李忠富．建筑施工组织与管理(第二版)[M]．北京：机械工业出版社，2007.05.

[6] 刘伊生．工程项目进度计划与控制[M]．北京：中国建筑工业出版社，2008.11.

[7] 成虎．工程合同管理[M]．北京：中国建筑工业出版社，2010.07.

[8] 李世蓉等．承包商工程项目管理实用手册[M]．北京：中国建筑工业出版社，2009.06.

[9] 杨晓林，冉立平．建设工程施工索赔[M]．北京：机械工业出版社，2013.3.

[10] 魏文彪．建设工程项目成本管理[M]．北京：中国计划出版社，2007.09.

[11] Daniel W. Harpin(美)，Ronald W. Woodhead(澳)著．关柯，李小冬，关为泓等译．建筑管理[M]．北京：中国建筑工业出版社，2004.06.

[12] 任强，陈乃新．施工项目资源管理(第六分册)[M]．北京：中国建筑工业出版社，2004.03.

[13] 吴穹、许开立．安全管理学[M]．北京：煤炭工业出版社，2002.07.

[14] 张瑞生．建筑工程安全管理[M]．武汉：武汉理工大学出版社，2009.01．

[15] 王有为．绿色施工：绿色建筑核心理念—《绿色施工导则》技术要点解读[J]．建设科技，2008，(1)：89～91.

[16] 王有为．中国绿色施工解析[J]．施工技术，2008，37(6)：1～6.

[17] 吴慧娟．《绿色施工导则》发布的意义[J]．建设科技，2007，21：12～13.

[18] 乐云等．工程项目管理 [M]．武汉：武汉理工大学出版社．2008.09．

[19] 单仁亮．基于危险源管理的建筑施工现场安全管理研究[D]．中国矿业大学(北京)，2011.04．

[20] 特莱福·威廉姆斯 著，陈勇强等译，现代信息技术在工程建设项目管理中的应用[M]．北京：中国建筑工业出版社，2008.12.

[21] 李英姿．建筑智能化施工技术[M]．北京：机械工业出版社，2004.1.

[22] 查树衡等．信息网络工程[M]．北京：中国电力出版社，2009.2.

[23] 何康维，建设工程概预算和决算[M]．上海：上海财经大学出版社有限公司，2009.12.

[24] 何关培．BIM 总论[M]．北京：中国建筑工业出版社，2011.5.

[25] 李晓东等．建设工程信息管理(第 2 版)[M]．北京．机械工业出版社，2007.9.

[26] 王要武．工程项目信息化管理——Autodesk Buzzsaw[M]．北京：中国建筑工业出版社，2005.10.

[27] 石振武．建设项目管理[M]．北京：科学出版社，2005.07.

[28] 李慧民．工程项目管理[M]．北京：中国建筑工业出版社，2007.05.